Knaur

Von Fritjof Capra sind außerdem erschienen:

Das neue Denken
Das Tao der Physik
Lebensnetz
Wendezeit

Über den Autor:

Fritjof Capra wurde 1939 in Wien geboren. Er studierte Physik und promovierte 1966 in Theoretischer Physik. Von 1966 bis 1974 nahm er verschiedene Forschungsaufträge wahr, so in Paris und London, 1984 gründete er das internationale Elmwood Institute, das neue naturwissenschaftliche und ökologische Theorien miteinander in Einklang zu bringen versucht.

Fritjof Capra

Synthese

Neue Bausteine
für das Weltbild von morgen

Herausgegeben von
Franz-Theo Gottwald

Knaur

Besuchen Sie uns im Internet:
www.droemer-weltbild.de

Vollständige Taschenbuchausgabe 2000
Droemersche Verlagsanstalt Th. Knaur Nachf., München
Lizenzausgabe mit Genehmigung des Scherz Verlags,
Bern und München

Einzig berechtigte Übersetzung aus dem Englischen
von Fritz Lahmann, Petra Loesch, Michael Schmidt
und Erwin Schuhmacher.

Umschlaggestaltung: ZERO Werbeagentur, München
Druck und Bindung: Ebner Ulm
Printed in Germany
ISBN 3-426-77489-5

2 4 5 3 1

Inhalt

Vorwort 7

Einleitung: Fritjof Capra – Wegbereiter für eine neue Kultur 9

I Das Tao – in der Konvergenz von westlicher Wissenschaft und östlicher Philosophie

Einführung: Fritjof Capra – ein integraler Denker 18
Wissen und Sehen 21
Die neue Physik 42
Taoismus 56
Gegenseitige Durchdringung 63

II Das Netz – Parallelen zwischen biologischen und sozialen Strukturen

Einführung: Fritjof Capra – ein systemischer Denker 84
Das Systembild des Lebens 87
Katalysatoren der Wissenschaft: Gespräche mit Gregory Bateson, Stanislav Grof und Ronald D. Laing 141
Ganzheit und Gesundheit 192
Der Garten als Schule 207

III Die Wende – in Wahrnehmung und Handeln

Einführung: Fritjof Capra – ein lebensnaher Denker 216
Von den Teilen zum Ganzen 221
Wandel im Management – Management im Wandel 245
Innovations-Ökologie: Das Elmwood-Konzept 259
Kreativität und Führung 311

IV Der Wandel in den Perspektiven von Politik und Religion

Einführung: Fritjof Capra – ein Denker des Friedens 320
Die Krise der Wahrnehmung 323
Was ist Frieden? 338
Ein Gespräch zwischen Fritjof Capra und den beiden Mönchen David Steindl-Rast und Thomas Matus 348
Tiefenökologie als Grundlage einer neuen Ethik 412

Vorwort

Persönlich habe ich Fritjof Capra am 24. Oktober 1991 kennengelernt. Die Schweisfurth-Stiftung hatte ihn zu dem Symposium «Ökologische Transformation von Unternehmen – ein systemischer Ansatz» nach München eingeladen. Vorausgegangen war ein Jahr der Vorbereitung und Korrespondenz mit ihm, da die Arbeit seines Elmwood-Institutes für ganzheitliches Umweltmanagement im Mittelpunkt stehen sollte. Wir wollten Brücken bauen zu deutschen Institutionen und Unternehmen und Impulse geben zur gegenseitigen, transatlantischen Befruchtung und zum Nutzen der natürlichen Mitwelt.

Während dieser Zeit der Zusammenarbeit begegnete mir ein völlig anderer Fritjof Capra als der, den ich aus Büchern wie *Das Tao der Physik* oder *Wendezeit* her kannte. Nicht der Wissenschaftshistoriker, der die Spuren des neuen, holistischen Paradigmas erkundete, sondern der engagierte Vordenker und «Vormacher» ökologischen Tuns trat in Erscheinung. Gut verwurzelt im systemischen Weltbild argumentierte er brillant und konstruktiv für eine neue Wirtschaftsethik, die materielle wie immaterielle Güter in den Blick nehmen kann und zu einem unternehmerischen Verhalten führt, das in einen besseren Einklang mit der Natur mündet.

Für mich war dies eine angenehme Überraschung, die mich verstärkt auf die Biographie dieses Denkers schauen ließ, der sich gesellschaftlichen Aufgaben als konstruktiver Visionär zugewandt hatte.

Mit diesem eindrucksvollen Erlebnis im Gedächtnis habe ich die Anregung von Eckhard Graf, Lektor im Scherz Verlag, eine Werkschau aus dem reichhaltigen Œuvre Capras zu edieren, gerne aufgegriffen.

Ich beabsichtige hierbei, nicht nur die wichtigsten Texte vorzustellen – unter denen sich ein Teil bisher noch nicht auf deutsch zugänglicher Arbeiten befindet –, sondern möchte vielmehr mit dieser Auswahl die Evolutionsschritte seines Denkens deutlich machen.

Fritjof Capra, das ist – bei genauem Nachvollziehen seines Werdegangs

– ein immer wieder «neuer Capra». Ein praktischer Forscher, der auf den Schultern fortschrittlicher Denker der letzten 100 Jahre steht und profund und richtungweisend die Grundlagen für das 21. Jahrhundert reflektiert, die für eine neue ökologische Ökonomie, holistische Gesundheit, Umweltpädagogik, friedvolle politische Steuerung von Gesellschaften und die Entwicklung toleranter religiöser Systeme gleichermaßen bedeutsam sind.

Meine Tätigkeit als Herausgeber hat diesen sich immer wieder wandelnden «neuen Capra» im Visier und verfolgt die qualitativen Sprünge im Schreiben dieses mit den Fragen der Zeit als homo politicus *ringenden konkreten Utopisten. Mit Fritjof Capra kann eine unorthodoxe Synthese aus naturwissenschaftlicher Forschung, biologisch-medizinischem und politischem Wissen, ökologischem Ethos und spiritueller Selbsterfahrung im Engagement für einen nachhaltigen Lebensstil entdeckt werden.*

Diese Momente seiner persönlichen Metamorphose geben die Einteilung dieser Werkschau in vier Kapitel vor, vom Tao zum Wandel in Politik und Religion.

Die Möglichkeit, dieses Buch herausgeben zu können, verdanke ich der Schweisfurth-Stiftung, München. Ohne diesen Kontext einer Institution, die sich ganz am neuen Denken in ökologischer Verantwortung orientiert, hätte die Begegnung mit Capra nicht stattfinden können. Es ist der forschende Geist, der sich in Neuland vorwagt, der die Arbeit diesseits und jenseits des Atlantiks beflügelt.

Meine Mitarbeiterinnen Barbara Golz und Kathrin-Rika von Hirschberg teilen ihn und haben es mir durch ihre umsichtige und einsatzbereite Kooperation in redaktioneller Hinsicht gestattet, mit dem modernen Enzyklopädisten Capra in Grenzbereiche unseres Wissens vom Leben vorzustoßen.

Eckhard Graf danke ich für das ausführliche Interview mit dem Urheber dieser Werkschau, das er im Frühjahr in Berkeley, Kalifornien, führte. Es liefert einen Teil des informativen Hintergrunds für meine Einleitung zu den ersten Teilen dieses Buches.

Franz-Theo Gottwald

Einleitung

Fritjof Capra –
Wegbereiter für eine neue Kultur

In den siebziger Jahren war Capra ein Revolutionär. Den Zunftgenossen aus der Physik galt es als schlichtweg unerhört, sich mit asiatischem Denken, mit Mystik gar, auseinanderzusetzen. Capra verletzte die Spielregeln seiner scientific community. *Er erweiterte das Verständnis von Wissenschaft, speziell von Naturwissenschaft. Sein Buch* Das Tao der Physik *(1975) machte umstürzlerisch den Weg frei für eine immer noch andauernde, sich ständig vertiefende Begegnung zwischen westlicher Wissenschaft und östlichen Weisheitslehren.*

In den achtziger Jahren war Capra ein Polarisierer. Es gab die uneingeschränkten Bewunderer seiner Diagnose der spirituellen Sehnsucht und der politischen Aufbrüche. Sein Werk Wendezeit *(1982) traf den Nerv einer Zeit, die von Krisen erschüttert war. Capra formulierte die Ecksteine einer neuen Kultur des Umgangs mit allem Lebendigen.*

In den neunziger Jahren stieß Capra dann in den äußersten Grenzbereich des Erfahrbaren vor. Die Krönungsfrage aller Wissenschaft und Philosophie, was das Leben sei, führte ihn dazu, ein Verständnis von Leben jenseits der Mikrowelt der Atome und der genetischen Codes, aber auch jenseits der Makrowelt der Planeten und kosmischen Ordnungen zu präsentieren. Vernetzung ist das Schlüsselwort, um das sich in dem Buch Lebensnetz *(1996) ein subtiles, auf das wechselseitige «In-Beziehung-Sein» sich gründendes Erklären der Wirklichkeit rankt, das auch im Mesokosmos, also in unserer alltäglichen Lebenswelt, gültig ist.*

Zwischen diesen großen Denksprüngen liegt eine Vielzahl von Schritten, die genau diese Lebenswelt, den Alltag am Ende des 20. Jahrhunderts, zu begreifen suchen. Auf der Basis des «Neuen Denkens» werden ein ganzheitliches Gesundheitsverständnis erarbeitet und eine Pädagogik entwickelt, die Menschen ökologisch in das Gelingen der Wechselwirkung alles Lebendigen einführt. Darüber hinaus werden eine systematische Lehre und Praxis für Umweltmanagement entwickelt, und es wird schließlich über Politik und

Religion so nachgedacht, daß die Bedürfnisse vieler Menschen erfüllt werden – um Orientierung in einer zunehmend undurchschaubarer und unübersichtlicher werdenden Welt zu bieten.

Mit etwas Abstand betrachtet erscheinen die Schriften Capras mithin als Wegweiser für ein neues Verständnis von Kultur, für einen konvivialen Lebensstil, der das Leben auf diesem klein gewordenen Globus wertschätzt, pflegt und unter der Maßgabe der Nachhaltigkeit erhalten will.

Capra hat sich mit der Kultivierung der Natur auseinandergesetzt. Als Physiker liegt ihm dieses Feld besonders nahe. Mit den aus Physik und Chemie hervorgegangenen technologischen Instrumenten verändert der Mensch die Welt dramatisch. Die Bearbeitung des Bodens und die Erzeugung von Lebensmitteln, das Bauen, die Herstellung von Kleidung, die Einrichtung von Wohnungen, die Erzeugung von Werkzeugen und technischem Gerät, das Transportieren von Gütern, der Handel mit Waren und Dienstleistungen – all das hat eine kulturelle Dimension.

Der nüchtern-praktisch denkende Naturwissenschaftler Capra entdeckt neue Wege zu einer ökologischen Kultivierung dieses objektiv-physischen Handelns. Diese Wege können bei möglichst geringer Zerstörung der Vielfalt anderer Lebensformen für die Menschen unserer Tage reizvoll sein. Sie ermöglichen eine Kultur der Nachhaltigkeit ganz im Sinne der Agenda 21, die beim Umweltgipfel in Rio als globales Zukunftsprogramm formuliert wurde.

Der mit den verschiedenen Meditationswegen und Künsten der Kultivierung des inneren Menschen vertraute Kenner asiatischer wie christlicher Spiritualität hat sich aber genauso mit der Kultivierung der persönlichen Fähigkeiten befaßt. Dieses innersubjektive Handeln konnte er schon früh in seiner Bedeutung für eine Transformation der Persönlichkeit erkennen. Ohne inneren Wandel keine Verwandlung des Verhaltens. Ohne Veränderung des Bewußtseins keine Veränderung des Umgangs mit der natürlichen oder sozialen Mitwelt. Nur wenn ein Mensch lernt, sich ausdrücklich auf sich selbst zurückzubeziehen, in sich einzukehren, anzuhalten und den Blick durch das Innen ins Transpersonale zu wenden, kann er zu einem neuen Wissenschaftler, Ingenieur, Sozialarbeiter, Politiker, Arzt oder Unternehmer werden, dessen Tun dem Wohl des Ganzen dient.

Der humanistische Pädagoge Capra hilft zu begreifen, daß Lernen, Denken, Entscheiden und die Entwicklung von Sinnentwürfen in der menschlichen Fähigkeit gründen, Empathie, Klarheit, Genauigkeit und Kreativität zu entwickeln. Er steckt Ideale ab, um das innere Handeln zu vervollkommnen. Nicht zuletzt in den Dialogen mit den zahlreichen Weisen, denen er begegnen durfte, kommt diese Dimension der Wegbereitung einer neuen Kultur zur Sprache.

Der homo politicus *Capra ringt immer wieder um die Kultivierung der sozialen Beziehungsformen. Er analysiert ausführlich die Gewohnheiten und Sitten, die die modernen Menschen im Umgang miteinander haben. Dabei kritisiert er nicht distanziert, sondern bringt Begründungen zutage, die es dem Einsichtsvermögen nahelegen, ungünstige Verhaltensformen abzulegen und schlechten, nicht mehr den Lebensbedingungen einer wissenschaftlich-technischen Welt angemessenen Traditionen zu entsagen. Seine tiefenökologische Fundierung eines Ethos der Gemeinschaft alles Lebendigen ermöglicht es, Neuland im sozialen Miteinander für das 21. Jahrhundert zu erkunden.*

Schließlich ist es dem philosophisch-religiös aufgeschlossenen Visionär Capra ein Anliegen, Sinn zu kultivieren. Die zentralen und bedeutsamen Botschaften verschiedener Mystik-Traditionen kann er für die kommende Zeit aufschließen. Mit dem Bild einer ganz und gar lebendig vernetzten Welt artikuliert er einen neuen Mythos, der um die Metapher des Netzes herum eine Ausdruckskultur entstehen lassen wird, die erst zu Beginn des kommenden Jahrhunderts in ihrer Vielfalt und Kohärenz an den verschiedensten Orten der Welt aufblühen wird.

In diesem vierfachen Sinn erscheint Capra als Kulturwissenschaftler und Kulturstifter in einem. Dabei geht es ihm immer darum, die Schönheit, die Zerbrechlichkeit und Weichheit herauszustellen, die im Miteinander alles Lebendigen liegt. Deshalb liegt es so nahe, sein Verständnis von Kultur konvivial zu nennen – ein Verständnis, dem es um das Zusammensein und Miteinanderwirken alles Lebendigen geht.

Das Wechselspiel von Yin und Yang – Kern des konvivialen Verständnisses von Kultur

Die wichtigste Denkfigur, deren sich Capra bedient, ist das Wechselspiel von Yin und Yang oder die dynamische Dialektik der Gegensätze, die das Netz des Lebens knüpft und immer weiter ausbreitet.

Schon in seinen frühen Veröffentlichungen hat sich Capra intensiv mit dieser Denkfigur befaßt. In seinem Aufsatz «Das Gleichgewicht zwischen Yin und Yang» (1985) faßt er seine Einsichten wie folgt zusammen:

> *Alle Entwicklungen in der Natur – die physischen ebenso wie die psychischen und sozialen – weisen zyklische Muster auf. Die Chinesen gaben dieser Idee der zyklischen Muster durch die Einführung der polaren Gegensätze Yin und Yang eine definitive Struktur. Sie sind die beiden Pole, die den Zyklen des Wandels seine Grenzen setzen. In dem alten chinesischen Text* I Ging *heißt es:*
>
> > *Hat das Yang seinen Gipfel erreicht,*
> > *zieht es sich zugunsten des Yin zurück;*
> > *hat das Yin seinen Gipfel erreicht,*
> > *zieht es sich zugunsten des Yang zurück.*
>
> *Nach chinesischer Sichtweise entstehen alle Manifestationen des Tao aus dem dynamischen Wechselspiel dieser beiden archetypischen Pole, die mit vielen Gegensatzbildern in der Natur und im gesellschaftlichen Leben assoziiert werden. Es ist wichtig und für uns westliche Menschen oft sehr schwer zu verstehen, daß diese Gegensätze nicht unterschiedlichen Kategorien angehören, sondern die entgegengesetzten Pole eines einzigen Ganzen sind: Nichts ist nur Yin oder nur Yang. Alle Naturerscheinungen sind Manifestationen eines ständigen Hin und Her zwischen den beiden Polen, alle Übergänge finden schrittweise und in ununterbrochener Abfolge statt. Die natürliche Ordnung besteht in einem dynamischen Gleichgewicht zwischen Yin und Yang.*
>
> *In der klassischen chinesischen Terminologie entspricht Yin allem, was kontraktiv, offen und erhaltend ist, während Yang das Expansive, Aggressive und Fordernde einschließt. Es ist wichtig zu betonen, daß in der chinesischen Kultur weder Yin noch Yang mit moralischen Werten assoziiert wurden. Was gut ist, ist nicht Yin oder Yang, sondern das dynamische Gleichgewicht zwischen den beiden; schlecht oder schädlich ist das Ungleichgewicht.*
>
> *Betrachtet man die ursprünglichen Bilder, die mit den beiden archetypischen Polen assoziiert werden, so scheint es, als könnte man Yin als aufnehmende, erhaltende und kooperative Aktivität interpretieren und Yang als aggressives, expandierendes und wettbewerbsorientiertes Handeln.*

> *Yin-Aktivität ist sich der Umwelt bewußt, die Yang-Aktivität dagegen des eigenen Ichs. Diese beiden Aktivitätsformen scheinen einen engen Bezug zu den beiden oben erwähnten Bewußtseinsarten zu haben. Ratio und Intuition sind die beiden komplementären Funktionsweisen des menschlichen Geistes. Rationales Denken ist linear, zentriert und analytisch. Es gehört zum Bereich des Intellekts, dessen Aufgabe es ist, zu unterscheiden, zu messen und zu kategorisieren. Dementsprechend tendiert rationales Wissen zu Segmentierung (Unterteilung). Intuitives Wissen beruht dagegen auf einem direkten, nicht-intellektuellen Erfassen der Wirklichkeit, was in einem Zustand des erweiterten Bewußtseins geschieht. Es tendiert zu umfassender Synthese und ist holistisch und nicht-linear. Deshalb bringt offensichtlich rationales Wissen selbstbezogenes oder Yang-Handeln hervor, während intuitive Weisheit die Grundlage einer ökologischen oder Yin-Aktivität bildet.*[1]

Capra geht von dieser dynamischen Polarität aus und erarbeitet sich Schritt für Schritt ein Verständnis der unterschiedlichsten Bereiche von Wirtschaft bis Religion, das auf die Überwindung schädlicher Ungleichgewichte und die Auflösung einseitiger Erfahrungen im kulturellen Bewußtsein der industrialisierten Welt abzielt.

In den Einführungen zu den einzelnen Teilen dieser Werkschau werde ich auf die Konsequenzen eingehen, die sich aus dieser Denkfigur der dynamischen wechselseitigen Einheit von Yin und Yang für die einzelnen Reflexionsfelder ergibt, denen sich Capra widmet. Hier seien zunächst einmal ausführlicher die Folgen für die Wissenschaft thematisiert.

Für Wissenschaft und Forschung – und Capra ist seinem Selbstverständnis nach in erster Linie ein forschender Geist – bedeutet diese Grunddialektik von Yin und Yang, der Idee einer komplementären Erzeugung von transpersonaler und objektiver Erkenntnis Raum zu geben.

Capra geht von einem «erweiterten Bewußtsein» aus, von einem Bewußtsein, das die lebendige Einheit der Pole umfaßt, zwischen denen die Dramen, Tragödien und Komödien des Lebens sich ereignen.

Er akzeptiert einen transpersonalen Wahrnehmungsmodus, kennt diese Grunderfahrung der vereinheitlichenden wechselseitigen Verbundenheit von Yin und Yang aus eigenem Erleben und erkennt sie als valide an. Er baut immer wieder rationale Argumentationsketten auf, die ein Transzendieren angestammter Kulturformen und kanonischer Wissensformen, wie beispiels-

weise das mechanische Denken, ermöglichen. Ihn leitet die erklärte Absicht, die klassisch wissenschaftlichen Erkenntnismethoden zu erweitern, zu ergänzen und im Sinne einer allen Wissenschaftszweigen eigenen Zielsetzung weiterzuentwickeln, nämlich Erfahrungswissen zu gewinnen.

Nicht die Wissenschaft will Capra auflösen, sondern den sich überall breitmachenden Szientismus. Er setzt sich dafür ein, intuitives Wissen als ebenso zuverlässig und gültig zu bewerten wie die Ergebnisse rationalen Denkens.

In der Diskussion mit modernsten Erkenntnistheorien ergründet er die Voraussetzungen für ein Programm radikaler Empirie, bei dem es um die Ausweitung der zulässigen empirischen Basis geht. Er setzt sich für die Wahrnehmung des gesamten Spektrums menschlicher Erfahrungsformen und die Ausbildung dieses Spektrums ein, dringt also über die Grenzen der in den letzten hundert Jahren als einzige Form zugelassenen klassisch-naturwissenschaftlichen Erkenntnisbildung hinaus. Tiefenökologie wird hier für ihn zu einem Paradigma, das den methodischen Zweifel als Grundsatz beibehält, die Erfahrung der natürlichen wie der sozialen Mitwelt jedoch als die Basis allen Wissens formuliert und die Entwicklung eines systematischen Umgangs mit Erfahrung als Forschungsstrategie anvisiert. Mit diesen drei Kernforderungen ist auch ein gemeinsamer Boden mit der herkömmlichen Art wissenschaftlicher Arbeit und Forschung präformiert. Bewußtsein und Wissen über die konviviale Natur alles Seins sollen anstelle von Unbewußtheit und Unwissenheit treten. Hierin, so weiß Capra, haben Mystik wie Wissenschaft ein gemeinsames Anliegen.

Godela Unseld hat diese Position des Wandels zu einer komplementären Form der Wissenschaften im Yin-Yang-Geist so zusammengefaßt:

> *Dort also, wo jener transpersonale Wahrnehmungsmodus in den sogenannten mystischen Erfahrungsdisziplinen richtungweisende Grundlage von Forschung wird, da unterzieht der Erkennende seine eigene Wahrnehmungs-/Erfahrungsfähigkeit, den inneren Pol von Wirklichkeitskonstruktion, einer systematischen experimentellen Veränderung. Dort, wo wie in den naturwissenschaftlichen Erfahrungsdisziplinen die Struktur der Begriffsordnung richtungsweisende Grundlage von Forschung wird, da unterzieht der Erkennende den äußeren Pol von Wirklichkeitskonstruktion einer systematischen experimentellen Veränderung.*
>
> *Aufgrund dieser Ausrichtung liefern uns die naturwissenschaftlichen For-*

> *schungsstrategien jenes Spezialwissen für den Umgang mit dieser «äußeren» Welt unter der Vorbedingung der Isolation von Erkennendem und Erkanntem, Teil und Ganzem, während uns die mystischen Forschungsstrategien jenes Spezialwissen liefern für den Umgang mit dem Zusammenhang von Erkennendem und Erkanntem, Wahrnehmung und Wirklichkeitskonstruktion, Teil und Ganzem.*
> *Und innerhalb dieses Rahmens führen die naturwissenschaftlichen Forschungsstrategien zu dem Ideal einer Ersetzung des Normalbewußtseins durch die systematische Entwicklung technischer Wahrnehmungsformen, während die mystischen Forschungsstrategien zu dem Ideal einer Ersetzung des Normalbewußtseins durch die systematische Entwicklung unserer biologisch-menschlichen Wahrnehmungsformen führen.*[2]

Capra ist für mich der Wegbereiter einer neuen Begriffs- und Erfahrungsordnung. Er erweitert das Selbstverständnis von Forschern und Wissenschaftlern. Durch die von ihm durchdachte und begründete Komplementarität der Methoden kann jede der beiden jeweils jene Defizite auffangen, die die andere aufgrund der ihr notwendig innewohnenden Begrenztheit mit sich führt. Er plädiert durchgängig für ein neues Wissen vom Leben aus der Kontext-Verbundenheit und in Richtung der Entfaltung von Erfahrungsdisziplinen. Er gibt beredt durch seine praktische Tätigkeit in der Heranbildung von Menschen ein lebendiges Zeugnis für die Überwindung jedes auf Kontext-Isolation fußenden Wissens. Seine Werke schaffen somit ein Weltverständnis, das unser Handeln in ein lebendiges Zusammenwirken von Wirklichkeiten überführt, in ein consensum omnium *aller Lebensformen, also in ein wahrhaft konviviales Verhalten.*

Anmerkungen

1 Fritjof Capra, «Das Gleichgewicht zwischen Yin und Yang», in: Satish Kumar und Roswitha Hentschel (Hrsg.), *Viele Wege, Paradigmen einer neuen Politik*, München 1985, S. 83–84.

2 Godela Unseld, *Das Abenteuer «Erkennen». Ein soziologischer Reisebericht*, Frankfurt/M. 1997, S. 138.

I

Das Tao –
in der Konvergenz von
westlicher Wissenschaft und
östlicher Philosophie

Einführung

Fritjof Capra – ein integraler Denker

Immer wieder wird Capra als «holistischer Denker» bezeichnet. Diese teils kritische, teils hoffnungsvolle Einschätzung ist falsch. Er selbst sieht den ganzheitlichen Denkstil als notwendigen Gegenpol zu einem fragmentierend reduktionistischen Denkstil.

Als Denker, der sich der Denkform des Gleichgewichts zwischen Yin und Yang verpflichtet hat, baut er folgendes Assoziationsfeld auf:[1]

Yin	*Yang*
weiblich	*männlich*
zusammenziehend	*ausdehnend*
bewahrend	*fordernd*
empfänglich	*aggressiv*
kooperativ	*wettbewerbsorientiert*
intuitiv	*rational*
mystisch	*wissenschaftlich*
nach Synthese strebend	*analytisch*
nicht-linear	*linear*
holistisch	*fragmentiert*

Er ordnet also das ganzheitliche Denken dem Yin-Pol zu, der intuitiven Weisheit, dem «Denken» mit dem ganzen Körper, der Kommunikation mit der reichen Vielfalt von lebenden Organismen.

Seine Ausrichtung auf das Tao – als das Fließgleichgewicht zwischen den beiden Polen – läßt ihn allerdings auch verstärkt für die holistische Denkweise optieren. Zu lange ist seiner Auffassung nach rationales Denken, der Yang-Stil der Reduktionismen, des mechanischen, einseitigen, mono-kausalen Verstehens von Wirklichkeit, vorherrschend gewesen. Nun muß ein neues Gleichgewicht entstehen. Dazu bedarf es eines verstärkten Kultivie-

rens des Yin-Stils, also des Holismus, der die Trennung von Geist und Materie transzendiert.

Capra ersetzt dabei nicht das klassisch naturwissenschaftliche, rationale Denken der Wissenschaften durch ein in der Ganzheitsforschung wurzelndes intuitives, organismisches Denken. Er versucht vielmehr, eine neue Synthese zu begründen, die ich als integrales Denken bezeichnen möchte.

Das Tao ist der Referenzpunkt, eine fließend dynamische Gegensatz-Einheit, die mehr ist als die bloßen Pole von Yin und Yang. Es ist in den Polen und gleichzeitig jenseits davon. Genausowenig wie die Eigenschaften des Wassers aus den Eigenschaften des Wasserstoffs und des Sauerstoffs ableitbar sind, ist das Tao ableitbar aus den Begriffen von Yin und Yang. Durch das Wechselspiel von Yin und Yang entstehen neue Eigenschaften, die unbeschreiblichen und mächtigen Qualitäten des Tao. Durch die wechselseitige Integration, durch die gegenseitige Ein- und Unterordnung in die verschiedensten Lebensformen und ihre Interaktionen, wird der Blick immer wieder von der Einheit stiftenden Ebene, dem Wolkenberg des Tao, eingefangen.

Im Tao sind die verschiedenen Denkstile und Eigenschaften aufgehoben. Das Tao bewahrt sie in ihrem Gleichgewicht. Das Tao kann auch mit einem Haus verglichen werden. Ein Haus besteht aus einer Summe von Materialien, die mittels bestimmter, architektonisch festgelegter Relationen untereinander verbunden sind. Diese Relationen bergen die verschiedenen Materialien in der Gestalt des Hauses, heben sich als Glieder in der Gestalt auf. Aber auch jede Teileinheit des Hauses, sei es nun Zimmer, Wand, Fenster, Tür oder was auch immer, ist, so wie sie ist, vollständig durch die Ganzheit des Hauses, zu der sie gehört, bestimmt; bestimmt durch ihr Zusammensein mit allen anderen, in eindeutiger Weise angeordneten Teilen. Jedes einzelne Teil des Hauses erhält diese seine sogenannte «Gestalthaftigkeit» nur aufgrund seines Eingebettetseins ins Ganze dieses konkreten Hauses. Architektonisch-statisch formuliert: Wenn ich diese Wand als solche kenne und analysiere, kann ich auf das Haus schließen, dessen Teileinheit sie ist.

Capra führt uns in das Wissen und Sehen dieser Integrationsinstanz, die das Tao darstellt, kundig ein. Er zeigt darauf aufbauend die Eckpfeiler der «neuen Physik» auf. Allan Watts, einer der Impulsgeber und Begleiter von Capra, beschreibt die wesentliche Einsicht, von der her auch zukünftige Forscher ihre Reisen über den «Ozean des Wissens« antreten müssen, so:

Indem wir den Kern beobachten, verändern wir sein Verhalten, und indem wir die Galaxien beobachten, entfliehen sie uns, und indem wir das Gehirn zu erklären versuchen, scheitern wir daran, daß wir dafür kein feineres Werkzeug haben als das Gehirn selbst. Das größte Hindernis objektiver Erkenntnis ist unsere subjektive Präsenz. So bleibt uns denn nichts anderes übrig, als daß wir uns dem Tao anvertrauen als dem Ursprung und Grund unseres Seins, «der erreicht, aber nicht gesehen werden kann».[2]

Anmerkungen

1 Fritjof Capra, «Das Gleichgewicht zwischen Yin und Yang», in: Satish Kumar und Roswitha Hentschel (Hrsg.), *Viele Wege, Paradigmen einer neuen Politik*, München 1985, S. 85.

2 Alan Watts, *Der Lauf des Wassers. Eine Einführung in den Taoismus*, Frankfurt/Main 1983, S. 85.

Wissen und Sehen

Vom Unwirklichen führe mich zur Wirklichkeit!
Von der Dunkelheit führe mich zum Licht!
Vom Tod führe mich zur Unsterblichkeit!
Brihad-Aranyaka-Upanischade

Bevor wir die Parallelen zwischen moderner Physik und östlicher Mystik studieren, müssen wir auf die Frage eingehen, wie man eine exakte Wissenschaft einerseits, ausgedrückt in der hochkomplizierten Sprache der modernen Mathematik, und geistige Disziplinen andererseits, die hauptsächlich auf Meditation beruhen und behaupten, daß ihre Einsichten durch Worte nicht übermittelt werden können, überhaupt miteinander vergleichen kann.

Was wir vergleichen wollen, sind die Erkenntnisse von Wissenschaftlern und östlichen Mystikern bezüglich ihres Wissens von der Welt. Um diesen Vergleich richtig anzusetzen, müssen wir uns zuerst fragen, von welcher Art «Wissen» wir reden. Versteht der buddhistische Mönch von Angkor Vat oder Kyoto unter «Wissen» dasselbe wie der Physiker von Oxford oder Berkeley? Zweitens, welche Art von Erkenntnissen wollen wir vergleichen? Was ziehen wir aus den experimentellen Daten, Gleichungen und Theorien einerseits und den religiösen Schriften, alten Mythen und philosophischen Abhandlungen andererseits heran? Dieses Kapitel soll diese beiden Punkte klären: die Natur des behandelten Wissens und die Sprache, in welcher dieses Wissen ausgedrückt wird.

Durch die ganze Geschichte hindurch hatte man erkannt, daß der menschliche Geist auf zwei Arten denken oder empfinden kann, die oft die rationale und die intuitive genannt und jeweils mit der Wissenschaft oder mit der Religion in Verbindung gebracht werden. Im Westen wird die intuitive, religiöse Denkweise oft zugunsten der wissenschaftlichen, rationalen Denkweise abgewertet, während die traditionelle östliche Einstellung gewöhnlich genau umgekehrt liegt. Die folgenden Behauptungen zweier großer Denker des Westens und des Ostens über das Wissen zeigen das Typische der beiden Standpunkte. Der Grieche Sokrates sprach den berühmten Satz: «Ich weiß, daß ich nichts weiß», und der Chinese Lao-tzu sagte: «Am besten ist es, nicht zu wissen, daß man weiß.» Im Osten geht der Wert, der den beiden Arten des Wissens zugemessen wird, oft schon aus den ihnen gegebenen Namen hervor. Die Upanischaden zum Beispiel sprechen von einem höheren und einem niederen Wissen und bringen das niedere Wissen mit den verschiedenen Wissenschaften, das höhere mit religiösem Bewußtsein in Verbindung. Buddhisten sprechen von «relativem» und «absolutem» Wissen oder von «bedingter Wahrheit» und «transzendenter Wahrheit». Die chinesische Philosophie andererseits hat immer die sich gegenseitig ergänzende Natur des Intuitiven und des Rationalen betont und sie durch das archetypische Begriffspaar «Yin» und «Yang», die die Basis der chinesischen Gedankenwelt bilden, dargestellt. Dementsprechend haben sich zwei einander ergänzende philosophische Traditionen – Taoismus und Konfuzianismus – im alten China entwickelt, um den beiden Arten des Wissens gerecht zu werden.

Rationales Wissen leitet sich von den Erfahrungen ab, die wir mit Gegenständen und Ereignissen in unserer alltäglichen Umgebung machen. Es gehört in das Reich des Intellekts, dessen Funktion das Unterscheiden, Teilen, Vergleichen, Messen und Kategorisieren ist. Auf diese Art wird eine Welt von intellektuellen Unterscheidungen geschaffen, eine Welt von Gegensätzen, die nur in Relation zueinander existieren können. Daher nennen die Buddhisten diese Art von Wissen «relativ».

Ein entscheidender Zug dieser Art von Wissen ist die Abstraktion, weil zum Vergleichen und Klassifizieren der unermeßlichen Vielfalt von Formen, Strukturen und Phänomenen um uns herum nicht alle deren Züge berücksichtigt werden können; wir müssen einige wenige von Bedeutung heraussuchen.

So konstruieren wir eine intellektuelle Landkarte der Realität, in welcher die Dinge auf ihren generellen Umriß beschränkt bleiben.

Rationales Wissen ist somit ein System abstrakter Begriffe und Symbole, charakterisiert durch die lineare, folgerichtige Struktur, welche für unser Denken und Sprechen typisch ist. In den meisten Sprachen wird diese lineare Struktur erkennbar durch den Gebrauch von Alphabeten, welche zur Übermittlung von Erfahrungen und Gedanken in Form von langen Reihen von Buchstaben dienen.

Die natürliche Welt dagegen ist von unendlicher Vielfalt und Komplexität, eine vieldimensionale Welt, in der es keine geraden Linien oder völlig regelmäßige Formen gibt, in der die Dinge nicht chronologisch ablaufen, sondern gleichzeitig; eine Welt, in der, wie uns die moderne Physik belehrt, sogar der leere Raum gekrümmt ist. Es ist klar, daß unser abstraktes System des begrifflichen Denkens diese Realität niemals vollständig beschreiben oder verstehen kann. Beim Nachdenken über die Welt stehen wir vor dem gleichen Problem wie ein Kartograph, der die gekrümmte Erdoberfläche auf einer Reihe ebener Karten zu erfassen versucht. Von solch einem Vorgehen können wir nur eine annähernde Darstellung der Wirklichkeit erwarten, und alles rationale Wissen ist daher notwendigerweise begrenzt.

Zum Bereich des rationalen Wissens gehört natürlich die Naturwissenschaft, die mißt und quantifiziert, klassifiziert und analysiert. Die Begrenzung allen auf diese Art erhaltenen Wissens wurde in der modernen Wissenschaft zunehmend offensichtlich, besonders in der modernen Physik, welche uns mit Werner Heisenbergs Worten lehrte, «daß nämlich jedes Wort oder jeder Begriff, so klar er uns auch scheinen mag, doch nur einen begrenzten Anwendbarkeitsbereich hat».[1]

Für die meisten von uns ist es sehr schwierig, sich konstant der Begrenzungen und der Relativität des begrifflichen Denkens bewußt zu sein. Da unsere Darstellung der Wirklichkeit so viel leichter zu begreifen ist als die Wirklichkeit selbst, neigen wir dazu, die beiden zu verwechseln und unsere Begriffe und Symbole für die Wirklichkeit zu halten. Es ist eines der Hauptziele der östlichen Mystik, uns aus dieser Verwechslung herauszuführen. Zen-Buddhisten sagen, daß man einen Finger braucht, um auf den Mond zu zeigen, aber daß wir uns die Mühe sparen können, wenn der Mond einmal erkannt ist. Der taoistische Weise Chuang-tzu schrieb:

> Fischkörbe braucht man, um Fische zu fangen; aber sind die Fische gefangen, vergessen die Männer die Körbe. Schlingen benutzt man, um Hasen zu fangen; aber wenn die Hasen gefangen sind, vergessen die Männer die Schlingen. Wörter benutzt man, um Gedanken zu übermitteln, aber wenn die Gedanken erfaßt sind, vergessen die Menschen die Wörter.[2]

Im Westen drückte der Semantiker Alfred Korzybski mit seinem wirkungsvollen Ausspruch «Die Landkarte ist nicht das Land» genau das gleiche aus.

Die östlichen Mystiker beschäftigen sich mit einer Erfahrung der Wirklichkeit, die nicht nur das intellektuelle Denken, sondern auch die Sinneswahrnehmungen durchdringt. In den Worten der Upanischaden:

> Wer das verehrt, was ohne Laut ist, ohne Gefühl, ohne Farbe, ohne Veränderung, ohne Geschmack, ewig, ohne Geruch, ohne Anfang und ohne Ende, was höher ist als das große (Selbst) und unverrückbar, der wird aus dem Rachen des Todes befreit.[3]

Aus solch einer Erfahrung stammendes Wissen nennen die Buddhisten «absolutes Wissen», weil es sich nicht auf die Unterscheidungen, Abstraktionen und Klassifikationen des Intellekts verläßt, welche, wie wir gesehen haben, immer nur relativ und approximativ sind. Es ist, so sagen uns die Buddhisten, die direkte Erfahrung des undifferenzierten, ungeteilten, unbestimmten «So-Seins». Das vollständige Begreifen dieses So-Seins ist nicht nur der Kern der östlichen Mystik, sondern auch das zentrale Merkmal aller mystischen Erfahrung.

Die östlichen Mystiker bestehen immer wieder darauf, daß die letzte Wirklichkeit niemals ein Objekt logischen Folgerns oder demonstrierbaren Wissens sein kann. Sie kann niemals mit Wörtern angemessen beschrieben werden, da sie jenseits des Reiches der Sinne und des Intellekts liegt, aus dem unsere Worte und Begriffe stammen. Die Upanischaden sagen darüber aus:

> Dorthin dringt nicht das Auge,
> nicht die Stimme, nicht der Geist.

> Wir wissen nicht, wir verstehen nicht,
> wie man das lehren könnte.[4]

Lao-tzu, der diese Realität des Tao nennt, behauptet das gleiche in der ersten Zeile des *Tao Te Ching*: «Das Tao, das ausgedrückt werden kann, ist nicht das ewige Tao.» Die aus jeder Zeitungslektüre hervorgehende Tatsache, daß die Menschheit in den letzten zweitausend Jahren nicht viel weiser geworden ist, trotz der erstaunlichen Zunahme des rationalen Wissens, ist ein zureichender Beweis für die Unmöglichkeit, absolutes Wissen durch Worte zu übermitteln. Wie Chuang-tzu sagte: «Wenn es möglich wäre, darüber zu sprechen, hätte es jeder seinem Bruder erzählt.»[5]

Absolutes Wissen ist somit eine völlig nicht-intellektuelle Erfahrung der Wirklichkeit, eine Erfahrung, die in einem ungewöhnlichen Bewußtseinszustand auftritt, die man einen «meditativen» oder mystischen Zustand nennen kann. Die Existenz eines solchen Zustands wurde nicht nur von zahlreichen Mystikern des Ostens und des Westens, sondern auch von der psychologischen Forschung bestätigt. Mit den Worten von William James:

> Unser normales, waches Bewußtsein, das rationale Bewußtsein, wie wir es nennen, ist nur ein spezieller Typ von Bewußtsein, während überall herum, jenseits feinster Trennungswände, völlig verschiedene potentielle Formen von Bewußtsein liegen.[6]

Obwohl Physiker sich hauptsächlich mit dem rationalen Wissen befassen und Mystiker mit dem intuitiven Wissen, erscheinen beide Arten des Wissens in beiden Gebieten. Dies wird klar, wenn wir prüfen, wie Wissen zustande kommt und wie es in der Physik und in der östlichen Mystik ausgedrückt wird.

In der Physik wird Wissen durch wissenschaftliche Forschung erworben, die in drei Stadien abläuft. Das erste besteht aus dem Sammeln experimenteller Ergebnisse über die Phänomene, die erklärt werden sollen. Im zweiten Stadium werden die experimentellen Tatsachen mit mathematischen Symbolen in Verbindung gebracht, und ein mathematisches Schema wird ausgearbeitet, welches diese Symbole auf präzise und folgerichtige Art verknüpft. Ein solches

Schema nennt man gewöhnlich ein «mathematisches Modell», oder, wenn es umfassender ist, eine Theorie. Dann wird diese Theorie angewandt, um die Resultate weiterer Experimente vorauszusagen, die angestellt werden, um alle Implikationen zu prüfen. In diesem Stadium sind die Physiker vielfach zufrieden, wenn sie ein mathematisches Schema gefunden haben und wissen, wie es anzuwenden ist, um Experimente vorauszusagen. Aber irgendwann wird dann der Wunsch auftreten, mit Nichtphysikern über ihre Resultate zu sprechen, und da müssen sie sich dann in gewöhnlicher Sprache ausdrücken. Das bedeutet, sie müssen ein Modell in gewöhnlicher Sprache formulieren, welches ihr mathematisches Schema erklärt. Auch für die Physiker selber ist die Formulierung eines solchen Modells in Worten, die dritte Stufe der Forschung, ein Kriterium des Verstehens, das sie erreicht haben.

In der Praxis sind diese drei Stadien natürlich nicht säuberlich getrennt und erscheinen nicht immer in derselben Reihenfolge. So mag beispielsweise ein Physiker durch seinen philosophischen Glauben zu einem bestimmten Modell geführt werden und seinem Glauben auch dann noch anhängen, wenn Experimente das Gegenteil andeuten. Er wird dann – und das geschieht in Wirklichkeit sehr oft – versuchen, sein Modell so zu modifizieren, daß es die neuen Experimente erklären kann. Wenn jedoch die experimentellen Daten weiterhin dem Modell widersprechen, so wird er es irgendwann aufgeben müssen.

Diese Art, jede Theorie auf Experimente zu gründen, ist als die wissenschaftliche Methode bekannt, und wir werden sehen, daß sie in der östlichen Philosophie ihr Gegenstück hat. Die griechische Philosophie dagegen war in dieser Hinsicht grundsätzlich anders. Obwohl die Griechen geniale Vorstellungen von der Natur hatten, die den modernen wissenschaftlichen Modellen oft sehr nahe kamen, so liegt doch der enorme Unterschied zwischen den beiden in der empirischen Einstellung der modernen Wissenschaft, die dem griechischen Denken im großen und ganzen fremd war. Die Griechen leiteten ihre Modelle von einigen fundamentalen Axiomen oder Prinzipien und nicht von Beobachtungen ab. Andererseits ist natürlich das griechische deduktive Denken ein wesentlicher Bestandteil des zweiten Stadiums der wissenschaftlichen Forschung, der Formulierung eines mathematischen Modells, und somit ein wesentlicher Teil der Naturwissenschaft.

Die wissenschaftliche Forschung beruht zwar zum größten Teil auf rationalem Wissen und Verfahren, aber nicht ausschließlich. Die rein rationale Forschung wäre in der Tat nutzlos, wenn sie nicht durch die Intuition ergänzt würde. Sie gibt den Wissenschaftlern neue Einsichten und macht sie kreativ. Diese Einsichten neigen dazu, plötzlich zu kommen, und charakteristischerweise nicht dann, wenn man am Schreibtisch sitzt und die Gleichungen ausarbeitet, sondern in der Badewanne, beim Waldspaziergang, am Strand usw. Während dieser Perioden der Entspannung nach konzentrierter intellektueller Aktivität scheint die intuitive Seite der Vernunft die Oberhand zu gewinnen und kann dann die schlagartige Erleuchtung herbeiführen, die das Vergnügen und die Freude der wissenschaftlichen Forschung ist.

Intuitive Erkenntnisse sind für die Physik jedoch nur dann von Nutzen, wenn sie in einem folgerichtigen mathematischen Rahmen formuliert werden können, ergänzt durch eine Erklärung in gewöhnlicher Sprache. Die Abstraktion ist ein wichtiges Merkmal dieses Rahmens. Er besteht, wie schon erwähnt, aus einem System von Begriffen und Symbolen, die eine Landkarte der Wirklichkeit bilden. Diese Landkarte repräsentiert jedoch nur einige Züge der Wirklichkeit; wir wissen nicht genau, welche es sind, da wir in unserer Kindheit angefangen haben, unsere Landkarte schrittweise und ohne kritische Analyse aufzubauen. Die Worte unserer Sprache sind somit nicht klar definiert. Sie haben mehrere Bedeutungen, von denen viele uns nur sehr vage durch den Sinn gehen und weitgehend in unserem Unterbewußtsein bleiben, wenn wir ein Wort hören.

Die Ungenauigkeit und Vieldeutigkeit unserer Sprache ist wichtig für Dichter, die weitgehend mit den unterbewußten Schichten und Assoziationen der Sprache arbeiten. Die Wissenschaft dagegen zielt auf klare Definitionen und eindeutige Zusammenhänge, und sie abstrahiert daher die Sprache noch weiter, indem sie die Bedeutung ihrer Worte begrenzt und ihre Struktur in Übereinstimmung mit den Gesetzen der Logik vereinheitlicht. Die letzte Abstraktion findet in der Mathematik statt, wo Wörter durch Symbole ersetzt werden und wo die Operationen zur Verbindung dieser Symbole streng definiert sind. So können Wissenschaftler Informationen auf eine Gleichung bringen, d. h. auf eine einzige Zeile von Symbolen, die in gewöhnlicher Sprache mehrere Seiten erfordert hätten.

Die Ansicht, daß Mathematik nichts sei als eine äußerst abstrakte und komprimierte Sprache, bleibt nicht ohne Widerspruch. In der Tat glauben viele Mathematiker, daß die Mathematik nicht bloß eine Sprache ist zur Beschreibung der Natur, sondern in der Natur selbst enthalten sei. Der Begründer dieses Glaubens war Pythagoras, der die berühmte Behauptung aufstellte: «Alle Dinge sind Zahlen», und der eine sehr spezielle Art von mathematischer Mystik entwikkelte. So führte die pythagoreische Philosophie die logische Beweisführung in die Domäne der Religion ein, eine Entwicklung, welche nach Bertrand Russell für die westliche Religionsphilosophie entscheidend war:

> Die Kombination von Mathematik und Theologie, die mit Pythagoras begann, charakterisiert die Religionsphilosophie in Griechenland, im Mittelalter und in der Neuzeit bis herauf zu Kant ... Bei Plato, Augustinus, Thomas von Aquin, Descartes, Spinoza und Leibniz gibt es eine innige Vermischung von Religion und Vernunft, von moralischem Streben und verstandesmäßiger Bewunderung des Zeitlosen, die sich von Pythagoras herleitet und die intellektualisierte Theologie Europas von den gradlinigeren mystischen Systemen Asiens unterscheidet.[7]

Die «gradlinigeren mystischen Systeme Asiens» würden natürlich die pythagoreische Auffassung der Mathematik nicht akzeptieren. Nach östlicher Ansicht muß die Mathematik mit ihrer hochdifferenzierten und wohldefinierten Struktur als Teil unserer begrifflichen Landkarte und nicht als Merkmal der Wirklichkeit selbst gesehen werden. Wirklichkeit, wie der Mystiker sie erfährt, ist völlig unbestimmt und undifferenziert.

Die wissenschaftliche Methode der Abstraktion ist sehr wirkungsvoll, doch müssen wir dafür einen Preis zahlen. Während wir unser Begriffssystem immer genauer definieren, glätten und immer fester in sich binden, löst es sich zunehmend von der realen Welt.

Wenn wir wieder Korzybskis Analogie von der Landkarte und dem Land heranziehen, ließe sich sagen, daß die gewöhnliche Sprache eine Landkarte ist, die aufgrund ihrer inhärenten Ungenauigkeit eine gewisse Flexibilität aufweist und damit den gekrümmten Formen des Terrains bis zu einem gewissen Grad folgen kann. Wird sie rigoroser, verschwindet diese Flexibilität allmählich, und mit der Sprache der Mathematik haben wir einen Punkt erreicht, wo die Verbindung mit der Wirklichkeit so dünn geworden ist, daß der Bezug zwischen den Symbolen und unseren Sinneserfahrungen nicht mehr offenbar ist. Daher müssen wir unsere mathematischen Modelle und Theorien mit Erläuterungen durch Worte ergänzen, wieder unter Verwendung von Begriffen, die intuitiv verstanden werden können, die aber etwas vieldeutig und ungenau sind.

Es ist wichtig, sich den Unterschied zwischen den mathematischen Modellen und deren in Worten ausgedrückten Gegenstücken klarzumachen. Erstere sind in ihrer inneren Struktur starr und folgerichtig, aber ihre Symbole stehen in keinem direkten Zusammenhang mit unserer Erfahrungswelt. Das in Worten ausgedrückte Modell andererseits gebraucht Begriffe, die intuitiv verstanden werden können, die aber immer ungenau und vieldeutig sind. In dieser Hinsicht unterscheiden sie sich nicht von philosophischen Modellen der Wirklichkeit, und somit können die beiden sehr gut miteinander verglichen werden.

Wie es in der Wissenschaft ein intuitives Element gibt, so gibt es auch ein rationales Element in der östlichen Mystik. Der Grad jedoch, bis zu welchem Vernunft und Logik betont werden, schwankt enorm von einer Schule zur anderen. Zum Beispiel sind der hinduistische Vedanta und die buddhistische Madhyamika-Lehre hochintellektuelle Schulen, während die Taoisten Vernunft und Logik immer sehr mißtrauten. Der Zen, der aus dem Buddhismus stammt, aber stark vom Taoismus beeinflußt wurde, ist stolz darauf, «keine Worte, keine Erklärungen, keine Lehren, kein Wissen» zu haben. Er konzentriert sich fast völlig auf die Erfahrung der Erleuchtung und ist nur am Rande an der Erklärung dieser Erleuchtung interessiert. Ein bekannter Satz des Zen besagt: «Im Augenblick, da du über ein Ding sprichst, verfehlst du das Ziel.»

Obwohl andere Schulen östlicher Mystik weniger extrem sind, ist ihr Kern doch die direkte mystische Erfahrung. Selbst die Mystiker, die sich in subtilsten Beweisführungen ergehen, sehen nie den Intellekt als Quelle ihres Wissens, sondern gebrauchen ihn lediglich, um ihre persönlichen mystischen Erfahrungen zu analysieren und zu interpretieren. Alles Wissen basiert auf der Erfahrung und gibt somit den östlichen Traditionen einen stark empirischen Charakter, der von deren Befürwortern immer betont wurde. D. T. Suzuki zum Beispiel schreibt über den Buddhismus:

> Persönliche Erfahrung ist ... die Grundlage der buddhistischen Philosophie. In diesem Sinne ist der Buddhismus ein radikaler Empirismus, welche Dialektik auch immer sich später entwikkelte, um die Bedeutung der Erleuchtungs-Erfahrung zu sondieren.[8]

Joseph Needham hebt wiederholt die empirische Einstellung der Taoisten in seinem Werk *Science and Civilisation in China* (deutsch: Wissenschaft und Zivilisation in China) hervor und findet, daß diese Einstellung den Taoismus zur Basis der chinesischen Wissenschaft und Technik gemacht habe. Die frühen taoistischen Philosophen, in Needhams Worten, «zogen sich zurück in die Wildnis, in die Wälder und Berge, um dort über die Ordnung der Natur zu meditieren und ihre zahllosen Manifestationen zu beobachten».[9] Den gleichen Geist reflektieren die Zen-Verse:

> Wer die Bedeutung der Buddha-Natur verstehen möchte, muß nach der rechten Zeit und den Kausal-Zusammenhängen ausschauen.[10]

Die feste Gründung des Wissens auf der Erfahrung in der östlichen Mystik hat eine Parallele in der Gründung des naturwissenschaftlichen Wissens auf dem Experiment. Diese Parallele wird weiter verstärkt durch die Art der mystischen Erfahrung. Diese wird in den östlichen Traditionen als direkte Einsicht beschrieben, die außerhalb des Reiches des Intellekts liegt und eher durch Schauen als durch Denken erlangt wird, durch Selbstversenkung, durch Beobachtung.

Im Taoismus ist dieser Begriff der Beobachtung im Namen für taoistische Tempel verkörpert, «Kuan», was ursprünglich «Schauen» heißt. Taoisten betrachten ihre Tempel somit als Orte der Beobachtung. Im Ch'an-Buddhismus, der chinesischen Version des Zen, wird die Erleuchtung oft als «die Vision des Tao» bezeichnet, und in allen buddhistischen Schulen gilt das Schauen als Basis des Wissens. Der erste Punkt des «Achtfachen Pfades», Buddhas Anleitung zur Selbstverwirklichung, ist das rechte Schauen, gefolgt vom rechten Wissen. D. T. Suzuki schreibt dazu:

> Das Schauen spielt die bedeutendste Rolle in der buddhistischen Erkenntnistheorie, denn es ist die Grundlage des Wissens. Wissen ist unmöglich ohne Schauen; alles Wissen hat seinen Ursprung im Schauen. Wissen und Schauen findet man somit immer in Buddhas Lehren vereint. Die buddhistische Philosophie weist daher letztlich zum Schauen der Wirklichkeit, wie sie ist. Schauen heißt die Erleuchtung erfahren.[11]

Diese Passage erinnert auch an den Yaqui-Mystiker Don Juan: «Meine Vorliebe ist es, zu schauen ... weil nur durch Schauen der Mann des Wissens wissen kann.»[12]

Hier sollte vielleicht ein Wort der Vorsicht eingefügt werden. Die Betonung des Sehens (Schauens) in den mystischen Traditionen ist nicht allzu wörtlich, sondern in einem metaphorischen Sinne zu verstehen, da die mystische Erfahrung der Wirklichkeit eine im wesentlichen nicht-sinnliche Erfahrung ist. Wenn die östlichen Mystiker über das «Schauen» oder «Sehen» reden, so meinen sie eine Form der Wahrnehmung, die das visuelle Wahrnehmen einschließen kann, dies aber immer und grundsätzlich überschreitet und zu einer nicht-sinnlichen Erfahrung der Wirklichkeit wird. Was sie jedoch immer betonen, wenn sie über das Sehen, Schauen oder Beobachten sprechen, ist der empirische Charakter des Wissens. Dieses empirische Vorgehen der östlichen Philosophie erinnert stark an die Betonung der Beobachtung in der Naturwissenschaft und gibt unserem Vergleich seinen Rahmen. Das experimentelle Stadium der wissenschaftlichen Forschung scheint der direkten Einsicht in der östlichen Mystik zu entsprechen, und die wissenschaftlichen Modelle und Theorien entsprechen den verschiedenen Weisen, in denen diese Einsichten interpretiert werden.

Die Parallele zwischen wissenschaftlichen Experimenten und mystischen Erfahrungen scheint vielleicht überraschend im Hinblick auf die sehr unterschiedliche Natur dieser Beobachtungsvorgänge. Physiker führen ihre Experimente in wohldurchdachter Teamarbeit und mit sehr komplizierten Techniken durch, während Mystiker ihr Wissen nur durch innere Einkehr, ohne Apparate, in der Zurückgezogenheit der Meditation erlangen. Darüber hinaus können wissenschaftliche Experimente jederzeit und von jedermann wiederholt werden, während mystische Erfahrungen offenbar nur wenigen Menschen zu bestimmten Anlässen vorbehalten sind. Eine nähere Prüfung zeigt jedoch, daß die Unterschiede zwischen den beiden Arten von Beobachtung lediglich in ihrem Vorgehen liegen und nicht in ihrer Zuverlässigkeit und ihrer Komplexität.

Jeder, der ein Experiment in der modernen subatomaren Physik wiederholen möchte, muß sich vorher einer langjährigen Ausbildung unterziehen. Erst dann wird er in der Lage sein, der Natur mit diesem Experiment eine spezielle Frage zu stellen und die Antwort zu verstehen. In ähnlicher Weise erfordert eine tiefe mystische Erfahrung im allgemeinen viele Jahre Übung unter einem erfahrenen Meister, und wie bei der wissenschaftlichen Ausbildung garantiert die investierte Zeit allein noch nicht den Erfolg. Hat der Studierende jedoch Erfolg, so wird er das Experiment wiederholen können. Die Wiederholbarkeit in der Erfahrung ist in der Tat wesentlich in jeder mystischen Schulung. Sie ist das eigentliche Ziel der geistigen Instruktion der Mystiker.

Eine mystische Erfahrung ist daher so wenig einmalig wie ein modernes physikalisches Experiment. Andererseits ist sie auch nicht weniger kompliziert, obwohl ihre Kompliziertheit von anderer Art ist. Die Komplexität und Funktionstüchtigkeit der technischen Apparatur des Physikers wird von der des Bewußtseins des Mystikers – körperlich und geistig – in tiefer Meditation erreicht, wenn nicht sogar überschritten. So haben denn die Wissenschaftler und die Mystiker hochkomplizierte, dem Laien nicht zugängliche Methoden zur Beobachtung der Natur entwickelt. Eine Seite aus einer Fachzeitschrift über moderne experimentelle Physik wird dem Uneingeweihten so mysteriös vorkommen wie ein tibetisches Mandala. Beide sind Aufzeichnungen von Untersuchungen über das Wesen des Universums.

Obwohl tiefe mystische Erfahrungen im allgemeinen nicht ohne lange Vorbereitung auftreten, kennen wir alle in unserem täglichen Leben direkte intuitive Einsichten. Wir alle kennen die Situation, wo wir ein Wort oder einen Namen vergessen haben und trotz aller Konzentration nicht darauf kommen. Es «liegt uns auf der Zunge», aber es will nicht heraus, bis wir es aufgeben und unsere Aufmerksamkeit anderen Dingen zuwenden und uns dann der vergessene Name blitzartig einfällt. Bei diesem Prozeß ist kein Denken im Spiel. Es ist eine plötzliche, unmittelbare Einsicht. Dieses Beispiel plötzlicher Erinnerung ist von besonderer Relevanz im Buddhismus, der behauptet, daß unsere ursprüngliche Natur die des erleuchteten Buddha sei und daß wir dies nur vergessen haben. Schüler des Zen-Buddhismus werden aufgefordert, ihr «ursprüngliches Gesicht» zu entdecken, und das plötzliche «Sich-Erinnern» an dieses Gesicht ist ihre Erleuchtung.

Ein anderes bekanntes Beispiel für spontane intuitive Einsicht ist der Witz. In dem Sekundenbruchteil, in dem wir einen Witz verstehen, erfahren wir einen Augenblick der «Erleuchtung». Es ist bekannt, daß dieser Augenblick spontan kommen muß, daß man ihn nicht durch «Erklären» des Witzes, d. h. durch intellektuelle Analyse, hervorbringen kann. Nur wenn wir die «Pointe» des Witzes intuitiv und unvermittelt erfassen, erfahren wir das befreiende Lachen, das der Witz hervorbringen soll. Die Ähnlichkeit zwischen einer geistigen Erkenntnis und dem Verstehen eines Witzes muß erleuchteten Menschen bekannt sein, da sie fast ohne Ausnahme viel Sinn für Humor aufweisen. Speziell Zen ist voll von lustigen Geschichten und Anekdoten, und im *Tao Te Ching* lesen wir: «Könnte man nicht darüber lachen, so würde es für das Tao nicht ausreichen.»[13]

In unserem täglichen Leben sind direkte intuitive Einsichten in das Wesen der Dinge normalerweise auf außerordentlich kurze Augenblicke beschränkt. Nicht so in der östlichen Mystik, wo sie auf lange Zeitabschnitte ausgedehnt und schließlich zu einer konstanten Bewußtheit werden. Die Vorbereitung des Geistes auf diese Bewußtheit – die unmittelbare, nicht-begriffliche Bewußtheit der Wirklichkeit – ist der Hauptzweck aller Schulen östlicher Mystik und vieler Aspekte der östlichen Lebensweise. Während der langen Kulturgeschichte Indiens, Chinas und Japans wurde eine ungeheure Vielfalt von Techniken, Ritualen und Kunstformen entwickelt, um diesen Zweck zu erreichen, die man alle im weitesten Sinn des Wortes «Meditationen» nennen kann.

Das Grundziel dieser Techniken ist es, den denkenden Verstand zum Schweigen zu bringen und vom rationalen auf das intuitive Bewußtsein umzuschalten. In vielen Formen der Meditation wird das rationale Bewußtsein dadurch zum Schweigen gebracht, daß man seine Aufmerksamkeit auf einen einzigen Punkt, wie den Atem, den Klang eines Mantras oder das Bild eines Mandalas, konzentriert. Andere Schulen konzentrieren die Aufmerksamkeit auf Körperbewegungen, die spontan, ohne die Einmischung irgendwelcher Gedanken, ausgeführt werden müssen. Dies ist der Weg des hinduistischen Yoga und des taoistischen T'ai Chi Ch'uan. Die rhythmischen Bewegungen dieser Schulen können zum gleichen Gefühl des Friedens und der Unbeschwertheit führen, das auch für die mehr statischen Formen der Meditation charakteristisch ist; ein Gefühl, das übrigens auch von einigen Sportarten hervorgerufen werden kann. In meiner Erfahrung ist zum Beispiel das Skilaufen eine äußerst befriedigende Form der Meditation.

Östliche Kunstformen sind auch Formen der Meditation. Sie sind nicht so sehr Mittel zum Ausdruck der Ideen des Künstlers als Wege zur Selbstverwirklichung durch Entwicklung der intuitiven Seite des Bewußtseins. Indische Musik lernt man nicht durch Notenlesen, sondern indem man dem Spiel des Lehrers zuhört und so ein Gefühl für die Musik entwickelt, genau wie die T'ai-Chi-Bewegungen nicht durch verbale Anweisungen gelernt werden, sondern indem man sie zusammen mit dem Lehrer immer und immer wieder ausführt. Japanische Teezeremonien sind voll von langsamen, rituellen Bewegungen. Chinesische Kalligraphie erfordert die unbefangene, spontane Bewegung der Hand. Alle diese Fertigkeiten werden im Osten eingesetzt, um die meditative Seite des Bewußtseins zu entwickeln.

Für die meisten Menschen, speziell für Intellektuelle, ist dies eine völlig neue Erfahrung. Wissenschaftler sind von ihrer Forschungsarbeit her mit der direkten intuitiven Einsicht vertraut, da jede neue Entdeckung in einem plötzlichen, nicht-verbalen Geistesblitz entsteht. Aber dies sind außerordentlich kurze Augenblicke, die auftreten, wenn das Gehirn mit Informationen, Begriffen und Denkmustern angefüllt ist. In der Meditation dagegen ist das Gehirn von allen Gedanken und Begriffen entleert und somit bereit, lange Zeiträume mit seiner intuitiven Seite zu funktionieren. Lao-tzu drückt diesen Gegensatz zwischen Forschung und Meditation so aus:

> Wer dem Lernen nachgeht, wird jeden Tag wachsen;
> Wer dem Tao nachgeht, wird jeden Tag schwinden.[14]

Wenn der rationale Verstand zum Schweigen gebracht ist, erzeugt die intuitive Art ein außergewöhnliches Bewußtsein. Die Umgebung wird direkt erfahren, ohne den Filter begrifflichen Denkens. Mit den Worten Chuang-tzus: «Der stille Geist des Weisen ist ein Spiegel des Himmels und der Erde – das Schauglas aller Dinge.»[15] Die Erfahrung des Einsseins mit der Umgebung ist das Hauptmerkmal dieses meditativen Zustands. Es ist ein Bewußtseinszustand, in dem jede Form von Zersplitterung aufgehört hat und in der undifferenzierten Einheit entschwunden ist.

In der tiefen Meditation ist der Geist völlig wach. Zusätzlich zur nicht-sinnlichen Wahrnehmung der Realität nimmt er all die Geräusche, Bilder und sonstigen Eindrücke der Umgebung auf, hält diese Sinneseindrücke aber nicht zwecks Analyse oder Interpretation fest. Es wird ihnen nicht gestattet, die Aufmerksamkeit abzulenken. Solch ein Zustand des Bewußtseins gleicht der geistigen Verfassung eines Kriegers, der in äußerster Alarmbereitschaft einen Angriff erwartet, alles registriert, was um ihn herum vorgeht, ohne dadurch jedoch auch nur einen Augenblick abgelenkt zu werden. Der Zen-Meister Yasutani Roshi benutzt dieses Bild in seiner Beschreibung von *shikan-taza*, der Übung der Zen-Meditation:

> So ist *shikan-taza* ein Zustand erhöhter, konzentrierter Geistesgegenwart, in dem man weder überspannt noch in Eile und natür-

> lich niemals schlaff ist. Es ist die Geisteshaltung eines Menschen angesichts des Todes. Stellen Sie sich vor, Sie nähmen an einem Duell im Schwertkampf jener Art teil, wie er einst im alten Japan geübt wurde. Angesichts Ihres Gegners sind Sie jeden Augenblick auf der Hut, entschlossen und bereit. Wenn Sie auch nur eine Sekunde in Ihrer Wachsamkeit nachließen, so würden Sie augenblicklich niedergestochen. Eine Menge Volk sammelt sich, um den Kampf zu sehen. Da Sie nicht blind sind, sehen Sie die Volksmenge aus dem Augenwinkel, und da Sie nicht taub sind, hören Sie sie. Aber Ihre Aufmerksamkeit wird von solchen Sinneswahrnehmungen nicht einen einzigen Augenblick gefangengenommen.[16]

Wegen der Ähnlichkeit zwischen dem meditativen Zustand und dem Geisteszustand eines Kriegers spielt das Bild des Kriegers eine bedeutende Rolle im geistigen und kulturellen Leben des Ostens. Der Schauplatz des bedeutendsten religiösen Textes der Inder, der *Bhagavad Gita*, ist ein Schlachtfeld, und Kriegskünste bilden einen wichtigen Teil der traditionellen Kulturen Chinas und Japans. In Japan ließ der starke Einfluß des Zen auf die Tradition der Samurai das entstehen, was als *bushido* bekannt ist, der «Weg des Kriegers», eine Kunst des Schwertfechtens, in der die geistige Einsicht des Schwertträgers ihre höchste Perfektion erreicht. Das taoistische T'ai Chi Ch'uan, das als die höchste Kriegskunst in China angesehen wurde, kombiniert langsame und rhythmische «Yoga»-Bewegung auf einzigartige Weise mit der vollen geistigen Wachsamkeit des Kriegers.

Östliche Mystik beruht auf direkten Einsichten in das Wesen der Wirklichkeit, und Physik beruht auf der wissenschaftlich-experimentellen Beobachtung von Naturphänomenen. In beiden Bereichen werden die Beobachtungen dann interpretiert, und die Interpretation wird nachher häufig mit Hilfe von Worten vermittelt. Da Worte immer nur eine abstrakte, annähernde Landkarte der Wirklichkeit sind, müssen die verbalen Interpretationen eines wissenschaftlichen Experiments oder einer mystischen Erkenntnis notwendigerweise ungenau und unvollständig sein. Moderne Physiker und östliche Mystiker sind sich dieser Tatsache wohl bewußt.

In der Physik nennt man die Interpretation von Experimenten Modelle oder Theorien, und die Erkenntnis, daß sie nur Annäherungswert haben, ist eine Grundweisheit der modernen wissenschaftlichen Forschung. So lautet der Aphorismus von Einstein: «Soweit sich Gesetze der Mathematik auf die Realität beziehen, sind sie nicht gesichert; und soweit sie gesichert sind, beziehen sie sich nicht auf die Realität.» Physiker wissen, daß ihre Methode der Analyse und der logischen Beweisführung niemals das ganze Reich der Naturphänomene auf einmal erklären kann, und so sortieren sie eine bestimmte Gruppe von Phänomenen aus und versuchen, ein Modell zur Beschreibung dieser Gruppe aufzustellen. Dabei lassen sie dann andere Phänomene beiseite, und das Modell gibt daher keine vollständige Beschreibung der wirklichen Situation. Die nicht berücksichtigten Phänomene können entweder eine so kleine Wirkung haben, daß ihr Einbezug die Theorie nicht merklich ändern würde, oder sie sind einfach deshalb ausgelassen worden, weil sie zur rechten Zeit der Aufstellung der Theorie noch nicht bekannt waren.

Zur Verdeutlichung wollen wir einen Blick auf das bekannteste physikalische Modell, Newtons «klassische» Mechanik, werfen. Die Wirkung von Luftwiderstand oder Reibung wird zum Beispiel in diesem Modell gewöhnlich nicht berücksichtigt, da sie meist sehr gering ist. Doch abgesehen von solchen Auslassungen wurde die Newtonsche Mechanik lange Zeit als die endgültige Theorie für die Beschreibung aller Naturphänomene angesehen, bis es zur Entdekkung elektrischer und magnetischer Phänomene kam, die in Newtons Theorie keinen Platz hatten. Die Entdeckung dieser Phänomene zeigte, daß das Modell unvollständig war, daß es nur auf eine begrenzte Gruppe von Phänomenen angewandt werden konnte, im wesentlichen auf die Bewegung fester Körper.

Eine begrenzte Gruppe von Phänomenen zu studieren, kann auch bedeuten, ihre physikalischen Eigenschaften nur innerhalb eines begrenzten Bereichs zu studieren, was ein anderer Grund dafür sein kann, daß die Theorie nur annähernd gilt. Dieser Aspekt der Annäherung ist subtil, da wir nie im voraus wissen, wo die Grenzen einer Theorie liegen. Nur die Erfahrung kann es zeigen. So wurde das Bild der klassischen Mechanik weiter unterhöhlt, als die Physik des zwanzigsten Jahrhunderts seine wesentlichen Begrenzungen aufzeigte. Heute wissen wir, daß das Newtonsche Modell nur für Objekte gilt, die aus einer großen Anzahl von Atomen bestehen, und nur für sehr kleine Geschwindigkeiten im Vergleich zur Lichtgeschwindigkeit. Ist die erstere Bedingung nicht gegeben, so muß die klassische Mechanik durch die Quantentheorie ersetzt werden; wird die zweite Bedingung nicht erfüllt, ist die Relativitätstheorie anzuwenden. Das heißt nicht, daß Newtons Modell «falsch» ist oder die Quantentheorie und die Relativitätstheorie «richtig». All diese Modelle sind Annäherungen, die in einem bestimmten Bereich der Phänomene gelten. Jenseits dieses Bereichs geben sie keine befriedigende Beschreibung der Natur mehr, und man muß neue Modelle finden, um die alten zu ersetzen oder, besser, diese durch Verbesserung der Annäherung auszuweiten.

Die Begrenzungen eines gegebenen Modells anzuführen, ist oft eine der schwierigsten und doch eine der wichtigsten Aufgaben bei dessen Konstruktion. Nach Geoffrey Chew, dessen «Bootstrap»-Theorie später ausführlich diskutiert wird (siehe S. 63 ff.), ist es wesentlich, sich immer zu fragen, sobald ein bestimmtes Modell oder eine Theorie bewiesen hat, daß sie funktioniert: Warum funktioniert sie? Was sind die Grenzen des Modells? In welcher Weise ist es eine Annäherung? Diese Fragen sieht Chew als erste Stufe zu weiterem Fortschritt.

Auch die östlichen Mystiker sind sich der Tatsache bewußt, daß alle verbalen Beschreibungen der Wirklichkeit ungenau und unvollständig sind. Die direkte Erfahrung der Wirklichkeit geht über Gedanken und Sprache hinaus, und da jede Mystik auf solch einer Erfahrung beruht, kann alles, was darüber gesagt wird, nur teilweise wahr sein. Der annähernde Erkenntniswert physikalischer Ergebnisse wird quantifiziert, so daß durch schrittweise Verbesserung der Annäherung ein Fortschritt erzielt wird. Wie also behandeln die östlichen Traditionen das Problem der verbalen Vermittlung?

Zuerst einmal sind Mystiker an der Erfahrung der Wirklichkeit interessiert und nicht an der Beschreibung dieser Erfahrung. Sie sind daher im allgemeinen nicht an der Analyse einer solchen Beschreibung interessiert, und der Begriff einer gut definierten Annäherung ist daher in der östlichen Gedankenwelt nie entstanden.

Wenn die östlichen Mystiker aber ihre Erfahrungen übermitteln wollen, werden sie mit den Grenzen der Sprache konfrontiert. Verschiedene Wege wurden im Osten entwickelt, um dieses Problem zu lösen.

Die indische, insbesondere die hinduistische Mystik kleidet ihre Aussagen in die Form von Mythen und gebraucht Metaphern und Symbole, poetische Bilder, Gleichnisse und Allegorien. Die mythische Sprache ist viel weniger von Logik und Verstand eingeengt. Sie ist voll von Magie und paradoxen Situationen, reich an anregenden Bildern und nie präzise, und somit kann sie die Art, in der Mystiker die Wirklichkeit erfahren, viel besser vermitteln als die Sprache der Fakten. Nach Ananda Coomaraswamy verkörpert der Mythos die «größtmögliche Annäherung an die Wahrheit, die mit Worten aufgestellt werden kann».[17]

Die reiche indische Vorstellungskraft hat eine große Anzahl von Göttern und Göttinnen geschaffen, deren Inkarnationen und Heldentaten Gegenstand fabelhafter Erzählungen, gesammelt in Epen von gewaltigen Dimensionen, sind. Der Hindu weiß, daß alle diese Götter Geschöpfe des Geistes sind, mythische Bilder, die die vielen Gesichter der Wirklichkeit repräsentieren. Andererseits weiß er auch, daß sie nicht nur geschaffen wurden, um die Geschichten auszuschmücken, sondern daß sie wesentliches Hilfsmittel darstellen, um die Lehren einer in mystischen Erfahrungen verwurzelten Philosophie weiterzuvermitteln.

Chinesische und japanische Mystiker haben einen anderen Ausweg aus dem Sprachproblem gefunden. Statt die paradoxe Natur der Realität durch Symbole und Mythen verständlich zu machen, ziehen sie es oft vor, sie mit Hilfe der alltäglichen Sprache zu betonen. So benutzen die Taoisten häufig Paradoxa, um die Widersprüche, die aus der Verständigung durch Worte entstehen, aufzudekken und die Grenzen dieser Verständigungsmöglichkeit zu zeigen. Sie haben diese Technik den chinesischen und japanischen Buddhisten vermittelt, die sie weiterentwickelten. Sie hat ihren Höhepunkt im Zen-Buddhismus mit den sogenannten «Koans» erreicht, jenen unsinnigen Rätseln, welche von vielen Zen-Meistern zur Vermittlung ihrer Lehren gebraucht werden. Diese Koans stellen eine bedeutende Parallele zur modernen Physik dar.

In Japan können philosophische Anschauungen auch mit Hilfe einer außerordentlich prägnanten Poesie ausgedrückt werden, die oft von Zen-Meistern benutzt wird, um direkt auf das «So-Sein» der Realität zu verweisen. Als ein Mönch Fuketsu Ensho fragte: «Wenn sowohl Sprache als auch Schweigen unzulässig sind, wie kann man einen Irrtum vermeiden?», antwortete der Meister:

Ich erinnere mich immer an Kiangsu im März –
den Schrei des Rebhuhns,
die Mengen von duftenden Blumen.[18]

Diese Form spiritueller Poesie erreichte ihre Vollendung mit dem «Haiku», einer klassischen japanischen Strophe von genau siebzehn Silben, die stark vom Zen beeinflußt wurde. Die Wesensschau, die diese Haiku-Dichter erreichten, kommt selbst in der Übersetzung zum Ausdruck:

Blätter fallen,
eins liegt auf dem anderen;
Regen peitscht den Regen.[19]

Wenn immer die östlichen Mystiker ihr Wissen in Worten ausdrücken – mit Hilfe von Mythen, Symbolen, poetischen Bildern oder paradoxen Sprüchen –, sind sie sich der von Sprache und «linearem» Denken auferlegten Begrenzungen bewußt. Die moderne Physik nimmt heute in bezug auf ihre verbalen Modelle und Theorien genau die gleiche Haltung ein. Auch diese sind nur angenähert und notwendigerweise ungenau. Sie sind das Gegenstück der östlichen Mythen, Symbole und poetischen Bilder, und auf dieser Ebene möchte ich die Parallelen ziehen. Zum Beispiel wird dem Hindu durch den kosmischen Tanz des Gottes Shiva dieselbe Vorstellung von der Materie vermittelt wie dem Physiker durch gewisse Aspekte der Quanten-Feldtheorie. Sowohl der tanzende Gott als auch die physikalische Theorie sind Schöpfungen des Geistes: Modelle zur Beschreibung der intuitiven Wirklichkeitserkenntnis ihres Urhebers.

Anmerkungen

Dieser Beitrag erschien erstmals in: Fritjof Capra, *Das Tao der Physik*, München 1984, und wurde übersetzt von Fritz Lahmann und Erwin Schuhmacher.

1 W. Heisenberg, *Physik und Philosophie*, Berlin 1973, S. 102.
2 Chuang-tzu. Übers. James Legge, arrang. Clae Waltham, New York 1971, Kap. 26.
3 *Katha-Upanischade.* In: *Upanishaden. Altindische Weisheit aus Brahmanas und Upanishaden.* Übertr. und eingel. von A. Hillebrandt, Düsseldorf/Köln 1973, S. 167
4 *Kena-Upanischade*, op. cit., S. 153.
5 Zitiert in: J. Needham, *Science and Civilisation in China*, London 1956, Bd. 2, S. 85. Deutsche Ausgabe: *Wissenschaft und Zivilisation in China*, Frankfurt/M. 1984.
6 W. James, *The Varieties of Religious Experience*, London 1971, S. 374. Deutsche Ausgabe: *Die Vielfalt der religiösen Erfahrung*, Frankfurt/M. 1997.
7 B. Russell, *History of Western Philosophy*, London 1961, S. 56. Deutsche Ausgabe: *Philosophie des Abendlandes*, München 1997.
8 D. T. Suzuki, *On Indian Mahayana Buddhism*, hrsg. Edward Conze, New York 1968, S. 237.
9 J. Needham, op. cit., Bd. 2, S. 33.
10 Aus dem *Zenrin kushu*, in: I. Muira und R. Fuller Sasaki, *The Zen Koan*, New York 1965, S. 103.
11 D. T. Suzuki, *Outlines of Mahayana Buddhism*, New York 1963, S. 235.
12 C. Castaneda, *A Separate Reality*, London 1971, S. 10. Deutsche Ausgabe: *Eine andere Wirklichkeit. Neue Gespräche mit Don Juan*, Frankfurt/M. 1973.
13 Lao-tzu, *Tao Te Ching*. Übers. Ch'u Ta-Kao, London 1970, Kap. 41.
14 Ibid., Kap. 48.
15 Chuang-tzu, op. cit., Kap. 13.
16 P. Kapleau, *Die drei Pfeiler des Zen*, München 1975, S. 90.
17 A. Coomaraswamy, *Hinduism and Buddhism*, New York 1943, S. 33.
18 A. W. Watts, *The Way of Zen*, New York 1957, S. 183. Deutsche Ausgabe: *Zen*, Aitrang 1981.
19 Ibid. S. 187.

Die neue Physik

D. T. Suzuki nannte die direkte mystische Erfahrung der Realität «das aufregendste Ereignis, das im Bereich des menschlichen Bewußtseins auftreten kann ... das jede Form genormter Erfahrung über den Haufen wirft»[1], und er hat den schockierenden Charakter dieser Erfahrung mit den Worten eines Zen-Meisters erläutert, der es als «den Boden eines Eimers, der durchbricht», beschrieb.

Den Physikern ging es zu Beginn dieses Jahrhunderts ähnlich, und sie beschreiben diese Erfahrung auf eine Weise, die der von Suzukis Zen-Meister sehr ähnelt. So schrieb Heisenberg:

> Diese heftige Reaktion auf die jüngste Entwicklung der modernen Physik kann man nur verstehen, wenn man erkennt, daß hier die Fundamente der Physik und vielleicht der Naturwissenschaft überhaupt in Bewegung geraten waren und daß diese Bewegung ein Gefühl hervorgerufen hat, als würde der Boden, auf dem die Naturwissenschaft steht, uns unter den Füßen weggezogen.[2]

Einstein erfuhr denselben Schock, als er zum ersten Mal mit der neuen Wirklichkeit der Atomphysik in Berührung kam. Er schrieb in seiner Autobiographie:

> Alle meine Versuche, die theoretischen Grundlagen der Physik dieser neuen Art von Wissen anzupassen, haben völlig versagt. Es war, als ob mir der Boden unter den Füßen weggezogen würde, mit keinem festen Fundament irgendwo in Sicht, auf dem man hätte bauen können.[3]

Die Entdeckungen der modernen Physik erforderten eine tiefgreifende Wandlung von Begriffen wie Raum, Zeit, Materie, Objekt,

Ursache und Wirkung etc., und da diese Begriffe für unsere Weltanschauung so grundlegend sind, ist es nicht überraschend, daß die Physiker, die gezwungen waren, sie zu ändern, davon erschüttert wurden. Aus dieser Wandlung ging eine neue, radikal andere Weltanschauung hervor, die immer noch dem Prozeß der Um- und Neubildung durch die laufende wissenschaftliche Forschung unterworfen ist.

In den beiden folgenden Zitaten drücken der europäische Physiker Niels Bohr und der indische Mystiker Sri Aurobindo die Tiefe und den radikalen Charakter dieser Erfahrung aus:

> Die große Erweiterung unserer Erfahrung in jüngster Zeit hat die Unzulänglichkeit unserer einfachen mechanischen Begriffe ans Licht gebracht und als Folge davon die Fundamente erschüttert, auf denen die übliche Interpretation der Beobachtungen basierte.[4]
>
> *Niels Bohr*

> Tatsächlich beginnen alle Dinge ihre Natur und ihre Erscheinung zu verändern; unsere ganze Erfahrung von der Welt ist radikal anders ... Es gibt eine neue, gewaltige und tiefe Art, die Dinge zu erfahren, zu sehen, zu kennen und zu berühren.[5]
>
> *Sri Aurobindo*

Der folgende Abriß der Entwicklung der modernen Physik soll zeigen, wie die klassische mechanistische Weltanschauung zu Beginn dieses Jahrhunderts weichen mußte, als die Quantentheorie und die Relativitätstheorie uns zu einer viel subtileren, ganzheitlicheren und «organischeren» Auffassung von der Natur zwangen.

Klassische Physik

Die Ansicht von der Welt, die jetzt durch die Entdeckungen der modernen Physik geändert wurde, basiert auf Newtons mechanischem Modell vom Universum. Dieses Modell bildete den soliden Rahmen der klassischen Physik. Es war wirklich ein gewaltiges Fundament, welches wie ein mächtiger Fels die ganze Wissenschaft trug und der Naturphilosophie für fast drei Jahrhunderte eine feste Basis gab.

Die Bühne des Newtonschen Universums, auf der alle physikalischen Vorgänge stattfanden, war der dreidimensionale Raum der klassischen Euklidischen Geometrie. Es war ein absoluter Raum, immer ruhend und unveränderlich. In Newtons eigenen Worten: «Der absolute Raum ist seinem Wesen nach so beschaffen, daß er ohne Rücksicht auf irgend etwas außerhalb Liegendes immer gleich und unbeweglich bleibt.»[6] Alle Veränderungen in der pyhsikalischen Welt wurden mit den Begriffen einer weiteren Dimension, genannt Zeit, beschrieben, welche wiederum absolut war, keine Verbindung mit der Welt der Materie hatte und gleichförmig von der Vergangenheit durch die Gegenwart in die Zukunft floß. Newton sagte: «Die absolute, wahre und mathematische Zeit fließt von sich aus und gemäß ihrem Wesen gleichförmig und ohne Rücksicht auf irgendwelche äußeren Dinge.»[7]

Die Elemente der Newtonschen Welt, welche sich in diesem absoluten Raum und der absoluten Zeit bewegten, waren Masseteilchen. In den mathematischen Gleichungen wurden sie als «Massenpunkte» behandelt, und Newton sah sie als kleine, feste und unzerstörbare Objekte, aus denen alle Materie gemacht war. Dieses Modell war dem der griechischen Atomisten recht ähnlich. Beide basierten auf dem Unterschied zwischen Fülle und Leere, zwischen Materie und Raum, und in beiden Modellen bewahrten die Teilchen ihre Masse und Form. Die Materie blieb daher immer erhalten und war im wesentlichen passiv. Der wichtige Unterschied zwischen Demokrits und Newtons Atomismus ist, daß der letztere eine präzise Beschreibung der zwischen den Masseteilchen wirkenden Kraft einschließt. Diese Kraft ist sehr einfach und hängt nur von der Masse und der gegenseitigen Entfernung der Teilchen ab. Es ist die Schwerkraft bzw. die Anziehung der Massen, und Newton sah sie mit den Körpern, auf die sie wirkte, fest zusammenhängend und augenblicklich auf weite Entfernung wirkend. Obwohl dies eine seltsame Hypothese war, wurde sie nicht weiter untersucht. Die Teilchen und die Kräfte zwischen ihnen wurden als von Gott geschaffen betrachtet und waren damit nicht Gegenstand weiterer Analysen. In seinen *Opticks* gibt uns Newton ein klares Bild, wie er sich Gottes Erschaffung der materiellen Welt vorstellt:

> Ich halte es für wahrscheinlich, daß Gott am Anfang die Materie als feste, harte, massive, undurchdringliche, bewegliche Partikel schuf, in der Größe und Gestalt und mit solchen Eigenschaften und in solchem Verhältnis zum Raum, wie sie dem Zweck am dienlichsten waren, für den er sie erschaffen hatte; und daß diese einfachen Partikel als Festkörper unvergleichlich härter sind als irgendwelche porösen Körper, die aus ersteren aufgebaut sind; sogar so hart, daß sie nie verschleißen oder zerbrechen. Keine gewöhnliche Kraft vermag zu trennen, was Gott selbst am ersten Schöpfungstag erschuf.[8]

Alle physikalischen Erscheinungen werden in der Newtonschen Mechanik auf die Bewegung von Massenpunkten im Raum reduziert, die durch ihre gegenseitige Anziehung, d. h. durch die Gravitation, verursacht werden. Um die Wirkung dieser Kraft auf einen Massenpunkt in eine präzise mathematische Form zu bringen, mußte Newton völlig neue Begriffe und mathematische Techniken entwickeln, nämlich die Differentialrechnung. Dies war eine gewaltige intellektuelle Leistung und wurde von Einstein als «der vielleicht größte Fortschritt im Denken, den je ein einzelner machen durfte», gepriesen.

Newtons Bewegungsgleichungen sind die Grundlage der klassischen Mechanik. Sie wurden als feste Gesetze betrachtet, nach welchen Massenpunkte sich bewegen, und so dachte man, daß sie allen in der physikalischen Welt beobachteten Veränderungen Rechnung trügen. In Newtons Sicht hat Gott am Anfang die Masseteilchen, die Kraft zwischen ihnen und die Grundgesetze der Bewegung erschaffen. Auf diese Art wurde das ganze Universum in Bewegung gesetzt und lief von da an weiter wie eine Maschine, gelenkt von unveränderlichen Gesetzen.

Die mechanistische Weltanschauung ist somit eng verwandt mit einem strengen Determinismus. Die gigantische kosmische Maschine wurde als kausal und determiniert angesehen. Alles, was geschah, hatte eine definitive Ursache und eine definitive Wirkung, und die Zukunft eines jeden Teils des Systems konnte im Prinzip mit absoluter Sicherheit vorausgesagt werden, wenn sein Zustand zu irgendeiner Zeit in allen Details bekannt war. Dieser Glauben kommt am deutlichsten in den berühmten Worten des französischen Mathematikers Pierre Simon Laplace zum Ausdruck:

> Ein Intellekt, der zu einem gegebenen Zeitpunkt alle in der Natur wirkenden Kräfte kennt und die Lage aller Dinge, aus denen die Welt besteht – angenommen, der erwähnte Intellekt wäre groß genug, diese Daten zu analysieren –, würde in derselben Formel die Bewegungen der größten Körper im Universum und die der kleinsten Atome erfassen; ihm wäre nichts ungewiß, und die Zukunft wie die Vergangenheit wären seinen Augen gegenwärtig.[9]

Die philosophische Grundlage dieses strengen Determinismus war die grundsätzliche Trennung vom Ich und der Welt, die Descartes einführte. Als Folge dieser Trennung glaubte man, daß die Welt objektiv beschrieben werden könne, d. h. ohne jemals den menschlichen Beobachter zu erwähnen, und diese objektive Beschreibung der Natur wurde das Ideal aller Wissenschaften.

Das achtzehnte und neunzehnte Jahrhundert waren Zeuge des gewaltigen Erfolges der Newtonschen Mechanik. Newton selbst wandte seine Theorie auf die Bewegung der Planeten an und konnte damit die Grundzüge des Sonnensystems erklären. Sein Planetenmodell war jedoch stark vereinfacht, da es z. B. die Gravitationseinflüsse der Planeten untereinander vernachlässigte, und so fand er gewisse Unregelmäßigkeiten, die er nicht erklären konnte. Er löste dieses Problem durch die Annahme, daß Gott im Universum allgegenwärtig sei, um diese Unregelmäßigkeiten zu korrigieren.

Laplace, der große Mathematiker, stellte sich selbst die ehrgeizige Aufgabe, Newtons Berechnungen in einem Buch zu verfeinern und zu verbessern, das «eine vollständige Lösung der großen mechanischen Probleme des Sonnensystems bieten und die Theorie in so enge Übereinstimmung mit den Beobachtungen bringen sollte, daß empirische Gleichungen keinen Platz mehr in astronomischen Tabellen finden».[10] Das Resultat war ein umfangreiches Werk in fünf

Bänden, mit dem Titel *Mécanique Céleste*, in dem es Laplace gelang, die Bewegungen der Planeten, Monde und Kometen bis in das kleinste Detail zu erklären, sowie auch den Wechsel der Gezeiten und andere, mit der Schwerkraft zusammenhängende Phänomene. Er zeigte, daß die Newtonschen Bewegungsgesetze die Stabilität des Sonnensystems sicherstellten, und behandelte das Universum als eine sich selbst perfekt regulierende Maschine. Als Laplace die erste Ausgabe seines Werkes Napoleon vorlegte, soll dieser gesagt haben: «Monsieur Laplace, man erzählt mir, Sie hätten dieses umfangreiche Buch über das System des Universums geschrieben, ohne den Namen des Schöpfers auch nur zu erwähnen.» Hierauf antwortete Laplace kurz: «Diese Hypothese benötigte ich nicht.»

Ermutigt durch den glänzenden Erfolg der Newtonschen Mechanik in der Astronomie wandten die Physiker sie auch auf die kontinuierliche Bewegung flüssiger und auf die Schwingungen elastischer Körper an, und wieder funktionierte sie. Schließlich konnte sogar die Wärmelehre auf die Mechanik zurückgeführt werden, als klar wurde, daß Wärme die Energie ist, die durch komplizierte «Zitterbewegungen» der Moleküle erzeugt wird. Wenn z. B. die Temperatur des Wassers erhöht wird, nimmt die Bewegung der Wassermoleküle zu, bis sie die sie zusammenhaltenden Kräfte überwinden und auseinanderfliegen. So wird Wasser zu Dampf. Wenn die Wärmebewegung andererseits durch Kühlung des Wassers verlangsamt wird, ordnen sich die Moleküle schließlich zu einer neuen, festeren Struktur, dem Eis. Auf diese Art können viele andere thermische Phänomene vom rein mechanistischen Gesichtspunkt recht gut verstanden werden.

Der enorme Erfolg des mechanistischen Modells ließ die Physiker des frühen neunzehnten Jahrhunderts glauben, daß das Universum wirklich ein mächtiges mechanisches System sei, das nach den Newtonschen Bewegungsgesetzen funktionierte. Diese Gesetze wurden als grundlegende Naturgesetze angesehen, und Newtons Mechanik galt als die endgültige Theorie der Naturerscheinungen. Und doch wurde weniger als hundert Jahre später eine neue physikalische Realität entdeckt, die die Grenzen des Newtonschen Modells sichtbar machte und zeigte, daß nichts daran absolute Gültigkeit besaß.

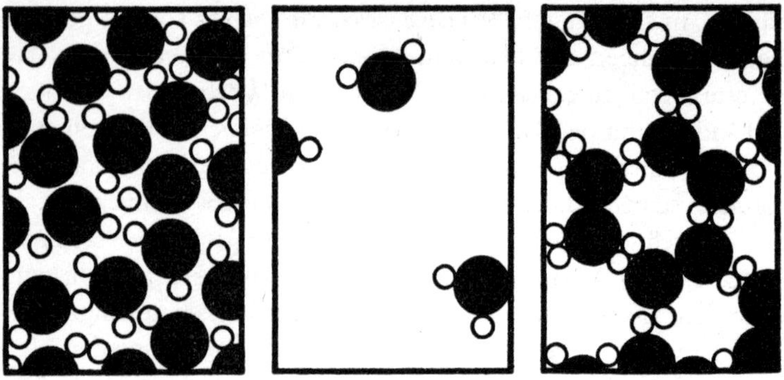

Wasser *Dampf* *Eis*

Diese Erkenntnis kam nicht von ungefähr, sondern wurde von Entwicklungen angeregt, die schon im neunzehnten Jahrhundert begonnen und den Weg für die wissenschaftlichen Revolutionen unserer Zeit vorbereitet hatten. Die erste dieser Entwicklungen war die Entdeckung und Erforschung elektrischer und magnetischer Phänomene, die durch das mechanische Modell nicht richtig beschrieben werden konnten und bei denen eine neue Art von Kraft mitspielte. Der bedeutende Schritt wurde von Michael Faraday und Clerk Maxwell gemacht. Der eine war einer der größten Experimentatoren in der Geschichte der Wissenschaft, der andere ein brillanter Theoretiker. Als Michael Faraday in einer Kupferspule einen elektrischen Strom erzeugte, indem er einen Magneten nahe der Spule bewegte und so mechanische Arbeit – die Bewegung des Magneten – in elektrische Energie umwandelte, führte er in der Wissenschaft und Technik einen Wendepunkt herbei. Dieses fundamentale Experiment ließ einerseits das ungeheure Gebiet der Elektrotechnik entstehen, andererseits bildete es die Basis seiner und Maxwells theoretischen Spekulationen, die schließlich eine vollständige Theorie des Elektromagnetismus ergaben. Faraday und Maxwell studierten nicht nur die Wirkung elektrischer und magnetischer Kräfte, sondern machten diese Kräfte selbst zum Hauptobjekt ihrer Untersuchungen. Sie ersetzten den Begriff einer Kraft durch den eines Kraftfeldes und gingen damit als erste über die Newtonsche Physik hinaus.

Anstatt die gegenseitige Einwirkung einer positiven und einer negativen Ladung dadurch zu erklären, daß sie einander wie zwei Massen in der Newtonschen Mechanik anziehen, fanden Faraday und Maxwell es richtiger, daß jede Ladung um sich im Raum eine «Störung» oder «Kondition» erzeugt, so daß die andere Ladung eine Kraft fühlt. Diese Kondition im Raum, welche eine Kraft erzeugen kann, nennt man ein Feld. Es wird von einer einzigen Ladung erzeugt und existiert unabhängig davon, daß eine andere Ladung hineingebracht wird und die Wirkung spürt.

Dies war eine sehr grundlegende Änderung in der Auffassung des Menschen von der physikalischen Realität. Nach Newtonscher Sicht hängen die Kräfte starr mit den Körpern, auf die sie wirken, zusammen. Jetzt wurde der Kraft-Begriff durch den viel subtileren Begriff eines Feldes ersetzt, welches seine eigene Realität hat und ohne Bezug auf materielle Körper studiert werden konnte. Diese, Elektrodynamik genannte, Theorie kulminierte in der Erkenntnis, daß Licht nichts anderes als ein schnell wechselndes elektromagnetisches Feld ist, welches sich in Form von Wellen durch den Raum bewegt. Heute wissen wir, daß Rundfunkwellen, Lichtwellen oder Röntgenstrahlen alles elektromagnetische Wellen – d. h. oszillierende elektrische und magnetische Felder – sind, die sich nur durch die Frequenz ihrer Schwingungen unterscheiden, und daß Licht nur einen kleinen Bruchteil des elektromagnetischen Spektrums darstellt.

Trotz dieser tiefgreifenden Änderungen hielt die Newtonsche Mechanik zuerst noch ihre Stellung als die Grundlage der Physik. Maxwell selbst versuchte, seine Resultate im Sinne der Mechanik zu erklären. Er interpretierte die Felder als mechanische Spannungszustände in einem sehr leichten, den Raum füllenden Medium, genannt Äther, und die elektromagnetischen Wellen als elastische Schwingungen dieses Äthers. Dies war nur natürlich, da Wellen gewöhnlich als Schwingungen einer Materie wahrgenommen werden, Wasserwellen als Schwingungen des Wassers, Schallwellen als Schwingungen der Luft. Maxwell benutzte jedoch mehrere mechanische Interpretationen seiner Theorie gleichzeitig und nahm anscheinend keine davon wirklich ernst. Es muß ihm intuitiv klargeworden sein, selbst wenn er dies nicht ausdrücklich sagte, daß die fundamentalen Elemente seiner Theorie die Felder waren und nicht die mechanischen Modelle. Es war Einstein, der diese Tatsache fünfzig Jahre später klar erkannte, als er erklärte, daß es keinen Äther gäbe und daß die elektromagnetischen Felder selbständige physikalische Erscheinungen seien, die den leeren Raum durchqueren und mechanisch nicht erklärt werden können.

Zu Beginn des zwanzigsten Jahrhunderts hatten die Physiker also zwei erfolgreiche Theorien, die auf verschiedene Phänomene anwendbar waren: Newtons Mechanik und Maxwells Elektrodynamik. So hörte das Newtonsche Modell auf, die einzige Grundlage der Physik zu sein.

Moderne Physik

Die ersten drei Jahrzehnte unseres Jahrhunderts änderten radikal die ganze Situation der Physik. Zwei getrennte Entwicklungen, die Relativitätstheorie und die Atomphysik, zerstörten alle Grundbegriffe der Newtonschen Weltanschauung: die Vorstellung vom absoluten Raum und von der absoluten Zeit, die festen Elementarpartikel, die streng kausale Natur der physikalischen Phänomene und das Ideal einer objektiven Beschreibung der Natur. Keiner dieser Begriffe konnte auf die neuen Gebiete ausgeweitet werden, in welche die Physik nun eindrang.

Am Anfang der modernen Physik steht die intellektuelle Großtat eines Mannes, Albert Einstein. In zwei Arbeiten, beide 1905 veröffentlicht, begründete Einstein zwei revolutionäre Denkrichtungen. Die eine war seine spezielle Relativitätstheorie, die andere war eine neue Betrachtungsweise der elektromagnetischen Strahlung, die charakteristisch für die Quantentheorie, die Theorie von Atomphänomenen, werden sollte. Die vollständige Quantentheorie wurde zwanzig Jahre später von einem ganzen Physikerteam ausgearbeitet. Die Relativitätstheorie jedoch wurde in kompletter Form fast gänzlich von Einstein selbst konstruiert. Einsteins wissenschaftliche Arbeiten stehen am Anfang des zwanzigsten Jahrhunderts als ein imposantes intellektuelles Monument da – als die Pyramiden der modernen Zivilisation.

Einstein glaubte fest an die innere Harmonie der Natur, und

während seines ganzen wissenschaftlichen Lebens war es sein größtes Anliegen, ein einheitliches Fundament der Physik zu finden. Er begann seinen Marsch auf dieses Ziel mit der Konstruktion einer gemeinsamen Grundlage für die Elektrodynamik und die Mechanik, die beiden getrennten Theorien der klassischen Physik. Diese Grundlage kennen wir als die spezielle Relativitätstheorie. Sie vereinheitlichte und vervollständigte die Struktur der klassischen Physik, beinhaltete aber gleichzeitig drastische Änderungen der traditionellen Begriffe von Raum und Zeit und untergrub eines der Fundamente der Newtonschen Weltanschauung.

Im Sinne der Relativitätstheorie ist der Raum nicht dreidimensional, und die Zeit ist keine selbständige Einheit. Beide hängen eng zusammen und bilden ein vierdimensionales Kontinuum, die «Raum-Zeit». In der Relativitätstheorie können wir daher nie vom Raum sprechen, ohne die Zeit einzubeziehen, und umgekehrt. Darüber hinaus gibt es keinen einheitlichen Zeitstrom wie im Newtonschen Modell. Verschiedene Beobachter werden Ereignisse verschieden in der Zeit einordnen, wenn sie sich relativ zu den beobachteten Ereignissen mit verschiedenen Geschwindigkeiten bewegen. In einem solchen Fall können Ereignisse, die ein Beobachter als gleichzeitig sieht, anderen Beobachtern in verschiedenen zeitlichen Folgen erscheinen. Alle Messungen, die Zeit und Raum betreffen, verlieren ihre absolute Bedeutung. In der Relativitätstheorie wird der Newtonsche Begriff vom absoluten Raum als Bühne der physikalischen Erscheinungen aufgegeben, ebenso der Begriff von der absoluten Zeit. Raum und Zeit werden zu bloßen Wörtern, die ein bestimmter Beobachter zur Beschreibung der beobachteten Phänomene benutzt.

Die Begriffe von Raum und Zeit sind so grundlegend für die Beschreibung von Naturereignissen, daß ihre Abänderung eine Abänderung des gesamten Systems, das wir zur Beschreibung der Natur benutzen, zur Folge hat. Die wichtigste Konsequenz ist die Erkenntnis, daß Masse nichts als eine Energieform ist. Selbst ein ruhendes Objekt enthält in seiner Masse Energie, und der Zusammenhang zwischen beiden wird durch die berühmte Formel $E = m c^2$ gegeben, worin c die Lichtgeschwindigkeit bedeutet.

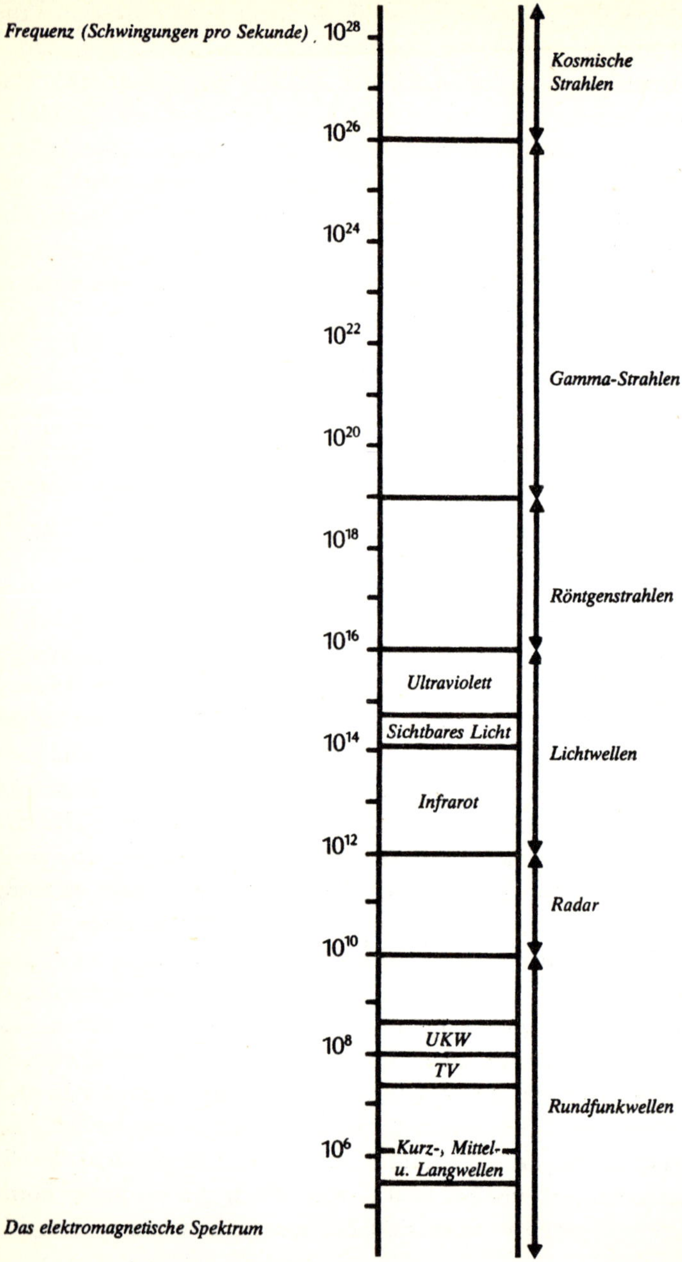

Das elektromagnetische Spektrum

Diese Konstante c, die Lichtgeschwindigkeit, ist für die Relativitätstheorie von fundamentaler Bedeutung. Immer wenn wir physikalische Vorgänge beschreiben, in denen Geschwindigkeiten vorkommen, die sich der Lichtgeschwindigkeit nähern, muß unsere Beschreibung die Relativitätstheorie berücksichtigen. Dies gilt speziell für elektromagnetische Phänomene, von denen das Licht nur ein Beispiel darstellt und die Einstein zur Formulierung seiner Relativitätstheorie führten.

1915 legte Einstein seine allgemeine Relativitätstheorie vor, in welcher der Rahmen der speziellen Relativitätstheorie auf die Gravitation erweitert wird und diese einschließt, d. h. die gegenseitige Anziehung aller Massenkörper. Während die spezielle Theorie inzwischen durch unzählige Experimente bestätigt wurde, konnte die allgemeine Theorie bisher nicht schlüssig bewiesen werden. Sie ist jedoch soweit die meistakzeptierte, folgerichtigste und eleganteste Gravitationstheorie und wird in weitem Umfang von der Astrophysik und der Kosmologie für die Beschreibung des Universums benutzt.

Nach Einsteins Theorie bewirkt die Gravitation eine «Krümmung» von Raum und Zeit. Dies bedeutet, daß die gewöhnliche Euklidische Geometrie in solch einem gekrümmten Raum nicht mehr gilt, genau wie die zweidimensionale Geometrie der Ebene auf einer Kugeloberfläche nicht mehr angewandt werden kann. Auf der Ebene können wir z. B. ein Quadrat zeichnen, indem wir auf einer Geraden einen Meter abmessen, am Ende der erhaltenen Strecke im rechten Winkel wieder einen Meter abtragen und dieses Verfahren noch zweimal wiederholen, worauf wir wieder am Ausgangspunkt ankommen und das Quadrat fertig ist. Auf der Kugeloberfläche jedoch funktioniert dieser Vorgang nicht, da die Regeln der Euklidischen Geometrie auf gekrümmten Oberflächen nicht gelten.

Auf die gleiche Weise können wir einen dreidimensionalen gekrümmten Raum als Raum definieren, in welchem die Euklidische Geometrie nicht mehr gilt. Einsteins Theorie besagt nun, daß der dreidimensionale Raum tatsächlich gekrümmt ist, und daß die Krümmung durch die Gravitationsfelder der Massenkörper hervorgerufen wird. Wo ein Massenkörper ist, z. B. ein Stern oder ein Pla-

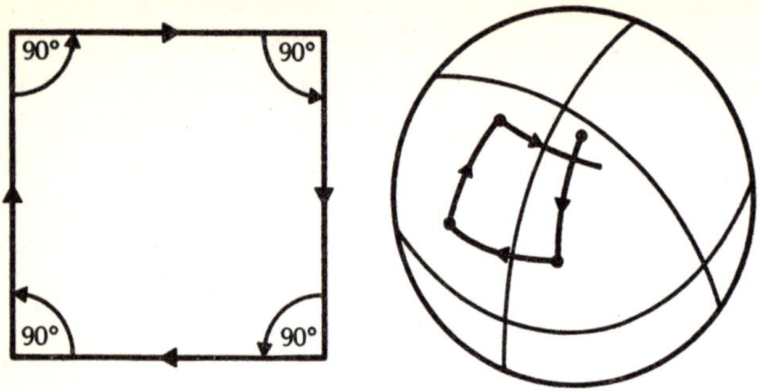

Zeichnung eines Quadrates in der Ebene und auf der Kugeloberfläche

net, ist der Raum um diesen gekrümmt, und die Stärke der Krümmung hängt von der Masse des Objekts ab.

Und da in der Relativitätstheorie Raum niemals von der Zeit getrennt werden kann, wird die Zeit ebenfalls von der Anwesenheit der Materie beeinflußt und läuft in den verschiedenen Teilen des Universums verschieden ab. Einsteins allgemeine Relativitätstheorie schafft somit die Begriffe «absoluter Raum» und «absolute Zeit» vollständig ab. Nicht nur sind alle Messungen, in denen Raum und Zeit auftreten, relativ, sondern die ganze Struktur des Raum-Zeit-Kontinuums hängt von der Verteilung der Materie im Universum ab, und der Begriff vom «leeren Raum» verliert seine Bedeutung.

Die mechanistische Ansicht der klassischen Physik basierte auf der Vorstellung von festen Körpern, die sich im leeren Raum bewegen. Diese Vorstellung gilt immer noch in der «Zone der mittleren Abmessungen», d. h. im Bereich unseres täglichen Lebens, wo die klassische Physik eine brauchbare Theorie bleibt. Beide Begriffe – der leere Raum und feste Massenkörper – sind tief in unseren Denkgewohnheiten verwurzelt, so daß es uns außerordentlich schwerfällt, uns eine physikalische Wirklichkeit vorzustellen, wo diese nicht anwendbar sind. Und doch zwingt uns die moderne Physik genau dazu, sobald wir über die mittleren Abmessungen hinausgehen. «Leerer Raum» hat seine Bedeutung in der Astrophysik und der

Kosmologie verloren, und der Begriff «fester Körper» wurde von der Atomphysik, der Wissenschaft vom unendlich Kleinen, zertrümmert.

Anmerkungen

Dieser Beitrag erschien erstmals in: Fritjof Capra: *Das Tao der Physik,* München 1984, und wurde übersetzt von Fritz Lahmann und Erich Schumacher.

1 D. T. Suzuki, *The Essence of Buddhism*, Kyoto 1968, S. 7. Deutsche Ausgabe: *Wesen und Sinn des Buddhismus*, Freiburg 1998.

2 W. Heisenberg, *Physik und Philosophie*, Berlin 1973, S. 139.

3 P. A. Schilpp (Hrsg.), *Albert Einstein: Philosopher-Scientist*, Evanston, Illinois 1949, S. 45.

4 N. Bohr, *Atomic Physics and the Description of Nature*, London 1934, S. 2. Deutsche Ausgabe: *Atomtheorie und Naturbeschreibung. Vier Aufsätze mit einer einleitenden Übersicht*, Berlin 1931.

5 Sri Aurobindo, *On Yoga II*, Pondicherry, India 1958, Bd. I, S 327.

6 Zitiert in: M. Capek, *The Philosophical Impact of Contemporary Physics*, Princeton, New Jersey 1961, S. 7.

7 Ibid., S. 36.

8 M. P. Crosland (Hrsg.), *The Science of Matter* (History of Science Readings), Harmondsworth 1971, S. 76.

9 Zitiert in: M. Capek, op. cit., S. 122.

10 Zitiert in: J. Jeans, *The Growth of Physical Science*, London 1951, S. 237.

11 *Tables of Particle Properties*, veröffentlicht von der «Particle Data Group» in *Physics Letters*, Bd. 50 B, Nr. 1, 1974.

Taoismus

Von den beiden wichtigsten chinesischen Denkrichtungen, Konfuzianismus und Taoismus, ist letzterer der mystisch orientierte und somit von größerer Bedeutung für unseren Vergleich mit der modernen Physik. Wie der Hinduismus und Buddhismus ist der Taoismus mehr an intuitiver Weisheit interessiert als an rationalem Wissen. In Erkenntnis der Grenzen und der Relativität des rationalen Denkens ist der Taoismus im Grunde ein Weg der Befreiung von dieser Welt und in dieser Hinsicht mit den Wegen des Yoga und des Vedanta im Hinduismus oder mit dem Achtfachen Pfad des Buddha vergleichbar. Im Kontext der chinesischen Kultur bedeutete die taoistische Befreiung im besonderen eine Befreiung von den strikten Regeln der Konvention. Mißtrauen gegenüber konventionellem Wissen und Argumentieren ist im Taoismus stärker als in allen anderen Schulen östlicher Philosophie. Es basiert auf dem festen Glauben, daß der menschliche Intellekt niemals das Tao verstehen kann. Mit den Worten Chuang-tzus:

> Das größte Wissen weiß es nicht unbedingt; Argumentieren macht die Menschen nicht darin weise. Die Weisen haben gegen beide dieser Methoden entschieden.[1]

Chuang-tzus Buch ist voll von Passagen, die die Geringschätzung des Taoisten von Argumentation und Diskussion widerspiegeln, z. B.:

> Ein Hund gilt nicht als gut, weil er gut bellt, und ein Mann gilt nicht als weise, weil er gewandt redet.[2]
> Oder:
> Der Disput ist ein Beweis dafür, daß keine Klarheit herrscht.[3]

Logisches Argumentieren sowie gesellschaftliche Etikette und Moral betrachteten die Taoisten als Teil der künstlichen Welt des Menschen.

Sie waren an dieser Welt überhaupt nicht interessiert, sondern konzentrierten ihre Aufmerksamkeit ganz auf die Beobachtung der Natur, um die «Merkmale des Tao» zu erkennen. So entwickelten sie eine im Grunde wissenschaftliche Haltung, und nur ihr tiefes Mißtrauen gegenüber der analytischen Methode hielt sie davon ab, richtige wissenschaftliche Theorien aufzustellen. Nichtsdestoweniger führte die sorgfältige Beobachtung der Natur, kombiniert mit starker mystischer Intuition, die taoistischen Weisen zu tiefen Einsichten, die von modernen wissenschaftlichen Theorien bestätigt werden.

Eine der wichtigsten Erkenntnisse der Taoisten war, daß Umwandlung und Wechsel wesentliche Züge der Natur sind. Eine Passage bei Chuang-tzu zeigt deutlich, wie die fundamentale Bedeutung des Wandels durch Beobachtung der organischen Welt erkannt wurde:

> Im Wandel und im Wachstum aller Dinge hat jeder Keim und jeder Zug die ihm gemäße Form. Darin sehen wir ihr allmähliches Reifen und Verfallen, den konstanten Fluß von Wandlung und Wechsel.[4]

Die Taoisten sahen jede Wandlung in der Natur als Manifestation des Zusammenspiels zwischen den Gegenpolen Yin und Yang, und so glaubten sie, daß in jedem Gegensatzpaar die Pole dynamisch aufeinander bezogen sind. Es fällt dem westlichen Denken außerordentlich schwer, diese Vorstellung von der Einheit aller Gegensätze zu akzeptieren.

Es erscheint uns ausgesprochen paradox, daß Erfahrungen und Werte, die wir immer für gegensätzlich hielten, am Ende Aspekte derselben Sache sein sollen. Im Osten jedoch wurde es immer als wichtig für die Erleuchtung betrachtet, «über irdische Gegensätze hinaus»[5] zu gehen, und in China liegt die polare Beziehung aller Gegensätze direkt an der Basis des taoistischen Denkens. So sagt Chuang-tzu:

> «Dieses» ist auch «Jenes». «Jenes» ist auch «Dieses» ... Die eigentliche Essenz des Tao ist, daß «Jenes» und «Dieses» aufhören, Gegensätze zu sein. Diese Essenz allein, als Achse gleichsam, ist der Mittelpunkt des Kreises und reagiert auf die endlosen Wandlungen.[6]

Aus der Ansicht, daß die Bewegungen des Tao ein kontinuierliches Zusammenspiel von Gegensätzen sind, leiten die Taoisten zwei Grundregeln für menschliches Verhalten ab. Wer irgend etwas erreichen will, sagen sie, soll mit dem Gegenteil beginnen. So spricht Lao-tzu:

> Um zu verkleinern, muß man sicher erst erweitern.
> Um zu schwächen, wird man sicher erst stärken.
> Um niederzuwerfen, wird man sicher erst erhöhen.
> Um zu nehmen, wird man sicher erst geben.
> Dies nennt man subtile Weisheit.[7]

Wenn man andererseits etwas behalten will, soll man darin etwas von seinem Gegenteil zulassen:

> Sei gebogen, und du wirst gerade bleiben.
> Sei leer und du wirst voll bleiben.
> Sei abgenutzt, und du wirst neu bleiben.[8]

Dies ist die Lebensart des Weisen, der auf einer höheren Warte steht, von der aus die Relativität und der polare Zusammenhang aller Gegensätze klar wahrgenommen werden. Diese Gegensätze schließen vor allem die Begriffe von Gut und Böse ein, die genauso zusammenhängen wie Yin und Yang. In Erkenntnis der Relativität von Gut und Böse und somit aller ethischen Normen strebt der taoistische Weise nicht nach dem Guten, sondern versucht eher, ein dynamisches Gleichgewicht zwischen Gut und Böse herzustellen. Chuang-tzu spricht dies deutlich aus:

> Die Sprüche: «Sollen wir nicht dem Recht folgen und es ehren und nichts mit dem Unrecht zu tun haben?» und «Sollten wir

> nicht denen folgen und die ehren, die eine gute Regierung sichern, und nichts mit denen zu tun haben, die Unordnung hervorrufen?» zeigen einen Mangel an Kenntnis der Prinzipien von Himmel und Erde und der verschiedenen Eigenschaften der Dinge. Es ist, als wenn man dem Himmel folgt und ihn ehrt und die Erde nicht in Betracht zieht, als wenn man dem Yin folgt und es ehrt und das Yang nicht in Betracht zieht. Es ist klar, daß solch ein Kurs nichts taugt.[9]

Es ist erstaunlich, daß zur gleichen Zeit, als Lao-tzu und seine Anhänger ihre Weltanschauung entwickelten, die wesentlichen Züge dieses Taoismus auch in Griechenland gelehrt wurden, von einem Mann, dessen Lehren uns nur in Fragmenten bekannt sind und der bis heute oft mißverstanden wurde. Dieser griechische «Taoist» war Heraklit von Ephesus. Er teilte mit Lao-tzu nicht nur die Betonung des ständigen Wandels, was er mit seinem berühmten Wort «Alles fließt» zum Ausdruck brachte, sondern auch die Vorstellung, daß alle Wandlungen zyklisch sind. Er verglich die Weltordnung mit einem «ewigen Feuer, aufflammend nach Maß und erlöschend nach Maß»[10], ein Bild, das der chinesischen Vorstellung vom Tao mit seinem zyklischen Zusammenspiel von Yin und Yang entspricht.

Es ist leicht einzusehen, wie dieses Konzept vom Wandel als dynamisches Zusammenspiel von Gegensätzen Heraklit sowie Lao-tzu zu der Entdeckung führte, daß alle Gegensätze polar und somit vereinigt sind. «Der Weg nach oben und nach unten ist ein und derselbe», sagte der Grieche, und «Gott ist Tag-Nacht, Winter-Sommer, Krieg-Frieden, Sattsein-Hunger.»[11] Wie die Taoisten sah er jedes Paar von Gegensätzen als Einheit und war sich der Relativität all dieser Begriffe wohl bewußt. Wieder erinnern uns die Worte Heraklits: «Kaltes erwärmt sich, Warmes kühlt ab, Feuchtes trocknet, Trockenes wird feucht»[12], stark an die des Lao-tzu: «Das Leichte bedingt das Schwierige ... Resonanz harmonisiert den Klang, das Später folgt dem Vorher.»[13]

Überraschenderweise ist die große Ähnlichkeit der Weltanschauung dieser beiden Weisen des sechsten Jahrhunderts v. Chr. nicht allgemein bekannt. Heraklit wird oft im Zusammenhang mit der modernen Physik erwähnt, aber kaum je in Verbindung mit dem

Taoismus. Diese Perspektive zeigt jedoch am besten die Parallele zwischen seinen Anschauungen und denen der modernen Physik.

Wenn wir über den taoistischen Begriff des Wandels sprechen, müssen wir uns klarmachen, daß dieser Wandel nicht als Folge einer Kraft zu sehen ist, sondern eher als Tendenz, die allen Dingen und Situationen eigen ist. Die Bewegungen des Tao werden ihm nicht aufgezwungen, sondern entstehen natürlich und spontan. Das taoistische Prinzip der Aktion ist Spontaneität, und da sich menschliches Verhalten nach dem Tao ausrichten sollte, so sollte die Spontaneität auch ein Merkmal aller menschlichen Handlungen sein. In Harmonie mit der Natur zu handeln meint somit für den Taoisten, spontan und entsprechend seiner wahren Natur zu handeln. Es meint, der intuitiven Intelligenz zu trauen, die dem menschlichen Verstand innewohnt, so wie die Gesetze des Wandels in allen Dingen um uns herum enthalten sind.

Die Handlungen des taoistischen Weisen entstehen somit aus seiner intuitiven Weisheit, spontan und in Harmonie mit seiner Umgebung. Er braucht weder sich noch seine Umwelt zu zwingen, sondern paßt lediglich seine Handlungen den Bewegungen des Tao an. Mit den Worten Huai Nan-tzus:

> Die der natürlichen Ordnung folgen, fließen im Strom des Tao.[14]

Diese Handlungsweise heißt in der taoistischen Philosophie «Wu-Wei», ein Ausdruck, der wörtlich «Nicht-Handlung» bedeutet und den Joseph Needham als «Enthaltung von gegen die Natur gerichteten Handlungen» übersetzt. Er rechtfertigt diese Übersetzung mit einem Zitat von Chuang-tzu:

> Nicht-Handeln bedeutet nicht «nichts tun und schweigen». Alles soll tun dürfen, was es von Natur aus tut, so daß seine Natur zufriedengestellt wird.[15]

Wenn man sich der Handlungen gegen die Natur enthält oder, wie Needham sagt, «des Angehens gegen den Strich der Dinge», steht man in Harmonie mit dem Tao, und die Handlungen werden erfolgreich sein. Dies ist die Bedeutung von Lao-tzus anscheinend so rätselhaften Worten: «Durch Nicht-Handeln kann alles getan werden.»[16] Der Gegensatz zwischen Yin und Yang ist nicht nur das Grundprinzip der ganzen chinesischen Kultur, sondern wird auch von den beiden herrschenden Richtungen der chinesischen Gedankenwelt widergespiegelt. Konfuzianismus war rational, maskulin, aktiv und herrschend. Der Taoismus andererseits betonte alles Intuitive, Feminine, Mystische und Nachgiebige. Lao-tzu sagt: «Am besten ist, nicht zu wissen, daß man weiß», und: «Der Weise führt seine Geschäfte ohne Handlungen und gibt seine Lehren ohne Worte.»[17] Die Taoisten glaubten, daß man durch Hervorkehren der weiblichen, nachgiebigen Eigenschaften der menschlichen Natur am leichtesten ein vollkommen ausgeglichenes Leben in Harmonie mit dem Tao führen kann. Ihr Ideal wird am besten von Chuang-tzu zusammengefaßt in seiner Beschreibung des taoistischen Paradieses:

> Als es noch kein Chaos gab, hatten die Menschen der alten Zeit eine stille Ruhe, die der ganzen Welt eigen war. Zu der Zeit waren Yin und Yang harmonisch und still; ihre Ruhe und ihre Bewegungen gingen ohne Störung vonstatten; die vier Jahreszeiten hatten ihre festen Termine, nicht einem einzigen Ding geschah Unrecht, und kein Lebewesen kam zu einem vorzeitigen Ende. Die Menschen mögen die Fähigkeit zu wissen besessen haben, sie hatten aber keine Gelegenheit, sie zu gebrauchen. Dies war, was man den Zustand vollkommener Einheit nennt. Zu dieser Zeit gab es keine Handlung, sondern nur die ständige Manifestation der Spontaneität.[18]

Anmerkungen

Dieser Beitrag erschien in: Fritjof Capra, *Das Tao der Physik*, München 1984, und wurde übersetzt von Fritz Lahmann und Erwin Schuhmacher.

1 Chuang-tzu, übers. James Legge, arrang. Clae Waltham, New York 1971, Kap. 22.
2 Ibid., Kap. 24.

3 Ibid., Kap. 2.
4 Ibid., Kap. 13.
5 *Bhagavad Gita*, 2.45.
6 Zitiert in: Fung Yu-lan, *A Short History of Chinese Philosophy*, New York 1958, S. 112.
7 Lao-tzu, *Tao Te Ching*, übers. Ch'u Ta-Kao, London 1970, Kap. 36.
8 Ibid., Kap. 22.
9 Chuang-tzu, op. cit., Kap. 17.
10 G. S. Kirk, *Heraclitus – The Cosmic Fragments*, London 1970, S. 307.
11 Ibid., S. 105, 184.
12 Ibid., S. 149.
13 Lao-tzu, op. cit., Kap. 2.
14 Zitiert in: J. Needham, *Science and Civilisation in China*, London 1956, Bd. 2, S. 88. Deutsche Ausgabe: *Wissenschaft und Zivilisation in China*, Frankfurt/M. 1984.
15 Ibid., S. 68–69.
16 Lao-tzu, op. cit., Kap. 48.
17 Lao-tzu, op. cit., Kap. 71, 2.
18 Chuang-tzu, op. cit., Kap. 16.

Gegenseitige Durchdringung

Unsere Untersuchung des modernen physikalischen Weltbilds hat wiederholt gezeigt, daß die Vorstellung von «Grundbausteinen» der Materie nicht länger zu halten ist. In der Vergangenheit war dieser Begriff sehr nützlich, er führte die physikalische Welt auf einige wenige Atome zurück, die Strukturen der Atome auf einige wenige von Elektronen umgebene Atomkerne und die Kerne auf zwei «Bausteine», das Proton und das Neutron. So wurden der Reihe nach Atome, Atomkerne und Hadronen als «Elementarteilchen» betrachtet, doch keins von ihnen entsprach der Erwartung. Jedesmal erwiesen sich diese Teilchen ihrerseits als zusammengesetzte Strukturen, und die Physiker hofften, daß die nächste Generation von Bestandteilen sich endgültig als die letzten Komponenten der Materie erweisen würde.

Andererseits machten die Theorien der atomaren und subatomaren Physik die Existenz von Elementarteilchen zunehmend unwahrscheinlich. Sie enthüllten einen grundsätzlichen Zusammenhang der Materie; sie zeigten, daß Bewegungsenergie in Masse umgewandelt werden kann, und wiesen darauf hin, daß Teilchen Prozesse, keine Objekte sind. All diese Entwicklungen zeigten deutlich, daß wir das einfache mechanistische Bild von Grundbausteinen aufgeben müssen, und doch scheuen viele Physiker noch davor zurück. Die uralte Tradition, komplexe Strukturen dadurch zu erklären, daß man sie in einfachere Bestandteile zerlegt, ist im westlichen Denken so tief verwurzelt, daß die Suche nach diesen Grundkomponenten immer noch weitergeht.

Es gibt jedoch in der Teilchenphysik eine radikal andere Denkrichtung, die von der Vorstellung ausgeht, daß die Natur nicht auf Grundeinheiten, wie Elementarteilchen oder Grundfelder, zurückgeführt werden kann. Sie muß gänzlich durch ihre Gesamtübereinstimmung erklärt werden können, d. h. durch die Forderung, daß alle ihre Komponenten miteinander und mit sich selbst in folgerichtiger Weise übereinstimmen. Diese Idee der Gesamtübereinstimmung oder «Selbstkonsistenz», wie sie im Fachjargon genannt wird, entstand im Rahmen der S-Matrix-Theorie und ist als die «Bootstrap»-Hypothese bekannt.* Sie stammt von Geoffrey Chew, der diese Vorstellung einerseits zu einer allgemeinen «Bootstrap»-Philosophie entwickelte und sie andererseits (in Zusammenarbeit mit anderen Physikern) für die Konstruktion einer spezifischen, in S-Matrix-Sprache formulierten Teilchentheorie benutzte. Chew beschrieb die Bootstrap-Hypothese in verschiedenen Veröffentlichungen,[1] die die Basis für folgende Darstellung liefern:

Die Bootstrap-Philosophie macht in der modernen Physik endgültig Schluß mit der mechanistischen Weltanschauung. Newtons Universum war aus einigen Grundeinheiten mit gewissen fundamentalen Eigenschaften aufgebaut; es war von Gott erschaffen und damit keiner weiteren Analyse zugänglich. Auf die eine oder andere Weise war diese Vorstellung in allen naturwissenschaftlichen Theorien enthalten, bis die Bootstrap-Hypothese ausdrücklich feststellte, daß die Welt nicht als eine Sammlung nicht weiter analysierbarer Einheiten verstanden werden kann. Die neue Weltanschauung betrachtet das Universum als dynamisches Gewebe zusammenhängender Vorgänge. Keine der Eigenschaften irgendeines Teils dieses Gewebes ist fundamental, sie alle ergeben sich aus den Eigenschaften der anderen Teile, und die Gesamtübereinstimmung der gegenseitigen Wechselbeziehungen bestimmt die Struktur des ganzen Gewebes.

So repräsentiert die Bootstrap-Philosophie den Höhepunkt einer Ansicht von der Natur, die in der Quantentheorie mit der Erkenntnis eines grundlegenden universellen Zusammenhangs einsetzte, ihren dynamischen Inhalt durch die Relativitätstheorie bekam und in der S-Matrix-Theorie als Reaktionswahrscheinlichkeiten formuliert wurde. Gleichzeitig kam diese Ansicht der östlichen Weltanschauung immer näher und ist jetzt im Einklang mit ihr, sowohl in

* Der Ursprung des Ausdrucks «Bootstrap», zu deutsch «Stiefelschlaufe», wird weiter unten klarwerden.

ihrer allgemeinen Philosophie als auch in ihrer spezifischen Auffassung der Materie.

In der Bootstrap-Hypothese gibt es nicht nur keine Grundbausteine, sondern überhaupt keine fundamentalen Gesetze, Gleichungen oder Prinzipien. Damit gibt sie eine weitere Vorstellung auf, die jahrhundertelang ein wesentlicher Bestandteil der Naturwissenschaften war. Der Begriff von fundamentalen Naturgesetzen ist vom Glauben an einen göttlichen Gesetzgeber abgeleitet, der in der jüdisch-christlichen Tradition tief verwurzelt war. Mit den Worten des Thomas von Aquin:

> Es gibt ein bestimmtes ewiges Gesetz, nämlich die Ratio, die im Verstand Gottes existiert und das ganze Universum lenkt.[2]

Dieser Begriff eines ewigen göttlichen Naturgesetzes übte einen nachhaltigen Einfluß auf die westliche Philosophie und Wissenschaft aus. Descartes schrieb über die «Gesetze, die Gott in die Natur hineingelegt hat», und Newton glaubte, daß es das höchste Ziel wissenschaftlicher Arbeit sei, die «der Natur von Gott auferlegten Gesetze» nachzuweisen. Für drei Jahrhunderte nach Newton blieb es das Ziel der Naturwissenschaftler, die letzten fundamentalen Naturgesetze zu entdecken.

In der modernen Physik hat sich eine sehr unterschiedliche Einstellung entwickelt. Die Physiker erkannten, daß alle ihre Theorien über Naturerscheinungen, einschließlich der durch sie beschriebenen «Gesetze», Schöpfungen des menschlichen Verstandes sind; Eigenschaften unserer begrifflichen Landkarte der Wirklichkeit, nicht die Wirklichkeit selbst. Dieses begriffliche Schema ist notwendigerweise begrenzt und nur annähernd richtig, und dies gilt auch für alle wissenschaftlichen Theorien und sogenannten «Naturgesetze», die es enthält. Alle Naturerscheinungen hängen letztlich miteinander zusammen, und um eine zu erklären, müssen wir alle anderen verstehen, was offensichtlich unmöglich ist. Der Erfolg der Wissenschaft besteht darin, daß Annäherungen möglich sind. Wenn jemand mit einem ungefähren Verstehen der Natur zufrieden ist, kann er einzelne Gruppen von Phänomenen auf diese Weise beschreiben und andere Phänomene, die von geringerer Bedeutung sind, vernachlässigen. So kann man viele Phänomene mit Hilfe einiger weniger erklären und daher verschiedene Aspekte der Natur annäherungsweise begreifen, ohne alles gleichzeitig verstehen zu müssen. Dies ist die wissenschaftliche Methode; alle wissenschaftlichen Theorien und Modelle sind nur Annäherungen an die wahre Natur der Dinge, aber der durch die Approximation eingebrachte Fehler ist oft so klein, daß diese Methode Stich hält. In der Teilchenphysik wird z. B. die Gravitations-Wechselwirkung zwischen Teilchen gewöhnlich ignoriert, da sie um viele Größenordnungen geringer ist als die der anderen Wechselwirkungen. Obwohl der durch diese Vernachlässigung verursachte Fehler außerordentlich klein ist, steht fest, daß die Gravitations-Wechselwirkung in zukünftigen genaueren Theorien der Teilchen einbezogen werden muß.

So konstruieren die Physiker eine Reihe von Teiltheorien und annäherungsweisen Theorien, von denen jede genauer ist als die vorhergehende, aber keine von ihnen trägt den Naturerscheinungen vollständig und endgültig Rechnung. Wie diese Theorien sind alle von ihnen beschriebenen «Naturgesetze» veränderlich und müssen, wenn die Theorien verbessert werden, genaueren Gesetzen weichen. Den unvollständigen Charakter einer Theorie erkennt man gewöhnlich an ihren willkürlichen Parametern oder «fundamentalen» Konstanten, d. h. an Größen, deren Zahlenwerte von der Theorie nicht erklärt, sondern die empirisch ermittelt werden und dann einzusetzen sind. Die Quantentheorie kann den Wert für die Masse des Elektrons nicht erklären, die Feldtheorie nicht die Größe der Ladung des Elektrons und die Relativitätstheorie nicht die Größe der Lichtgeschwindigkeit. In der klassischen Physik wurden diese Größen als fundamentale Naturkonstanten betrachtet, die keiner weiteren Erklärung bedurften. Nach moderner Ansicht ist ihre Rolle als «fundamentale Konstanten» vorübergehend und reflektiert die Begrenzungen der gegenwärtigen Theorien. Nach der Bootstrap-Philosophie sollten sie in künftigen Theorien der Reihe nach erklärt werden, wenn die Genauigkeit und der Anwendungsbereich dieser Theorien sich vergrößern. So kann man sich der idealen Situation nähern, sie jedoch vielleicht nie erreichen, wo die Theorie keine unerklärten «fundamentalen» Konstanten enthält und wo alle ihre «Gesetze» aus der Forderung der Gesamtübereinstimmung folgen.

Wir müssen uns jedoch klarmachen, daß selbst eine solche ideale Theorie einige unerklärte Züge aufweisen muß, wenn auch nicht notwendigerweise in Form von numerischen Konstanten. Solange sie eine wissenschaftliche Theorie ist, müssen gewisse Begriffe ohne Erklärung akzeptiert werden, die die wissenschaftliche Sprache bilden. Wenn man die Bootstrap-Idee noch weiterführen wollte, würde man über die Wissenschaft hinausgelangen:

> In einem weiteren Sinn ist die Bootstrap-These, so faszinierend und nützlich sie ist, unwissenschaftlich ... Die Wissenschaft, wie wir sie kennen, bedarf eines sprachlichen Rahmens, der nicht in Frage gestellt wird. Semantisch kann daher ein Versuch, *alle* Begriffe zu erklären, kaum «wissenschaftlich» genannt werden.[3]

Es ist offensichtlich, daß die vollständige Bootstrap-Anschauung von der Natur, in der alle Phänomene im Universum einzig und allein durch die folgerichtige Übereinstimmung bestimmt werden, der östlichen Weltanschauung sehr nahe kommt. Ein unteilbares Universum, in dem alle Dinge und Vorgänge zusammenhängen, wäre kaum sinnvoll, wenn es nicht stimmig und widerspruchsfrei sein würde. In gewisser Weise sind die Forderung der Stimmigkeit, als Basis der Bootstrap-Hypothese, und die Einheit und die Wechselbeziehung aller Phänomene, die in der östlichen Mystik so stark betont werden, lediglich verschiedene Aspekte derselben Idee. Diese enge Verbindung wird am klarsten im Taoismus ausgedrückt. Für den taoistischen Weisen waren alle Phänomene der Welt ein Teil des kosmischen Weges, des Tao, und die Gesetze, denen das Tao folgt, wurden von keinem göttlichen Gesetzgeber statuiert, sondern sind in ihrer Natur angelegt. So heißt es im *Tao Te Ching*:

> Der Mensch folgt den Gesetzen der Erde;
> Die Erde folgt den Gesetzen des Himmels;
> Der Himmel folgt den Gesetzen des Tao;
> Das Tao folgt den Gesetzen seiner inneren Natur.[4]

Joseph Needham erläutert in seiner gründlichen Studie über die chinesische Wissenschaft und Zivilisation ausführlich, wie der westliche Begriff der fundamentalen Naturgesetze, ursprünglich abgeleitet von der Vorstellung eines göttlichen Gesetzgebers, in der chinesischen Gedankenwelt kein Gegenstück hat. «Nach der chinesischen Weltanschauung», schreibt Needham, «entspringt der harmonische Zusammenklang aller Daseinsformen nicht aus den Anordnungen einer höheren Autorität von außen, sondern aus der Tatsache, daß sie alle Teil einer Hierarchie von Ganzheiten sind, die eine kosmische Struktur bilden und dem inneren Diktat ihrer eigenen Natur gehorchen.»[5]

Nach Needham hatten die Chinesen nicht einmal ein Wort, das dem klassischen westlichen Begriff «Naturgesetz» entspricht. Der Ausdruck, der dem am nächsten kommt, ist «Li», das der neokonfuzianische Philosoph Chu Hsi als «die zahllosen Muster, die wie Adern das Tao durchziehen», beschreibt.[6] Needham übersetzt «Li» als «Organisationsprinzip» und gibt folgenden Kommentar:

> Seine älteste Bedeutung ist «das Muster in den Dingen», die Maserung im Jade oder die Fasern der Muskeln . . . Es bekam die gewöhnliche lexikalische Bedeutung «Prinzip», aber bewahrte immer den Unterton von «Struktur» . . . Darin liegt auch «Gesetz», aber dieses ist das Gesetz, dem die Teile von Ganzheiten gehorchen müssen, eben weil sie Teil des Ganzen sind . . . Das wichtigste bei Teilen ist, daß sie sich, zusammen mit den anderen Teilen, genau im ganzen Organismus, den sie bilden, einpassen.[7]

Man erkennt leicht, wie eine solche Ansicht die chinesischen Denker zu der Vorstellung führte, wie sie erst kürzlich in der modernen Physik entwickelt wurde, daß nämlich die Gesamtübereinstimmung das Wesen aller Naturgesetze ist. Das folgende Zitat von Ch'en Shun, einem direkten Schüler von Chu Hsi, der um 1200 n. Chr. lebte, stellt diese Vorstellung klar dar, in Worten, die als perfekte Erläuterung des Begriffs der Stimmigkeit in der Bootstrap-Philosophie gelten könnten:

> Li ist ein natürliches und unentrinnbares Gesetz der Angelegenheiten und Dinge ... «Natürlich und unentrinnbar» heißt, daß (menschliche) Angelegenheiten und (natürliche) Dinge so beschaffen sind, daß sie genau an ihre Stelle passen. «Gesetz» heißt, daß sie ohne das geringste Zuviel oder Zuwenig an ihre Stelle passen ... Die Menschen der alten Zeit, die den Dingen bis auf den Grund gingen und nach dem Li forschten, wollten die natürliche Unentrinnbarkeit der (menschlichen) Angelegenheiten und der (natürlichen) Dinge erhellen, und das bedeutet einfach, daß sie alle die genauen Orte suchten, wo die Dinge exakt zusammenpaßten. Nur dies.[8]

In der östlichen Anschauung wie in der modernen Physik gilt daher, daß die Eigenschaften jedes Teils nicht durch Grundgesetze bestimmt sind, sondern durch die Eigenschaften aller anderen Teile. Sowohl die Physiker als auch die Mystiker erkannten, daß dadurch ein Phänomen vollständig erklärt werden kann, aber dann gelangen sie zu verschiedenen Ansichten. Physiker geben sich, wie schon erwähnt, mit einem annäherungsweisen Verstehen der Natur zufrieden. Die östlichen Mystiker dagegen sind an einem ungefähren oder «relativen» Wissen nicht interessiert. Ihnen geht es um «absolutes» Wissen, das die Totalität des Lebens begreift. Sie wissen, daß man ein Ding nur dann erklären kann, wenn man zeigt, wie es mit allem anderen zusammenhängt. Da dies unmöglich ist, halten die östlichen Mystiker daran fest, daß kein einzelnes Phänomen erklärt werden kann. So sagt Ashvaghosha:

> Alle Dinge in ihrer fundamentalen Natur sind nicht benennbar oder erklärbar. Sie können in keinerlei Form von Sprache angemessen ausgedrückt werden.[9]

Den östlichen Weisen geht es daher mehr darum, eine direkte, nicht-intellektuelle Erfahrung der Einheit aller Dinge zu erlangen. Dies war die Einstellung des Buddha, der alle Fragen nach dem Sinn des Lebens, dem Ursprung der Welt oder der Natur des Nirvana mit einem «edlen Schweigen» beantwortete. Die unsinnigen Antworten der Zen-Meister, wenn sie irgend etwas erklären sollen, scheinen denselben Zweck zu haben. Sie wollen dem Schüler klarmachen, daß alles eine Folge des Gesamten ist, daß «die Natur erklären» einfach heißt, ihre Einheit zu zeigen, daß es letztlich nichts zu erklären gibt. Als ein Mönch den Meister Tozan, der gerade Flachs wog, fragte: «Was ist Buddha?», sagte Tozan: «Dieser Flachs wiegt drei Pfund.»[10] Und als Joshu gefragt wurde, warum Bodhidharma nach China kam, antwortete er: «Ein Eichenbaum im Garten.»[11]

Die östliche Mystik hat es vor allem darauf abgesehen, den menschlichen Geist von Wörtern und Erklärungen zu befreien. Beide, Buddhisten und Taoisten, sprechen von einem «Netzwerk von Worten» oder einem »Netz von Begriffen». Solange wir Dinge erklären wollen, sind wir vom «Karma» gebunden, gefangen in unserem Netzwerk der Begriffe. Worte und Erklärungen zu überschreiten bedeutet, die Fesseln des Karma zu sprengen und die Befreiung zu erreichen.

Wie in der Bootstrap-Philosophie gibt es auch in der östlichen Weltanschauung keine Grundbausteine der Materie. In einem Universum, das ein untrennbares Ganzes ist, wo alle Formen fließen und ständig wechseln, ist kein Platz für eine fixierte Grundeinheit. Der Begriff von «Grundbausteinen» der Materie ist daher generell in der östlichen Gedankenwelt nicht anzutreffen. Atomtheorien der Materie wurden in der chinesischen Gedankenwelt nie entwickelt, und obwohl sie in einigen Schulen der indischen Philosophie auftauchten, sind sie eher Randerscheinungen der indischen Mystik. Im Hinduismus tritt der Begriff vom Atom im Jaina-System auf (das als unorthodox gilt, da es die Autorität der Veden nicht akzeptiert). In der buddhistischen Philosophie entstanden Atomtheorien in zwei Schulen des Hinayana-Buddhismus, die aber von der wichtigeren Mahayana-Richtung als Illusion und Produkte von Avidya behandelt werden. So stellt Ashvaghosha fest:

> Wenn wir eine zusammengesetzte Materie teilen, können wir sie auf Atome zurückführen. Aber da die Atome auch wieder geteilt werden können, sind alle Formen materieller Existenz, grob oder fein, nichts als der Schatten der Spezifizierung, und wir können ihnen keinen Grad von (absoluter oder unabhängiger) Realität zuschreiben.[12]

Die Hauptrichtungen der östlichen Mystik stimmen also mit der Ansicht der Bootstrap-Philosophie überein, daß das Universum ein miteinander verknüpftes Ganzes ist, in dem kein Teil fundamentaler ist als der andere, so daß die Eigenschaften jedes Teils von denen aller anderen bestimmt werden. In diesem Sinn kann man sagen, daß jeder Teil alle anderen «enthält». In der Tat ist die mystische Naturerfahrung durch die Vision gegenseitiger Verkörperung gekennzeichnet. Mit den Worten von Sri Aurobindo:

> Für den supramentalen Sinn ist nichts wirklich endlich; er beruht auf dem Gefühl von allem in jedem und jedem in allem.[13]

Auf diesen Begriff von «allem in jedem und jedem in allem» ging die Avatamsaka-Schule des Mahayana-Buddhismus am ausführlichsten ein, die oft als der letzte Gipfel buddhistischen Denkens betrachtet wird. Sie basiert auf dem *Avatamsaka-Sutra*, das der Buddha in tiefer Meditation nach seinem Erwachen geschaffen haben soll. Dieses umfangreiche Sutra beschreibt in vielen Einzelheiten die Wahrnehmung der Welt im erleuchteten Bewußtseinszustand, wenn «die festen Konturen der Individualität hinwegschmelzen und das Gefühl der Endlichkeit uns nicht mehr bedrückt».[14] In seinem letzten Teil, genannt *Gandavyuha*, erzählt es die Geschichte des jungen Pilgers Sudhana und gibt einen lebendigen Bericht von seiner mystischen Erfahrung des Universums, das ihm als ein vollkommenes Netzwerk gegenseitiger Beziehungen erscheint, wo alle Dinge und Vorgänge so zusammenwirken, daß jedes von ihnen in sich selbst alle anderen enthält. Die folgende Passage aus dem Sutra, frei wiedergegeben von D. T. Suzuki, gebraucht das Bild eines großartig geschmückten Turmes, um Sudhanas Erfahrung zu vermitteln:

> Der Turm ist so breit und geräumig wie der Himmel selbst. Der Boden ist mit (zahllosen) Edelsteinen jeder Art gepflastert, und im Turm gibt es (zahllose) Paläste, Veranden, Fenster, Treppen, Geländer und Passagen, alle aus den sieben Arten von Edelsteinen hergestellt . . .
> Und innerhalb dieses Turmes, geräumig und erlesen geschmückt, gibt es wieder Hunderttausende von Türmen, von denen jeder

so zierlich ausgeschmückt ist wie der Hauptturm selbst und so geräumig wie der Himmel. Und all diese Türme von unnennbarer Zahl stehen einander in keiner Weise im Wege; jeder bewahrt seine individuelle Existenz in vollkommener Harmonie mit allen übrigen; nichts hindert einen Turm, in alle anderen einzugehen, individuell oder kollektiv; es ist ein Zustand eines vollkommenen Vermischens und dennoch einer vollkommenen Ordnung. Sudhana, der junge Pilger, sieht sich selbst in all diesen Türmen wie auch in jedem einzelnen Turm, wo alles im einzelnen enthalten ist und jedes einzelne alles enthält.[15]

Der Turm in dieser Passage ist natürlich eine Metapher für das Universum selbst, und das perfekte Ineinanderverschmelzen seiner Teile ist im Mahayana-Buddhismus als «gegenseitige Durchdringung» bekannt. Das *Avatamsaka* stellt klar, daß diese Durchdringung eine dynamische Wechselbeziehung ist, die nicht nur räumlich, sondern auch zeitlich stattfindet.

Die Erfahrung von der gegenseitigen Durchdringung im Zustand der Erleuchtung kann als mystische Vision der vollständigen Bootstrap-Situation gesehen werden, wo alle Phänomene im Universum harmonisch zusammenwirken. In solch einem Bewußtseinszustand wird das Reich des Intellekts überschritten, und kausale Erklärungen erübrigen sich; sie werden durch die direkte Erfahrung der gegenseitigen Abhängigkeit aller Dinge und Vorgänge ersetzt. Der buddhistische Begriff der gegenseitigen Durchdringung geht somit weit über jede wissenschaftliche Bootstrap-Theorie hinaus. Nichtsdestoweniger gibt es in der modernen Physik Modelle von subatomaren Teilchen, die auf der Bootstrap-Hypothese basieren und die verblüffendsten Parallelen zu den Ansichten des Mahayana-Buddhismus aufweisen.

Wird die Bootstrap-Idee in einem wissenschaftlichen Rahmen formuliert, so muß sie begrenzt und angenähert bleiben, vor allem durch die Vernachlässigung aller Wechselwirkungen außer den starken. Da diese etwa hundertmal stärker sind als die elektromagnetischen Kräfte und um viele Größenordnungen stärker als schwache und Gravitations-Wechselwirkungen, scheint hier eine solche Annäherung vernünftig. Der wissenschaftliche Bootstrap hat es dann ausschließlich mit stark wechselwirkenden Teilchen oder Hadronen zu tun und wird daher oft «Hadronen-Bootstrap» genannt. Er ist innerhalb der S-Matrix-Theorie formuliert, und sein Ziel ist, alle Eigenschaften der Hadronen und ihrer Wechselwirkungen eindeutig aus den Forderungen der Selbstkonsistenz abzuleiten. Die einzig zulässigen «Grundgesetze» sind die im vorigen Kapitel besprochenen allgemeinen S-Matrix-Prinzipien, die von unseren Beobachtungs- und Meßmethoden gefordert werden und somit den nicht in Frage stehenden, für alle Wissenschaft notwendigen Rahmen bilden. Andere Eigenschaften der S-Matrix werden vorläufig als «Grundprinzipien» postuliert werden müssen, aber man erwartet, daß sie sich in der vollständigen Theorie als notwendige Folge der Selbstkonsistenz ergeben. Die These, daß alle Hadronen Reihen bilden, wie der Regge-Formalismus sie beschreibt, könnte von dieser Art sein.

In der Sprache der S-Matrix-Theorie postuliert also die Bootstrap-Hypothese, daß die volle S-Matrix und damit alle Eigenschaften der Hadronen eindeutig von den allgemeinen Prinzipien bestimmt werden können, weil es nur eine mögliche S-Matrix gibt, die mit allen drei Prinzipien übereinstimmt. Diese Vermutung wird durch die Tatsache gestützt, daß es den Physikern nie auch nur annähernd gelang, ein mathematisches Modell zu konstruieren, das den drei allgemeinen Prinzipien genügt. Wenn die einzige folgerichtige S-Matrix *alle* Eigenschaften und Wechselwirkungen der Hadronen beschreibt, wie die Bootstrap-Hypothese annimmt, wird ersichtlich, warum die Physiker in ihrem Versuch, eine folgerichtige teilweise S-Matrix zu konstruieren, gescheitert sind.

Die Wechselwirkungen der subatomaren Teilchen sind so komplex, daß keineswegs sicher ist, ob die komplette folgerichtige S-Matrix jemals konstruiert wird, aber eine Reihe teilweise erfolgreicher Modelle kleineren Umfangs ist vorstellbar. Jedes davon wäre so erdacht, daß es nur einen Teil der Hadronenphysik umfaßt, und würde daher einige unerklärte Parameter enthalten, die seine Grenzen angeben, aber die Parameter des einen Modells könnten von einem anderen erklärt werden. So könnten mehr und mehr Hadronen-Phänomene stufenweise mit zunehmender Genauigkeit erfaßt werden, durch ein Mosaik ineinandergreifender Modelle, deren Nettoanzahl an unerklärten Parametern ständig abnimmt. Die Bezeichnung «Bootstrap» eignet sich somit nie für irgendein individuelles Modell, sondern kann nur auf eine Kombination miteinander vereinbarer Modelle angewendet werden, von denen keines fundamentaler ist als das andere. Wie Chew es ausdrückte:

> Ein Physiker, der jede Anzahl von verschiedenen, teilweise erfolgreichen Modellen ansehen kann, ohne eines zu bevorzugen, ist automatisch ein «Bootstrapper».[16]

Eine Anzahl von Teilchenmodellen dieser Art existiert bereits, ein Hinweis darauf, daß das Bootstrap-Programm in einer nicht allzu fernen Zukunft wahrscheinlich durchgeführt werden wird. Was die Hadronen angeht, so bestand die größte Herausforderung für die S-Matrix-Theorie und den Bootstrap von Anfang an darin, die für die starken Wechselwirkungen so charakteristische Quark-Struktur zu erklären. Bis vor kurzem konnte die Bootstrap-Methode diese auffallenden Regelmäßigkeiten nicht erklären, was der Hauptgrund dafür war, daß sie in Kreisen der Physiker nicht besonders ernst genommen wurde. Die meisten Physiker zogen es vor, mit dem Quarkmodell zu arbeiten, das zwar keine folgerichtige Erklärung, zumindest aber eine phänomenologische Beschreibung lieferte. In den vergangenen sechs Jahren aber hat sich diese Situation auffallend geändert.[17]

Das Bild von Hadronen, das aus diesen Bootstrap-Modellen hervorgeht, wird oft in der provokativen Aussage: «Jedes Teilchen besteht aus allen anderen Teilchen» zusammengefaßt. Man darf sich jedoch nicht vorstellen, daß jedes Hadron alle anderen in einem klassischen statischen Sinn enthält. Sie «enthalten» sich nicht, sondern «verwickeln» sich ineinander im Sinn von Dynamik und Wahrscheinlichkeit der S-Matrix-Theorie: Jedes Hadron ist ein potentieller «gebundener Zustand» aller Gruppen von Teilchen, die wechselweise aufeinander wirken können, um das betrachtete Hadron zu bilden. In diesem Sinn sind alle Hadronen zusammengesetzte Strukturen, deren Bestandteile wieder Hadronen sind, und keines davon ist elementarer als die anderen. Die Strukturen zusammenhaltenden Bindungskräfte manifestieren sich durch den Austausch von Teilchen, und diese ausgetauschten Teilchen sind wieder Hadronen. Jedes Hadron spielt daher drei Rollen: Es ist eine zusammengesetzte Struktur, es kann Bestandteil eines anderen Hadrons sein, und es kann zwischen Bestandteilen ausgetauscht werden und somit einen Teil der Kräfte darstellen, die eine Struktur zusammenhalten. Der Begriff des «Crossing» ist für dieses Bild entscheidend. Jedes Hadron wird durch Kräfte zusammengehalten, die mit dem Austausch anderer Hadronen im gekreuzten Kanal in Bezug stehen, und jedes ausgetauschte Hadron wird wiederum von Kräften zusammengehalten, zu denen das erste Hadron beisteuert. So «hilft jedes Teilchen, andere Teilchen zu erzeugen, die wiederum es selbst erzeugen».[18] Die ganze Gruppe von Hadronen erzeugt sich auf diese Weise selbst oder zieht sich sozusagen an seinen «Bootstraps» (Stiefelschlaufen) hoch. Dieser äußerst komplexe Bootstrap-Mechanismus bestimmt sich selbst, das heißt, er kann nur auf eine Weise erfolgen. Mit anderen Worten, es gibt nur eine mögliche, in sich stimmige Gruppe von Hadronen – nämlich die, die man in der Natur findet.

Im Hadronen-Bootstrap setzen sich alle Teilchen dynamisch auf selbstkonsistente Weise gegenseitig zusammen, und in diesem Sinn «enthalten» sie einander. Im Mahayana-Buddhismus wird eine sehr ähnliche Auffassung auf das ganze Universum angewendet. Dieses kosmische Netzwerk sich gegenseitig durchdringender Dinge und Vorgänge wird im *Avatamsaka-Sutra* durch die Metapher von Indras Netz dargestellt, das Sir Charles Eliot folgendermaßen beschreibt:

> Im Himmel Indras, so sagt man, hängt ein Netzwerk von Perlen so angeordnet, daß du beim Anblick einer Perle alle anderen in dieser widergespiegelt siehst. Genauso ist jeder Gegenstand in der Welt nicht bloß er selbst, sondern ein Teil jedes anderen, er *ist* in Wirklichkeit alles andere. In jedem Staubkörnchen sind Buddhas ohne Zahl vorhanden.[19]

Die Ähnlichkeit dieses Bildes mit dem Hadronen-Bootstrap ist verblüffend. Die Metapher von Indras Netz könnte man das erste

Bootstrap-Modell nennen, etwa 2500 Jahre vor Beginn der Teilchenphysik von östlichen Weisen erschaffen. Die Buddhisten halten daran fest, daß der Begriff der gegenseitigen Durchdringung nicht intellektuell, aber von einem erleuchteten Geist im Zustand der Meditation erfahren werden kann. So schreibt D. T. Suzuki:

> Der Buddha (in *Gandavyuha*) ist nicht mehr der, der in der Welt von Raum und Zeit lebt. Sein Bewußtsein ist nicht das des gewöhnlichen Verstandes, der mit den Sinnen und der Logik operiert ... Der Buddha des *Gandavyuha* lebt in einer geistigen Welt, die ihre eigenen Gesetze hat.[20]

In der modernen Physik ist die Situation sehr ähnlich. Die Vorstellung, daß jedes Teilchen alle anderen enthält, ist im gewöhnlichen Raum und in der gewöhnlichen Zeit undenkbar. Sie beschreibt eine Wirklichkeit, die wie diejenige des Buddha ihre eigenen Gesetze hat. Im Fall des Hadronen-Bootstrap sind es die Gesetze der Quantentheorie und der Relativitätstheorie; der Schlüssel zu ihm ist darin zu sehen, daß die Kräfte, die die Teilchen zusammenhalten, selbst Teilchen sind, die in den gekreuzten Kanälen ausgetauscht werden. Diesem Begriff kann man eine genaue mathematische Deutung geben, vorstellen kann man ihn sich so gut wie nicht. Es ist ein spezifisch relativistischer Zug des Bootstrap, und da wir die vierdimensionale Raum-Zeit-Welt nicht direkt erfahren, ist es äußerst schwierig, sich vorzustellen, wie ein einzelnes Teilchen alle anderen Teilchen enthalten und gleichzeitig Teil eines jeden sein kann. Dies ist jedoch genau die Ansicht des Mahayana:

> Wenn das Eine gegen alle anderen gesetzt wird, sieht man, wie das Eine alles durchdringt und gleichzeitig alles in sich selbst einschließt.[21]

Die Vorstellung, daß jedes Teilchen alle anderen enthält, entstand nicht nur in der östlichen Mystik, sondern auch im mystischen Gedankengut des Westens. William Blakes berühmte Zeilen sind ein Beispiel:

In einem Sandkorn sieh die Welt,
den Himmel im Blütengrunde,
Unendlichkeit in deiner Hand
und Ewigkeit in der Stunde.

Hier hat wieder eine mystische Vision zu einem Bild vom Bootstrap-Typ geführt. Wenn der Dichter die Welt in einem Sandkorn sieht, dann sieht sie der moderne Physiker in einem Hadron.

Ein ähnliches Bild erscheint in der Philosophie von Leibniz, in der die Welt von Grundsubstanzen, den sogenannten «Monaden», aufgebaut ist, von denen sich jede im ganzen Universum widerspiegelt.* In seiner Monadologie schreibt Leibniz:

> Jedes Stück Materie kann gleichsam als ein Garten voller Pflanzen oder als ein Teich voller Fische aufgefaßt werden. Aber jeder Zweig der Pflanze, jedes Glied des Tieres, jeder Tropfen seiner Säfte ist wieder ein solcher Garten und ein solcher Teich.[22]

Es ist interessant, daß die Ähnlichkeit dieser Zeilen mit den Passagen des *Avatamsaka-Sutra* von einem tatsächlichen buddhistischen Einfluß auf Leibniz herrühren könnte. Joseph Needham argumentiert[23], daß die chinesische Kultur und Gedankenwelt Leibniz durch Übersetzungen, die er von Jesuiten erhielt, vertraut war und daß seine Philosophie durchaus von der ihm bekannten neokonfuzianischen Schule des Chu Hsi inspiriert gewesen sein könnte. Diese Schule hat jedoch eine Wurzel im Mahayana-Buddhismus, und speziell in der Avatamsaka(chinesisch: Huy-yen)-Schule der Mahayana-Richtung. Needham erwähnt das Gleichnis von Indras Perlennetz ausdrücklich in Verbindung mit den Leibnizschen Monaden.

Ein eingehender Vergleich von Leibniz' Begriff der Monaden als «ein unaufhörlicher lebendiger Spiegel des Universums» mit der Vorstellung der gegenseitigen Durchdringung im Mahayana zeigt jedoch, daß die beiden verschieden sind und daß die buddhistische Auffassung von der Materie dem Geist der modernen Physik viel

* Die Parallelen zwischen Leibniz' Ansicht von der Materie und dem Hadronen-Bootstrap wurden kürzlich erörtert; vgl. G. Gale, «Chew's Monadology» in: *Journal of History of Ideas,* Band 35 (April–Juni 1974), S. 339–348.

näher kommt als die von Leibniz. Der Hauptunterschied zwischen der Monadologie und der buddhistischen Ansicht ist, daß die Leibnizschen Monaden Grundsubstanzen sind, die als die letzten Bestandteile der Materie angesehen werden. Leibniz beginnt seine Monadenlehre mit den Worten: «Die Monade, von der wir hier sprechen wollen, ist nichts anderes als eine einfache Substanz, die in die zusammengesetzten Dinge eingeht; ‹einfach› heißt soviel wie: ohne Teile.» Er fährt fort: «Und die Monaden sind so die wahren Atome der Natur, und, in einem Wort, die Elemente der Dinge.»[24]

Solch eine fundamentalistische Ansicht steht in auffallendem Gegensatz zur Bootstrap-Philosophie und unterscheidet sich stark von der Ansicht des Mahayana-Buddhismus, der alle fundamentalen Einheiten oder Substanzen ablehnt. Leibniz' fundamentalistische Denkweise drückt sich auch in seiner Ansicht der Kräfte aus, die er als Gesetze «durch göttlichen Erlaß» und als wesentlich verschieden von der Materie betrachtet. «Kräfte und Aktivitäten», schreibt er, «können nicht Zustände von etwas Passivem sein, wie es die Materie ist.»[25] Dies steht wiederum im Gegensatz zu den Ansichten der modernen Physik und der östlichen Mystik.

Was die tatsächliche Wechselbeziehung zwischen den Monaden anbelangt, scheint der Hauptunterschied zum Hadronen-Bootstrap darin zu liegen, daß die Monaden nicht miteinander wechselwirken; sie «haben keine Fenster», wie Leibniz sagt, sie spiegeln sich lediglich wider. Im Hadronen-Bootstrap dagegen wie im Mahayana liegt die Betonung auf der Wechselwirkung oder gegenseitigen Durchdringung aller Teilchen. Darüber hinaus sind die Ansichten von der Materie sowohl des Bootstrap als auch des Mahayana «Raum-Zeit»-Ansichten, die Objekte als Vorgänge sehen. Deren gegenseitige Durchdringung versteht man nur, wenn einem klar ist, daß sich Raum und Zeit auch gegenseitig durchdringen.

Die Bootstrap-Theorie der Hadronen ist bei weitem noch nicht vollständig durchdacht, und die Schwierigkeiten bei ihrer Formulierung sind noch beträchtlich. Dennoch haben die Physiker bereits damit begonnen, den Begriff der Stimmigkeit oder des folgerichtigen Gesamtzusammenhanges über die Beschreibung der stark wechselwirkenden Teilchen hinaus zu erweitern. Eine solche Erweiterung muß über den gegenwärtigen Kontext der S-Matrix-

Theorie hinausgehen, die ja speziell für die Beschreibung der starken Wechselwirkungen entwickelt wurde. Es muß ein allgemeiner Rahmen gefunden werden, in dem einige der Begriffe, die bisher noch ohne Erklärung akzeptiert werden, nach dem Bootstrap-Prinzip behandelt werden. Das heißt, sie müssen von der Stimmigkeit des Ganzen abgeleitet werden.

Nach Geoffrey Chew könnte unser Begriff von der makroskopischen Raum-Zeit dazugehören und vielleicht sogar das menschliche Bewußtsein:

> Wenn man sie logisch zu Ende denkt, impliziert die Bootstrap-Hypothese, daß die Existenz des Bewußtseins zusammen mit allen anderen Aspekten der Natur nötig ist für die Stimmigkeit des Ganzen.[26]

Dies steht wiederum völlig im Einklang mit den mystischen Überlieferungen des Ostens, die das Bewußtsein immer als integralen Bestandteil des Universums betrachteten. Nach östlicher Anschauung sind die Menschen sowie alle anderen Lebensformen Teile eines unteilbaren organischen Ganzen. Aus ihrer Intelligenz läßt sich daher auf die Intelligenz des Ganzen schließen. Der Mensch wird als lebender Beweis für die kosmische Intelligenz angesehen. In uns wiederholt das Universum immer und immer wieder seine Fähigkeit, Formen zu erzeugen, durch die es sich seiner selbst bewußt wird.

In der modernen Physik entstand die Frage des Bewußtseins im Zusammenhang mit der Beobachtung atomarer Phänomene. Die Quantentheorie hat klar erwiesen, daß diese Phänomene nur als Glieder in einer Kette von Prozessen zu verstehen sind. Das Ende dieser Kette liegt im Bewußtsein des menschlichen Beobachters. Nach den Worten von Eugene Wigner: «Die Gesetze (der Quantentheorie) konnten nur unter Bezugnahme auf das Bewußtsein folgerichtig formuliert werden.»[27] Die pragmatische Formulierung der Quantentheorie, die die Wissenschaftler bei ihrer Arbeit benutzen, bezieht das Bewußtsein nicht ausdrücklich ein. Wigner und andere Physiker argumentieren jedoch, daß die ausdrückliche Einbeziehung des menschlichen Bewußtseins ein wesentlicher Aspekt künftiger Theorien von der Materie sein könnte.

Eine solche Entwicklung würde erregende Möglichkeiten auftun, daß Physik und östliche Mystik einander befruchten könnten. Das Verstehen des eigenen Bewußtseins und seine Beziehung zum übrigen Universum ist der Ausgangspunkt aller mystischen Erfahrung. Die östlichen Mystiker haben Jahrhunderte hindurch verschiedene Bewußtseinsmodalitäten erforscht, und die Schlüsse, zu denen sie kamen, unterscheiden sich oft radikal von den Vorstellungen des Westens. Wenn die Physiker wirklich die Natur des menschlichen Bewußtseins in das Reich ihrer Forschung einbeziehen wollen, kann ihnen das Studium östlicher Ideen sehr wohl neue und anregende Gesichtspunkte liefern.

Die Erweiterung des Hadronen-Bootstrap durch das «Bootstrapping» der Raum-Zeit und vielleicht sogar des menschlichen Bewußtseins würde vermutlich über den konventionellen Rahmen der Wissenschaft hinausgehen:

> Ein solcher künftiger Schritt würde wesentlich tiefergreifende Konsequenzen haben als alles, was im Zusammenhang mit dem Hadronen-Bootstrap erreicht werden kann. Wir wären gezwungen, uns mit dem schwer faßbaren Begriff der Beobachtung und sogar des Bewußtseins auseinanderzusetzen. Unser gegenwärtiges Ringen um den Hadronen-Bootstrap wäre dann vielleicht nur ein Vorgeschmack auf eine völlig neue Form menschlichen intellektuellen Bemühens, das nicht nur außerhalb der Physik liegt, sondern nicht einmal als «wissenschaftlich» bezeichnet werden kann.[28]

Wohin führt uns dann die Bootstrap-Hypothese? Das weiß natürlich niemand, aber es ist faszinierend, über ihr endgültiges Schicksal nachzudenken. Man kann sich ein Netzwerk künftiger Theorien vorstellen, die einen ständig wachsenden Bereich von Naturerscheinungen mit ständig zunehmender Genauigkeit erfassen; ein Netzwerk, das immer weniger unerklärte Züge enthält, das seine Struktur immer mehr von der wechselseitigen Stimmigkeit seiner Teile ableitet. Eines Tages wird dann ein Punkt erreicht sein, wo die Elemente des wissenschaftlichen Rahmens die einzigen unerklärten Züge dieses Netzwerks von Theorien sein werden. Jenseits dieses Punktes wird die Theorie nicht mehr in der Lage sein, ihre Ergebnisse in Worten oder in rationalen Begriffen auszudrücken, und somit wird sie die Wissenschaft überschreiten. Anstelle einer Bootstrap-*Theorie* der Natur wird sie zu einer Bootstrap-*Vision* der Natur, jenseits von Gedanken und Sprache und aus der Wissenschaft heraus in die Welt des *acintya*, des Undenkbaren, führen. Das in solcher Vision enthaltene Wissen wird vollständig sein, aber nicht mit Worten vermittelt werden können. Es wird das Wissen sein, das Lao-tzu vor mehr als zweitausend Jahren meinte, als er sagte:

> Wer weiß, redet nicht,
> Wer redet, weiß nicht.[29]

Anmerkungen

Dieser Beitrag erschien erstmals in: Fritjof Capra, *Das Tao der Physik*, München 1984, und wurde übersetzt von Fritz Lahmann und Erwin Schuhmacher.

1 G. F. Chew, ‹‹Bootstrap›: A Scientific Idea?›, in: *Science*, Bd. 161, 23. Mai 1968, S. 762–765; ‹Hadron Bootstrap: Triumph or Frustration?›, in: *Physics Today*, Bd. 23, Oktober 1970, S. 23–28; ‹Impasse for the Elementary Particle Concept›, in: *The Great Ideas Today*, William Benton, Chicago 1974, Bd. 20, S. XX.

2 Zitiert in: J. Needham, *Science and Civilisation in China*, London 1956, Bd. 2, S. 538. Deutsche Ausgabe: *Wissenschaft und Zivilisation in China*, Frankfurt/M. 1984.

3 G. F. Chew, ‹‹Bootstrap›: A Scientific Idea?›, op. cit., S. 762–763.

4 Lao-tzu, *Tao The Ching*, übers. Ch'u Ta-Kao, London 1970, Kap. 25.

5 J. Needham, op. cit., Bd. 2, S. 582.

6 Ibid., S. 484.

7 Ibid., S. 558, 567.

8 Ibid., S. 566.

9 Ashvaghosha, *The Awakening of Faith*, übers. D. T. Suzuki, Chicago 1900, S. 56.

10 P. Reps, *Ohne Worte – ohne Schweigen. 101 Zen-Geschichten und andere Zen-Texte aus vier Jahrtausenden*, München 1976.

11 Ibid.

12 Ashvaghosha, op. cit., S. 104.

13 Sri Aurobindo, *The Synthesis of Yoga*, Pondicherry, India 1957, S. 989. Deutsche Ausgabe: *Die Synthese des Yoga*, Gladenbach [3]1991.

14 D. T. Suzuki, *On Indian Mahayana Buddhism*, hrsg. Edward Conze, New York 1968, S. 150. (Auszüge aus dem umfangreichen Werk liegen mittlerweile auf deutsch vor. Siehe: *Atavamsaka-Sutra. Alles ist reiner Geist*, München 1997.)

15 Ibid., S. 183–184.

16 G. F. Chew, «Hadron Bootstrap: Triumph or Frustration?», op. cit., S. 27.
17 Verschiedene bedeutende Entwicklungen in der S-Matrix-Theorie haben zu einem größeren Durchbruch geführt, der es ermöglicht, die meisten für das Quarkmodell typischen Ergebnisse zu erzielen, ohne dazu die Existenz physikalischer Quarks postulieren zu müssen. Diese Ergebnisse haben unter den S-Matrix-Theoretikern große Begeisterung ausgelöst und werden wahrscheinlich auch die anderen Physiker dazu bringen, ihre Haltung gegenüber dem Bootstrap-Ansatz in der subatomaren Physik zu revidieren.
18 G. F. Chew, M. Gell-Mann und A. H. Rosenfeld, «Strongly Interacting Particles», *Scientific American*, Bd. 210, Februar 1964, S. 93.
19 C. Eliot, *Japanese Buddhism*, Routledge & Kegan Paul 1959, S. 109–110.
20 D. T. Suzuki, op. cit., S. 148.
21 D. T. Suzuki, *The Essence of Buddhism*, Tokyo 1968, S. 52.
22 G. W. Leibniz, *Die Hauptwerke*, zusammengef. und übertr. von G. Krüger, Stuttgart 1933, S. 150.
23 J. Needham, op. cit., Bd. 2, S. 496 ff.
24 G. W. Leibniz, op. cit., S. 135, 136.
25 P. P. Wiener, *Leibniz – Selections*, New York 1951, S. 161.
26 G. F. Chew, «‹Bootstrap›: A Scientific Idea?», op. cit., S. 763.
27 E. P. Wigner, *Symmetries and Reflections – Scientific Essays*, Cambridge, Mass. 1970, S. 172.
28 G. F. Chew, «‹Bootstrap›: A Scientific Idea?», op. cit., S. 765.
29 Lao-tzu, *Tao Te Ching*, übers. Ch'u Ta-Kao, London 1970, Kap. 81.

II

Das Netz –
Parallelen zwischen biologischen und sozialen Strukturen

Einführung

Fritjof Capra – ein systemischer Denker

Viel intellektuelle Empathie ist vonnöten, um, wie Capra es vermag, in den verschiedenen Disziplinen, die sich um ein Verständnis des Lebendigen mühen, das Wesentliche aufzuspüren. Capra entwirft ein Systembild des Lebens, das aus gut erforschten Einzelbildern von Physik, Biologie, Psychologie, Medizin, Kunst und Pädagogik besteht. Dabei präsentiert er nicht ein geschlossenes Bild von der Welt, sondern eine sich ergänzende Vielfalt, die als Ganzheit erfahrbar ist. Sein auf die Komplementarität von Yin und Yang ausgerichtetes Denken wird der Komplexität, der Vielschichtigkeit und der Vielfarbigkeit der Annäherung an Leben gerecht. Nicht daß er die einzeldisziplinären Auffassungen additiv oder abstrahierend vereinheitlicht und in ein System zwängt, vielmehr erschließt Capra ein organisch-systemisches Bild vom Leben, das sich in der Metapher des Netzes am besten mitteilen läßt. Seine Begabung, Perspektiven zu wechseln und verschiedene kognitive Brillen aufzusetzen, läßt ihn auf die Phänomene des Lebens immer wieder leichten Sinnes von mehreren Seiten blicken.

Die zentrale Absicht bei seinem Entwurf vom Leben besteht darin, die cartesianische Trennung von Geist und Materie zu überwinden. So erscheint Leben als ein dynamisches, chaotisches, sich selbst organisierendes, zu immer neuen Ordnungen findendes System.

Seit Entwicklung und Ausbau der Systemtheorie und Kybernetik in den 50er Jahren werden immer neue Ansätze von Systemvorstellungen propagiert. Stoffkreisläufe, Energieflüsse, Pflanzengemeinschaften, menschliche Prozesse ebenso wie politische Ereignisse werden mit immer ausgefeilterer Methodik systemisch modelliert. Für Capra hat systemisches Denken jedoch weniger mit innerwissenschaftlichen, operationalen Modellen zur Isolierung von Studienobjekten wie beispielsweise dem Sonnensystem, einem Klimagebiet oder auch einem Atom zu tun. Vielmehr bringt er in die technokratische Instrumentalisierung des Systembegriffs neue, organische und geschichtliche

Züge. Seine Weltanschauung, mit der er das Leben als ein fragiles Fließgleichgewicht betrachtet, macht ihn zum moralischen Mahner für möglichst wenige manipulierende Eingriffe des Menschen in die Lebensprozesse. Die Folgen von Eingriffen in das komplexe Geschehen, innerhalb der letztlich mit den Mitteln rationaler, mathematischer Kalkulation nicht begreifbaren «Lebensnetze», sind unvorhersehbar. Für den Umgang mit der ökologischen, aber auch mit der individuellen Gesundheit heißt dies, ein Ethos des «Nicht-Eingreifens» zu entwickeln.

Vielfalt, Wildnis und Nachhaltigkeit – das sind die Leitorientierungen, die der Gesellschaftsreformator Capra aus seiner Schau des Netzwerkes von Wechselwirkungen zwischen Belebtem und Unbelebtem vermittelt. Dabei bildet der Garten ein Idealbild von überlebensfähigem Arbeiten mit der Natur. Die Gartenkultur haben einige Denker bereits als totales gesellschaftliches Phänomen begriffen. Der Garten ist Ordnung und transzendiert diese gleichzeitig. Wer über den Garten und eine gärtnerische Haltung dem Leben gegenüber spricht, spannt häufig einen Bogen zwischen Mikro- und Makrokosmos, zwischen Boden und Göttlichem. Wie Heide Inhetveen sagt:

> *Im Garten bündeln sich wirtschaftliche und soziale, religiöse, ethische und ästhetische Dimensionen menschlichen Daseins in kaum nennbarer Gemengelage; in ihm drückt sich die Befindlichkeit eines Menschen in der Welt ebenso aus, wie sich seine Sehnsüchte nach einer Gegenwart spiegeln.*[1]

Im Garten steht vielleicht ein «Baum des Lebens», dessen Früchte und Samen einen – wie das fünfte Buch Mose es ausdrückt – «Segen» bedeuten. Dort heißt es im 33. Kapitel:

> *Da sind edle Früchte im Himmel, vom Tau und von der Tiefe, die unten liegt; – das sind edle Früchte von der Sonne und edle, reife Früchte der Monde – und von den hohen Bergen von alters her und von den Hügeln für und für – und edle Früchte von der Erde und dem, was darinnen ist.*

Wenn Capra die Pflege des (Schul-)Gartens als paradigmatische Lehranstalt für sein Systemverhältnis empfiehlt, bringt er jungen Menschen – aber nicht nur diesen – die Werte des ursprünglichen, platonischen Naturbegriffs praktisch nahe: das Wahre, Schöne und Gute in eins zu fassen und verantwortungsvoll dafür zu sorgen.

Anmerkung

1 Heide Inhetveen: «Die Landfrau und ihr Garten: Zur Soziologie der Hortikultur», in: *Zeitschrift für Agrargeschichte und Agrarsoziologie*, Jg. 42 (1994), Heft 1, S. 52.

Das Systembild des Lebens

Die neue Sicht der Wirklichkeit beruht auf der Erkenntnis, daß alle Phänomene – physikalische, biologische, psychische, gesellschaftliche und kulturelle – grundsätzlich miteinander verbunden und voneinander abhängig sind. Sie transzendiert die gegenwärtigen disziplinären und begrifflichen Grenzen und wird in neuen Institutionen zur Anwendung kommen. Im Augenblick gibt es noch keinen theoretisch oder institutionell ausreichenden Rahmen, den man nutzen könnte, um ein neues Paradigma auszuformulieren. Doch entwickeln bereits viele einzelne und Gemeinschaften neue Denkformen und organisieren sich nach neuen Prinzipien, wodurch langsam die Umrisse eines solchen Rahmens entstehen.

In dieser Situation könnte ein *Bootstrap*-Ansatz, wie er von der zeitgenössischen Physik entwickelt wurde, besonders gute Dienste leisten. Man müßte dazu schrittweise ein Netz von ineinandergreifenden Ideen und Modellen formulieren, während gleichzeitig die entsprechenden gesellschaftlichen Organisationen entwickelt werden. Keine dieser Theorien und keines dieser Modelle dürfte wichtiger sein als die anderen, und alle müßten miteinander übereinstimmen. Alle würden die konventionellen Abgrenzungen überwinden und würden sich jeweils derjenigen Sprache bedienen, mit der sich die verschiedenen Aspekte des vielschichtigen, engverknüpften Gewebes der Wirklichkeit am besten beschreiben lassen. Dementsprechend wäre keine der neuen gesellschaftlichen Institutionen dann der anderen überlegen oder wichtiger als die anderen, und sie alle würden voneinander wissen und miteinander kommunizieren und kooperieren.

In den folgenden Kapiteln werde ich einige der in jüngster Zeit entstandenen Vorstellungen, Modelle und Organisationen näher erörtern und versuchen aufzuzeigen, wie sie ideenmäßig zusammenhängen. Dabei werde ich mich besonders auf Methoden konzentrieren, die für die individuelle und gesellschaftliche Gesundheit von Bedeutung sind. Da der Gesundheitsbegriff selbst ganz entscheidend von der Vorstellung abhängt, die man sich von lebenden Organismen und ihren Beziehungen zur Umwelt macht, wird diese Darstellung des neuen Paragidmas mit einer Erörterung der Natur lebender Organismen beginnen.

Der Großteil der zeitgenössischen Biologie und Medizin beruht auf einer mechanistischen Weltanschauung und versucht, das Funktionieren des lebenden Organismus auf genau abgegrenzte Mechanismen von Zellen und Molekülen zu reduzieren. Die mechanistische Anschauung ist teilweise berechtigt, weil lebende Organismen zum Teil wie Maschinen agieren. Sie haben eine Vielfalt von maschinengleichen Teilen und Mechanismen entwickelt – Knochen, Muskelbewegung, Blutkreislauf und dergleichen –, wahrscheinlich, weil maschinenähnliches Funktionieren für ihre Evolution vorteilhaft war. Das bedeutet jedoch nicht, daß lebende Organismen Maschinen *sind*. Biologische Mechanismen sind nur besondere Fälle von viel umfassenderen Organisationsprinzipien; es gibt aber keine Aktion irgendeines Organismus, die ausschließlich aus solchen Mechanismen besteht. Die biomedizinische Wissenschaft hat sich nach Descartes zu sehr auf die maschinenähnlichen Eigenschaften der lebenden Materie konzentriert und hat es vernachlässigt, deren organische oder systemhafte Natur zu erforschen. Obgleich die Kenntnis der zellularen und molekularen Aspekte der biologischen Strukturen weiterhin wichtig bleiben wird, läßt sich ein besseres Verständnis des Lebens nur erreichen, wenn man eine «Systembiologie» entwickelt, also eine Biologie, die Organismen als lebende Systeme statt als Maschinen ansieht.

Die Systemschau betrachtet die Welt im Hinblick auf Zusammenhänge und Integration.[1] Systeme sind integrierte Ganzheiten, deren Eigenschaften sich nicht auf die kleinerer Einheiten reduzieren lassen. Statt auf Grundbausteine oder Grundsubstanzen konzentriert sich die Systemlehre auf grundlegende Organisationsprinzipien. In der Natur gibt es in Hülle und Fülle Beispiele für Systeme. Jeder Organismus – von der kleinsten Bakterie über den weiten Bereich der Pflanzen und Tiere bis hin zum Menschen – ist ein integriertes Ganzes und somit ein lebendes System. Zellen sind lebende Systeme, wie auch die verschiedenen Gewebe und Organe des Körpers, unter denen das menschliche Gehirn das komplexeste Beispiel darstellt. Systeme sind jedoch nicht auf individuelle Organismen und ihre Teile beschränkt. Auch gesellschaftliche Systeme weisen dieselben Ganzheitsaspekte auf – etwa ein Ameisenhügel, ein Bienenstock oder eine menschliche Familie. Schließlich gilt das auch für Ökosysteme, die sich aus einer Vielfalt von in Wechselwirkung stehenden Organismen und unbelebter Materie zusammensetzen. Was in einem Naturschutzgebiet erhalten wird, das sind nicht einzelne Bäume oder Organismen, sondern das ist das komplexe Gewebe von Beziehungen zwischen denselben.

Alle diese natürlichen Systeme sind Ganzheiten, deren spezifische Strukturen sich aus den wechselseitigen Beziehungen und Abhängigkeiten ihrer Teile ergeben. Die Systeme entwickeln einen Prozeß, der als Transaktion bekannt ist – die gleichzeitige und voneinander abhängige Wechselwirkung multipler Komponenten.[2] Systemeigenschaften werden zerstört, wenn ein System auseinandergenommen, wenn es physisch oder theoretisch in Einzelteile zerlegt wird. Obwohl wir in jedem System Einzelteile unterscheiden können, ist das Ganze doch immer etwas anderes als die bloße Summe seiner Teile.

Ein weiterer wichtiger Aspekt der Systeme ist die ihnen innewohnende Dynamik. Ihre Formen sind keine starren Strukturen, sondern flexible und dennoch stabile Manifestationen der den Systemen zugrunde liegenden Prozesse. Paul Weiss beschreibt das folgendermaßen:

> Die Kennzeichnung der Ordnung, die sich in der besonderen Form einer Struktur und der regelmäßigen Anordnung und Verteilung der Unterstrukturen manifestiert, sind nichts weiter als die sichtbaren Hinweise auf die Regelmäßigkeiten der in diesem Bereich wirksamen zugrunde liegenden Dynamik ... Eine lebende Form ist im wesentlichen als ein offensichtlicher Indikator oder ein Hinweis auf die Dynamik der zugrunde liegenden formativen Prozesse anzusehen.[3]

Diese Beschreibung des Systemansatzes klingt der in den vorangegangenen Kapiteln wiedergegebenen Beschreibung der modernen Physik sehr ähnlich. Tatsächlich steht die «Neue Physik», und ganz besonders ihr *Bootstrap*-Ansatz, der allgemeinen Systemtheorie sehr nahe. Sie legt mehr Wert auf Zusammenhänge als auf isolierte Einzelelemente, und wie die Systemlehre hält sie diese für von Natur aus dynamisch. Systemdenken heißt Denken in Vorgängen; Form wird mit Geschehen assoziiert, Zusammenhang mit Wechselwirkung, und Gegensätze werden durch Schwingungen vereint.

Das Entstehen organischer Strukturen ist grundlegend verschieden vom zeitlich aufeinanderfolgenden Aufeinanderstapeln von Bauelementen oder der Herstellung eines Maschinenprodukts in genau programmierten Phasen. Dennoch ist es wichtig zu wissen, daß auch derartige Tätigkeiten in lebenden Systemen stattfinden. Wir treffen in der gesamten lebenden Welt auf maschinenähnliche Tätigkeiten, allerdings spezialisierter und sekundärer Art. Die reduktionistische Beschreibung von Organismen kann daher nützlich und in manchen Fällen sogar notwendig sein. Sie ist nur gefährlich, wenn man sie für die vollständige Erklärung hält. Reduktionismus und Ganzheitslehre, Analyse und Synthese sind sich ergänzende Methoden, die uns zu tieferem Verständnis des Lebens verhelfen, wenn sie im rechten Gleichgewicht angewendet werden.

Unter dieser Voraussetzung können wir uns jetzt mit der Frage der Natur lebender Organismen beschäftigen, wobei es von Nutzen sein kann, die wesentlichen Unterschiede zwischen einem Organismus und einer Maschine zu untersuchen. Zuerst müssen wir einmal spezifizieren, von welcher Art von Maschine wir überhaupt sprechen. Es gibt moderne kybernetische* Maschinen, die eine Reihe von Eigenschaften von Organismen aufweisen, so daß ihre Unterscheidung vom Organismus ziemlich subtil wird. Das waren jedoch nicht die Maschinen, die der mechanistischen Philosophie des 17. Jahrhunderts als Vorbilder dienten. Nach Ansicht von Descartes und Newton war die ganze Welt eine Maschine im Stile des 17. Jahrhunderts, im wesentlichen ein Uhrwerk. Diese Art meinen wir,

* Kybernetik wird aus dem griechischen kybernan abgeleitet («lenken, kontrollieren») und bedeutet das Studium der Kontrolle und Selbstregulierung in Maschinen und lebenden Organismen.

wenn wir das Funktionieren einer Maschine mit dem eines lebenden Organismus vergleichen.

Der zuerst ins Auge fallende Unterschied ist der, daß Maschinen gebaut werden, während Organismen wachsen. Dieser fundamentale Unterschied bedeutet, daß ein Organismus als ein Geschehen begriffen werden muß. So ist es beispielsweise unmöglich, ein genaues Bild einer Zelle durch eine statische Zeichnung oder durch Beschreibung der Zelle als statische Form zu liefern. Wie alle lebenden Systeme sind Zellen Vorgänge, in denen die dynamische Organisation des Systems zum Ausdruck kommt. Während die Aktivitäten einer Maschine von ihrer Struktur bestimmt werden, ist es im Organismus gerade umgekehrt – die organische Struktur wird durch dynamische Vorgänge bestimmt.

Maschinen werden gebaut, indem eine genau vorgeschriebene Zahl von Teilen auf präzise und vorbestimmte Art zusammengesetzt wird. Dagegen verfügt ein Organismus über ein hohes Maß an interner Flexibilität und Gestaltungsfähigkeit. Die Formen seiner Teile können in gewissen Grenzen variieren, und es gibt nie zwei Organismen mit absolut identischen Teilen. Obwohl der Organismus als Ganzes genaue Regelmäßigkeiten und Verhaltensmuster erkennen läßt, sind die Zusammenhänge zwischen seinen Teilen nicht starr festgelegt. Weiss hat an vielen eindrucksvollen Beispielen nachgewiesen, daß das Verhalten der einzelnen Teile wirklich so einzigartig und unregelmäßig sein kann, daß nicht der geringste relevante Zusammenhang mit der Ordnung des ganzen Systems erkennbar ist.[4] Diese Ordnung wird durch koordinierende Aktivitäten geschaffen, die den Teilen keinen starren Zwang auferlegen, sondern Raum lassen für Variationen und Flexibilität, und genau diese Flexibilität ist es, die lebende Organismen in die Lage versetzt, sich neuen Umständen anzupassen.

Maschinen funktionieren nach einer linearen Kette von Ursache und Wirkung, und wenn eine Panne auftritt, kann dafür in der Regel eine einzige Ursache nachgewiesen werden. Im Gegensatz dazu wird das Funktionieren eines Organismus gelenkt durch ein zyklisches Muster von Informationen, das als Rückkoppelungsschleife bekannt ist. Ein Beispiel: Komponente A kann Komponente B beeinflussen; B kann seinerseits auf C einwirken, und C kann die Einwirkung von A «rückkoppeln» und auf diese Weise die Schleife vollenden. Bricht ein solches System zusammen, dann ist die Panne meist durch multiple Faktoren verursacht, die sich durch voneinander abhängige Rückkoppelungsschleifen gegenseitig verstärken. Welcher von diesen Faktoren den Zusammenbruch des Systems schließlich ausgelöst hat, das ist oft belanglos.

Diese nicht-lineare Verbundenheit lebender Organismen deutet darauf hin, daß die konventionellen Versuche der biomedizinischen Wissenschaft, Krankheiten mit einzelnen Ursachen zu assoziieren, höchst problematisch sind. Sie zeigt ferner auf, wie trügerisch der «genetische Determinismus» ist, also der Glaube, daß die verschiedenen physischen oder psychischen Eigenarten eines individuellen Organismus von seiner genetischen Ausstattung «kontrolliert» oder «diktiert» werden. Das Systembild macht deutlich, daß die Gene das Funktionieren eines Organismus nicht so ausschließlich bestimmen, wie Federn und Rädchen das bei einem Uhrwerk tun. Gene sind vielmehr integrale Teile eines geordneten Ganzen und passen sich entsprechend dessen systemhafter Organisation an.

Die innere Gestaltbarkeit und Flexibilität lebender Systeme, deren Funktionieren mehr von dynamischen Zusammenhängen als von starren mechanischen Strukturen kontrolliert wird, läßt eine Anzahl charakteristischer Eigenschaften entstehen, die man als verschiedene Aspekte desselben dynamischen Prinzips ansehen kann – des Prinzips der Selbstorganisation.[5] Ein lebendes System ist ein sich selbst organisierendes System, was bedeutet, daß seine Ordnung in bezug auf Struktur und Funktion nicht von der Umwelt aufgezwungen, sondern vom System selbst hergestellt wird. Selbstorganisierende Systeme demonstrieren einen gewissen Grad von Autonomie; so neigen sie beispielsweise dazu, ihre Größe unabhängig von Umwelteinflüssen nach inneren Organisationsprinzipien zu gestalten. Das bedeutet nicht, daß lebende Systeme von der Umwelt isoliert sind; im Gegenteil, sie stehen in ständiger Wechselwirkung mit ihr, doch bestimmt diese Wechselwirkung nicht ihre Organisation. Die beiden wichtigsten dynamischen Phänomene der Selbstorganisation sind Selbsterneuerung – die Fähigkeit lebender Systeme, ihre Komponenten ständig zu erneuern, wieder in Gang zu bringen und dabei die Integrität ihrer Gesamtstruktur zu bewahren – und Selbst-

Transzendenz, also die Fähigkeit, durch die Vorgänge des Lernens, der Entwicklung und der Evolution kreativ über die eigenen physischen und geistigen Grenzen hinauszugreifen.

Die relative Autonomie selbstorganisierender Systeme wirft neues Licht auf die uralte philosophische Frage nach dem freien Willen. Aus der Sicht der Systemlehre sind sowohl Determinismus wie Freiheit relative Begriffe. In dem Maße, in dem ein System gegenüber seiner Umwelt autonom ist, ist es frei. In dem Maße aber, in dem es durch fortgesetzte Wechselwirkungen von ihr abhängt, wird seine Tätigkeit von Umwelteinflüssen geformt. Die relative Autonomie der Organismen wächst normalerweise mit ihrer Komplexität und erreicht im Menschen ihren Höhepunkt.

Dieser relative Begriff des freien Willens scheint in Übereinstimmung zu stehen mit der Lehre mystischer Überlieferungen, deren Anhänger ermahnt werden, die Vorstellung von einem isolierten Selbst zu transzendieren und sich dessen bewußt zu werden, daß wir untrennbare Teile des Kosmos sind, in den wir eingebettet sind. Ziel dieser Überlieferungen ist es, sich vollständig aller Ich-Empfindungen zu entledigen und in mystischer Erfahrung mit der Totalität des Kosmos zu verschmelzen. Sobald ein solcher Zustand erreicht ist, scheint die Frage nach dem freien Willen ihre Bedeutung zu verlieren. Wenn ich das ganze Universum *bin,* dann kann es keine Einflüsse «von außen» geben, und alle meine Handlungen sind spontan und frei. Vom Standpunkt der Mystiker aus ist der Begriff des freien Willens relativ, begrenzt und – wie sie sagen würden – illusorisch wie alle anderen Begriffe, die wir bei unseren verstandesmäßigen Beschreibungen der Wirklichkeit gebrauchen.

Um ihre Selbstorganisation aufrechtzuerhalten, müssen die lebenden Organismen in einem besonderen Zustand bleiben, der mit konventionellen Ausdrücken schwer zu beschreiben ist. Auch hier kann der Vergleich mit Maschinen hilfreich sein. So ist beispielsweise ein Uhrwerk ein relativ isoliertes System, das Energie braucht, um in Gang zu bleiben, aber nicht zwangsläufig mit seiner Umwelt in Wechselwirkung stehen muß, um funktionieren zu können. Wie alle isolierten Systeme läuft es nach dem Zweiten Hauptsatz der Thermodynamik ab, also von Ordnung zu Unordnung, bis es einen Gleichgewichtszustand erreicht hat, in dem alle Vorgänge – Bewegung, Wärmeaustausch und so weiter – zum Stillstand gekommen sind. Lebende Organismen funktionieren ganz anders. Sie sind offene Systeme, was bedeutet, daß sie einen dauernden Austausch von Energie und Materie mit ihrer Umwelt in Gang halten müssen, um am Leben zu bleiben. Dieser Austausch besteht unter anderem in der Aufnahme geordneter Strukturen, von Nahrung beispielsweise, die im Organismus zerlegt werden, wobei einige Bestandteile dazu dienen, die Ordnung des Organismus aufrechtzuerhalten oder sogar zu vermehren. Diesen Vorgang nennt man Metabolismus. Er erlaubt es dem System, in einem Zustand des Ungleichgewichts zu verharren, in dem es ständig «an der Arbeit» ist. Für die Selbstorganisation ist ein hohes Maß an Ungleichgewicht absolut notwendig; lebende Organismen sind offene Systeme, die ständig weit außerhalb eines Gleichgewichts operieren.

Zugleich haben diese sich selbst organisierenden Systeme ein hohes Maß an Stabilität, und an dieser Stelle geraten wir mit unserer konventionellen Sprache in Schwierigkeiten. Im Wörterbuch bedeutet das Wort «stabil» soviel wie «festgelegt», «nicht fluktuierend», «sich nicht verändernd» und «stetig», alles Begriffe, die ungeeignet sind, Organismen zu beschreiben. Diese Stabilität selbstorganisierender Organismen ist äußerst dynamisch und darf nicht mit Gleichgewicht verwechselt werden. Sie besteht darin, trotz fortlaufenden Wandels und Ersetzens der Bestandteile dieselbe Gesamtstruktur beizubehalten. Nach Weiss «bewahrt eine Zelle ihre Identität viel konservativer und bleibt sich selbst genauso wie vielen anderen Zellen der gleichen Art von Augenblick zu Augenblick viel ähnlicher, als man dies vorhersagen könnte, wenn man nur ihre Zusammensetzung aus Molekülen, Makromolekülen und Organellen kennt, die ständigen Änderungen, Umgruppierungen und Vermischungen unterworfen ist.» Dasselbe gilt auch für den menschlichen Organismus. Innerhalb weniger Jahre ersetzt der menschliche Organismus alle seine Zellen, die des Gehirns ausgenommen, und dennoch haben wir keine Schwierigkeiten, unsere Freunde selbst nach vielen Jahren der Trennung wiederzuerkennen. Das ist die dynamische Stabilität der sich selbst organisierenden Systeme.

Das Phänomen der Selbstorganisation ist nicht auf lebende Materie beschränkt, sondern kommt auch in gewissen chemischen Systemen vor, die sehr eingehend von dem Physiochemiker und Nobelpreisträger Ilya Prigogine untersucht worden sind, der eine detaillierte dynamische Theorie zur Beschreibung ihres Verhaltens entwickelt hat.[7] Prigogine nennt diese Systeme «dissipative Strukturen», um damit auszudrücken, daß sie ihre eigene Struktur bewahren und entwickeln, indem sie andere Strukturen durch Metabolismus zerbrechen, damit Entropie schaffen – Unordnung –, die dann in Form minderwertiger Abfallprodukte dissipiert wird. Dissipative chemische Strukturen demonstrieren die Dynamik der Selbstorganisation in ihrer einfachsten Form, wobei die meisten in für das Leben charakteristischen Phänomenen auftreten – Selbsterneuerung, Anpassung, Evolution und sogar primitive Formen von «geistigen» Prozessen. Der einzige Grund, warum sie nicht als lebendig gelten, ist, daß sie keine Zellen bilden oder sich vermehren. Diese interessanten Systeme stellen also ein Bindeglied dar zwischen belebter und unbelebter Materie. Ob man sie lebende Organismen nennt oder nicht, ist schließlich eine Sache der Übereinkunft.

Selbsterneuerung ist ein wesentlicher Aspekt der sich selbst organisierenden Systeme. Während eine Maschine konstruiert wird, um ein spezifisches Produkt herzustellen oder eine vom Erbauer beabsichtigte spezifische Arbeit zu leisten, ist ein Organismus hauptsächlich damit beschäftigt, sich selbst zu erneuern; Zellen zerfallen und bauen neue Strukturen auf; Gewebe und Organe ersetzen in stetigen Zyklen ihre Zellen. So ersetzt die Bauchspeicheldrüse alle 24 Stunden die meisten ihrer Zellen, die Magenschleimhaut erneuert sich alle drei Tage, unsere weißen Blutzellen werden in zehn Tagen und das Protein im Gehirn zu 98 Prozent in weniger als einem Monat erneuert. Alle diese Vorgänge werden so geregelt, daß das Gesamtmuster des Organismus beibehalten wird, und diese bemerkenswerte Fähigkeit zur Selbsterhaltung bleibt auch unter einer Vielfalt von Umständen bewahrt, einschließlich veränderter Umweltbedingungen und vieler Arten von sonstigen Einwirkungen. Eine Maschine bleibt stehen, wenn ihre Teile nicht in der genau vorbestimmten Weise funktionieren. Ein Organismus erhält seine Funktion im allgemeinen auch in einer sich ändernden Umwelt aufrecht, indem er sich selbst in Gang hält und durch Heilung und

Regeneration wiederherstellt. Die Kraft zur Regeneration organischer Strukturen verringert sich mit zunehmender Komplexität des Organismus. Plattwürmer, Polypen und Seesterne können aus einem verbleibenden kleinen Bruchstück fast ihren ganzen Körper regenerieren; Eidechsen, Salamander, Krabben, Hummern und viele Insekten sind in der Lage, ein verlorenes Organ oder Glied zu erneuern; und höhere Tierarten, der Mensch eingeschlossen, können Gewebe erneuern und dadurch Verletzungen heilen.

Obwohl sie in der Lage sind, sich selbst zu erhalten und zu reparieren, können komplexe Organismen nicht ewig funktionieren. Durch den Alterungsprozeß verschlechtert sich ihr Zustand, und schließlich erliegen sie einem Erschöpfungszustand, selbst wenn sie relativ unbeschädigt sind. Um zu überleben, haben diese Arten eine Form von «Super-Reparatur»[8] entwickelt. Statt den beschädigten oder abgenutzten Teil zu ersetzen, wird der ganze Organismus ersetzt. Damit ist natürlich das Phänomen der Fortpflanzung gemeint, das für alles Leben charakteristisch ist.

In der Dynamik der Selbsterhaltung spielen Fluktuationen eine zentrale Rolle. Jedes lebende System besteht aus voneinander abhängigen Variablen, deren jede innerhalb einer weiten Bandbreite zwischen einer oberen und einer unteren Grenze variieren kann. Alle Variablen schwanken zwischen diesen Grenzen hin und her, so daß das System sich in steter Fluktuation befindet, selbst wenn es keine Störung gibt. Diesen Zustand nennt man Homöostase. Dies ist ein Zustand dynamisch tätigen Gleichgewichts mit großer Flexibilität; anders ausgedrückt, das System verfügt über eine große Zahl von Optionen, um mit seiner Umwelt in Wechselwirkungen zu treten. Tritt eine Störung auf, neigt der Organismus dazu, zu seinem ursprünglichen Zustand zurückzukehren, indem er sich auf die verschiedenste Weise an Umweltveränderungen anpaßt. Rückkoppelungsmechanismen kommen ins Spiel, die dazu tendieren, etwaige Abweichungen vom Gleichgewichtszustand wieder zu verringern. Wegen dieser regulatorischen Mechanismen, die man auch negativen «Feedback» oder negative Rückkoppelung nennt, bleiben Körpertemperatur, Blutdruck und viele andere wichtige Zustände des höheren Organismus relativ konstant, selbst wenn die Umwelt sich erheblich ändert. Negative Rückkoppelung ist jedoch nur ein

Aspekt der Selbstorganisation durch Fluktuationen. Der andere Aspekt ist positiver Feedback, der darin besteht, gewisse Abweichungen eher zu verstärken als zu dämpfen. Wir werden noch sehen, daß dieses Phänomen bei den Vorgängen der Entwicklung, des Lernens und der Evolution eine entscheidende Rolle spielt.

Die Fähigkeit, sich einer veränderten Umwelt anzupassen, ist ein wesentliches Charakteristikum lebender Organismen und sozialer Systeme. Höhere Organismen sind gewöhnlich zu drei Arten von Anpassungen fähig, die im Laufe sich länger hinziehender Umweltveränderungen wirksam werden.[9] Jemand, der aus Meereshöhe ins Gebirge versetzt wird, wird sehr oft Herzklopfen und Atembeschwerden bekommen. Solche Änderungen sind jedoch schnell umkehrbar; kehrt er noch am selben Tage in die Ebene zurück, verschwinden sie sofort. Anpassungsveränderungen dieser Art gehören zum Phänomen Streß, das darin besteht, eine oder mehrere Variablen des Organismus bis zum höchstmöglichen Wert zu belasten. Als Folge davon pflegt das System als Ganzes im Hinblick auf diese Variablen starr und unfähig zu sein, sich weiterem Streß anzupassen. So ist beispielsweise die Person in großer Höhe gewöhnlich nicht mehr in der Lage, auch noch eine Treppe hinaufzulaufen. Da außerdem alle Variablen dieses Systems zusammenhängen, wird die Starrheit der einen auch die anderen beeinflussen, womit sich der Verlust an Flexibilität auf das ganze System ausdehnt.

Bleibt die Umweltveränderung bestehen, macht der Organismus gewöhnlich einen weiteren Anpassungsprozeß durch. In den stabileren Komponenten des Systems finden komplexe physiologische Veränderungen statt, um die Umwelteinwirkungen aufzufangen und die Flexibilität wiederherzustellen. Nach einiger Zeit im Gebirge normalisieren sich Atemfunktion und Herzschlag wieder, um diese Funktionen wieder dazu nutzen zu können, sich anderen Notfällen anzupassen, die sonst tödlich ausgehen könnten. Diese Form der Anpassung nennt man somatischen* Wandel. Spezielle Formen dieses Prozesses sind Akklimatisierung, Gewöhnung und Suchtbildung.

Durch somatischen Wandel erlangt der Körper einen Teil seiner

* Somatisch heißt «körperlich», vom griechischen soma = «Körper».

Flexibilität zurück, indem er einen tiefergehenden und dauerhafteren Wandel an die Stelle eines oberflächlichen und umkehrbaren setzt. Eine solche Anpassung erfolgt relativ langsam und ist im allgemeinen noch langsamer wieder umkehrbar. Dennoch bleiben somatische Wandlungen immer noch umkehrbar. Das bedeutet, daß verschiedene Schaltkreise des biologischen Systems während des gesamten Zeitraums, in dem der Wandel aufrechterhalten bleibt, für eine Umkehr verfügbar sein müssen. Eine derart fortgesetzte Belastung der Schaltkreise begrenzt die Freiheit des Organismus zur Kontrolle anderer Funktionen und verringert damit seine Flexibilität. Obwohl das System nach dem somatischen Wandel flexibler ist als zuvor, als es noch unter Streß stand, ist es immer noch weniger flexibel als vor dem Auftreten des ursprünglichen Stresses. Somatischer Wandel lenkt also den Streß nach innen, und die Anhäufung von nach innen gelenktem Streß kann zur Erkrankung führen.

Die dritte Form der Anpassung, die lebenden Organismen zur Verfügung steht, ist die Anpassung der Arten im Prozeß der Evolution. Die durch Mutation zustande kommenden Anpassungen nennt man auch genotypische* Wandlungen; sie sind von somatischen grundsätzlich verschieden. Durch genotypische Wandlungen paßt sich eine Art an die Umwelt durch Verlagerung der Bandbreite einiger ihrer Variablen an, vor allem derjenigen, die zu den sparsamsten Veränderungen führen. Wird ein Klima kälter, dann läßt ein Tier sich eher einen dickeren Pelz wachsen, als daß es sich durch Umherlaufen warm hält. Genotypischer Wandel verschafft mehr Flexibilität als somatischer Wandel. Da jede Zelle eine Kopie der neuen genetischen Information enthält, wird sie sich entsprechend anders verhalten, ohne dazu irgendeiner Botschaft von den umgebenden Geweben und Organen zu bedürfen. Dementsprechend bleiben mehr Schaltkreise des Systems offen, womit die Gesamtflexibilität gesteigert wird. Andererseits ist genotypischer Wandel während der Lebenszeit eines Einzelwesens unumkehrbar.

Die drei Anpassungsweisen sind durch wachsende Flexibilität und abnehmende Umkehrbarkeit charakterisiert. Die schnell um-

* Genotyp ist ein technischer Ausdruck für die genetische Zusammensetzung eines Organismus; genotypische Wandlungen sind Veränderungen im genetischen Aufbau.

kehrbare Streß-Situation wird durch einen somatischen Wandel ersetzt, um die Flexibilität bei anhaltendem Streß zu steigern. Die evolutionäre Anpassung erfolgt, um die Flexibilität noch mehr zu steigern, wenn der Organismus so viele somatische Wandlungen akkumuliert hat, daß er zu starr bleibt, um überleben zu können. Die aufeinanderfolgenden Anpassungsweisen stellen also die vom Organismus unter Umweltstreß verlorengegangene Flexibilität soweit wie möglich wieder her. Die Flexibilität eines individuellen Organismus wird davon abhängen, wie viele seiner Variablen innerhalb ihrer Toleranzgrenzen im Fluß bleiben; je größer die Fluktuation, desto größer die Stabilität des Organismus. Für ganze Populationen von Organismen ist Variabilität das der Flexibilität entsprechende Kriterium. Maximale genetische Variation innerhalb einer Population schafft ein Maximum von Möglichkeiten für die evolutionäre Anpassung.

Die Fähigkeit der Arten, sich Umweltveränderungen durch genetische Mutation anzupassen, ist in unserem Jahrhundert ausgiebig und sehr erfolgreich untersucht worden, und zwar im Zusammenhang mit den Mechanismen der Fortpflanzung und der Vererbung. Diese Aspekte stellen jedoch nur eine Seite des Phänomens der Evolution dar. Die andere Seite ist die kreative Entwicklung neuer Strukturen und Funktionen ohne jeden Umweltdruck – eine Manifestation des in allen lebenden Organismen vorhandenen Potentials zur Selbst-Transzendenz. Die Darwinschen Vorstellungen geben also nur einer von zwei komplementären Anschauungen Ausdruck, die beide zum Verständnis der Evolution notwendig sind. Die Erörterung der Evolution als einer wesentlichen Manifestation von sich selbst organisierenden Systemen wird leichterfallen, wenn wir uns zunächst den Zusammenhang zwischen Organismen und ihrer Umwelt näher ansehen.

So wie in der subatomaren Physik die Vorstellung von einer unabhängigen physikalischen Einheit problematisch geworden ist, so ist dies in der Biologie die Vorstellung eines unabhängigen Organismus. Als offene Systeme halten lebende Organismen sich durch intensive Transaktionen mit ihrer Umwelt am Leben und in Funktion, wobei diese Umwelt ihrerseits teilweise aus Organismen besteht. Die ganze Biosphäre – unser planetarisches Ökosystem – ist ein dynamisches und in höchstem Grade integriertes Gewebe von lebenden und nicht-lebenden Formen. Obwohl dieses Gewebe auf mehreren Ebenen existiert, gibt es Transaktionen und Abhängigkeiten zwischen allen seinen Ebenen.

Die meisten Organismen sind nicht nur in Ökosysteme eingebettet, sondern stellen selbst komplexe Ökosysteme einer Vielzahl kleinerer Organismen dar, die über beträchtliche Autonomie verfügen und sich dennoch in das Funktionieren des Ganzen integrieren. Die kleinsten dieser lebenden Komponenten weisen eine erstaunliche Uniformität auf und sind einander in der ganzen lebenden Welt ziemlich ähnlich. Lewis Thomas beschreibt das sehr anschaulich mit folgenden Sätzen:

> Da sind sie, in voller Bewegung in meinem Zytoplasma ... Sie stehen zu mir selbst in viel geringerer Beziehung als zueinander und zu den frei lebenden Bakterien draußen unter dem Hügel. Sie kommen mir vor wie Fremde, aber der Gedanke kommt mir, daß dieselben Geschöpfe, ganz genau dieselben, auch draußen in den Zellen der Seemöwen, der Wale, des Dünengrases und Seetangs, der Einsiedlerkrebse und weiter im Inland in den Blättern der Buche in meinem Hinterhof und in der Familie der Stinktiere unter meinem Gartenzaun und selbst in jener Fliege auf der Fensterscheibe existieren. Durch sie stehe ich mit allem in Verbindung, habe ich enge Verwandte rundherum.[10]

Obwohl alle lebenden Organismen eindeutige Individualität erkennen lassen und in ihrem Funktionieren verhältnismäßig autonom sind, lassen sich die Grenzen zwischen Organismus und Umwelt oft schwer feststellen. Einige Organismen kann man nur als lebendig ansehen, wenn sie sich in einer gewissen Umwelt befinden; andere gehören zu größeren Systemen, die sich mehr wie ein autonomer Organismus verhalten, als ihre einzelnen Mitglieder es tun; wieder andere arbeiten zusammen, um große Strukturen zu bilden, die zu Ökosystemen werden, die hunderte von Arten erhalten.

In der Welt der Mikroorganismen gehören die Viren zu den interessantesten Geschöpfen, existieren sie doch an der Grenzlinie zwischen belebter und unbelebter Materie. Sie sind nur zum Teil selbsterhaltend und nur in begrenztem Sinne lebendig. Viren können außerhalb lebender Zellen nicht funktionieren und sich nicht vermehren; sie sind sehr viel einfacher als irgendein Mikroorganismus, wobei die einfachsten von ihnen nur aus Nukleinsäure bestehen, aus DNS oder RNS. Außerhalb von Zellen zeigen Viren keinerlei erkennbare Anzeichen von Leben; da sind sie nichts als Chemikalien mit höchst komplexen, aber vollständig regulären Molekularstrukturen.[11] In einigen Fällen ist es sogar möglich, Viren auseinanderzunehmen, ihre Bestandteile zu reinigen und sie dann wieder zusammenzusetzen, ohne dadurch ihre Funktionsfähigkeit zu zerstören.

Obwohl isolierte Viruspartikel nichts als Ansammlungen von Chemikalien sind, bestehen sie doch aus chemischen Substanzen ganz besonderer Art – aus den Proteinen und Nukleinsäuren, also den entscheidenden Bestandteilen lebender Materie.[12] In Viren können diese Bestandteile isoliert untersucht werden, und gerade diese Untersuchungen waren es, die Molekularbiologen zu einigen ihrer größten Entdeckungen in den 1950er und 1960er Jahren verholfen haben. Nukleinsäuren sind kettenähnliche Makromoleküle, die Träger der Information zur Selbsterneuerung und Proteinsynthese sind. Dringt ein Virus in eine lebende Zelle ein, dann kann er sich der biochemischen Maschinerie der Zelle bedienen, um entsprechend den in seiner DNS oder RNS kodifizierten Instruktionen neue Viruspartikel aufzubauen. Ein Virus ist also nicht ein gewöhnlicher Parasit, der sich von seinem Wirt ernährt, um zu leben und sich fortzupflanzen. Da er im Grunde eine chemische Mitteilung darstellt, hat er keinen eigenen Metabolismus und kann auch viele andere, für lebende Organismen charakteristische Funktionen nicht ausüben. Seine einzige Funktion ist, die Fortpflanzungsmaschinerie der Zelle zu übernehmen und dazu zu verwenden, neue Viruspartikel zu schaffen. Diese Tätigkeit kann in atemberaubender Geschwindigkeit vor sich gehen. Innerhalb einer Stunde kann eine infizierte Zelle Tausende von neuen Viren erzeugen, und in vielen Fällen wird die Zelle bei diesem Vorgang zerstört. Da von einer einzigen Zelle so viele Viruspartikel erzeugt werden, kann die Virusinfektion eines aus vielen Zellen bestehenden Organismus mit großer Geschwindigkeit eine große Zahl von Zellen zerstören und dadurch Krankheiten verursachen.

Obwohl Struktur und Funktionieren der Viren inzwischen gut bekannt sind, bleibt ihre grundlegende Natur weiterhin rätselhaft. Außerhalb lebender Zellen kann man ein Viruspartikel nicht als lebenden Organismus bezeichnen; innerhalb einer Zelle bildet es zusammen mit der Zelle ein lebendes System, jedoch eines von ganz besonderer Art. Es organisiert sich selbst, doch ist Zweck der Organisation nicht die Stabilität und das Überleben des gesamten Virus-Zelle-Systems. Einziges Ziel ist die Produktion neuer Viren, die dann fortfahren, lebende Systeme in dieser Art in der von anderen Zellen bereitgestellten Umwelt zu bilden.

Die besondere Art, in der Viren ihre Umwelt ausnutzen, ist in der lebenden Welt eine Ausnahme. Die meisten Organismen integrieren sich harmonisch in ihre Umgebung, und viele von ihnen formen ihre Umwelt so um, daß sie zu einem Ökosystem wird, das in der Lage ist, zahlreichen Tieren und Pflanzen als Lebensgrundlage zu dienen. Das hervorragende Beispiel für solche ökosystemerrichtenden Organismen sind Korallen, die man lange Zeit für Pflanzen gehalten hatte, die nun aber treffender als Tiere eingestuft werden. Korallenpolypen sind winzige, aus vielen Zellen bestehende Organismen, die sich zusammenschließen, um große Kolonien zu bilden, und die als solche große Gebilde aus Kalkstein bilden können. Im Zuge langer Perioden geologischer Zeiten sind viele dieser Kolonien zu riesigen Korallenriffen ausgewachsen, welche die bei weitem größten Strukturen darstellen, die je von lebenden Organismen auf dieser Erde gebildet wurden. Diese massiven Strukturen bilden die Existenzgrundlage für unzählige Bakterien, Pflanzen und Tiere; oben auf diesem Korallenrahmen leben Schalentiere aller Art, Fische und Weichtiere verbergen sich in ihren Schlupfwinkeln und Spalten; zahlreiche andere Geschöpfe bedekken im wahrsten Sinne des Wortes jeden nur verfügbaren Raum auf dem Riff.[13] Um diese dichtbevölkerten Ökosysteme zu bauen, funktionieren die Korallenpolypen auf eine sehr koordinierte Weise; sie teilen Nervensysteme und Fortpflanzungsfähigkeiten in so großem Ausmaße miteinander, daß es oft schwerfällt, sie als individuelle Organismen anzusehen.

Ähnliche Koordinationsmuster existieren in eng verknüpften Tiergemeinschaften von größerer Komplexität. Extreme Beispiele sind die in Gemeinschaften lebenden Insekten: Bienen, Wespen, Termiten und andere bilden Kolonien, deren Mitglieder so sehr voneinander abhängig sind und in so engem Kontakt miteinander stehen, daß das ganze System einem riesigen, aus vielen Kreaturen bestehenden Organismus ähnelt.[14] Bienen und Ameisen können in Isolation nicht existieren; in großer Zahl handeln sie jedoch fast wie die Zellen eines komplexen Organismus mit einer kollektiven Intelligenz und einer Anpassungsfähigkeit, die der ihrer einzelnen Mitglieder weit überlegen ist. Dieses Phänomen von Tieren, die sich zusammenschließen, um größere Organismen zu bilden, ist nicht auf Insekten beschränkt, sondern läßt sich auch bei anderen Arten beobachten, Menschen natürlich eingeschlossen.

Eine enge Koordinierung von Aktivitäten gibt es nicht nur zwischen Einzelwesen derselben Art, sondern auch zwischen verschiedenen Arten, wobei die dabei entstehenden lebenden Systeme erneut die Eigenschaften einzelner Organismen aufweisen. Es hat sich herausgestellt, daß so manche Organismen, die man für wohldefinierte biologische Arten hielt, bei genauer Prüfung aus zwei oder mehr verschiedenen Arten in engster biologischer Zusammenarbeit bestehen. Dieses als Symbiose bekannte System ist in der ganzen lebenden Welt so verbreitet, daß es als ein zentraler Aspekt des Lebens angesehen werden muß. Symbiotische Beziehungen sind für alle teilnehmenden Partner vorteilhaft, und sie verbinden Tiere, Pflanzen und Mikroorganismen in fast jeder vorstellbaren Kombination.[15] Viele von ihnen sind ihre Verbindung in ferner Vergangenheit eingegangen und haben eine Evolution durchgemacht, die ihre gegenseitige Abhängigkeit und außerordentliche Anpassung aneinander zunehmend gesteigert hat.

Bakterien leben mit anderen Organismen häufiger auf eine Weise in Symbiose, die ihr eigenes und das Leben des Wirtes von der Symbiosebeziehung abhängig macht. So ändern beispielsweise Bodenbakterien die Strukturen organischer Moleküle, so daß diese für den Energiebedarf der Pflanzen nutzbar werden. Zu diesem Zweck fügen die Bakterien sich derart in die Wurzeln der Pflanzen ein, daß sie von diesen fast nicht zu unterscheiden sind. Andere Bakterien leben in symbiotischer Beziehung in den Geweben höherer Organismen, vor allem in den Verdauungswegen von Tieren und Menschen. Einige dieser Darm-Mikroorganismen sind für den jeweiligen Wirt sehr segensreich, tragen zu dessen Ernährung bei und stärken seine Widerstandskraft gegen Krankheiten.

In kleinerem Maßstab findet Symbiose innerhalb der Zellen aller höheren Organismen statt und ist von entscheidender Bedeutung für die Organisation der Zellaktivitäten. Die meisten Zellen enthalten eine Anzahl von Organellen, die spezifische Funktionen ausüben und die man vor kurzem noch für von den Zellen aufgebaute Molekularstrukturen hielt. Jetzt aber scheint es, daß einige Organellen selbst Organismen aus eigener Kraft sind.[16] Die Mitochondrien zum Beispiel, die oft als Kraftwerke der Zellen bezeichnet werden, weil sie fast alle zellularen Energiesysteme mit Brennstoff versorgen, enthalten ihr eigenes genetisches Material und können sich unabhängig von der Fortpflanzung der Zelle vermehren. Sie sind ständige Bewohner aller höheren Organismen, werden von Generation zu Generation weitergegeben und leben in engster Symbiose mit jeder Zelle. Auf ähnliche Weise sind die Chloroplasten der grünen Pflanzen, die das Chlorophyll und den Apparat für die Photosynthese enthalten, sich selbst fortpflanzende Bewohner in den Pflanzenzellen.

Je mehr man die lebende Welt studiert, desto mehr kommt man zu der Erkenntnis, daß die Neigung, sich mit anderen zu verbinden, ineinander zu leben und miteinander zu kooperieren, eine wesentliche Eigenschaft lebender Organismen ist. Lewis Thomas hat einmal gesagt: «Es gibt gar keine einsamen Wesen. Jedes Geschöpf ist auf irgendeine Weise mit allen anderen verbunden und von ihnen abhängig.[17] Größere Verbände von Organismen formen Ökosysteme gemeinsam mit verschiedenartigen unbelebten Komponenten, die durch ein kompliziertes Gewebe von Beziehungen – zu denen auch der Austausch von Energie und Materie in einem kontinuierlichen Kreislauf gehört – mit Tieren, Pflanzen und Mikroorganismen verbunden sind. Wie die individuellen Organismen sind auch die Ökosysteme sich selbst organisierende und selbst regulierende Systeme, in denen besondere Populationen von Organismen periodischen Fluktuationen unterliegen. Wegen der nicht-linearen Natur der Pfade und Querverbindungen innerhalb eines Ökosystems beschränkt eine ernsthafte Störung sich im allgemeinen nicht auf eine einzige Wirkung, sondern verbreitet sich durch das ganze System, wobei sie durch dessen innere Rückkoppelungsmechanismen sogar noch verstärkt werden kann.

In einem ausgeglichenen Ökosystem leben Tiere und Pflanzen zusammen in einer Kombination von Wettbewerb und wechselseitiger Abhängigkeit. An sich hat jede Gattung das Potential, ein exponentielles Populationswachstum durchzumachen, doch wird diese Tendenz durch verschiedene Kontrollen und Wechselwirkungen gezügelt. Wird das System gestört, dann können exponentielle «Amokläufer» in Erscheinung treten. Einige Pflanzen verwandeln sich in «Unkraut», einige Tiere in «Schädlinge», und viele andere Arten werden ausgerottet. Das Gleichgewicht oder die Gesundheit des ganzen Systems gerät in Gefahr. Explosives Wachstum dieser Art ist nicht auf Ökosysteme beschränkt, sondern tritt auch bei einzelnen Organismen auf. Krebs und andere Tumore sind dramatische Beispiele von krankhaftem Wachstum.

Gründliche Studien von Ökosystemen während der letzten Jahrzehnte haben eindeutig gezeigt, daß die meisten Beziehungen zwischen lebenden Organismen im wesentlichen kooperativer Art sind, gekennzeichnet durch Koexistenz und Abhängigkeit, und auf verschiedene Weise symbiotisch. Obgleich es auch Wettbewerb gibt, findet dieser gewöhnlich innerhalb eines weiteren Zusammenhangs von Kooperation statt, so daß das größere System im Gleichgewicht bleibt. Selbst Räuber-Beute-Beziehungen, die für die unmittelbare Beute vernichtend sind, nutzen im allgemeinen beiden Arten. Diese Einsicht steht in scharfem Gegensatz zu den Ansichten der Sozialdarwinisten, die das Leben ausschließlich als Wettkampf, Kampf ums Überleben und Vernichtung sahen. Ihre Naturauffassung hat zu einer Philosophie geführt, welche die Ausbeutung und die verheerenden Auswirkungen unserer Technologie auf die natürliche Umwelt legitimiert. Eine solche Anschauung hat jedoch keine wissenschaftliche Berechtigung, da sie die integrativen und kooperativen Prinzipien außer acht läßt, wesentliche Aspekte der Art und Weise, in der lebende Systeme sich auf allen Ebenen organisieren.

Thomas hat nachdrücklich darauf hingewiesen, daß selbst in Fällen, in denen es Gewinner und Verlierer geben muß, die Transaktion nicht zwangsläufig ein Kampf ist. Wenn sich zum Beispiel zwei bestimmte Korallenarten auf einem Platz befinden, wo es nur Raum für eine gibt, dann wird sich die kleinere der beiden stets auflösen, und zwar mittels ihrer eigenen autonomen Mechanismen: «Der Kleinere wird nicht hinausgeworfen, überlistet oder brutal zusammengeschlagen; er zieht es einfach vor, sich von dannen zu machen.»[18] Übermäßige Aggression, Wettbewerb und zerstörerisches Verhalten herrschen nur bei den Menschen vor und müssen eher im Zusammenhang mit kulturellen Werten behandelt werden, statt pseudowissenschaftlich als angeborene Naturerscheinungen «erklärt» zu werden.

Viele Aspekte des Zusammenhangs zwischen Organismen und ihrer Umwelt können sehr gut mit Hilfe des Systemkonzepts der geschichteten Ordnung beschrieben werden.[19] Die Neigung lebender Systeme, mehrschichtige Strukturen zu bilden, deren Ebenen von unterschiedlicher Komplexität sind, findet man durchgehend in der ganzen Natur. Sie muß als grundlegendes Prinzip der Selbstorganisation gesehen werden. Auf jeder Ebene der Komplexität begegnen wir Systemen, die integriert sind; es sind selbstorganisierende Ganzheiten, die aus kleineren Teilen bestehen und zugleich als Teile von größeren Ganzheiten agieren. So enthält zum Beispiel der menschliche Organismus gewisse Organsysteme, die aus verschiedenen Organen bestehen, von denen jedes aus Geweben und jedes Gewebe aus Zellen besteht. Die Zusammenhänge zwischen diesen Systemen lassen sich als «Systembaum» darstellen.

Wie in einem richtigen Baum gibt es Querverbindungen und gegenseitige Abhängigkeiten zwischen allen Ebenen; jede Ebene steht in Wechselwirkung und kommuniziert mit ihrer gesamten Umwelt. Der Stamm des Systembaums weist darauf hin, daß der individuelle Organismus mit größeren gesellschaftlichen und ökologischen Systemen verbunden ist, die ihrerseits dieselbe Baumstruktur haben.

Das in Frage kommende System kann auf jeder Ebene einen individuellen Organismus darstellen. Eine Zelle kann Teile eines Orga-

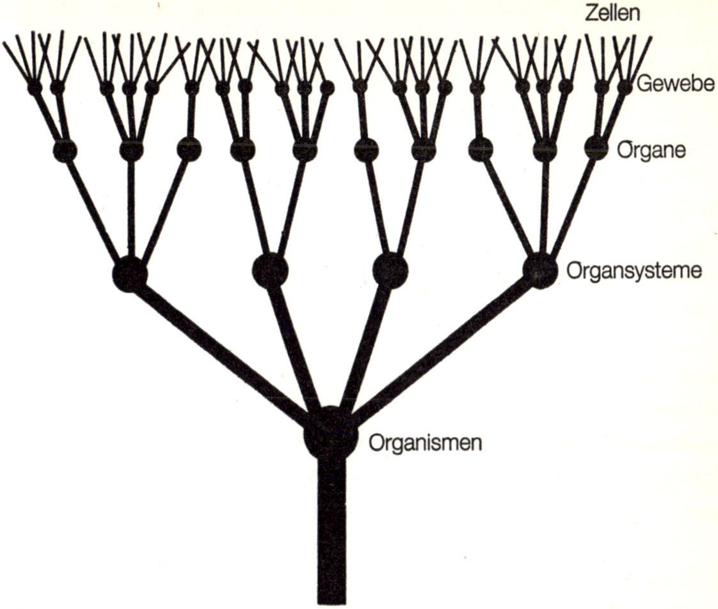

Der Systembaum veranschaulicht verschiedene Ebenen der Komplexität in einem individuellen lebenden Organismus.

nismus, aber auch ein zu einem Ökosystem gehöriger Mikroorganismus sein, und sehr oft ist es unmöglich, eine klare Trennungslinie zwischen diesen Beschreibungen zu ziehen. Jedes Untersystem ist ein verhältnismäßig autonomer Organismus und doch zugleich Bestandteil eines größeren Organismus. Es ist nach einer Bezeichnung von Arthur Koestler ein «Holon», in dem sich sowohl die unabhängigen Eigenschaften des Ganzen wie die abhängigen Eigenschaften der Teile manifestieren. Damit erhält die alles durchdringende Ordnung im Universum eine neue Bedeutung: Ordnung auf einer Systemebene ist die Folge der Selbstorganisation auf einer höheren Ebene.

Vom Standpunkt der Evolution aus ist leicht zu verstehen, warum mehrschichtige Systeme in der Natur so weitverbreitet sind.[20] Sie entwickeln sich viel schneller und haben viel bessere

Überlebenschancen als nichtgeschichtete Systeme, weil sie sich im Falle ernster Störungen in ihre verschiedenartigen Untersysteme auflösen können, ohne dabei völlig zerstört zu werden. Dagegen müßten nichtgeschichtete Systeme völlig zerfallen und mit ihrer Evolution ganz von vorne anfangen. Da lebende Systeme während ihrer langen Evolutionsgeschichte auf viele Störungen stoßen, hat die Natur ganz deutlich jene bevorzugt, die eine geschichtete Ordnung aufweisen. In der Tat scheint es keinerlei Belege dafür zu geben, daß überhaupt andere Systeme überlebt haben.

Die vielschichtige Struktur lebender Organismen ist wie jede andere biologische Struktur ein sichtbarer Ausdruck der zugrunde liegenden Selbstorganisationsvorgänge. Auf jeder Ebene besteht ein dynamisches Gleichgewicht zwischen selbstbehauptenden und integrativen Tendenzen, und alle Holonen agieren als Zwischen- und Relaisstationen zwischen Systemebenen. Systemtheoretiker nennen dieses Organisationsmuster manchmal hierarchisch, doch kann dieses Wort für die in der Natur zu beobachtende geschichtete Ordnung ziemlich irreführend sein. Das Wort «Hierarchie» bezog sich ursprünglich auf die Verwaltung der Kirche. Wie alle menschlichen Hierarchien war dieses regierende Organ nach einer Anzahl von Rängen in verschiedenen Machtebenen organisiert, wobei jeder Rang einem anderen auf der darüberliegenden Ebene untergeordnet war. In der Vergangenheit ist die geschichtete Ordnung der Natur oft fehlinterpretiert worden, um autoritäre gesellschaftliche und politische Strukturen zu rechtfertigen.[21]

Um jede Verwirrung zu vermeiden, wollen wir den Ausdruck «Hierarchie» für jene ziemlich starren Herrschafts- und Kontrollsysteme reservieren, in denen Befehle von oben nach unten übermittelt werden. Das traditionelle Symbol für diese Strukturen ist die Pyramide. Im Gegensatz dazu weisen die meisten lebenden Systeme mehrschichtige Organisationsmuster auf, die durch viele verwikkelte und nicht-lineare Pfade gekennzeichnet sind, auf denen sich Informationssignale und Transaktionen über alle Ebenen verbreiten, und zwar in aufsteigender wie in absteigender Richtung. Aus diesem Grunde habe ich die Pyramide umgedreht und in einen Baum verwandelt, der ein angemesseneres Symbol für die ökologische Art der Schichtung in lebenden Systemen ist. Wie ein echter

Baum seine Nahrung durch die Wurzeln und durch seine Blätter aufnimmt, so fließt auch die Kraft in einem System-Baum in beiden Richtungen, wobei keine die andere beherrscht und alle Ebenen in voneinander abhängiger Harmonie aufeinander einwirken, um das Funktionieren des Ganzen zu unterstützen.

Der wichtige Aspekt der geschichteten Ordnung in der Natur ist nicht die Übertragung von Kontrolle, sondern vielmehr die Organisation der Komplexität. Die verschiedenen Systemebenen sind stabile Ebenen von unterschiedlicher Komplexität, was es ermöglicht, für jede Ebene unterschiedliche Beschreibungen zu benutzen. Weiss hat jedoch darauf hingewiesen, daß jede «Ebene», die man betrachtet, in Wirklichkeit die Ebene der Aufmerksamkeit des Beobachters ist.[22] Die neuen Erkenntnisse der subatomaren Physik scheinen auch für das Studium der lebenden Materie gültig: Die beobachteten Strukturen der Materie sind Spiegelungen der Struktur des Bewußtseins.

Der Begriff der geschichteten Ordnung liefert auch die rechte Perspektive für das Phänomen des Todes. Wir haben gesehen, daß Selbsterneuerung – der Zerfall und der Wiederaufbau von Strukturen in ständigen Zyklen – ein wesentlicher Aspekt aller lebenden Systeme ist. Doch sind die Strukturen, die immer wieder ersetzt werden, ihrerseits lebende Organismen. Aus ihrer Sicht ist die Selbsterneuerung des größeren Systems ihr eigener Kreislauf von Geburt und Tod. Werden und Vergehen erscheinen daher als ein zentraler Aspekt der Selbstorganisation, als das eigentliche Wesen des Lebens. Tatsächlich erneuern sich alle Lebewesen um uns herum zu jedem Zeitpunkt, was so viel bedeutet, daß auch alles um uns herum zu jedem Zeitpunkt stirbt. «Wenn du auf einer Wiese auf der Spitze eines Hügels stehst und dich sorgfältig umschaust, dann befindet sich praktisch alles, was du sehen kannst, im Prozeß des Sterbens»,[23] schreibt Thomas. Doch wird für jeden Organismus, der vergeht, ein anderer geboren. Der Tod ist also nicht das Gegenteil von Leben, sondern ein wesentlicher Aspekt des Lebens.

Obwohl Tod ein wesentlicher Aspekt des Lebens ist, sterben nicht alle Organismen. Einfache einzellige Organismen wie Bakterien und Amöben vermehren sich durch Zellteilung und leben dadurch einfach in ihren Nachkommen weiter. Die Bakterien um uns herum sind im wesentlichen dieselben, welche die Erde schon vor Milliarden von Jahren bevölkerten, doch haben sie sich in zahllose Organismen aufgegliedert. Diese Art von Leben ohne Tod war während der ersten Zweidrittel der Geschichte der Evolution die einzige Art des Lebens. Während jener ungeheuren Zeitspanne gab es kein Altern und keinen Tod, aber auch nicht viel Verschiedenheit – keine höheren Lebensformen und keine Selbst-Bewußtheit. Dann, vor etwa einer Milliarde Jahren, erlebte die Evolution eine außergewöhnliche Beschleunigung und erzeugte eine große Vielfalt von Formen. Zu diesem Zweck «mußte das Leben Sex und Tod erfinden», schreibt Leonard Shlain. «Ohne Sex gäbe es keine Vielfalt, ohne Tod keine Individualität.»[24] Von da an begannen höhere Organismen zu altern und zu sterben und Individuen ihre Chromosomen in geschlechtlicher Fortpflanzung miteinander zu paaren, wodurch eine enorme genetische Vielfalt erzeugt wurde, welche die Evolution vieltausendmal schneller ablaufen ließ.

Mit diesen höheren Lebensformen entwickelten sich auch mehrschichtige Systeme, Systeme, die sich auf allen Ebenen selbst erneuern und damit fortlaufende Zyklen von Geburt und Tod für alle Organismen in der gesamten Baumstruktur in Gang halten. Diese Entwicklung führt uns zu der Frage nach dem Platz des Menschen in der lebenden Welt. Wir werden ebenfalls geboren und müssen sterben; bedeutet dies also, daß auch wir Teile größerer Systeme sind, die sich ständig erneuern? Das scheint tatsächlich der Fall zu sein. Wie alle anderen lebenden Geschöpfe gehören wir zu Ökosystemen, und wir bilden auch unsere eigenen gesellschaftlichen Systeme. Schließlich gibt es auf noch größerer Ebene die Biosphäre, das Ökosystem des ganzen Planeten, von dem unser Überleben letztlich abhängt. Gewöhnlich betrachten wir diese größeren Systeme nicht als individuelle Organismen wie Pflanzen, Tiere oder Menschen, aber gerade das tut jetzt eine neue wissenschaftliche Hypothese auf der höchsten, noch zugänglichen Ebene. Ins einzelne gehende Untersuchungen der Art und Weise, wie die Biosphäre die chemische Zusammensetzung der Luft, die Temperatur auf der Erdoberfläche und viele andere Aspekte der planetarischen Umwelt zu regeln scheint, haben den Chemiker James Lovelock und die Mikrobiologin Lynn Margulis zu der Aussage gebracht, diese Phänomene seien nur verständlich, wenn man den Planeten als einen einzigen lebenden Organismus ansieht. In der Erkenntnis, daß ihre Hypothese die Wiedergeburt eines bedeutsamen antiken Mythos darstellt, haben die beiden Wissenschaftler sie die «Gaia-Hypothese» genannt, nach der griechischen Göttin der Erde.[25]

Das Gewahrsein, daß unsere Erde etwas Lebendiges ist, das in unserer kulturellen Vergangenheit eine bedeutende Rolle spielte, wurde auf dramatische Weise wiederbelebt, als Astronauten zum ersten Male in der Geschichte der Menschheit in der Lage waren, unseren Planeten aus dem Weltraum zu betrachten. Sie sahen die Erde in ihrer ganzen glänzenden Schönheit – ein blauer und weißer Globus in der tiefen Schwärze des Weltraums schwebend – und waren davon zutiefst bewegt. Viele Astronauten haben seither erklärt, dies sei eine tiefe spirituelle Erfahrung gewesen, die ihr Verhältnis zur Erde völlig verändert habe. Die prächtigen Fotos von der Erde in ihrer Gesamtheit, welche die Astronauten zurückbrachten, sind zu einem mächtigen neuen Symbol der ökologischen Bewegung geworden; vielleicht sind sie das bedeutendste Ergebnis des ganzen Weltraumprogramms.

Was die Astronauten und zahllose Männer und Frauen auf der Erde vor ihnen intuitiv erfaßten, wird jetzt durch wissenschaftliche Forschung bestätigt, wie in Lovelocks Buch in allen Einzelheiten beschrieben. Der Planet wimmelt nicht nur von Leben, sondern scheint selbst ein lebendes Wesen aus eigener Kraft zu sein. Die gesamte lebende Materie auf der Erde bildet zusammen mit der Atmosphäre, den Ozeanen und dem festen Land ein komplexes System, das über alle typischen Kennzeichen der Selbstorganisation verfügt. Es verharrt in einem bemerkenswerten Zustand chemischen und thermodynamischen Ungleichgewichts und ist durch eine riesige Vielfalt von Vorgängen in der Lage, die Umwelt des Planeten so zu regulieren, daß optimale Verhältnisse für die Evolution des Lebens aufrechterhalten werden.

So ist beispielsweise das Klima auf der Erde für das Leben niemals total ungünstig gewesen, seit vor etwa vier Milliarden Jahren die ersten Lebensformen auftraten. Während jener langen Periode verstärkte sich die Sonnenstrahlung um mindestens 30 Prozent. Wäre die Erde einfach ein festes, unbelebtes Objekt, dann würde ihre

Oberflächentemperatur der Ausstrahlung an Sonnenenergie folgen, was bedeuten würde, daß die gesamte Erde für mehr als eine Milliarde Jahr ein gefrorener Ball gewesen sein müßte! Wir haben aber geologische Beweise dafür, daß solche lebensfeindlichen Bedingungen niemals existiert haben. Während der gesamten Evolution des Lebens behielt unser Planet eine ziemlich konstante Oberflächentemperatur, etwa so wie der menschliche Organismus trotz unterschiedlicher Umweltverhältnisse eine konstante Körpertemperatur behält.

Ähnliche Formen der Selbstregulierung sind auch bei anderen Umwelteigenschaften zu beobachten, etwa bei der chemischen Zusammensetzung der Atmosphäre, beim Salzgehalt der Ozeane und der Verteilung von Spurenelementen bei Pflanzen und Tieren. Alles das wird von komplizierten kooperativen Zusammenhängen reguliert, welche die Eigenschaften von selbstorganisierenden Systemen erkennen lassen. Die Erde ist also ein lebendes System; sie funktioniert nicht etwa *wie* ein Organismus, sondern scheint wirklich ein Organismus zu *sein* – Gaia, ein lebendes planetarisches Wesen. Seine Eigenschaften und Aktivitäten lassen sich nicht aus der Summe seiner Teile vorhersagen; jedes einzelne seiner Gewebe ist mit jedem anderen verbunden, und alle sind voneinander abhängig; seine vielen Pfade der Kommunikation sind höchst komplex und nicht-linear. Seine Form hat sich in Milliarden von Jahren ausgestaltet und entwickelt sich immer noch weiter. Diese Beobachtungen wurden zwar im Rahmen wissenschaftlicher Forschungen gemacht, reichen aber weit über die Naturwissenschaft hinaus. Wie bei vielen anderen Aspekten des neuen Paradigmas kommt darin eine tiefe ökologische Einsicht zum Ausdruck, die im letzten Sinne spiritueller Natur ist.

Die Betrachtung lebender Organismen als Systeme läßt sich aus der Perspektive der klassischen Naturwissenschaft schwer verstehen, weil sie bedeutsame Modifizierungen vieler klassischer Vorstellungen und Ideen erfordert. Die Situation ist nicht unähnlich der unserer Physiker während der ersten drei Jahrzehnte unseres Jahrhunderts, als sie sich genötigt sahen, ihr Grundverständnis der Wirklichkeit drastisch zu revidieren, um atomare Phänomene verstehen zu können. Diese Parallele wird noch durch die Tatsache verstärkt, daß die Idee der Komplementarität, die bei der Entwicklung der Quantentheorie von so entscheidender Bedeutung war, auch in der neuen Systembiologie eine wichtige Rolle zu spielen scheint.

Neben der Komplementarität selbstbehaupteter und integrativer Tendenzen, die sich auf allen Ebenen geschichteter Systeme beobachten lassen, trifft man bei lebenden Organismen noch ein anderes Paar komplementärer dynamischer Phänomene an, die wesentliche Aspekte der Selbstorganisation darstellen. Eines davon, das man ganz allgemein als «Selbsterhaltung» bezeichnen könnte, schließt die Prozesse der Selbsterneuerung, der Heilung, der Homöostase und der Anpassung ein. Das andere, das eine entgegengesetzte, aber komplementäre Tendenz darzustellen scheint, ist das der Selbst-Transformation und Selbst-Transzendenz, ein Phänomen, das sich in den Prozessen von Lernen, Entwicklung und Evolution ausdrückt. Lebende Organismen haben ein eingeborenes Potential, über sich hinauszuwachsen, um neue Strukturen und neue Verhaltensformen zu schaffen. Dieses schöpferische Hinausgreifen in ein Neuland, das im Laufe der Zeit zu einer geordneten Entfaltung von Komplexität führt, scheint eine fundamentale Eigenschaft des Lebens zu sein, ein grundlegendes Charakteristikum des Universums, das – zumindest für den Augenblick – keiner weiteren Erklärung zugänglich ist. Wir können allerdings die Dynamik und die Mechanismen der Selbst-Transzendenz bei der Evolution von Individuen, Gattungen, Ökosystemen, Gesellschaften und Kulturen erforschen.

Die beiden komplementären Tendenzen der selbstorganisierenden Systeme befinden sich in steter Wechselwirkung, und beide tragen zu dem Phänomen der evolutionären Anpassung bei. Um dieses Phänomen zu verstehen, brauchen wir deshalb zwei komplementäre Beschreibungen. Die erste muß viele Aspekte der neodarwinistischen Theorie einschließen, etwa Mutation, die Struktur der DNS sowie die Mechanismen von Fortpflanzung und Vererbung. Die andere Beschreibung soll sich nicht mit den genetischen Mechanismen befassen, sondern mit der ihnen zugrunde liegenden Dynamik der Evolution, deren zentrale Charakteristik nicht Anpassung, sondern Kreativität ist. Stünde die Anpassung allein im Mittelpunkt der Evolution, dann wäre es schwer zu erklären, warum sich lebende Formen jemals über das Stadium der blaugrünen Algen hinausentwickelten, die perfekt an ihre Umwelt angepaßt, in ihrer Fortpflanzungsfähigkeit unübertroffen sind und seit Milliarden von Jahren ihre Fähigkeit zum Überleben unter Beweis gestellt haben.

Die schöpferische Entfaltung des Lebens zu immer komplexeren Formen blieb noch ein Jahrhundert nach Darwin ein ungelöstes Rätsel. Neuere Studien haben jedoch die Umrisse einer Evolutionstheorie entstehen lassen, die vermutlich Licht auf dieses auffallende Charakteristikum lebender Organismen werfen wird. Es handelt sich um eine Systemlehre, die sich auf die Dynamik der Selbst-Transzendenz konzentriert und auf Arbeiten zahlreicher Wissenschaftler aus verschiedenen Disziplinen beruht. Zu ihnen gehören in erster Linie die Chemiker Ilya Prigogine und Manfred Eigen, die Biologen Conrad Waddington und Paul Weiss, der Anthropologe Gregory Bateson und die Systemtheoretiker Erich Jantsch und Ervin Laszlo. Eine umfassende Synthese dieser Theorie wurde vor kurzem von Erich Jantsch veröffentlicht, der Evolution als einen wesentlichen Aspekt der Dynamik der Selbstorganisation ansieht.[26] Diese Anschauung ermöglicht es, die biologische, gesellschaftliche, kulturelle und kosmische Evolution aus demselben Modell der System-Dynamik zu begreifen, auch wenn die verschiedenen Arten der Evolution sehr unterschiedliche Mechanismen voraussetzen. Überall in dieser Theorie manifestiert sich eine grundlegende Komplementarität der Beschreibungen, die bei weitem noch nicht richtig verstanden wird; etwa das Zusammenspiel von Anpassung und Schöpfung, das gleichzeitige Auftreten von Zufall und Notwendigkeit und die subtile Wechselwirkung zwischen Makro- und Mikroevolution.

Für den neuen Systemansatz beginnt die grundlegende Dynamik der Evolution mit einem System in Homöostase – einem Zustand dynamischen Gleichgewichts –, das sich durch multiple, wechselseitig abhängige Fluktuationen auszeichnet. Wird das System gestört, hat es die Tendenz, seine Stabilität durch negative Rückkoppelungsmechanismen zu bewahren, die bestrebt sind, die Abweichung vom Zustand der Ausgeglichenheit zu verringern. Das ist jedoch nicht die einzige Möglichkeit; Abweichungen können auch intern durch positive Rückkoppelung verstärkt werden, entweder als Antwort auf Umweltveränderungen oder spontan ohne jeden äußeren Einfluß. Die Stabilität eines lebenden Systems wird ständig durch seine Fluktuationen auf die Probe gestellt, und in gewissen Augenblicken können eine oder mehrere davon so stark ausfallen, daß sie das System über die Stabilität hinaus in eine ganz neue Struktur hineinzwingen, die dann ihrerseits wieder fluktuieren und relativ stabil sein wird. Die Stabilität eines lebenden Systems ist also niemals absolut. Sie besteht so lange wie die Fluktuationen unterhalb eines gewissen kritischen Umfangs bleiben, doch ist das System zu jedem Zeitpunkt bereit, sich umzuwandeln, stets zur Evolution bereit. Dieses grundlegende Evolutionsmodell wurde für chemische dissipative Strukturen von Prigogine und seinen Mitarbeitern ausgearbeitet. Seither hat man es mit Erfolg angewandt, um die Evolution verschiedenartiger biologischer, gesellschaftlicher und ökologischer Systeme zu beschreiben.

Zwischen der neuen Systemtheorie der Evolution und der klassischen und neodarwinistischen Theorie gibt es zahlreiche grundlegende Unterschiede. Nach der klassischen Theorie bewegt sich die Evolution in Richtung auf einen Gleichgewichtszustand, indem sich die Organismen immer perfekter an ihre Umwelt anpassen. Nach der Systemlehre vollzieht sich die Evolution weit außerhalb eines Gleichgewichts und entfaltet sich durch ein Wechselspiel von Anpassung und Schöpfung. Darüber hinaus berücksichtigt die Systemtheorie, daß die Umwelt selbst ein zur Anpassung und Evolution befähigtes lebendes System ist. Damit verlagert sich das Hauptinteresse von der Evolution eines Organismus auf die Ko-Evolution von Organismus plus Umwelt. Die klassische Weltanschauung hat diese wechselseitige Anpassung und Ko-Evolution vernachlässigt und sich auf lineare, zeitlich aufeinanderfolgende Vorgänge konzentriert, wobei dann transaktionale Phänomene außer acht gelassen wurden, die sich gegenseitig bedingen und gleichzeitig ablaufen.

Für Jacques Monod war die Evolution eine strikte Aufeinanderfolge von Zufall und Notwendigkeit, des Zufalls planloser Mutationen und der Notwendigkeit des Überlebens.[27] Zufall und Notwendigkeit sind auch Aspekte der neuen Theorie, jedoch mit ganz unterschiedlichen Rollen. Die innere Verstärkung der Fluktuationen und die Art und Weise, in der das System einen kritischen Punkt erreicht, können zufällig sein und sind nicht vorhersehbar; ist jedoch der kritische Punkt einmal erreicht, dann ist das System gezwungen, eine neue Struktur zu entwickeln. Damit kommen also Zufall und Notwendigkeit gleichzeitig ins Spiel und agieren als komplementäre Prinzipien. Außerdem ist die Unvorhersagbarkeit des ganzen Vorgangs nicht auf den Ursprung der Instabilität beschränkt. Wird ein System instabil, so gibt es stets mindestens zwei mögliche Strukturen, zu denen hin es sich entwickeln kann. Je weiter das System sich vom Gleichgewicht entfernt hat, desto mehr Optionen stehen zur Verfügung. Es ist unmöglich vorherzusagen, welche dieser Optionen schließlich gewählt wird; es besteht eine echte Freiheit der Auswahl. Wenn das System sich dem kritischen Punkt nähert, «entscheidet» es selbst, welchen Weg es einschlagen will, und diese Entscheidung wird seine Evolution bestimmen. Man könnte sich die Gesamtheit aller möglichen Evolutionswege als eine Graphik mit vielen Zweigen vorstellen, wobei an jedem Abzweigungspunkt freie Entscheidungen möglich sind.[28]

Dieser bildliche Vergleich zeigt, daß Evolution im Grunde offen und unbestimmt ist. Sie hat kein vorgegebenes Ziel oder einen bestimmten Zweck, und doch ist ein Entwicklungsmuster erkennbar. Die Einzelheiten dieses Musters sind wegen der Autonomie, die lebende Systeme in ihrer Evolution wie in anderen Aspekten ihrer Organisation besitzen, unvorhersagbar.[29] In der Systemschau wird der Prozeß der Evolution nicht von «blindem Zufall» beherrscht, sondern stellt die Entfaltung einer Ordnung und Komplexität dar, die man als eine Art Lernprozeß mit Autonomie und Freiheit der Wahl ansehen kann.

Seit Darwin standen sich wissenschaftliche und religiöse Anschauungen über die Evolution oft feindlich gegenüber. Die letzteren glaubten, alles entwickle sich nach einem großen, vom göttlichen Schöpfer entworfenen Plan, während die Wissenschaft die Evolution auf ein kosmisches Würfelspiel reduzierte. Für die neue Systemlehre ist keine der beiden Anschauungen akzeptabel. Obgleich sie Spiritualität nicht leugnet und sogar dazu beitragen kann, die Vorstellung von einer Gottheit zu formulieren, wie wir weiter unten sehen werden, gibt es in ihr doch keinen Raum für einen vorgefaßten Evolutionsplan. Für sie ist Evolution ein andauerndes und offenes Abenteuer, das seinen eigenen Zweck fortlaufend selbst schafft, in einem Prozeß, dessen ins einzelne gehender Ausgang grundsätzlich unvorhersagbar ist. Dennoch läßt sich das allgemeine Evolutionsmuster erkennen und ist verständlich. Zu seinen Kennzeichen gehören das progressive Anwachsen der Komplexität, Koordination und gegenseitige Abhängigkeit; ferner gehören dazu die Integration von Einzelwesen in vielschichtige Systeme sowie die fortgesetzte Verfeinerung gewisser Funktionen und Verhaltensweisen. Ervin Laszlo drückt das so aus: «Es gibt da einen Fortschritt von Vielfältigkeit und Chaos zu Einheit und Ordnung.»[30]

In der klassischen Naturwissenschaft galt die Natur als mechanisches System, bestehend aus grundlegenden Bausteinen. In Übereinstimmung mit dieser Anschauung legte Darwin eine Evolutionstheorie vor, in der die Überlebenseinheit die Gattung, die Untergattung oder ein sonstiges Bauelement der biologischen Welt war. Ein Jahrhundert später war jedoch ganz klar, daß keines dieser Dinge die Überlebenseinheit ist. Was überlebt, ist der Organismus-in-seiner-Umwelt.[31] Ein Organismus, der nur an das eigene Überleben denkt, wird unweigerlich seine Umwelt zerstören und damit sich selbst, wie wir heute aus bitterer Erfahrung lernen müssen. Aus der Sicht der Systemlehre ist die Überlebenseinheit überhaupt kein eigenständiges Wesen, sondern ein Organisationsmuster, das ein Organismus in seinen Wechselwirkungen mit seiner Umwelt angenommen hat. Der Neurologe Robert Livingston meint dazu, der evolutionäre Selektionsprozeß beruhe auf Verhaltensweisen.[32]

In der Geschichte des Lebens auf unserer Erde ist die Ko-Evolution von Mikro- und Makrokosmos von besonderer Bedeutung. Die herkömmlichen Erklärungen des Ursprungs des Lebens beschreiben gewöhnlich den Aufbau höherer Lebensformen in der Mikroevolution und vernachlässigen die makroevolutionären Aspekte. Doch sind beides komplementäre Aspekte desselben evolutionären Prozesses, wie Jantsch hervorgehoben hat.[33] Aus der einen Perspektive schafft das mikroskopische Leben die makroskopischen Voraussetzungen für seine weitere Evolution; aus der anderen Perspektive schafft die makroskopische Biosphäre ihr eigenes mikroskopisches Leben. Die Entfaltung der Komplexität entsteht nicht aus der Anpassung der Organismen an eine gegebene Umwelt, sondern aus der Ko-Evolution von Organismus und Umwelt auf allen Ebenen des Systems.

Als vor etwa vier Milliarden Jahren, eine halbe Milliarde Jahre nach der Entstehung unseres Planeten, die frühesten Lebensformen erschienen, waren das einzellige Organismen ohne Zellkern, die den heutigen Bakterien ziemlich ähnlich waren. Diese sogenannten Prokaryoten lebten ohne Sauerstoff, da es in der Atmosphäre wenig oder gar keinen freien Sauerstoff gab. Aber fast schon im gleichen Augenblick, in dem die Mikroorganismen entstanden, begannen sie ihre Umwelt zu verändern und die makroskopischen Bedingungen für die weitere Evolution des Lebens zu schaffen. Während der folgenden zwei Milliarden Jahre erzeugten die Prokaryoten Sauerstoff durch Photosynthese, bis dieser seine heutige Konzentration in der Erdatmosphäre erreichte. Damit war die Bühne frei für den Auftritt komplexerer sauerstoffatmender Zellen, die in der Lage sein sollten, Zellgewebe und Organismen aus vielen Zellen zu schaffen.

Der nächste bedeutsame Schritt in der Evolution war das Entstehen der Eukaryoten, einzelliger Organismen mit Zellkernen, die in ihren Chromosomen das genetische Material des Organismus enthielten. Diese Zellen waren es, die später vielzellige Organismen formten. Nach Lynn Margulis, der Mitautorin der «Gaia-Hypothese», entstanden die Eukaryoten aus einer Symbiose zwischen mehreren Prokaryoten, die innerhalb des neuen Zelltyps weiterhin als Organellen lebten.[34] Wir haben schon die beiden Arten von Organellen erwähnt – Mitochondrien und Chloroplasmen –, welche die komplementären Atmungserfordernisse von Tieren und Pflanzen regeln. Sie sind nichts als die einstigen Prokaryoten, die weiterhin den Energiehaushalt des planetaren Gaia-Systems verwalten, wie sie es schon vier Milliarden Jahre lang getan haben.

Während der weiteren Evolution des Lebens beschleunigten zwei Schritte den evolutionären Prozeß außerordentlich und schufen eine Fülle neuer Formen. Der erste war die Entwicklung der geschlechtlichen Fortpflanzung, aus der sich eine außergewöhnliche genetische Vielfalt ergab. Der zweite Schritt war das Entstehen des Bewußtseins. Er machte es möglich, die genetischen Mechanismen der Evolution durch wirksamere gesellschaftliche Mechanismen zu ersetzen, aufbauend auf begrifflichem Denken und symbolischer Sprache.

Um unser Systembild des Lebens auch auf die Beschreibung der gesellschaftlichen und kulturellen Evolution auszudehnen, wollen wir uns zunächst mit den Phänomenen des Geistes und des Bewußtseins befassen. Gregory Bateson hat vorgeschlagen, Geist als ein Systemphänomen zu definieren, das für lebende Organismen charakteristisch ist, wie auch für Gesellschaften und Ökosysteme. Er stellte eine Liste von Kriterien auf, die in Systemen erfüllt sein müssen, damit Geist in Erscheinung tritt.[35] Jedes System, das diesen Kriterien entspricht, wird imstande sein, Informationen zu verarbeiten und die Phänomene zu entwickeln, die wir mit Verstand assoziieren – nämlich Denken, Lernen und Gedächtnis usw. Nach Ansicht von Bateson sind Geist, Verstand und Intelligenz notwendige und unausweichliche Konsequenzen einer gewissen Komplexität, die einsetzt, lange bevor die Organismen ein Gehirn und ein höheres Nervensystem entwickeln.

Batesons Kriterien für das Auftreten des Geistes stehen in enger Beziehung zu den Eigenschaften selbstorganisierender Systeme, die ich weiter oben als entscheidende Unterschiede zwischen Maschinen und lebenden Organismen aufgeführt habe. In der Tat ist Geist eine wesentliche Eigenschaft lebender Systeme, «das Wesentliche am Lebendigsein», wie Bateson es ausdrückte.[36] Aus der Sicht der Systemtheorie ist Leben keine Substanz oder Kraft und Geist ist kein «Ding», das in Wechselwirkung mit der Materie steht. Leben und Geist sind Manifestationen derselben Gruppierung von Systemeigenschaften, von Prozessen, in denen die Dynamik der Selbstorganisation zum Ausdruck kommt. Dieser neue Geistesbegriff wird von unerhörtem Wert bei unserem Versuch sein, die kartesianische Trennung zu überwinden. Die Beschreibung von Geist als Organisationsmuster oder Gruppierung dynamischer Beziehung erinnert an die Beschreibung der Materie in der modernen Physik. Geist und Materie erscheinen nicht länger als zwei getrennte Kategorien, wie Descartes es glaubte, sondern man kann sie als unterschiedliche Aspekte desselben universalen Geschehens betrachten.

Batesons Vorstellung vom Geist wird für unsere gesamte weitere

Diskussion nützlich sein. Um jedoch der konventionellen Sprache näher zu bleiben, werde ich den Begriff «Geist» nur im Zusammenhang mit Organismen von hoher Komplexität verwenden und zur Beschreibung der Selbstorganisations-Dynamik auf niedriger Ebene den Begriff «Geistestätigkeit» anwenden. Diese Terminologie wurde vor einigen Jahren von dem Biologen George Coghill vorgeschlagen, der lange vor dem Aufkommen der Systemlehre ein wunderbares Systembild lebender Organismen und des Geistes entwikkelte.[37] Coghill unterschied in lebenden Organismen drei entscheidende und eng zusammenhängende Organisationsmuster: Struktur, Funktion und «Mentation». Für ihn ist Struktur soviel wie Organisation im Raum, Funktion soviel wie Organisation in der Zeit und Mentation oder Geistestätigkeit eine Art von Organisation, die auf den unteren Ebenen der Komplexität mit Struktur und Funktion verwoben ist, auf höheren Ebenen aber über Raum und Zeit hinausgeht. Aus der modernen System-Perspektive können wir sagen, daß Geistestätigkeit als Dynamik der Selbstorganisation die Organisation aller Funktionen darstellt und damit eine Meta-Funktion ist. Auf niederer Ebene wird sie oft wie Verhalten aussehen, das wiederum als Totalität aller Funktionen definiert werden kann. Die Methode des Behaviorismus ist deshalb auf dieser Ebene oft erfolgreich. Auf höheren Ebenen der Komplexität kann Geistestätigkeit jedoch nicht mehr auf Verhalten beschränkt werden, da es dort die eigentümliche nichträumliche und nichtzeitliche Qualität annimmt, die wir mit Geist verbinden.

In der Vorstellung vom Geist, die wir in der Systemtheorie finden, ist Geistestätigkeit nicht nur für individuelle Organismen, sondern auch für gesellschaftliche und ökologische Systeme typisch. Bateson hat oft darauf hingewiesen, daß Geist nicht nur im Körper immanent ist, sondern auch in den Kommunikationspfaden und Botschaften außerhalb des Körpers. Es gibt höhere Manifestationen des Geistes, in denen unser individueller Geist nur ein Untersystem darstellt. Diese Erkenntnis hat tiefgreifende Rückwirkungen auf unsere Einstellung zur natürlichen Umwelt. Trennen wir geistige Phänomene von den umfassenderen Systemen, in denen sie immanent sind, und beschränken wir sie auf menschliche Individuen, dann wird uns die Umwelt als geistlos erscheinen, und wir werden dazu neigen, sie auszubeuten. Unser Verhalten wird dagegen völlig anders sein, wenn wir uns bewußt sind, daß die Umwelt nicht nur lebendig, sondern auch wie wir selbst mit Geist begabt ist.

Die Tatsache, daß die lebende Welt in mehrschichtigen Strukturen auf mehreren Ebenen organisiert ist, bedeutet, daß es auch mehrere geistige Ebenen gibt. So gibt es im Organismus verschiedene Ebenen «metabolischer» Geistestätigkeit bei Zellen, Geweben und Organen; außerdem gibt es die «neurale» Geistestätigkeit des Gehirns, die je nach den verschiedenen Phasen der menschlichen Evolution wiederum mehrere Ebenen aufweist. Die Gesamtheit dieser Geistestätigkeiten stellt das dar, was wir den menschlichen Geist nennen wollen. Eine solche Vorstellung vom Geist als einem aus mehreren Ebenen bestehenden Phänomen, dessen wir im gewöhnlichen Zustand unseres Bewußtseins nur teilweise gewahr sind, ist in vielen nicht-abendländischen Kulturen weitverbreitet und in jüngster Zeit von einigen westlichen Psychologen ausführlicher untersucht worden.[38]

In der geschichteten Ordnung der Natur ist der jeweilige individuelle menschliche Geist in den umfassenderen Geist gesellschaftlicher und ökologischer Systeme eingebettet; dieser wiederum ist in das planetare geistige System integriert – in den Geist von Gaia –, das seinerseits an irgendeiner Art von universalem oder kosmischem Geist teilhaben muß. Das Gedankengebäude des neuen Systemansatzes wird in keiner Weise eingeengt, wenn man diesen kosmischen Geist mit der traditionellen Vorstellung von Gott assoziiert. Jantsch sagt: «Gott ist nicht der Schöpfer, sondern der Geist des Universums.»[39] Aus dieser Sicht ist die Gottheit natürlich weder männlich noch weiblich, noch in irgendeiner persönlichen Form manifestiert, sondern stellt nichts weniger als die Selbstorganisations-Dynamik des gesamten Kosmos dar.

Das Organ der neuralen Geistestätigkeit – das Gehirn und sein Nervensystem – ist ein hochkomplexes, vielschichtiges und multidimensionales lebendes System, das trotz mehrerer Jahrzehnte intensiver neurowissenschaftlicher Forschung in vielen Aspekten zutiefst geheimnisvoll geblieben ist.[40] Das menschliche Gehirn ist ein lebendes System *par excellence*. Nach dem ersten Jahr des Wachstums werden keine Neuronen mehr produziert, doch gehen Formveränderungen während des ganzen weiteren Lebens vor sich. Je nach Veränderungen der Umwelt modelliert sich das Gehirn entsprechend, und wenn es einmal verletzt wird, paßt sich das System sehr schnell wieder an. Das Gehirn nutzt sich niemals ab; im Gegenteil, je mehr man es benutzt, um so besser arbeitet es.

Die Hauptfunktion der Neuronen ist es, durch Empfang und Weiterleitung elektrischer und chemischer Impulse miteinander zu kommunizieren. Zu diesem Zweck hat jedes Neuron zahlreiche feine Fasern entwickelt, die sich verzweigen, um Verbindungen zu anderen Zellen herzustellen. Auf diese Weise entsteht ein riesiges und kompliziertes Kommunikationsnetz, das eng mit dem Muskel- und Skelettsystem verwoben ist. Die meisten Neuronen sind andauernd in spontaner Aktion, senden pro Sekunde mehrere Impulse und modulieren ihre Aktivitätsmuster auf verschiedenartige Weise, um Informationen zu übermitteln. Das ganze Gehirn ist ständig aktiv und lebendig, wobei in jeder Sekunde Milliarden nervöser Impulse durch seine Nervenpfade zucken.

Die Nervensysteme höherer Tiere und der Menschen sind so komplex und manifestieren sich in einer so reichen Vielzahl von Phänomenen, daß jeder Versuch hoffnungslos wäre, ihr Funktionieren in rein reduktionistischen Begriffen zu verstehen. Zwar sind Neurologen heute in der Lage, die Strukturen des Gehirns bis zu einem gewissen Grade graphisch darzustellen und viele seiner elektrochemischen Prozesse zu klären, von seinen integrativen Aktivitäten jedoch wissen sie fast gar nichts. Wie im Falle der Evolution scheinen hier zwei komplementäre Methoden notwendig: eine reduktionistische Methode zum Verständnis des genauen neuralen Mechanismus und eine ganzheitliche, um zu verstehen, wie diese Mechanismen in das Funktionieren des ganzen Systems integriert werden. Bisher ist kaum versucht worden, die Dynamik der selbstorganisierenden Systeme auf neurale Phänomene anzuwenden; allerdings gibt es ermutigende Ergebnisse bei Versuchen, die in allerjüngster Zeit unternommen wurden.[41] Besondere Aufmerksamkeit hat dabei die Bedeutung der regelmäßigen Fluktuationen im Wahrnehmungsprozeß gefunden, die in Frequenzmustern zum Ausdruck kommen.

Eine weitere interessante Entwicklung ist die Entdeckung, daß die beiden zum Verständnis der Natur aller lebenden Systeme erforderlichen komplementären Methoden der Beschreibung auch in der Struktur selbst und im Funktionieren unseres Gehirns zum Ausdruck kommen. Forschungsarbeiten in den letzten zwanzig Jahren haben übereinstimmend gezeigt, daß die beiden Hälften des Gehirns dazu tendieren, entgegengesetzte, jedoch komplementäre Funktionen auszuüben. Die linke Hälfte, welche die rechte Körperhälfte kontrolliert, scheint mehr auf analytisches, lineares Denken spezialisiert, wozu auch die Verarbeitung von zeitlich aufeinanderfolgenden Informationen gehört. Die rechte Gehirnhälfte, welche die linke Körperseite kontrolliert, scheint überwiegend auf eine ganzheitliche Weise zu funktionieren, welche besser für Synthese geeignet und geneigt ist, Informationen diffuser und gleichzeitig zu verarbeiten.

Die beiden komplementären Methoden des Funktionierens sind auf besonders bemerkenswerte Weise bei mehreren Experimenten mit epileptischen Patienten demonstriert worden, deren Gehirn gewissermaßen geteilt wurde, indem ihr *corpus callosum*, das Faserband, das normalerweise die beiden Hälften des Gehirns verbindet, durchgeschnitten wurde. Diese Patienten wiesen einige auffallende Anomalien auf. So konnten sie zum Beispiel mit geschlossenen Augen einen Gegenstand beschreiben, den sie in ihrer rechten Hand hielten, konnten ihn aber nur erraten, wenn sie ihn in der linken Hand hielten. Die rechte Hand konnte noch schreiben, aber keine Bilder mehr zeichnen, während es bei der linken umgekehrt war. Andere Experimente zeigten, daß die unterschiedlichen Spezialisierungen der beiden Hälften des Gehirns eher Präferenzen als absolute Unterscheidungen darstellten, wobei jedoch das Gesamtbild der Komplementarität bestätigt wurde.[42]

In der Vergangenheit haben Gehirnforscher oft die linke Hälfte des Gehirns als die überlegene und die rechte als die minderwertige Hälfte bezeichnet und damit die für unsere kartesianische Kultur typische Bevorzugung von rationalem Denken, Quantifizierung und Analyse ausgedrückt. Tatsächlich ist die Bevorzugung von Werten und Aktivitäten, die in Zusammenhang mit der «linken Gehirnhälfte» und der «rechten Hand» stehen, viel älter als die kartesianische Weltanschauung. In den meisten europäischen Sprachen wird die rechte Seite mit gut, gerecht und tugendhaft assoziiert, die linke mit böse, Gefahr und Argwohn. Das Wort «recht» selbst bedeutet ja auch «richtig», «angemessen» oder «gerecht», im Deutschen wie im Englischen, während «sinister», das lateinische Wort für «links», etwas Böses und Bedrohliches bezeichnet. Das deutsche Wort für Gesetz lautet auch «Recht», genau wie im Französischen das Wort *droit*. Beispiele dieser Art lassen sich in praktisch allen westeuropäischen Sprachen und wahrscheinlich auch in vielen anderen finden. Die tiefverwurzelte Bevorzugung der rechten Seite – derjenigen, die von der linken Gehirnhälfte kontrolliert wird – in so vielen Kulturen gibt zur Frage Anlaß, ob das nicht mit dem patriarchalischen Wertsystem zusammenhängt. Was auch immer der Ursprung sein mag – seit einiger Zeit gibt es Versuche, eine ausgeglichenere Anschauung von der Gehirnfunktion zu fördern und Methoden zu entwickeln, um die eigenen geistigen Fähigkeiten durch Stimulation und Integration der Funktionen beider Gehirnhälften zu vergrößern.[43]

Die geistigen Aktivitäten lebender Organismen, von den Bakterien bis zu den Primaten, lassen sich ziemlich folgerichtig als Muster der Selbstorganisation erklären, ohne daß man die entsprechende Terminologie sehr modifizieren müßte, wenn man die evolutionäre Leiter in Richtung wachsender Komplexität nach oben steigt. Bei menschlichen Organismen sieht das jedoch ganz anders aus. Der menschliche Geist ist in der Lage, eine innere Welt zu schaffen, die die äußere Wirklichkeit widerspiegelt, die jedoch eine eigene Existenz besitzt und ein Individuum oder eine Gesellschaft dazu bringen kann, auf die äußere Welt einzuwirken. Beim Menschen stellt diese innere Welt – das Reich der Psychologie – einen völlig neuen Bereich dar und bezieht eine Reihe von Phänomenen ein, die für die menschliche Natur charakteristisch sind.[44] Dazu gehören Selbst-Bewußtsein, bewußte Erfahrung, begriffliches Denken, symbolische Sprache, Träume, Kunst, das Schaffen von Kultur, ein Sinn für Werte, Interesse für die weit zurückliegende Vergangenheit und Sorge um die ferne Zukunft. Die meisten dieser Eigenschaften besitzen verschiedene Tierarten in rudimentärer Form. In der Tat scheint es kein einziges Kriterium zu geben, das uns erlauben würde, Menschen von anderen Tieren zu unterscheiden. Das Besondere an der menschlichen Natur ist eine Kombination von Eigenschaften, die sich bei den niederen Evolutionsformen schon ankündigen, die aber nur bei der Gattung Mensch integriert und zu einer höheren Ebene der Komplexität fortentwickelt wurden.[45]

In unseren Wechselwirkungen mit der Umwelt findet ein ständiges Wechselspiel und gegenseitige Beeinflussung zwischen der äußeren und der inneren Welt statt. Die Strukturen, die wir um uns herum beobachten, beruhen auf sehr fundamentale Weise auf unseren inneren Strukturen. Die Strukturen der Materie reflektieren Strukturen des Geistes, gefärbt durch subjektive Gefühle und Werte. In der traditionellen kartesianischen Weltanschauung wurde angenommen, jedes Individuum verfüge grundsätzlich über denselben biologischen Apparat, weshalb jeder von uns Zugang zu demselben «Bildschirm» von Sinneswahrnehmungen habe. Die Unterschiede führte man auf die subjektive Interpretation von Sinnesdaten zurück. Die bekannte kartesianische Metapher sprach da von dem «kleinen Mann, der auf die Bilderwand blickt». Neueste neurologische Untersuchungen haben gezeigt, daß dem nicht so ist. Die Modifizierung sinnlicher Wahrnehmungen durch vergangene Erfahrungen, Erwartungen und Zielsetzungen erfolgt nicht nur durch die Interpretation, sondern beginnt bereits am Anfangspunkt, an den «Pforten der Wahrnehmung». Zahlreiche Experimente haben darauf hingewiesen, daß die Registrierung von Daten durch die Sinnesorgane für die verschiedenen Individuen unterschiedlich ist, noch *bevor* die Wahrnehmung erfahren wird.[46] Diese Studien zeigen, daß die physiologischen Aspekte der Sinneswahrnehmung nicht von den psychologischen Aspekten der Interpretation getrennt werden können. Die neue Anschauung der Wahrnehmung verwischt auch die konventionelle Unterscheidung zwischen sinnlicher und außersinnlicher Wahrnehmung – ein weiteres Überbleibsel des kartesianischen Denkens –, indem sie zeigt, daß jede Wahrnehmung bis zu einem gewissen Grade außersinnlich ist.

Unsere Reaktionen auf die Umwelt werden also nicht so sehr von den unmittelbaren Wirkungen externer Reize auf unser biologisches System bestimmt, sondern eher durch unsere früheren Erfahrungen, unsere Erwartungen, unsere Zielsetzungen und die individuelle symbolische Interpretation unserer Sinneserfahrungen. Ein zarter Hauch von Parfüm kann Freude oder Kummer in uns hervorrufen, Vergnügen oder seelischen Schmerz, und zwar durch seine Assoziation mit der Vergangenheit. Unsere Reaktion auf diese Geruchsempfindung wird dementsprechend unterschiedlich sein. So sind also die innere und die äußere Welt im Funktionieren des menschlichen Organismus stets miteinander verbunden; sie wirken aufeinander ein und entwickeln sich gemeinsam.

Als menschliche Wesen gestalten wir unsere Umwelt wirksam, weil wir in der Lage sind, die äußere Welt symbolisch darzustellen, begrifflich zu denken und unsere Symbole, Begriffe und Ideen anderen mitzuteilen. Wir tun das mit Hilfe einer abstrakten Sprache, aber auch wortlos durch Malerei, Musik und andere Kunstformen. In unserem Denken und unserer Kommunikation befassen wir uns nicht nur mit der Gegenwart, sondern können uns auch auf die Vergangenheit beziehen und die Zukunft vorwegnehmen, was uns einen Grad von Autonomie gibt, der weit über den anderer Gattungen hinausgeht. Die Entwicklung abstrakten Denkens, symbolischer Sprache und der verschiedenen sonstigen menschlichen Fähigkeiten hängt ganz entscheidend von einem Phänomen ab, das für den menschlichen Geist typisch ist. Menschen besitzen Bewußtsein; wir sind uns nicht nur unserer Sinneswahrnehmungen bewußt, sondern erkennen uns auch als denkende und erlebende Wesen.

Die Natur des Bewußtseins ist eine fundamentale existentielle Frage, die Männer und Frauen zu allen Zeiten fasziniert hat und immer wieder zum Gegenstand intensiver Diskussionen unter Experten der verschiedensten Wissenschaftsgebiete geworden ist, einschließlich Psychologen, Physiker, Philosophen, Neurowissenschaftler, Künstler und Vertreter mystischer Überlieferungen. Diese Diskussionen waren oft sehr anregend, haben aber auch beträchtliche Verwirrung geschaffen, weil der Begriff «Bewußtsein» in verschiedener Bedeutung verwendet wird. Er kann subjektive Bewußtheit bedeuten, etwa beim Vergleich bewußter und unbewußter Vorgänge, aber auch Selbst-Bewußtsein, das Gewahrsein des Gewahrseins. Viele verwenden diesen Ausdruck auch, um die Gesamtheit des Geistes mit seinen vielen bewußten und unbewußten Ebenen zu bezeichnen. Und die Diskussion wird noch komplizierter durch das neuerdings verstärkte Interesse für östliche «Psychologien», die ins einzelne gehende «Landkarten» des Innenlebens entwickelt haben und ein Dutzend oder mehr Begriffe verwenden, um alle seine unterschiedlichen Aspekte zu beschreiben, die meistens sämtlich als «Geist» oder «Bewußtsein» übersetzt werden.

Angesichts dieser Situation müssen wir sorgfältig definieren, in welchem Sinne wir den Ausdruck gebrauchen. Der menschliche Geist ist ein vielschichtiges und integriertes Muster von Vorgängen, in denen die Dynamik der menschlichen Selbstorganisation zum Ausdruck kommt. Bewußtheit ist eine Eigenschaft der Geistestätigkeit auf jeder beliebigen Ebene, vom Einzeller bis zum Menschen, wenn sie natürlich auch im Fassungsvermögen sehr unterschiedlich ist. Selbst-Bewußtheit scheint sich andererseits nur bei höheren Tierformen zu manifestieren, kommt nur im menschlichen Geist zu voller Entfaltung – und es ist diese Eigenschaft des Geistes, die ich als Bewußtsein bezeichne. Die Gesamtheit des menschlichen Geistes mit seinen bewußten und unbewußten Bereichen werde ich mit C. G. Jung «Psyche» nennen.

Da das Systembild des Geistes nicht auf individuelle Organismen begrenzt ist, sondern auf gesellschaftliche und ökologische Systeme ausgedehnt werden kann, können wir sagen, daß Gruppen von Menschen, Gesellschaften und Kulturen einen kollektiven Geist besitzen und dementsprechend auch über ein kollektives Bewußtsein verfügen. Wir können auch Jung in seiner Annahme folgen, zum kollektiven Geist oder der kollektiven Psyche gehöre auch ein kollektives Unbewußtes.[47] Als Individuen haben wir an diesen kollektiven geistigen Strukturen Anteil, werden von ihnen beeinflußt und formen sie andererseits auch. Schließlich kann man die Begriffe eines planetaren und eines kosmischen Geistes mit planetarischen und kosmischen Ebenen des Bewußtseins assoziieren.

Die meisten Theorien über die Natur des Bewußtseins scheinen Variationen einer von zwei entgegengesetzten Anschauungen zu sein, die im Rahmen des System-Ansatzes dennoch komplementär und miteinander vereinbar sein können. Die eine dieser Anschauungen könnte man als die westlich-wissenschaftliche bezeichnen.

Für sie steht die Materie an erster Stelle, ist Bewußtsein eine Eigenschaft komplexer materieller Strukturen, die in einem bestimmten Stadium der biologischen Evolution in Erscheinung tritt. Die meisten Neurowissenschaftler vertreten heutzutage diese Anschauung.[48] Dagegen könnte man die andere Sicht des Bewußtseins als mystisch bezeichnen, da sie im allgemeinen in mystischen Überlieferungen zu finden ist. Für sie ist das Bewußtsein die primäre Wirklichkeit und Urgrund allen Seins. Nach dieser Anschauung ist Bewußtsein in seiner reinsten Form immateriell, formlos und bar jeden Inhalts; oft wird es beschrieben als «reines Bewußtsein», «letzte Wirklichkeit», «Sosein» und dergleichen.[49] Die Manifestation des reinen Bewußtseins wird in vielen spirituellen Traditionen mit dem Göttlichen assoziiert. Man nennt es das Wesen des Universums, das sich in allen Dingen manifestiert; alle Formen der Materie und alle lebenden Wesen gelten als Strukturen des göttlichen Bewußtseins.

Die mystische Anschauung des Bewußtseins basiert auf der Erfahrung der Wirklichkeit durch außergewöhnliche Modalitäten des Gewahrseins, die man üblicherweise durch Meditation erreicht, die aber auch spontan während eines Vorgangs künstlerischen Schaffens und in anderen Zusammenhängen auftreten können. Moderne Psychologen nennen außergewöhnliche Erfahrungen dieser Art «transpersonal», weil sie es anscheinend dem individuellen Geist ermöglichen, Kontakt mit kollektiven und sogar kosmischen Geistesebenen aufzunehmen. Nach zahlreichen persönlichen Bezeugungen kommt es bei transpersonalen Erfahrungen zu einer starken, persönlichen und bewußten Beziehung zur Wirklichkeit, die weit über den gegenwärtigen wissenschaftlich fundierten Rahmen hinausreicht. Wir sollten daher nicht erwarten, daß die Naturwissenschaft im gegenwärtigen Stadium die mystische Ansicht vom Bewußtsein bestätigen oder widerlegen kann.[50] Dennoch scheint das Systembild des Geistes in vollkommener Übereinstimmung mit der naturwissenschaftlichen wie der mystischen Auffassung vom Bewußtsein zu stehen und ergibt somit einen idealen Rahmen für die Vereinigung beider Auffassungen.

Die Systemlehre stimmt mit der konventionellen wissenschaftlichen Anschauung überein, daß Bewußtsein eine Manifestation komplexer materieller Strukturen ist. Genauer ausgedrückt ist es eine Manifestation lebender Systeme einer gewissen Komplexität. Andererseits sind die biologischen Strukturen dieser Systeme Ausdruck von ihnen zugrunde liegenden Vorgängen, welche die Selbstorganisation des Systems und somit seinen Geist darstellen. In diesem Sinne können materielle Strukturen nicht länger als die primäre Wirklichkeit angesehen werden. Weitet man dieses Denken auf das Universum als Ganzes aus, dann ist die Annahme nicht zu weit hergeholt, daß alle seine Strukturen – von den subatomaren Teilchen bis zu den Galaxien und von den Bakterien bis zu den Menschen – Manifestationen der Selbstorganisations-Dynamik des Universums sind, die wir vorhin mit dem kosmischen Geist identifiziert haben. Das ist jedoch fast schon eine mystische Anschauung. Der einzige Unterschied besteht darin, daß Mystiker größten Wert auf die unmittelbare Erfahrung des kosmischen Bewußtseins legen, die über den rein wissenschaftlichen Ansatz hinausgeht. Dennoch scheinen beide Wege durchaus vereinbar. Die auf der Systemlehre beruhende Naturanschauung scheint endlich einen sinnvollen wissenschaftlichen Rahmen abzugeben, innerhalb dessen man sich auch mit den uralten Fragen nach der Natur des Lebens, des Geistes, des Bewußtseins und der Materie beschäftigen kann.

Um die menschliche Natur zu verstehen, untersuchen wir nicht nur ihre physischen und psychischen Dimensionen, sondern auch ihre gesellschaftlichen und kulturellen Manifestationen. Der Mensch hat sich als Gemeinschaftswesen entwickelt, und es kann ihm ohne Kontakt mit anderen Menschen weder physisch noch psychisch wohlergehen. Mehr als jede andere Gattung üben wir uns in kollektivem Denken, wobei wir eine Welt von Kultur und Werten schaffen, die zu einem integralen Teil unserer natürlichen Umwelt wird. Deshalb lassen sich biologische und kulturelle Eigenarten der menschlichen Natur nicht voneinander trennen. Die Menschheit entstand durch den Prozeß des Schaffens von Kultur, und sie braucht diese Kultur für ihr Überleben und ihre weitere Evolution.

Die menschliche Evolution schreitet also fort durch das Zusammenspiel der inneren und äußeren Welt, von Individuen und Gemeinschaften, von Natur und Kultur. Alle diese Bereiche sind lebende Systeme in wechselseitiger Einwirkung aufeinander mit ähnlichen Strukturen der Selbstorganisation. Gesellschaftliche Institutionen entwickeln sich in Richtung stets größerer Komplexität und Differenzierung, den organischen Strukturen nicht unähnlich, und geistige Strukturen bringen die Kreativität und den Drang nach Selbst-Transzendenz zum Ausdruck, der für alles Leben charakteristisch ist. «Es liegt in der Natur des Geistes, schöpferisch zu sein», sagt der Maler Gordon Onslow-Ford. «Je mehr die Tiefen des Geistes angezapft werden, desto größer ist die Fülle der daraus hervorgebrachten Werke.»[51]

Nach allgemein akzeptierten anthropologischen Forschungsergebnissen war die anatomische Evolution der menschlichen Natur vor etwa 50000 Jahren praktisch abgeschlossen. Seither sind der menschliche Körper und das Gehirn in Struktur und Umfang im wesentlichen gleichgeblieben. Andererseits änderten sich während dieser Periode die Lebensbedingungen tiefgreifend, und sie ändern sich weiterhin mit ziemlicher Geschwindigkeit. Um sich diesen Wandlungen anzupassen, nutzte die Menschheit ihre Fähigkeiten des Bewußtseins, des begrifflichen Denkens und der symbolischen Sprache, um von der genetischen zur gesellschaftlichen Evolution überzugehen, die schneller verläuft und größere Vielfalt beschert. Diese neue Art der Anpassung war jedoch keineswegs vollkommen. Wir schleppen immer noch biologisches Rüstzeug aus den ganz frühen Stadien der Evolution mit uns herum, das es uns oft schwer macht, den Herausforderungen der heutigen Umwelt zu begegnen. Nach der Theorie von Paul MacLean besteht das menschliche Gehirn aus drei strukturell verschiedenen Teilen, deren jeder mit seiner eigenen Intelligenz und Subjektivität ausgestattet ist und die aus verschiedenen Perioden unserer evolutionären Vergangenheit stammen.[52] Obgleich diese drei Teile engstens miteinander verbunden sind, lassen sich ihre oft widersprüchlichen Aktivitäten nur schwer integrieren, wie MacLean in seiner bildhaften Metapher ausdrückt: «Spricht man allegorisch von diesen drei Gehirnen innerhalb eines Gehirns, dann könnten wir uns vorstellen, daß der Psychiater, der einen Patienten auffordert, sich auf die Couch zu legen, ihn bittet, sich neben einem Pferd und einem Krokodil auszustrecken.»[53]

Der innerste Teil des Gehirns, auch Stammhirn genannt, steuert das instinktive Verhalten, das man bereits bei Reptilien antrifft. Es ist verantwortlich für biologische Triebe und viele Formen von zwanghaftem Verhalten. Er wird umhüllt vom Limbischen System*, das bei allen Säugetieren gut ausgebildet ist und im menschlichen Gehirn mit gefühlsmäßigen Erfahrungen und emotionellem Ausdruck zu tun hat. Diese beiden inneren Teile des Gehirns sind eng miteinander verbunden. Als wortloses Ausdrucksmittel steht ihnen ein reiches Spektrum von Körpersprache zur Verfügung. Der äußerste Teil schließlich, Großhirn genannt, ermöglicht abstrakte Funktionen höherer Ordnung, etwa Denken und Sprache. Das Großhirn entstand in der frühesten evolutionären Phase der Säugetiere und dehnte sich in der Entwicklung hin zur Gattung Mensch mit unerhörter Geschwindigkeit aus. Diese Entwicklungsgeschwindigkeit war in der Geschichte der Evolution ohne Beispiel, bis sie vor etwa 50000 Jahren zum Stillstand kam.

Indem wir unsere Fähigkeit zu abstraktem Denken in so hohem Tempo entwickelten, scheinen wir die wichtige Fähigkeit verloren zu haben, gesellschaftliche Konflikte zu ritualisieren. In der gesamten Tierwelt entwickelt sich Aggression selten so weit, daß einer der beiden Gegner getötet wird. Statt dessen wird der Kampf ritualisiert und endet gewöhnlich damit, daß der Verlierer das Feld räumt, jedoch verhältnismäßig unversehrt bleibt. Diese Weisheit verschwand bei der Entstehung der Gattung Mensch, oder sie wurde zumindest tief verdrängt. Bei der Schaffung einer abstrakten inneren Welt haben wir anscheinend den Kontakt mit der Wirklichkeit des Lebens verloren und sind zu der einzigen Kreatur geworden, die es oft versäumt, mit ihresgleichen zu kooperieren, und ihresgleichen sogar umbringt. Die Evolution des Bewußtseins hat uns nicht nur die Cheopspyramide, die Brandenburgischen Konzerte und die Relativitätstheorie geschenkt, sondern auch die Hexenverbrennungen, den Holocaust und die Bombe von Hiroshima. Und doch verleiht uns dieselbe Evolution des Bewußtseins das Potential, in Zukunft friedlich und in Harmonie mit der Natur zu leben. Unsere Evolution bietet uns weiterhin die Freiheit der Wahl. Wir können

* Vom lateinischen limbus = Grenze

bewußt unser Verhalten ändern, indem wir unsere Werte und Einstellungen verändern und die verlorene Spiritualität sowie das ökologische Bewußtsein zurückgewinnen.

Bei der künftigen Ausformulierung der neuen ganzheitlichen Weltanschauung dürfte die Idee des Rhythmus wahrscheinlich eine grundlegende Rolle spielen. Der System-Ansatz hat gezeigt, daß lebende Organismen von Natur aus dynamisch und ihre sichtbaren Formen stabile Manifestationen ihnen zugrunde liegender Vorgänge sind. Vorgang und Stabilität lassen sich jedoch nur vereinbaren, wenn die Vorgänge rhythmischen Strukturen folgen – Fluktuationen, Schwingungen, Vibrationen, Wellen. Die neue System-Biologie zeigt, daß Fluktuationen für die Selbstorganisations-Dynamik von entscheidender Bedeutung sind. Sie sind die Grundlage der Ordnung in der lebenden Welt: Geordnete Strukturen entstehen aus rhythmischen Mustern.

Für unsere Bemühungen um eine einheitliche Beschreibung der Natur kann die begriffliche Verschiebung von Struktur zu Rhythmus äußerst nützlich sein. Rhythmische Muster scheinen sich auf allen Ebenen zu manifestieren. Atome sind Muster von Wahrscheinlichkeitswellen, Moleküle sind vibrierende Strukturen, und Organismen sind multidimensionale, voneinander abhängige Fluktuationsmuster, Pflanzen, Tiere und Menschen unterliegen Zyklen von Aktivität und Ruhe, und ihre sämtlichen physiologischen Funktionen schwingen in Rhythmen unterschiedlicher Frequenz. Die Bestandteile des Ökosystems sind durch zyklischen Austausch von Materie und Energie miteinander verbunden; Zivilisationen steigen auf und gehen unter in evolutionären Zyklen, und der Planet als Ganzes hat seinen Rhythmus und seine Wiederholungen, während er sich um seine eigene Achse dreht und um die Sonne kreist.

Rhythmische Strukturen sind also ein universales Phänomen; gleichzeitig jedoch erlauben sie es dem Individuum, seine spezifische Persönlichkeit auszudrücken. Die Manifestation einer einzigartigen persönlichen Identität ist eine bedeutende Eigenschaft menschlicher Wesen, und es scheint so, als sei diese Identität im wesentlichen die Identität eines Rhythmus. Menschliche Individuen kann man an ihrer charakteristischen Sprechweise, Körperbewegungen, Gesten oder Atmung wiedererkennen – alles unterschiedliche Arten rhythmischer Struktur. Außerdem gibt es eine Reihe «eingefrorener» Rhythmen, etwa den Fingerabdruck oder die persönliche Handschrift, die ausschließlich einer einzigen Person zuzuordnen sind. Diese Beobachtungen deuten darauf hin, daß die für ein menschliches Individuum charakteristischen rhythmischen Strukturen unterschiedliche Manifestationen desselben persönlichen Rhythmus sind, eines «inneren Pulses», der die eigentliche persönliche Identität darstellt.[54]

Die entscheidende Rolle des Rhythmus ist nicht auf Selbstorganisation und Selbstausdruck begrenzt, sondern erstreckt sich auch auf die Sinneswahrnehmung und Kommunikation. Beim Sehen verwandelt unser Gehirn die Schwingungen des Lichtes in rhythmisches Pulsieren seiner Neuronen. Ähnliche Umwandlungen rhythmischer Muster erfolgen beim Vorgang des Hörens, und selbst die Wahrnehmung eines Geruches scheint auf «osmologischen Frequenzen» zu beruhen. Die kartesianische Vorstellung separater Objekte und unsere Erfahrung mit dem Fotoapparat ließen uns annehmen, daß unsere Sinne eine Art von innerem Bild schaffen, das eine getreue Nachbildung der Wirklichkeit ist. So aber arbeitet die Sinneswahrnehmung nicht. Bilder separater Objekte existieren nur in unserer inneren Welt der Symbole, Vorstellungen, Ideen. Die Wirklichkeit um uns herum ist ein andauernder rhythmischer Tanz, und unsere Sinne übersetzen einige seiner Vibrationen in Frequenzstrukturen, die vom Gehirn verarbeitet werden können.

Die Bedeutung der Frequenz bei der Sinneswahrnehmung wurde vor allem von dem Neuropsychologen Karl Pribram hervorgehoben, der ein holographisches Modell* des Gehirns entwickelt hat, in dem die visuelle Wahrnehmung durch eine Analyse von Frequenzmustern erfolgt und visuelles Gedächtnis wie ein Hologramm organisiert ist.[55] Pribram hält das für den Grund, warum sich visuelles Gedächtnis im Gehirn nicht genau lokalisieren läßt. Wie bei einem Hologramm ist das Ganze in jedem seiner Teile kodifiziert. Im Augenblick ist die Gültigkeit des Hologramm-Modells für die visuelle Wahrnehmung noch nicht fest verankert, doch ist sie

* Holographie ist eine Technik der Fotografie ohne Linse.

zumindest als Metapher nützlich. Ihre größte Bedeutung kann in der Betonung der Tatsache liegen, daß das Gehirn Informationen nicht lokal speichert, sondern sie breit verteilt; aus einer breiteren Perspektive gesehen liegt die Bedeutung bei der begrifflichen Verlagerung von Strukturen zu Frequenzen.

Ein weiterer interessanter Aspekt der holographischen Metapher ist ein möglicher Zusammenhang mit zwei Vorstellungen aus der modernen Physik. Die eine davon ist Geoffrey Chews Idee von subatomaren Teilchen, die dynamisch so beschaffen sind, daß jedes Teilchen alle anderen mit einbezieht.[56] Die zweite Idee ist David Bohms Vorstellung von einer impliziten Ordnung, wonach die gesamte Wirklichkeit in jedem ihrer Teile eingefaltet ist.[57] Allen diesen Ansätzen gemeinsam ist der Gedanke, daß die Holonomie – das Ganze ist in jedem seiner Teile enthalten – eine universale Eigenschaft der Natur sein könnte. Dieser Gedanke hat auch in vielen mystischen Überlieferungen Ausdruck gefunden und scheint in der mystischen Schau der Wirklichkeit eine bedeutende Rolle zu spielen.[58] Die Metapher des Hologramms hat in jüngerer Zeit eine Reihe von Forschern inspiriert, von denen sie auf verschiedene physikalische und psychologische Phänomene angewendet wurde.[59] Leider geschieht dies nicht immer mit der gebotenen Vorsicht, und in der allgemeinen Begeisterung werden die Unterschiede zwischen einer Metapher, einem Modell und der realen Welt manchmal übersehen. Das Universum ist eindeutig *kein* Hologramm; allerdings manifestiert es sich in einer Vielfalt von Schwingungen unterschiedlicher Frequenzen, weshalb das Hologramm oft als Analogie nützlich sein kann, um mit diesen Schwingungsmustern zusammenhängende Phänomene zu beschreiben.

Wie beim Vorgang der Wahrnehmung spielt Rhythmus eine wichtige Rolle auch bei den verschiedenen Möglichkeiten, wie lebende Organismen aufeinander wirken und miteinander kommunizieren. Kommunikation zwischen Menschen findet beispielsweise in erheblichem Maße durch Synchronisation und Resonanz von individuellen Rhythmen statt. Neueste Filmanalysen haben gezeigt, daß jede Unterhaltung einen subtilen und im großen und ganzen unsichtbaren Tanz beinhaltet, bei dem die genaue Reihenfolge der Sprechmuster auf das genaueste nicht nur mit winzigen

Bewegungen des Körpers des Sprechenden synchronisiert wird, sondern auch mit entsprechenden Bewegungen des Zuhörers.[60] Beide Partner sind in eine genau synchronisierte und komplizierte Reihenfolge rhythmischer Bewegungen eingebunden, die so lange bestehen bleibt, wie sie aufmerksam in die Unterhaltung verwickelt sind. Eine ähnliche Verbindung von Rhythmen scheint für das starke Band zwischen Mutter und Kind, und sehr wahrscheinlich auch zwischen Liebenden, verantwortlich zu sein. Sind die Rhythmen der beiden Individuen nicht mehr synchronisiert, dann entstehen bald Ablehnung, Antipathie und Disharmonie.

In seltenen Augenblicken unseres Lebens haben wir das Gefühl, in Resonanz mit dem ganzen Universum zu sein. Derartige Augenblicke können sich unter den verschiedensten Umständen ergeben – wenn man beim Tennisspielen den perfekten Ball schlägt oder beim Skifahren die perfekte Spur findet, inmitten eines sexuellen Orgasmus, bei der Betrachtung eines großartigen Kunstwerks oder in tiefer Meditation. Diese Augenblicke eines perfekten Rhythmus, wenn alles in vollkommener Ordnung erscheint und mit größter Leichtigkeit getan wird, sind großartige spirituelle Erfahrungen, in denen jede Form des Getrenntseins oder der Aufsplitterung transzendiert wird.

Diese Gedanken über die Natur lebender Organismen haben gezeigt, daß die Systemschau des Lebens ihrem tiefsten Wesen nach spirituell ist und sich damit in Übereinstimmung mit vielen Ideen mystischer Überlieferungen befindet. Parallelen zwischen Naturwissenschaft und Mystik gibt es nicht nur in der modernen Physik; sie können heute mit gleicher Berechtigung auf die neue System-Biologie angewandt werden. Das Studium der belebten und der unbelebten Materie führt uns immer wieder zu zwei grundlegenden Themen, die oft auch in den Lehren der Mystik erscheinen – die universale innere Verbundenheit und gegenseitige Abhängigkeit aller Phänomene sowie die zutiefst dynamische Natur der Wirklichkeit. In mystischen Überlieferungen finden wir zudem Gedanken, die für die moderne Physik weniger relevant oder wenigstens noch nicht bedeutsam sind, die jedoch von entscheidender Bedeutung für das Systembild lebender Organismen sind.

Die Idee von einer geschichteten Ordnung spielt in vielen mystischen Überlieferungen eine herausragende Rolle. Wie in der modernen Naturwissenschaft gehört dazu auch die Vorstellung von der Existenz mehrerer Ebenen der Wirklichkeit, die von unterschiedlicher Komplexität sind, aufeinander einwirken und voneinander abhängig sind. Zu diesen Ebenen gehören insbesondere geistige Ebenen, die als verschiedenartige Manifestationen des kosmischen Bewußtseins angesehen werden. Die Ansichten der Mystik über das Wesen des Bewußtseins sprengen zwar den Rahmen der zeitgenössischen Naturwissenschaft, sind jedoch keineswegs mit den modernen Systemvorstellungen von Geist und Materie unvereinbar. Ähnliche Überlegungen gelten auch für die Vorstellung vom freien Willen, die mit mystischen Anschauungen durchaus vereinbar ist, wenn man sie mit der relativen Autonomie der sich selbst organisierenden Systeme in Verbindung bringt.

Die Vorstellungen von Vorgängen, Wandlungen und Fluktuationen, die in der Systemtheorie eine so entscheidende Rolle spielen, finden ebenso starke Beachtung in den mystischen Überlieferungen des Ostens, vor allem im Taoismus. Fluktuation als Grundlage jeder Ordnung, ein von Prigogine in die moderne Naturwissenschaft eingeführter Gedanke, ist ein Hauptthema aller taoistischen Texte. Da die taoistischen Weisen bei ihrer Beobachtung der lebenden Welt die Bedeutung der Fluktuation erkannten, hoben sie auch besonders die entgegengesetzten, jedoch komplementären Tendenzen hervor, die ebenfalls ein wesentlicher Aspekt des Lebens zu sein scheinen. Der Taoismus bringt unter allen östlichen Überlieferungen die ökologische Perspektive am deutlichsten zum Ausdruck; doch stellt die gesamte östliche Spiritualität die wechselseitige Abhängigkeit aller Aspekte der Wirklichkeit und die nicht-lineare Natur ihrer Verknüpftheit besonders heraus. Diese Ideen liegen übrigens auch der indischen Vorstellung vom Karma zugrunde.

Wie im Systembild des Lebens gelten Geburt und Tod in vielen Überlieferungen als Stadien eines endlosen Kreislaufs, der die fortgesetzte Selbsterneuerung darstellt, die für den Tanz des Lebens charakteristisch ist. Andere Überlieferungen betonen mehr Schwingungen, die man oft mit «subtilen Energien» assoziiert, und viele andere beschreiben die holonomische Natur der Wirklichkeit – wo «alles in einem und eines in allem» existiert – in Parabeln, Metaphern und poetischen Bildern.

Unter den abendländischen Mystikern ist wahrscheinlich Pierre Teilhard de Chardin derjenige, dessen Gedanken denen der neuen Systembiologie am nächsten kommen. Teilhard war nicht nur Jesuitenpater, sondern auch ein hervorragender Naturwissenschaftler, der in Geologie und Paläontologie große Leistungen vorweisen kann. Er versuchte, seine naturwissenschaftlichen Einsichten, mystischen Erfahrungen und theologischen Doktrinen zu einer zusammenhängenden Weltanschauung zu integrieren, die von einem Denken in Prozessen dominiert war und sich besonders auf das Phänomen der Evolution bezog.[61] Teilhards Evolutionstheorie steht in scharfem Gegensatz zur neodarwinistischen Theorie, weist aber einige bemerkenswerte Ähnlichkeiten mit der neuen Systemlehre auf. Seine Schlüsselidee bezeichnet er als «Gesetz des Komplexitäts-Bewußtseins». Danach verläuft die Evolution in Richtung zunehmender Komplexität, die wiederum von einem entsprechenden Aufstieg des Bewußtseins begleitet wird und ihren Höhepunkt in der menschlichen Spiritualiät erreicht. Teilhard verwendet den Ausdruck «Bewußtsein» im Sinne von Gewahrsein und definiert ihn als «spezifischen Effekt organisierter Komplexität», was mit der Systemauffassung des Geistes absolut vereinbar ist.

Für Teilhard manifestiert sich der Geist auch in größeren Systemen. Er schrieb, der Planet sei während der menschlichen Evolution mit einem Gedankengewebe bedeckt, für das er den Ausdruck «Gedankenschicht» oder «Noo-Sphäre» prägte (vom griechischen *noos* = Geist). Schließlich war Gott für ihn die Quelle allen Seins und vor allem die Quelle der Kraft der Evolution. Sieht man Gott als universale Dynamik der Selbstorganisation, dann könnte Teilhards Gottesvorstellung, wenn man sie von ihren patriarchalischen Begriffsinhalten befreit, unter den vielen Bildern, mit denen Mystiker das Göttliche beschrieben haben, den Vorstellungen der modernen Naturwissenschaft am nächsten kommen.

Wissenschaftler, die nicht imstande waren, über den reduktionistischen Rahmen ihrer Disziplin hinauszusehen, haben Teilhard de Chardin oft ignoriert, geringschätzig behandelt oder attackiert. Da sich heute jedoch der neue System-Ansatz zum Verständnis der Organismen durchzusetzen beginnt, erscheinen seine Ideen in neuem Licht, was wahrscheinlich erheblich zur allgemeinen Anerkennung der Übereinstimmung zwischen den Anschauungen von Naturwissenschaftlern und Mystikern beitragen wird.

Anmerkungen

Dieser Beitrag erschien erstmals in Fritjof Capra, *Wendezeit*, München 1983, und wurde übersetzt von Erwin Schuhmacher.

1 Eine kurze Einführung in das Systemdenken gibt Ervin Laszlo in: *The System view of the World*, New York 1972; ausführlicher behandeln dieses Thema Ludwig von Bertalanffy in *General Systems Theory*, New York 1968 (deutsche Ausgabe: «Gesetz oder Zufall: Systemtheorie und Selektion», in: *Das neue Menschenbild*, hrsg. von A. Koestler) und Ervin Laszlo in *Introduction to Systems Philosophy*, New York 1972.

2 Das Studium der Transaktionen geht der Systhemtheorie zeitlich voraus; siehe John Dewey und Arthur F. Bentley, *Knowing and the Known*, Boston 1949, S. 103 ff.

3 Paul A. Weiss, *Within the Gates of Science and Beyond*, New York 1971, S. 284.

4 Ibid., S. 225 ff.

5 Siehe Erich Jantsch, *The Self-Organizing Universe*, New York 1980. Deutsche Ausgabe: *Die Selbstorganisation des Universums.* Vom Urknall zum menschlichen Geist, München 1992.

6 Paul A. Weiss, *The Science of Life*, Mount Kisco, New York 1973, S. 25.

7 Ilya Prigogine, *From Being to Becoming*, San Francisco 1980. Deutsche Ausgabe: *Vom Sein zum Werden.* Zeit und Komplexität in den Naturwissenschaften, München ^{6}1992.

8 Siehe Laszlo (1972), op. cit., S. 42.

9 Siehe Gregory Bateson, *Steps to an Ecology of Mind*, New York 1972, S. 351 ff. Deutsche Ausgabe: *Ökologie des Geistes*, Frankfurt/M. 1980.

10 Siehe Lewis Thomas, *The Lives of a Cell*, New York 1977, S. 86. Deutsche Ausgabe: *Das Leben überlebt.* Geheimnis der Zellen.

11 Siehe z. B. David Millard Locke, *Viruses*, New York 1974.

12 Siehe Fritjof Capra, *Wendezeit*, München 1983, Kapitel 4.

13 Siehe Thomas F. Goreau, Nora I. Goreau und Thomas J. Goreau, «Corals and Coral Reefs», in : *Scientific American*, August 1979.

14 Siehe Thomas (1975), op. cit., S. 26 ff., 102 ff.

15 Siehe René Dubos, *Man, Medicine and Environment*, New York 1968, S. 7 ff.

16 Siehe Thomas (1975), op. cit., S. 83.

17 Ibid., S. 6.

18 Ibid., S. 9.

19 Siehe Fritjof Capra, *Wendezeit*, München 1983, Kapitel 1.

20 Siehe Laszlo (1972), op. cit., S. 67.

21 Eine Diskussion des hierarchischen Denkens als kulturgebundenes Phänomen

bringt Magoroh Maruyama in: «The Navaho philosophy: an esthetic ethic of mutuality», in: *Mental Hygiene*, April 1967; eine feministische Kritik der Hierarchien bringt Elizabeth Dodson Gray in: *Why the Green Nigger?*, Wellesley, Mass., 1979.

22 Weiss (1971), op. cit., S. 276.
23 Thomas (1975), op. cit., S. 113.
24 L. Shlain, Vorlesung am College of Marin, Kenfield, California, am 23. Januar 1979.
25 Siehe J. E. Lovelock, *Gaia*, New York 1979. Deutsche Ausgabe: *Wir werden überleben*. Eine Erörterung des ursprünglichen Gaia-Mythos enthält Charlene Spretnak, *Lost Goddesses of Early Greece*, Boston 1981.
26 Jantsch (1980), op. cit.
27 Siehe Capra (1983), op. cit., Kapitel 4.
28 Siehe Jantsch (1980), op. cit., S. 48.
29 Der Zusammenhang zwischen dieser Unbestimmbarkeit und der Unvorhersagbarkeit individueller Geschehnisse in der Kernphysik sowie den sogenannten nicht-lokalen Zusammenhängen zwischen solchen Geschehnissen (siehe Capra [1983], Kapitel 3) muß erst noch erforscht werden.
30 Laszlo (1972), op. cit., S. 51.
31 Siehe Bateson (1972), op. cit., S. 51.
32 Robert B. Livingston, *Sensory Processing, Perception, and Behavior*, New York 1978, S. 4.
33 Jantsch (1980), op. cit., S. 75.
34 Siehe ibid., S. 12 ff.
35 Siehe Gregory Bateson, *Mind and Nature*, New York 1979. Deutsche Ausgabe: *Geist und Natur*, Frankfurt/M. 1982.
36 Bateson, private Mitteilung, 1979.
37 Siehe C. Judson Herrick, *George Ellet Coghill: Naturalist and Philosopher*, Chicago 1949, S. 195 ff.
38 Siehe Capra (1983), op. cit., Kapitel 11.
39 Jantsch (1980), op. cit., S. 308.
40 Einen Überblick enthält *Scientific American*, September 1979.
41 Siehe Jantsch (1980), op. cit., S. 61.
42 Siehe Marcel Kinsbourne (Hrsg.), *Asymmetrical Function of the Brain*, New York 1978.
43 Peter Russell, *The Brain Book*, New York 1977. Deutsche Ausgabe: *Der menschliche Computer*, München 1982.
44 Die Tatsache, daß ich die konventionelle Beschreibung des psychologischen Geltungsbereiches als «innere» Welt beibehalten habe, soll nicht bedeuten, daß er irgendwo innerhalb des Körpers liegt. Es geht hier um eine Form der Geistestätigkeit, die Raum und Zeit transzendiert und daher nicht mit irgendeiner Ortsbestimmung assoziiert werden kann.
45 Siehe Dubos (1968), op. cit., S. 47; siehe auch Herrick (1949), op. cit.
46 Siehe Robert B. Livingston, «Perception and Commitment», in: *Bulletin of the Atomic Scientists*, Februar 1963.
47 Siehe Capra (1983), op. cit., Kapitel 11.
48 Siehe z. B. Gerald Edelman und Vervon Mountcastle, *The Mindful Brain*, Cambridge, Mass., 1978, S. 74.
49 Siehe Fritjof Capra, *The Tao of Physics*, Berkeley 1975, S. 29. Deutsche Ausgabe: *Das Tao der Physik*, München 1984.

50 Bezeugungen transpersönlicher Erfahrungen finden sich z. B. bei Richard Bucke, *Cosmic Consciousness*, New York 1969 (deutsche Ausgabe: *Die Erfahrung des kosmischen Bewußtseins*, Braunschweig [2]1988). Eine weitere Erörterung der Begrenztheiten des gegenwärtigen wissenschaftlichen Rahmens in bezug auf das Bewußtsein findet der Leser in Capra (1983), Kapitel 11.
51 Gordon Onslow-Ford, *Painting in the Instant*, London 1964, S. 36.
52 Siehe Jantsch (1980), op. cit., S. 165 ff.
53 Zitiert in Arthur Koestler, *Janus*, London 1978, S. 9. Deutsche Ausgabe: *Der Mensch, Irrläufer der Evolution*, Bern, München, Wien 1978.
54 Siehe Georg Leonard, *The Silent Pulse*, New York 1981, S. 48 ff. Deutsche Ausgabe: *Der Rhythmus des Kosmos*, Bern, München, Wien 1980.
55 Karl H. Pribram, «Holonomy and Structure in the Organization of Perception», in: John M. Nicholas (Hrsg.), *Images, Perception and Knowledge*, Dordrecht 1977; ders., «Holographic Memory», Interview in: *Psychology Today*, Februar 1979.
56 Siehe Capra (1983), op. cit., Kapitel 3.
57 Siehe ibid.
58 Siehe Capra (1975), op. cit., S. 292.
59 Siehe *Re-Vision*, Sonderausgabe über die holographischen Theorien von Karl Pribram und David Bohm, Summer/Fall 1978; siehe auch die Sonderausgabe von *Dromenon*, Spring/Summer 1980.
60 Siehe Leonard (1981), op. cit., S. 14 ff.
61 Siehe Bernard Towers, «Man in Evolution: The Teilhardian Synthesis»; in: *Technology and Society*, September 1968 und ders., «Toward an Evolutionary Ethic»; in: *Teilhard Review*, Oktober 1977.

Katalysatoren der Wissenschaft: Gespräche mit Gregory Bateson, Stanislav Grof und Ronald D. Laing

Begegnungen mit Gregory Bateson

Der bedeutsame Wandel in meinem Denken vom «Physik-Denken» zum Systemdenken erfolgte schrittweise und als Ergebnis vieler Einflüsse. Stärker als alles andere war dabei jedoch der Einfluß eines einzigen Menschen: Gregory Bateson veränderte meine Anschauungsweise.

Kurz nach unserer ersten Begegnung sagte Bateson scherzend zu einem gemeinsamen Freund: «Capra? Der Mann ist verrückt! Er glaubt, wir sind alle Elektronen!» Diese Bemerkung war für mich eine Art Initialzündung. Die darauffolgenden zweijährigen Kontakte mit Bateson veränderten meine Denkweise zutiefst und lieferten mir die entscheidenden Elemente einer radikal neuen Anschauung von der Natur, die ich dann «Systembild des Lebens» nannte.

Künftige Historiker werden Gregory Bateson als einen der einflußreichsten Denker unserer Zeit bewerten. Die Einzigartigkeit seines Denkens ergab sich aus seiner umfassenden Breite und Tiefe. In einem durch Zersplitterung und Überspezialisierung gekennzeichneten Zeitalter stellte er die Grundanschauungen und Methoden mehrerer Wissenschaftsdisziplinen in Frage, indem er nach Mustern hinter Mustern und nach Prozessen unterhalb der Ebene der Strukturen suchte. Grundlage jeder Definition, so forderte er, sollten Zusammenhänge sein. Sein Hauptziel war, in allen beobachteten Phänomenen die zugrundeliegenden Organisationsprinzipien zu entdecken, «das verbindende Muster», wie er es nannte.

Ich begegnete Gregory Bateson im Sommer 1976 in Boulder, Colorado, wo ich eine Vorlesungsreihe an einer buddhistischen Privatuniversität abhielt. Durch einen Vortrag, den er dort hielt, kam ich zum ersten Mal in Kontakt mit Batesons Ideenwelt. Zwar hatte ich schon viel über ihn gehört – war er doch auf dem Universitätscampus von Santa Cruz eine Art Kultfigur –, doch hatte ich sein Buch *Steps to an Ecology of Mind* (deutsch: *Ökologie des Geistes*) noch nicht gelesen. Während seines Vortrags war ich tief von Batesons Vision und seiner Persönlichkeit beeindruckt. Am meisten jedoch verblüffte mich, daß seine zentrale Botschaft – statt einzelner Objekte Zusammenhänge zu erforschen – praktisch mit den Folgerungen identisch war, die ich selbst aus den Theorien der modernen Physik gezogen hatte. Nach dem Vortrag sprach ich kurz mit ihm, lernte ihn jedoch erst zwei Jahre später richtig kennen, während seiner letzten beiden Lebensjahre, die er im Esalen Institute an der Big-Sur-Küste verbrachte. Ich hielt dort häufig Seminare ab oder besuchte Mitglieder der Esalen-Gemeinschaft, die meine Freunde geworden waren.

Bateson war eine imposante Gestalt – ein intellektueller wie körperlicher Riese, sehr hochgewachsen und sehr kräftig, auf allen Ebenen höchst beeindruckend. Auf viele Leute wirkte er ziemlich einschüchternd, und auch ich hatte, vor allem am Anfang unserer Bekanntschaft, etwas zuviel Respekt vor ihm. Ich fand es sehr schwierig, eine beiläufige Unterhaltung mit ihm zu beginnen; ich meinte immer, ich müsse mich selbst beweisen, müsse unbedingt etwas Intelligentes sagen oder eine kluge Frage stellen. Erst mit der Zeit gelang es mir, ein einfaches Alltagsgespräch mit ihm zu führen, aber selbst dann geschah das nicht oft.

Es dauerte auch ziemlich lange, bis ich mich traute, Bateson einfach «Gregory» zu nennen. Wahrscheinlich hätte ich ihn niemals mit seinem Vornamen angesprochen, hätte er nicht in Esalen gelebt, wo man sich sehr formlos gibt. Auch ihm selbst schien es schwergefallen zu sein, sich selbst als «Gregory» zu bezeichnen. Gewöhnlich sprach er von sich selbst als von Bateson. Er ließ sich gern so nennen, vielleicht weil er in britischen Akademikerkreisen aufgewachsen war, wo das üblich ist.

Als ich Bateson im Jahre 1978 kennenlernte, wußte ich, daß er sich nicht sonderlich für Physik interessierte. Sein Hauptinteresse, seine intellektuelle Neugier und die starke Leidenschaft, die er für seine Wissenschaft empfand, galten der lebenden Materie, «lebendigen Dingen», wie er es ausdrückte. In *Mind and Nature* (deutsch: *Geist und Natur*) schrieb er:

> In meinem Leben habe ich die Beschreibungen von Stöcken, Steinen und Billardkugeln in eine Kiste, die Pleroma, gesteckt und sie dort liegen gelassen. In die andere Kiste steckte ich die Lebewesen: Krebse, Menschen, Probleme der Schönheit und Probleme des Unterschieds . . .

Diese «andere Kiste» enthielt das, was Bateson erforschte; hierauf konzentrierte er seine Leidenschaft. Als wir uns trafen, wußte er also, daß ich aus jener Disziplin kam, die Stöckchen und Steine und Billardkugeln studiert, und er empfand, wie ich meine, eine Art von intuitivem Mißtrauen gegenüber Physikern. Batesons mangelndes Interesse an der Physik konnte man auch daran erkennen, daß er dazu neigte, die Irrtümer zu begehen, denen man bei Nichtphysikern häufig begegnet, wenn sie über Physik sprechen, etwa die Verwechslung von «Materie» und «Masse» und dergleichen.

Mir war klar, daß er gegenüber der Physik ein Vorurteil hegte, während ich darauf aus war, ihm zu zeigen, daß die Physik, mit der ich mich beschäftigte, seinem eigenen Denken sehr nahekam. Dazu bot sich eine ausgezeichnete Gelegenheit bald nach unserem ersten Zusammentreffen, als ich in Esalen ein eintägiges Seminar abhielt, das auch er besuchte. Batesons Anwesenheit unter den Zuhörern inspirierte mich sehr, obgleich er während des ganzen Tages kein Wort sagte. Ich versuchte, die grundlegenden Auffassungen der Physik des 20. Jahrhunderts, ohne sie irgendwie zu verzerren, so darzustellen, daß die Nähe zu Batesons Denken deutlich wurde. Das muß mir ziemlich gut gelungen sein, denn ich hörte hinterher, daß Bateson von meinem Seminar sehr beeindruckt war. «Ein heller Bursche», sagte er zu einem Freund.

Seither habe ich stets gespürt, daß Bateson meine Arbeit respektierte. Mehr noch – ich merkte, daß er mich aufrichtig zu schätzen begann und für mich eine gewisse väterliche Zuneigung entwickelte.

Während der beiden letzten Jahre seines Lebens führte ich mit Bateson viele angeregte Gespräche – im Speiseraum des Esalen Institute, auf der Terrasse seines Hauses mit dem Blick auf das Meer und an anderen Plätzen auf dem wunderschönen Plateau an der

Big-Sur-Küste. Er gab mir das Manuskript von *Geist und Natur* zu lesen, und ich erinnere mich genau, wie ich an einem sonnigen Tag stundenlang im Gras hoch über dem Pazifischen Ozean saß. Beim Lesen hörte ich, wie die in regelmäßigem Rhythmus heranrollenden Wellen sich brachen, und wurde von Käfern und Spinnen besucht. Ich las:

> Welches Muster verbindet den Krebs mit dem Hummer und die Orchidee mit der Primel und alle diese vier mit mir? Und mich mit Ihnen?

Oft, wenn ich nach Esalen kam, um Seminare abzuhalten, traf ich Bateson im Speisesaal, wo er mich lachend begrüßte: «Hallo, Fritjof, wollen Sie hier wieder eine Show veranstalten?» Nach der Mahlzeit holte er meist Kaffee für uns beide, und dann setzten wir unsere Unterhaltung fort.

Meine Gespräche mit Bateson waren von sehr spezieller Art, und zwar wegen der besonderen Form, in der er seine Gedanken präsentierte. Er breitete ein ganzes Netz von Ideen in Form von kleinen Geschichten, Scherzen und Anekdoten sowie scheinbar zusammenhanglosen Bemerkungen aus, ohne etwas voll und ganz darzustellen. Vielleicht handelte er so, weil er sehr genau wußte, daß ein besseres Verständnis erreicht wird, wenn der Gesprächspartner die Möglichkeit erhält, die Zusammenhänge durch einen kreativen Akt selbst zu begreifen, ohne daß ihm alles gesagt wird. Er sprach immer so wenig wie möglich aus, und ich erinnere mich sehr gut des Funkelns in seinen Augen und des Vergnügens in seiner Stimme, wenn er merkte, daß ich imstande war, ihm durch das Gewebe seiner Gedanken zu folgen. Das gelang mir keineswegs immer, aber vielleicht hier und da ein wenig mehr als anderen, und das machte ihm Freude.

Bateson breitete also ein Gedankengewebe aus, und ich prüfte mit kurzen Bemerkungen und schnellen Fragen gewisse Knoten in diesem Netz an meinem eigenen Verständnis. Besonderen Spaß machte es ihm, wenn ich, was selten geschah, in der Lage war, ihm zuvorzukommen und zwei oder drei Knoten in seinem Netz zu überspringen. Dann leuchteten seine Augen auf und zeigten an, daß eine geistige Resonanz zwischen uns bestand.

Ich habe versucht, ein typisches Gespräch dieser Art aus dem Gedächtnis zu rekonstruieren. Eines Tages saßen wir auf dem Rasen vor dem Esalen-Gebäude, und Bateson sprach über Logik. Das Gespräch verlief etwa so:

«Logik ist ein sehr elegantes Werkzeug», sagte er. «Sie hat uns in etwa zweitausend Jahren ein gutes Stück vorangebracht. Das Schwierige mit ihr ist nur – wenn man sie auf Krabben und Meerschweinchen, auf Schmetterlinge und die Ausbildung von Gewohnheiten anwendet . . .» Seine Stimme verlor sich. Nach kurzer Pause fügte er hinzu, während sein Blick weit über das Meer schweifte: «Wissen Sie, bei allen diesen schönen Dingen . . .», und nun sah er mir fest in die Augen, «da kommt man mit Logik nicht weit.»
«Nein?»
«Ganz bestimmt nicht», fuhr er lebhaft fort. «Weil nämlich das ganze Gewebe lebender Dinge nicht durch Logik zusammengefügt ist. Wissen Sie, wenn man erst zu kreisläufigen Vorgängen der Verursachung kommt, wie es uns in der Welt des Lebendigen stets geschieht, dann verstrickt die Anwendung der Logik uns in Paradoxa. Nehmen wir als Beispiel den Thermostaten – ein einfaches Sinnesorgan, nicht wahr?»
Er sah mich fragend an, ob ich ihm folgen konnte, und als er das feststellte, sprach er weiter.
«Ist er eingeschaltet, ist ausgeschaltet; ist er aus, dann ist eingeschaltet. Wenn ja, dann nein; wenn nein, dann ja.»
Damit hielt er inne, um mich an dem, was er gesagt hatte, herumrätseln zu lassen. Sein letzter Satz erinnerte mich an die klassischen Paradoxa der aristotelischen Logik, was natürlich beabsichtigt war. Deshalb riskierte ich einen Gedankensprung.
«Sie wollen sagen: Können Thermostate lügen?»
Batesons Augen leuchteten auf: «Ja-nein-ja-nein-ja-nein. Sie sehen, das kybernetische Äquivalent von Logik ist Oszillation.»
Wieder hielt er inne, und in diesem Augenblick gewann ich plötzlich eine Einsicht, wobei ich eine Verbindung mit etwas herstellte, woran ich schon lange interessiert gewesen war. Ganz aufgeregt sagte ich mit herausforderndem Lächeln: «Heraklit hat das bereits gewußt!»

«Heraklit wußte das», wiederholte Bateson, der mein Lächeln lächelnd beantwortete.

«Und Lao-tzu ebenfalls», trieb ich die Sache weiter.

«Genauso ist es. Und das gilt auch für die Bäume da drüben. Mit Logik können die nichts anfangen.»

«Womit arbeiten sie dann?»

«Mit Metaphern.»

«Metaphern?»

«Ja, Metaphern. Auf diese Weise wird das ganze Gewebe mentaler Verknüpfung zusammengehalten. Ganz unten auf dem Grunde des Lebendigseins treffen wir auf die Metapher.»

Geschichten

Die Art, wie Bateson seine Gedanken präsentierte, gehörte zum wesentlichen und eigentlichen Teil seines Lehrens. Wegen der besonderen Technik, seine Ideen auch in seinem Vortragsstil zum Ausdruck kommen zu lassen, verstanden ihn nur sehr wenige. R. D. Laing formulierte das bei einem von ihm in Esalen zu Ehren von Bateson veranstalteten Seminar so: «Selbst von den wenigen Leuten, die *glaubten*, sie hätten ihn verstanden, glaubte *er* nicht, daß sie ihn verstanden hätten. Seines Erachtens haben ihn nur sehr, sehr wenige Leute verstanden.»

Dieser Mangel an Verständnis bestand auch gegenüber Batesons Scherzen. Er war nicht nur ein inspirierender Lehrmeister; er war auch ein großartiger Unterhalter – doch waren auch seine Scherze von besonderer Art. Er besaß diesen wundervollen englischen Sinn für Humor. Wenn er einen Witz machte, erzählte er nur etwa zwanzig Prozent davon und erwartete von den Zuhörern, daß sie den Rest errieten. Manchmal begnügte er sich auch mit nur fünf Prozent. Demzufolge reagierten die Teilnehmer seiner Seminare auf viele seiner Scherze mit verständnislosem Schweigen, unterbrochen nur von Batesons eigenem Lachen.

Kurz nach meiner ersten Begegnung mit Bateson erzählte er mir einen Witz, den er besonders mochte und häufig in seine Vorträge einbrachte. Er kann meines Erachtens als Schlüssel zum Verständnis seiner Denkart und der Präsentationsweise seiner Ideen dienen. Er pflegte ihn etwa so zu erzählen:

> Da war einmal ein Mann, der einen höchst leistungsfähigen Computer besaß. Er wollte nun gerne wissen, ob Computer jemals denken können. Also fragte er ihn, und das zweifellos in seinem besten Fortran*: «Wirst du jemals imstande sein, wie ein Mensch zu denken?» Der Computer klickte, ratterte, und seine diversen Lämpchen leuchteten auf. Schließlich druckte er seine Antwort auf einem Papierstreifen aus, wie diese Maschinen es zu tun pflegen. Der Mann lief schnell zum Drucker, riß den bedruckten Bogen aus und las, sauber getippt, die folgenden Worte: «DAS ERINNERT MICH AN EINE GESCHICHTE.»

Für Bateson waren Geschichten, Parabeln und Metaphern wesentliche Ausdrucksweisen menschlichen Denkens, des menschlichen Geistes überhaupt. Obwohl er ein abstrakter Denker war, befaßte er sich niemals rein abstrakt mit einer Idee, sondern konkretisierte sie immer durch eine kleine Geschichte.

Die wichtige Rolle solcher Geschichten in Batesons Denken ist eng mit der Bedeutung der Zusammenhänge verknüpft. Müßte ich die Botschaft, die Bateson vermitteln wollte, in einem Wort beschreiben, dann wäre es «Zusammenhänge». Sie waren es, von denen er stets sprach. Ein zentraler Aspekt des aufkommenden neuen Paradigmas, vielleicht *der* zentrale Aspekt, ist die Abkehr von Objekten und Hinwendung zu Zusammenhängen. Bateson wollte Zusammenhänge zur Grundlage jeder Definition machen. Eine biologische Form ist aus Zusammenhängen und nicht aus Teilen zusammengesetzt, und das gilt auch für die Art, wie Menschen denken. Tatsächlich ist das seiner Ansicht nach die einzige Art, wie wir denken können.

Bateson betonte oft folgendes: Wer die Natur genau beschreiben will, sollte versuchen, die Sprache der Natur zu sprechen. Einmal illustrierte er dies recht dramatisch, indem er fragte: «Wie viele Fin-

* Fortran = formula translator, d. i. eine der verbreitetsten mathematisch orientierten Programmiersprachen. (Anm. d. Übers.)

ger haben Sie an der Hand?» Nach einer verblüfften Pause antworteten einige Zuhörer schüchtern «fünf», worauf Bateson laut «Nein!» rief. Dann versuchten einige es mit «vier», und er antwortete wieder «Nein». Schließlich, als alle es aufgegeben hatten, sagte er: «Nein! Die richtige Antwort wäre: ‹Sie sollten nicht eine solche Frage stellen. Es ist eine törichte Frage.› Das ist die Antwort, die eine Pflanze Ihnen geben würde, weil es in der Welt der Pflanzen und der Lebewesen ganz allgemein so etwas wie Finger überhaupt nicht gibt. Es gibt nur Zusammenhänge.»

Da Zusammenhänge das Wesentliche in der Welt des Lebendigen sind, behauptete Bateson, wäre es das beste, zu ihrer Beschreibung eine Sprache von Zusammenhängen zu verwenden. Und das ist genau das, was Geschichten tun. Geschichten sind für Bateson der Königsweg zum Studium von Zusammenhängen. Was an einer Story von Bedeutung ist, was an ihr wahr ist, das ist nicht die Handlung, sind nicht die Leute, die dort vorkommen, sondern die Zusammenhänge zwischen ihnen. Bateson definierte eine Geschichte als «eine über die Zeit verstreute Ansammlung formaler Zusammenhänge». Das war es auch, was er in seinen Seminaren bezweckte, ein Gewebe formaler Zusammenhänge durch eine Sammlung von Stories zu spinnen.

Batesons bevorzugte Methode, seine Gedanken vorzutragen, war also das Erzählen von Geschichten – und das tat er liebend gern. Er ging sein Thema gewöhnlich aus verschiedenen Blickwinkeln an, wobei er immer wieder neue Variationen desselben Themas ersann. Er berührte dieses und jenes Thema, machte dazwischen Witze, schaltete von der Beschreibung einer Pflanze um auf die eines balinesischen Tanzes, auf das Spiel der Delphine, den Unterschied zwischen der ägyptischen und der jüdisch-christlichen Religion, auf einen Dialog mit einem Schizophrenen und so weiter. Diese Art von Kommunikation war höchst unterhaltsam und faszinierend, doch konnte man ihr nur schwer folgen. Dem Uneingeweihten, jemandem, der den komplexen Mustern nicht folgen konnte, klang Batesons Darstellung oft wie pure Weitschweifigkeit, doch war es weitaus mehr als das. Die Matrix seiner Ansammlung von Geschichten war ein kohärentes und genaues Muster von Zusammenhängen, ein Muster, das für ihn große Schönheit verkörperte. Je komplexer das

Muster wurde, desto größere Schönheit ließ es erkennen. «Die Welt wird immer schöner, je komplizierter sie wird», sagte er gewöhnlich.

Bateson war von der Schönheit fasziniert, die sich in der Komplexität strukturierter Zusammenhänge manifestiert, und es bereitete ihm ein hohes ästhetisches Vergnügen, diese Strukturen zu beschreiben. Dieses Vergnügen war oft so stark, daß er sich davon mitreißen ließ. Er erzählte beispielsweise eine Geschichte: Dabei fiel ihm plötzlich ein anderes Verbindungsglied in seinem Muster ein, was ihn auf eine weitere Geschichte brachte. So kam es dann oft dazu, daß er ein ganzes System von Geschichten innerhalb von Geschichten mit subtilen Zusammenhängen präsentierte, das Ganze ausgeschmückt mit Scherzen, die diese Zusammenhänge noch deutlicher machten.

Bateson konnte auch sehr theatralisch sein, und es war durchaus berechtigt, wenn er seine Seminare in Esalen scherzhaft als «Show» bezeichnete. Oft geschah es, daß er sich von der poetischen Schönheit der von ihm beschriebenen komplexen Muster so hinreißen ließ, daß er nach dem Erzählen aller Arten von Witzen und dem Aneinanderreihen von Anekdoten schließlich nicht mehr die Zeit hatte, alles miteinander zu verknüpfen. Wenn die von ihm während eines Seminars gesponnenen Fäden am Ende nicht zu einem Gewebe zusammenliefen, dann nicht deswegen, weil sie sich nicht verknüpfen ließen oder Bateson nicht in der Lage war, sie zusammenzuführen. Er hatte sich nur derart in seine Erzählungen hineingesteigert, daß er am Ende nicht mehr die Zeit dafür hatte. Oder aber es wurde ihm langweilig, nachdem er ein oder zwei Stunden gesprochen hatte, und er glaubte dann, die Zusammenhänge so unverkennbar aufgezeigt zu haben, daß seine Zuhörer imstande sein würden, sie ohne seine Hilfe zu einem integrierten Ganzen zusammenzufügen. In solchen Augenblicken sagte er einfach: «Nun ja, das wäre es wohl. Jetzt können Fragen gestellt werden.» Danach pflegte er im allgemeinen keine direkten Antworten auf Fragen zu geben, sondern mit einer neuen Sammlung von Geschichten zu antworten.

Batesons Sicht der Erkenntnis

Einer der zentralen Gedanken in Batesons Denken ist, daß die Struktur der Natur und die Struktur des Geistes einander spiegeln, daß Geist und Natur zwangsläufig eine Einheit bilden. Deshalb war die Epistemologie, «die Lehre davon, wie man etwas erkennen kann», für Bateson keine abstrakte Philosophie mehr, sondern ein Zweig der Naturgeschichte.*

Ein Hauptziel seiner Beschäftigung mit der Epistemologie war herauszustellen, daß Logik sich nicht zur Beschreibung biologischer Muster eignet. Logik kann auf sehr elegante Weise genutzt werden, um lineare Systeme von Ursache und Wirkung zu beschreiben. Wenn kausale Abläufe jedoch zirkulär werden, wie das in der Welt des Lebendigen der Fall ist, dann erzeugt ihre Beschreibung mit den Mitteln der Logik Paradoxa. Das gilt sogar für anorganische Systeme, die Rückkoppelungs-Mechanismen (Feedback) enthalten. Um das zu verdeutlichen, verwendete Bateson oft das Beispiel des Thermostats.

Sinkt die Temperatur, schaltet der Thermostat die Heizung ein. Dadurch steigt die Temperatur, was den Thermostat veranlaßt, die Heizung abzuschalten, wodurch die Temperatur wieder sinkt, und so weiter und so fort. Die Anwendung der Logik würde die Beschreibung dieses Mechanismus zu einem Paradoxon machen: Ist es im Zimmer zu kalt, schaltet sich die Heizung ein; ist sie eingeschaltet, wird der Raum warm; wird das Zimmer zu warm, wird die Heizung wieder abgeschaltet, und so weiter. Mit anderen Worten, ist der Schalter auf «ein», steht er auf «aus», ist er auf «aus», steht er auf «ein». Laut Bateson ist das so, weil Logik zeitlos ist, während bei Kausalität Zeit im Spiele ist. Die Einführung von Zeit verwandelt das Paradoxon in ein Hin und Her. So ginge es auch einem Computer, würde man ihn darauf programmieren, eines der klassischen Paradoxa der aristotelischen Logik zu lösen, etwa folgendes: «Ein Grieche sagt: ‹Alle Griechen lügen.› Sagt er die Wahrheit?»Der Computer wird die Antwort geben JA-NEIN-JA-NEIN-JA ... und damit das Paradoxon in eine Oszillation verwandeln.

* Bateson zog es oft vor, von «Naturgeschichte» statt von «Biologie» zu sprechen, wahrscheinlich um Assoziationen mit der mechanistischen Biologie der Gegenwart zu vermeiden.

Ich erinnere mich, wie beeindruckt ich war, als Bateson mir diese Einsicht darlegte, weil es etwas verdeutlichte, was ich oft selbst beobachtet hatte. Philosophische Traditionen mit einer dynamischen Schau der Wirklichkeit, in der die Begriffe Zeit, Wandel und Fluktuation wesentliche Elemente sind, neigen oft zur Hervorhebung von Paradoxa. Oft verwenden sie diese als Lehrmethode, um den Schüler auf die dynamische Natur der Wirklichkeit hinzuweisen, in der die Paradoxa sich in Hin-und-Her-Schwingungen auflösen. Lao-tzu im Osten und Heraklit im Abendland sind vielleicht die bekanntesten Philosophen, die diese Methode ausgiebig angewendet haben.

In Hinsicht auf die Epistemologie betonte Bateson immer wieder die fundamentale Rolle der Metapher in der Welt des Lebendigen. Um sie zu verdeutlichen, schrieb er oft auf die Tafel an der Wand die beiden folgenden Syllogismen:

Menschen sterben.	Menschen sterben.
Sokrates ist ein Mensch.	Gras stirbt.
Also wird Sokrates sterben.	Menschen sind Gras.

Der erste dieser beiden Syllogismen ist als Sokrates-Syllogismus bekannt: den zweiten möchte ich Bateson-Syllogismus* nennen. Der Bateson-Syllogismus gilt nicht in der Welt der Logik; seine Gültigkeit ist von ganz anderer Art. Er ist eine Metapher und gehört zur Sprache der Dichter.

Bateson hob hervor, der erste Syllogismus befasse sich mit einer Klassifizierung, die eine Klassenzugehörigkeit durch Identifizierung von Subjekten schafft («Sokrates ist ein Mensch»), während der zweite das durch Identifizierung von Prädikaten tut («Menschen sterben – Gras stirbt»). Mit anderen Worten: Der Sokrates-Syllogismus identifiziert Gegenstände, der von Bateson identifiziert Muster. Und deshalb ist für Bateson die Metapher die Sprache der Natur. Sie drückt strukturelle Ähnlichkeit aus oder, besser noch, die Ähnlichkeit der Organisation. In diesem Sinne war die Metapher das

* Ein Kritiker sagte einmal, dieser Syllogismus sei logisch nicht korrekt, spiegele aber Batesons Art zu denken. Bateson stimmte dem zu und war stolz darauf.

Hauptanliegen von Batesons Arbeit. Mit welchem Gebiet er sich auch befaßte, er hielt stets nach den Metaphern der Natur Ausschau, nach «dem Muster, das verbindet».

Die Metapher ist also die Logik, auf der die gesamte lebendige Welt aufgebaut ist; und da sie auch die Sprache der Dichter ist, liebte Bateson es sehr, harte Fakten mit Poesie zu mischen. In einem seiner Esalen-Seminare zum Beispiel zitierte er aus dem Gedächtnis einen Abschnitt aus William Blakes *Marriage of Heaven and Hell* (Die Ehe zwischen Himmel und Hölle):

> Dualistische Religionen vertreten die Ansicht, der Mensch verfüge über zwei wirklich existierende Prinzipien, einen Körper und eine Seele. Die Energie stamme allein aus dem Körper und die Vernunft aus der Seele. Und sie meinen auch, Gott werde den Menschen in alle Ewigkeit strafen, weil er seinen Energien folgt. Die Wahrheit ist jedoch, daß der Mensch keinen von seiner Seele unterschiedenen Körper besitzt, da der sogenannte Körper ein Teil der Seele ist, den man durch die fünf Sinne erkennt; daß Energie das einzige Leben ist und aus dem Körper stammt; daß die Vernunft die äußere Grenze oder Peripherie der Energie ist; und daß Energie ewiges Entzücken ist.

Bateson stellte seine Ideen zwar gelegentlich gern in poetischer Form dar, doch dachte er wie ein Naturwissenschaftler und betonte auch stets, daß er im Rahmen der Naturwissenschaften arbeite. Sich selbst betrachtete er eindeutig als Intellektuellen. «Mein Job ist Denken», pflegte er zu sagen, doch er war auch sehr intuitiv, was sich in der Art manifestierte, wie er die Natur beobachtete. Er hatte eine einzigartige Fähigkeit, durch intensives Beobachten Dinge aus der Natur «herauszulesen«. Das war nicht nur gewöhnliches wissenschaftliches Beobachten. Irgendwie war er in der Lage, eine Pflanze oder ein Tier mit seinem ganzen Sein, mit Mitgefühl und Leidenschaft zu beobachten. Und wenn er darüber sprach, dann beschrieb er diese Pflanze in genauen und liebevollen Einzelheiten, wobei er die allgemeinen Prinzipien, die er in seinem unmittelbaren Kontakt mit der Natur erfahren hatte, gewissermaßen in der den Pflanzen eigenen Sprache beschrieb.

Bateson betrachtete sich selbst in erster Linie als Biologen. Für ihn waren die vielen anderen Gebiete, auf denen er sich betätigte – Anthropologie, Epistemologie, Psychiatrie und dergleichen –, nur Zweige der Biologie. Das meinte er jedoch nicht in reduktionistischem Sinne; seine Biologie war nicht mechanistisch. Sein Forschungsgebiet war die Welt «der lebendigen Dinge», und sein Ziel war es, die Organisationsprinzipien dieser Welt zu entdecken.

Materie war für Bateson stets organisiert. «Ich weiß nichts von unorganisierter Materie, sofern es so etwas überhaupt gibt», schrieb er in *Geist und Natur.* Die Organisationsstrukturen wurden für ihn mit zunehmender Komplexität immer schöner. Bateson bestand hartnäckig darauf, daß er Monist sei und eine wissenschaftliche Beschreibung der Welt entwickle, die das Universum nicht dualistisch in Geist und Materie oder in sonstige getrennte Wirklichkeiten aufspalte. Er verwies darauf, daß die jüdisch-christliche Religion, die sich ihres Monismus rühmt, im Grunde dualistisch ist, weil sie Gott von seiner Schöpfung trennt. Auch betonte er, daß er alle übernatürlichen Erklärungen ausschließen müsse, weil sie die monistische Struktur seiner Naturwissenschaft zerstören würden. Das heißt aber nicht, daß Bateson ein Materialist war. Ganz im Gegenteil: Seine Weltanschauung war zutiefst spirituell, durchdrungen von jener Spiritualität, die der Kern des ökologischen Gewahrseins ist. Dementsprechend nahm er sehr deutlich Stellung in ethischen Fragen und äußerte sich besonders besorgt über den Rüstungswettlauf und die Zerstörung der Umwelt.

Ein neuer Geistbegriff

Batesons hervorragendster Beitrag zum wissenschaftlichen Denken sind meines Erachtens seine Gedanken über die Natur des Geistes. Er entwickelte einen völlig neuen Geistbegriff, der meiner Ansicht nach der erste gelungene Versuch ist, die kartesianische Aufspaltung zu überwinden, die so viele Probleme im abendländischen Denken und der abendländischen Kultur verursacht hat.

Bateson schlug vor, Geist als ein Systemphänomen zu definieren, das typisch für «lebende Dinge» ist. Er führte eine Reihe von Kriterien an, die Systeme erfüllen müssen, wenn sie Geist erkennen lassen sollen. Jedes System, das diesen Kriterien entspricht, wird imstande sein, Informationen zu verarbeiten und die Phänomene zu entwickeln, die wir mit Geist in Verbindung bringen – Denken, Lernen, Gedächtnis und so weiter. Für Bateson war Geist eine notwendige und unvermeidliche Konsequenz einer gewissen Komplexität, die schon beginnt, lange bevor Organismen ein Gehirn und ein höheres Nervensystem entwickeln. Er betonte auch, daß mentale Eigenschaften sich nicht nur in individuellen Organismen, sondern auch in Gesellschaftssystemen und Ökosystemen manifestieren, daß Geist nicht nur im Körper immanent sei, sondern auch in den Kommunikationspfaden und Botschaften außerhalb des Körpers.

Geist ohne ein Nervensystem? Geist, der sich in allen Systemen manifestiert, die gewissen Kriterien genügen? Geist immanent in Pfaden und Botschaften außerhalb des Körpers? Diese Ideen waren für mich zunächst so neu, daß ich mir keinen Reim darauf machen konnte. Batesons Geistbegriff schien überhaupt nichts mit all dem gemein zu haben, was ich mit dem Wort «Geist» assoziierte, und es dauerte Jahre, bis diese radikale neue Idee in mein Bewußtsein einsickerte und meine Weltanschauung auf allen Ebenen durchdrang. Je mehr ich in der Lage war, Batesons Geistbegriff in meine Weltanschauung zu integrieren, desto befreiender und belebender wurde sie für mich, und um so mehr erkannte ich ihre unerhörten Implikationen für die Zukunft des naturwissenschaftlichen Denkens.

Mein erster Durchbruch zum Verständnis von Batesons Geistbegriff erfolgte, als ich Ilya Prigogines Theorie der selbstorganisierenden Systeme las. Prigogine, ein Physiker, Chemiker und Nobelpreisträger, sagt, die für lebende Systeme typischen Organisationsmuster lassen sich als ein einziges dynamisches Prinzip beschreiben: das Prinzip der Selbstorganisation. Ein lebender Organismus ist ein sich selbst organisierendes System. Das heißt, seine Ordnung wird ihm nicht von der Umwelt aufgezwungen, sondern wird vom System selbst bestimmt. Anders ausgedrückt: Selbstorganisierende Systeme verfügen über einen gewissen Grad von Autonomie. Das besagt nicht, daß sie von ihrer Umwelt isoliert sind; im Gegenteil, es findet eine kontinuierliche Wechselwirkung statt, die jedoch nicht ihre Organisation bestimmt.

Während der vergangenen fünfzehn Jahre hat eine große Zahl von Forschern aus verschiedenen Wissenschaftsbereichen unter der Führung von Prigogine eine Theorie sich selbst organisierender Systeme entwickelt. Ich konnte mein Verständnis dieser Theorie durch ausführliche Diskussionen mit Erich Jantsch erheblich vertiefen, einem Systemtheoretiker, der einer von Prigogines wichtigsten Schülern und Interpreten war. Jantsch lebte in Berkeley, wo er 1980 im Alter von 52 Jahren starb – im selben Jahr wie Bateson. Sein Buch *Die Selbstorganisation des Universums* war eine meiner Hauptquellen beim Studium lebender Systeme, und ich denke gerne an unsere langen und intensiven Diskussionen zurück, die mir auch deshalb viel Freude bereiteten, weil sie in deutscher Sprache stattfanden; Jantsch war nämlich Österreicher wie ich selbst.

Erich Jantsch war es auch, der mich auf den Zusammenhang zwischen Prigogines Begriff der Selbstorganisation und Batesons Geistbegriff hinwies. Als ich Prigogines Kriterien selbstorganisierender Systeme mit Batesons Kriterien mentaler Vorgänge verglich, entdeckte ich tatsächlich große Ähnlichkeit zwischen beiden; ja, sie schienen mir nahezu identisch. Mir war sofort klar, was das bedeutet – daß nämlich Geist und Selbstorganisation nur verschiedene Aspekte ein und desselben Phänomens sind, des Phänomens des Lebens.

Diese Erkenntnis erregte mich sehr, da ich auf diese Weise nicht nur Batesons Geistbegriff zum ersten Male richtig verstand, sondern mir auch eine ganz neue Perspektive auf das Phänomen Leben erschlossen wurde. Ich konnte es nicht erwarten, Bateson wiederzusehen, und nutzte die erste Gelegenheit, ihn zu besuchen und mein neues Verständnis zu erproben. «Hören Sie, Gregory», sagte ich, als wir es uns bei einer Tasse Kaffee bequem gemacht hatten, «Ihre Kriterien für Geist scheinen mit den Kriterien für Leben identisch zu sein.» Ohne zu zögern, antwortete er: «Sie haben recht. Geist ist das Wesentliche des Lebendigseins.»

Von jenem Augenblick an vertiefte sich mein Verständnis des Zusammenhangs zwischen Geist und Leben oder Geist und Natur, wie Bateson es formulierte. Gleichzeitig wuchs meine Bewunderung für den Reichtum und die Schönheit von Batesons Denken. Mir war jetzt völlig klar, warum es ihm unmöglich war, Geist und Materie zu trennen. Die Organisationsprinzipien der Welt des Lebendigen waren für ihn im wesentlichen mentaler Natur, mit einem auf allen Ebenen der Materie immanenten Geist. Auf diese Weise gelangte er zu der einzigartigen Synthese von Geist und Materie, die, wie er gerne hervorhob, weder mechanisch noch übernatürlich ist.

Bateson unterschied klar zwischen Geist und Bewußtsein, und er machte auch deutlich, daß Bewußtsein in seinen Geistbegriff nicht, oder noch nicht, einbezogen war. Oft versuchte ich ihn dahin zu bringen, etwas über die Natur des Bewußtseins zu sagen. Das lehnte er stets mit der Begründung ab, hier handle es sich um eine große, noch ungelöste Frage, die nächste große Herausforderung. Später wurden dann die Natur des Bewußtseins und einer Wissenschaft vom Bewußtsein – wenn es eine solche Wissenschaft überhaupt geben kann – zum zentralen Thema meiner Diskussion mit R. D. Laing. Erst nach diesen Diskussionen, die mehrere Monate nach Batesons Tod stattfanden, verstand ich Batesons Weigerung, vorschnelle Urteile über die Natur des Bewußtseins abzugeben. Und noch später, als Laing in Esalen sein Seminar über Bateson abhielt, war ich nicht überrascht, daß er gerade die folgende Passage aus *Geist und Natur* zitierte:

> Jeder will, daß ich schnell damit anfange. Es ist ungeheuerlich, vulgär, reduktionistisch, frevlerisch – nenne es, wie du willst –, zu schnell mit einer übersimplifizierten Fragestellung anzufangen. Es ist eine Sünde gegenüber . . . der Ästhetik, gegenüber dem Bewußtsein und gegenüber dem Heiligen.

Im Frühling und Sommer 1980 traten langsam die Umrisse des Kapitels «Das Systembild des Lebens» in Erscheinung, jenes Kapitels, das zum Kernstück des neuen Paradigmas in meinem Buch *Wendezeit* werden sollte. Einen neuen Rahmen zu entwerfen, der als Basis für Biologie, Psychologie, Gesundheitsfürsorge, Volkswirtschaft und andere Forschungsbereiche dienen konnte, war eine ungeheure Aufgabe. Sie wäre mir über den Kopf gewachsen, hätte ich nicht das

Glück gehabt, dabei von mehreren hervorragenden Wissenschaftlern unterstützt zu werden.

Einer, der geduldig beobachtete, wie mein Wissen und Selbstvertrauen wuchsen, und der mir mit Rat und anregenden Diskussionen half, war Robert Livingston, Professor für Neurologie an der Universität San Diego. Er war es, der mich herausforderte, Prigogines Theorie in meinen Rahmen einzubauen, und er war es auch, der mir mehr als jeder andere half, die vielfältigen Aspekte der neuen Systembiologie zu erkunden. Unsere erste lange Diskussion fand auf einem kleinen Boot im Yachthafen von La Jolla statt, wo wir stundenlang auf den Wellen schaukelten und die Unterschiede zwischen Maschinen und lebenden Organismen diskutierten. Später führte ich abwechselnd Gespräche mit Livingston und Jantsch. Dabei maß ich mein wachsendes Verständnis an ihrem Wissen. Und wieder war mir Bob Livingston eine enorme Hilfe in meinem geistigen Ringen, Batesons Geistbegriff in den von mir entwickelten Rahmen zu integrieren.

Batesons Erbe

Die Integration von Ideen aus verschiedenen Wissenschaftsdisziplinen an der vordersten Front der Naturwissenschaften in einen zusammenhängenden begrifflichen Rahmen war ein langes und mühsames Unternehmen. Tauchten Fragen auf, die ich nicht selbst beantworten konnte, hatte ich die Möglichkeit, Experten der jeweiligen Fachgebiete zu befragen. Gelegentlich jedoch ergaben sich Fragen, von denen ich nicht einmal wußte, mit welcher Wissenschaftsdisziplin oder philosophischen Schule ich sie in Verbindung bringen sollte. In solchen Fällen notierte ich oft am Rande meines Manuskriptes «Bateson fragen» und brachte dann das Thema bei meinem nächsten Zusammentreffen mit Bateson zur Sprache.

Leider blieben einige dieser Fragen unbeantwortet. Gregory Bateson starb im Juli 1980, bevor ich ihm Teile meines endgültigen Manuskriptes zeigen konnte. Ich schrieb die ersten Absätze von «Das Systembild des Lebens», des Kapitels, das er so stark beeinflußt hatte, am Tage nach der Trauerfeier für Bateson, und zwar an dem

Platz, an dem man seine Asche verstreut hatte: bei den Klippen, an denen der Esalen-Fluß in den Pazifischen Ozean fließt, einem geheiligten Bestattungsort des Indianerstammes, der dem Esalen Institute seinen Namen gegeben hat.

Seltsamerweise fühlte ich mich Bateson in der Woche am nächsten, in der er starb, obwohl ich ihn in dieser Woche überhaupt nicht gesehen habe. Ich arbeitete intensiv an meinen Notizen über seinen Geistbegriff, wobei ich nicht nur seine Ideen in mich aufnahm, sondern auch seine charakteristische Stimme hörte und seine Gegenwart spürte. Manchmal hatte ich das Gefühl, als sehe mir Bateson über die Schulter, und ich befand mich auf diese Weise in einem intimen Zwiegespräch mit ihm, viel intimer als bei irgendeinem unserer tatsächlichen Gespräche.

Ich wußte damals, daß Bateson krank war und sich im Krankenhaus befand, doch nicht, wie ernst sein Zustand war. Während dieser intensiven Arbeitsperiode träumte ich eines Nachts, er sei gestorben. Ich war von diesem Traum so aufgerührt, daß ich am folgenden Tage Christina Grof in Esalen anrief, die mir dann sagte, Bateson sei tatsächlich am Tage zuvor gestorben.

Die Trauerzeremonie für Gregory Bateson war eine der schönsten, denen ich je beigewohnt habe. Eine große Gruppe – die Bateson-Familie, Freunde und Mitglieder der Esalen Gemeinschaft – saß im Kreis auf dem grünen Rasen hoch über dem Ozean. In der Mitte stand ein kleiner Altar mit Batesons Asche, seinem Bild, Weihrauch und einer Fülle von frischen Blumen. Während der Zeremonie erfüllten die Stimmen spielender Kinder, von Hunden, Vögeln und anderen Tieren die Luft mit allerlei Geräuschen vor dem Hintergrund der heranrollenden Wellen – als sollten wir dadurch an das Einssein allen Lebens, die Vernetzung seiner vielfältigen Erscheinungsformen und seine Zyklen von Wandel und Transformation erinnert werden. Die Zeremonie verlief scheinbar ohne Plan. Niemand schien sie zu leiten, aber irgendwie wußte jeder, was er zu einem sich selbst organisierenden System beizutragen hatte. Von einer nahe gelegenen Einsiedelei war ein Benediktinermönch gekommen, den Bateson oft besucht hatte. Er sprach einige Gebete. Zen-Mönche aus dem Zen-Center von San Francisco rezitierten und verrichteten ihre Rituale. Eine andere Gruppe sang und musizierte, einige Teilnehmer rezitierten Gedichte, und wieder andere sprachen von ihrem Verhältnis zu Bateson.

Als ich an der Reihe war, sprach ich kurz über Batesons Geistbegriff und gab meiner Überzeugung Ausdruck, daß er auf das künftige wissenschaftliche Denken große Auswirkungen haben werde. Außerdem könne er uns gerade in diesem Augenblick helfen, mit Batesons Tod fertig zu werden. «Ein Teil seines Geistes ist sicherlich mit seinem Körper verschwunden. Ein großer Teil aber ist noch bei uns und wird es noch lange bleiben. Es ist der Teil, der an unseren Beziehungen untereinander und zur Umwelt beteiligt ist, an Beziehungen, die von Gregorys Persönlichkeit tiefgehend beeinflußt sind. Wie Ihr alle wißt, war eine Lieblingsformulierung von ihm ‹das verbindende Muster›. Ich glaube, Gregory selbst ist zu einem solchen Muster geworden. Er wird uns auch künftig miteinander und mit dem Kosmos verbinden. Ich meine, wenn einer von uns in der kommenden Woche in das Haus eines der hier Anwesenden ginge, dann würde man sich nicht als Fremde begegnen. Es würde ein Muster dasein, das verbindet – Gregory Bateson.»

Zwei Monate später reiste ich auf dem Wege zu einer internationalen Konferenz nahe Saragossa durch Spanien. In Aranjuez mußte ich umsteigen. Der Name dieser Stadt verzauberte mich wegen der Musik, die sie inspiriert hatte. Da bis zur Abfahrt des Anschlußzuges noch Zeit war, verließ ich den Bahnhof und machte einen Spaziergang. Es war noch früh am Morgen, wurde jedoch schon recht warm. Ich kam zu einem kleinen Marktplatz, auf dem Händler gerade ihre Stände mit Obst und Gemüse aufbauten.

Ich setzte mich in den Schatten eines Kiosks, an dem ich mir die Zeitung *El Pais* kaufte und einen Espresso bestellte. Während ich so dasaß und die Händler und ihre Kunden beobachtete, ging mir durch den Sinn, daß ich in dieser Umgebung ein absoluter Fremder war. Ich wußte noch nicht einmal, wo genau ich mich in Spanien befand. Ich verstand die Sprache der Leute nicht und hätte aus meinen Beobachtungen noch nicht einmal auf das Zeitalter schließen können, in dem ich mich befand, da das Treiben um mich herum zu den traditionellen Marktszenen gehörte, wie sie mehr oder weniger in der gleichen Form seit Jahrhunderten ablaufen. Ich genoß diesen traumhaften Zustand, während ich meine Zeitung durchblätterte, deren Inhalt ich kaum verstand. Hatte ich sie doch eher gekauft, um in dieser Umgebung nicht so aufzufallen, als in ihr aktuelle Informationen zu finden.

Als ich beim Blättern zur Mitte der Zeitung kam, änderte sich plötzlich die ganze Welt für mich. Da stand in großen Buchstaben quer über die Seite in Balkenüberschrift eine Botschaft, die ich sofort verstand: GREGORY BATESON (1904–1980). Es handelte sich um einen langen Nachruf und eine Beschreibung des Werks von Bateson. Als ich dies sah, fühlte ich mich nicht mehr als Fremder. Der kleine Marktplatz, Aranjuez, Spanien, die *ganze Erde* – alles war mein Zuhause. Ich empfand ein starke Zugehörigkeitsgefühl – physisch, emotional und intellektuell – und mit ihm die unmittelbare Erkenntnis des Gedankens, den ich einige Wochen zuvor ausgedrückt hatte: Gregory Bateson – das Muster, das verbindet.

Gespräche mit Stanislav Grof

An einem schönen, warmen Tag im März 1977 fuhr ich entlang der sonnenglänzenden Pazifikküste gen Süden, um Stanislav Grof in seinem Haus in Big Sur zu besuchen. Ich war oft in der Gegend gewesen, entweder im eigenen Wagen oder als Anhalter. Als ich mich Big Sur nun auf der sich über Felsen windenden Straße näherte – rechts der tiefblaue Ozean, links die sanft gewellten, mit saftigem Gras bedeckten Hügel, die bald eine goldene Färbung annehmen würden –, da erinnerte ich mich lebhaft der Verzauberung jener Tage, als ich zusammen mit den «Blumenkindern» der Gegenkultur durch die trockene Hitze der Big-Sur-Hügel gewandert war. Wir kletterten damals die engen und schattigen Hänge der in den Pazifik mündenden Schluchten hinauf, schwammen nackt in ihren von Sturzbächen ausgewaschenen Wannen und duschten unter ihren Wasserfällen. So manche Nacht hatte ich im Schlafsack an verlassenen Stränden verbracht und einsame Tage der Meditation hoch in den Hügeln, mit Castanedas *Lehren des Don Juan* oder Hermann Hesses *Steppenwolf* als einzigen Begleitern.

Seit jener Zeit übt Big Sur auf mich eine besondere Anziehungskraft aus. Als jetzt die zerklüftete Felsenküste ins Blickfeld geriet, sich vor meinen Augen ausbreitete und gegen den Horizont in graue Farbnuancen überging, entspannte sich mein Körper, und mein Bewußtsein weitete sich. Ich fühlte mich von meinen Erinnerungen inspiriert und war voller freudiger Erwartung angesichts der neuen Einsichten, die mir, wie ich wußte, bevorstanden.

Bei meiner Ankunft begrüßte Grof mich herzlich, stellte mich seiner Frau Christina vor und führte mich in seinem Haus umher. Es ist einer der schönsten und inspirierendsten Plätze, die ich gesehen habe: ein Haus, umgeben von Mammutbäumen, mit großartigem Blick auf den Ozean, das sich gewissermaßen an die Kante eines Felsvorsprungs einige Meilen nördlich von Esalen klammert. Die Außenwand des Wohnzimmers besteht fast nur aus Glas, mit Türen hinaus auf einen hölzernen Vorbau hoch über den sich brechenden Wellen. Eine Wand des Raumes bedeckt ein riesiges Garnbild der Huichol-Indianer, das in leuchtenden Farben Menschen und Tiere bei einer heiligen Visionssuche darstellt. In einer Ecke befindet sich ein großer Kamin aus rohen Steinen, in einer anderen eine bequeme Couch, umgeben von Regalen mit Büchern über Kunst und Enzyklopädien. Überall im Raum stehen religiöse Kunstgegenstände, Blasinstrumente, Trommeln und andere Hilfsmittel schamanischer Rituale, die Grof auf seinen Reisen rund um die Welt gesammelt hat. Das ganze Haus spiegelt Grofs Persönlichkeit wider – in hohem Maße künstlerisch, ruhig und friedlich und dennoch erregend und inspirierend. Seit meinem ersten Besuch habe ich in diesem Hause mit den Grofs und auch allein viele Tage verbracht, die stets zu den glücklichsten Augenblicken meines Lebens zählen werden.

Nachdem Stan mir das ganze Haus gezeigt und einige Anekdoten im Zusammenhang mit seiner Kunstsammlung erzählt hatte, setzten wir uns zu unserem ersten langen Gespräch bei einem Glas Wein auf die Sonnenterrasse. Er begann mit der Bemerkung, *Das Tao der Physik* sei ein sehr wichtiges Buch für ihn gewesen. Bei seinen Kollegen sei er stets auf harten Widerstand gestoßen, wenn er über psychedelische Therapien gesprochen habe. Der Mißbrauch von LSD und die damit begründeten rechtlichen Einschränkungen hätten ziemlich viel Verwirrung gestiftet. Darüber hinaus unterscheide sich der von ihm entwickelte Rahmen so radikal von dem der konventionellen Psychiatrie, daß er als unvereinbar mit den wissenschaftlichen Anschauungen seiner Kollegen über die Wirklichkeit gelte, dementsprechend also als unwissenschaftlich. In *Das Tao der Physik* habe er zum ersten Male eine detaillierte Beschreibung eines begrifflichen Rahmens gefunden, der viel Ähnlichkeit mit seinem eigenen aufweise und dazu noch auf Entdeckungen der Physik beruhe, also der am meisten respektierten Naturwissenschaft. «Meines Erachtens wird es künftig sehr viel Unterstützung für Bewußtseinsforschung geben, wenn wir solide Brücken bauen können zwischen dem Material aus der Erforschung veränderter Bewußtseinszustände und den theoretischen Überlegungen moderner Physik», sagte er.

Grof schilderte dann in Umrissen die Ähnlichkeiten zwischen den bei seinen psychedelischen Experimenten beobachteten Wahrnehmungen der Wirklichkeit und denen der modernen Physik. Er benutzte dabei die drei Domänen seiner Kartographie des Unbewußten. Um die Erfahrungen aus der ersten, der psychodynamischen Domäne, zu beschreiben, gab er mir eine klare und präzise Zusammenfassung der psychoanalytischen Theorie Freuds.

Bei dieser Gelegenheit befragte ich Grof über einige «Newtonsche» Aspekte der Psychoanalyse, die mir vor kurzem bewußt geworden waren, beispielsweise den Begriff innerer «Objekte», die im psychologischen Raum lokalisiert sind, sowie über psychische Kräfte mit definitiver Zielrichtung, die «die Mechanismen und Maschinerien des Geistes» antreiben. Auf diese Aspekte hatte mich Stephen Salenger aufmerksam gemacht, ein Psychoanalytiker aus Los Angeles, mit dem ich einige inspirierende Gespräche geführt und der mich eingeladen hatte, einen Vortrag vor der Los Angeles Psychoanalytic Society zu halten.

Grof bestätigte meine Vermutung, daß die Psychoanalyse wie die meisten wissenschaftlichen Theorien des 19. und frühen 20. Jahrhunderts nach dem Modell der Newtonschen Physik geformt wurde. Er konnte mir sogar aufweisen, daß die vier grundlegenden Perspektiven, aus denen die Psychoanalytiker traditionellerweise das mentale Geschehen betrachten und analysieren – die sogenannte topographische, die dynamische, die ökonomische und die genetische –, jeweils genau den vier Gruppen von Begriffen entsprechen, die der Newtonschen Mechanik zugrunde liegen. Aber selbst die heutige Einsicht in die Grenzen der Psychoanalyse könne dem Genie ihres Begründers keinen Abbruch tun. «Freuds Beitrag war wirklich außergewöhnlich», sagte Grof bewundernd. «Er hat das Unbewußte und seine Dynamik praktisch ganz allein gefunden. Außerdem hat er die Deutung der Träume entdeckt, hat eine dynamische Grundlage für die Psychiatrie geschaffen, indem er die Kräfte studierte, die psychische Störungen verursachen. Ferner erkannte er die Bedeutung der Kindheitserlebnisse für die künftige Entwicklung des Individuums. Er identifizierte den Sexualtrieb als eine der wichtigsten psychischen Kräfte, führte den Begriff der infantilen Sexualität ein und entwarf die wichtigsten Grundzüge der frühen psycho-sexuellen Entwicklung. Jede dieser Entdeckungen für sich alleine wäre als ein Lebenswerk bereits eine beeindruckende Leistung.»

Zurückkommend auf den psychodynamischen Bereich der LSD-Erfahrung, fragte ich Grof, ob es auf dieser Ebene zu irgendeiner Veränderung der Weltanschauung komme.

«Die wichtigste Konsequenz auf dieser Ebene scheint mir folgende zu sein», antwortete er. «Die Menschen betrachten nach der LSD-Erfahrung gewisse Aspekte ihrer Wahrnehmungen darüber, wer sie selbst sind, was die Welt und was die Gesellschaft ist, nicht mehr als authentisch. Sie beginnen einzusehen, daß diese Wahrnehmungen unmittelbare Ableitungen aus Erlebnissen der Kindheit sind, gewissermaßen Kommentare zu ihrer ganz persönlichen Geschichte. Und da sie nun in der Lage sind, ihre einstigen Erfahrungen noch einmal zu erleben, werden ihre Meinungen und Anschauungen offener und flexibler und nicht mehr durch starre Kategorien eingeengt.»

«Aber es kommt auf dieser Ebene zu keinem wirklich tiefen Wandel ihrer Weltanschauung?»

«Nein, die wirklich fundamentalen Veränderungen beginnen auf der perinatalen Ebene, zu deren auffallendsten Aspekten der enge Zusammenhang zwischen den Erfahrungen von Geburt und Tod gehört. Die Begegnung mit Leiden und Kampf und die Auslöschung aller vorherigen Bezugspunkte im Geburtsvorgang stehen der Erfahrung des Todes so nahe, daß der gesamte Prozeß als ein Tod-Wiedergeburt-Erlebnis angesehen werden kann. Die perinatale Ebene ist die Ebene von Geburt und Tod. Es ist die Ebene existentieller Erfahrungen, die einen ganz entscheidenden Einfluß auf das mentale und emotionale Leben eines Menschen und seine Weltanschauung ausüben.

Sobald sich die Menschen einmal durch eigene Erfahrung mit dem Tod und der Vergänglichkeit aller Dinge konfrontiert sehen», fuhr Grof fort, «beginnen sie häufig, *alle* ihre gegenwärtigen Lebensstrategien als Irrtum und die Totalität ihrer Wahrnehmungen als eine Art fundamentale Illusion anzusehen. Die Erfahrung der Begegnung mit dem Tod bewirkt oft eine echte existentielle Krise, die den Menschen zwingt, den Sinn seines Lebens und seine Wertvorstellungen neu zu überdenken. Weltlicher Ehrgeiz, Konkurrenzdenken, das Streben nach gesellschaftlichem Status, Macht oder materiellem Besitz – alles das verblaßt angesichts der Möglichkeit, daß der Tod jeden Moment eintreten kann.»

«Und was geschieht dann?»

«Nun, aus dem Tod-Wiedergeburt-Prozeß erwächst das Gefühl, daß das Leben beständiger Wandel ist, daß es ein Prozeß ist und daß es keinen Sinn macht, sich an spezifische Ziele oder Auffassungen zu klammern. Der Mensch beginnt einzusehen, daß er nichts Vernünftigeres tun kann, als sich auf den Wandel selbst zu konzentrieren, der der einzig konstante Aspekt des Seins ist.»

«Wissen Sie, das ist ja genau der Ausgangspunkt des Buddhismus. Wenn ich höre, wie Sie diese Erfahrungen beschreiben, bekomme ich das Gefühl, daß sie eine spirituelle Qualität haben.»

«Das stimmt: Der vollständige Tod-Wiedergeburt-Vorgang stellt stets eine spirituelle Öffnung dar. Wer diese Erfahrung durchlebt, wird unweigerlich gewahr, daß die spirituelle Dimension des Seins außerordentlich bedeutsam, wenn nicht sogar grundlegend ist. Gleichzeitig wandelt sich die Vorstellung dieses Menschen vom physikalischen Universum. Der Mensch verliert das Gefühl der Getrenntheit, er glaubt nicht mehr an feste Materie, sondern denkt an Energiemuster.»

Mit dieser Bemerkung erreichten wir die von Grof zu Beginn unseres Gesprächs erwähnten Brücken zwischen Bewußtseinsforschung und moderner Physik. Wir erörterten ausführlich Einzelheiten der Anschauungen von der physikalischen Wirklichkeit, wie sie sich aus den beiden Disziplinen ergeben. Mich interessierte dabei, ob die veränderten Wahrnehmungen im Laufe von LSD-Sitzungen auch zu Veränderungen der Wahrnehmung von Raum und Zeit führen. Mir war aufgefallen, daß Grof bis dahin die Vorstellungen von Raum und Zeit nicht erwähnt hatte, die sich in der modernen Physik so radikal gewandelt hatten.

«Nicht auf perinataler Ebene», antwortete er. «Sobald die spirituelle Dimension ins Spiel kommt, wird zwar die Welt als Energiemuster gesehen; doch gibt es immer noch einen objektiven, absoluten Raum, in dem alles geschieht, und es gibt auch lineare Zeit. Das ändert sich jedoch grundlegend, sobald die Menschen die nächste Ebene, den transpersonalen Bereich, zu erfahren beginnen. Auf dieser Ebene werden die Vorstellungen vom dreidimensionalen Raum und linearer Zeit vollkommen zunichte. Ihre Erfahrung beweist diesen Menschen, daß diese Vorstellungen nicht zwingend sind und unter gewissen Bedingungen auf vielfältige Weise transzendiert werden können. Mit anderen Worten: Es gibt Alternativen nicht nur für das begriffliche Denken über die Welt, sondern auch für die tatsächliche Erfahrung der Welt.»

«Wie sehen denn diese Alternativen aus?»

«Nun, bei psychedelischen Sitzungen kann der Mensch alle möglichen Arten von Raumvorstellungen erleben. Sie können hier in Big Sur sitzen, und plötzlich bricht die Vorstellung Ihres Schlafzimmers in Berkeley, irgendeines Raumes aus Ihrer Kindheit oder aus fernster Vergangenheit der menschlichen Geschichte in Ihre Erfahrung von Big Sur ein. Sie können auch beliebig viele Transformationen erleben, selbst verschiedene räumliche Gegebenheiten gleichzeitig. Auf ähnliche Weise können Sie auch verschiedene Zeitformen erleben – kreisförmig verlaufende Zeit, rückwärts laufende Zeit, Zeittunnel –, und damit wird Ihnen klar, daß es Alternativen für die kausale Betrachtung der Dinge gibt.»

Ich erkannte eine Fülle von Parallelen zur modernen Physik, war jedoch im Augenblick weniger daran interessiert, sie noch eingehender zu erkunden. Vielmehr war ich darauf aus, eine Frage zu stellen, die in allen spirituellen Überlieferungen ein zentrales Thema ist – die Natur des Bewußtseins und seine Beziehung zur Materie.

«Diese Frage kommt bei psychedelischen Sitzungen auf transpersonaler Ebene immer wieder hoch», erklärt Grof. «Und dabei kommt es zu einer grundlegenden Verlagerung der Wahrnehmung. Die Frage der konventionellen abendländischen Naturwissenschaft – In welchem Augenblick entsteht Bewußtsein? Wann wird Materie ihrer selbst bewußt? – wird auf den Kopf gestellt. Jetzt lautet sie: Wie erzeugt das Bewußtsein die Illusion der Materie? Sehen Sie, Bewußtsein wird in diesem Bereich als etwas Ursprüngliches betrachtet, das man nicht auf der Grundlage von irgend etwas anderem erklären kann. Es ist einfach da und letzten Endes die einzige Wirklichkeit, etwas, das in Ihnen und mir und in allem um uns herum manifest ist.»

Grof verstummte, und ich schwieg ebenfalls. Wir hatten sehr lange miteinander gesprochen; nun stand die Sonne tief über dem Horizont und malte eine leuchtende Bahn auf den Ozean. Es war eine Szene von außerordentlicher Schönheit und tiefem Frieden – getragen vom rhythmischen Atem des Pazifiks, der, Welle auf Welle, mit dumpfem Donnern gegen die Felsen unter uns anbrandete. Was Grof über die Natur des Bewußtseins gesagt hatte, war mir nicht neu. Ich hatte es in den verschiedensten Varianten schon oft in den klassischen Texten der östlichen Mystik gelesen. Und doch klang es mir in seiner Beschreibung psychedelischer Erfahrungen unmittelbarer und lebendiger. Und während ich über das Meer blickte, wurde mein Gewahrsein der Einheit aller Dinge sehr wirklich und überzeugend.

Grof folgte meinem Blick und muß irgendwie meine Gedanken gelesen haben. «Eine der häufigsten Metaphern, die man in Berichten über psychedelische Erlebnisse findet, ist die des Wasserkreislaufs in der Natur», sagte er. «Das universale Bewußtsein wird mit dem Meer verglichen – eine flüssige, undifferenzierte Masse – und die erste Phase der Schöpfung mit der Bildung von Wellen. Man kann eine Welle als individuelle Wesenheit betrachten, und dennoch ist unbestritten die Welle der Ozean und der Ozean die Welle. Im Grunde kann man beide nicht trennen.»

Auch das war mir ein vertrautes Bild, das ich selbst im *Tao der Physik* verwendet hatte, als ich beschrieb, wie Buddhisten und Quantenphysiker gleichermaßen die Analogie der Meereswellen nutzen, um die Illusion getrennter Entitäten zu illustrieren. Dann sprach Grof jedoch weiter und verfeinerte die Metapher auf eine Art, die für mich neu und sehr eindrucksvoll war.

«Das nächste Stadium der Schöpfung wäre eine Woge, die sich an Felsen bricht, so daß Wassertropfen in die Luft gischten und für kurze Zeit als individuelle Einheiten existieren, bevor sie wieder vom Meer aufgenommen werden. Damit haben wir also flüchtige Augenblicke separater Existenz.»

Er spann diese Metapher noch weiter aus. «Das nächste Stadium dieses metaphorischen Gedankenganges wäre dann, daß eine Woge hoch auf die Felsenküste prallt und wieder zurückschwappt, dabei jedoch eine kleine Pfütze Wasser zurückläßt. Es kann ziemlich lange dauern, bis die nächste Welle kommt und das vorher zurückgelassene Wasser wieder mitnimmt. Während dieser Zeit ist die Pfütze eine abgetrennte Einheit, und dennoch ist sie eine Ausweitung des Meeres, die schließlich wieder in ihren Ursprung zurückkehrt.»

Ich blickte auf die Wasserpfützen in den unter uns liegenden Felsspalten hinunter und dachte an die vielen spielerischen Varianten, die bei Grofs Metapher denkbar waren. «Und was ist mit dem Verdampfen?» fragte ich.

«Das ist die nächste Phase. Stellen Sie sich vor, das Wasser verdampft und bildet eine Wolke. Jetzt ist zunächst die ursprüngliche Einheit durch eine tatsächliche Transformation verdeckt, und man braucht schon einige physikalische Kenntnisse, um sich klarzumachen, daß die Wolke der Ozean und der Ozean die Wolke ist. Aber schließlich wird sich das Wasser in der Wolke doch wieder als Regen mit dem Meer vereinen.

Die endgültige Trennung, bei der dann die Verbindung mit der ursprünglichen Quelle vollständig vergessen scheint, wird oft durch eine Schneeflocke illustriert, die sich aus dem Wasser in der Wolke kristallisiert, das ursprünglich aus dem Ozean verdampfte. Hier haben wir nun eine in hohem Maße strukturierte, sehr individuelle separate Entität, die scheinbar keine Ähnlichkeit mehr mit ihrer Herkunft besitzt. Jetzt braucht man schon ein etwas eingehenderes Wissen vom Wasser, um zu erkennen, daß die Schneeflocke der Ozean und der Ozean die Schneeflocke ist. Um sich wieder mit dem Meer zu vereinen, muß die Schneeflocke ihre Struktur und Individualität aufgeben; sie muß gewissermaßen den Tod des Ego erleiden, um zu ihrer Quelle zurückzukehren.»

Wieder verfielen wir in Schweigen, während ich über die vielfältige Bedeutung der Metapher nachdachte. Inzwischen war die Sonne untergegangen; die Farbe der Wölkchen am Horizont hatte von Gold zu tiefem Rot gewechselt. Während ich so auf das Meer starrte und an seine zahlreichen Manifestationen in den endlosen Zyklen des Wasserkreislaufs dachte, kam mir plötzlich eine tiefe Einsicht. Nach einigem Nachsinnen brach ich das Schweigen.

«Wissen Sie, Stan, eben wurde mir ein tiefer Zusammenhang zwischen Spiritualität und Ökologie klar. Ökologisches Gewahrsein auf seiner tiefsten Ebene ist das intuitive Gewahrsein des Einsseins des ganzen Lebens, der wechselseitigen Abhängigkeit seiner vielfältigen Manifestationen und seiner Zyklen von Veränderung und Transformation. Ihre Beschreibung transpersonaler Erfahrung hat mir soeben klargemacht, daß man dieses Gewahrsein auch spirituelles Gewahrsein nennen kann.»

Mit großer innerer Erregung fuhr ich fort. «Genaugenommen könnte man Spiritualität oder den menschlichen Geist als die Form des Bewußtseins definieren, in der wir uns mit dem Kosmos als Ganzem verbunden fühlen. Daraus wird deutlich, daß ökologisches Gewahrsein in tiefstem Wesen spirituell ist. Und so ist es dann auch nicht überraschend, daß die neue Sicht der Wirklichkeit, die aus der modernen Physik entsteht und eine ganzheitliche und ökologische Schau ist, sich im Einklang mit den Visionen spiritueller Überlieferungen befindet.»

Grof nickte zustimmend, ohne etwas zu sagen. Es bedurfte keiner weiteren Worte. Wir blieben noch lange schweigend sitzen, bis es fast dunkel und kühl wurde und wir ins Haus gingen.

Ich übernachtete im Gästezimmer und verbrachte den folgenden Tag mit den Grofs damit, daß wir uns allerlei Geschichten aus unserem Leben erzählten und uns auf ganz persönlicher Ebene näherkamen. Stan lud mich ein, später im Jahr mit ihm zusammen ein Seminar im Esalen Institute abzuhalten. Bevor ich sein Haus verließ, holte er aus seiner Bibliothek zu meiner Überraschung ein wunderschön gebundenes und illustriertes deutsches Exemplar der «Fritjof-

Saga». Es ist dies eine bekannte schwedische Legende, die meine Mutter zu meinem Vornamen inspiriert hatte. Er schenkte mir das Buch als Zeichen unserer neuen Freundschaft – das großzügige Geschenk eines außergewöhnlichen Menschen.

Mein Frühstück mit Ronald D. Laing

Meine erste Begegnung mit Laing fand im Mai 1977 statt, als ich nach Beendigung des *Tao der Physik* und meinem Umzug nach Kalifornien zum ersten Male wieder nach London kam. Ich hatte London und meinen dortigen großen Freundeskreis im Dezember 1974 verlassen, mit dem fertigen Manuskript im Gepäck und mit großen Hoffnungen, mich in Kalifornien als Physiker und Schriftsteller etablieren zu können. Zweieinhalb Jahre später hatte ich das meiste von dem erreicht, was ich erhofft hatte. Mein erstes Buch war in England und den Vereinigten Staaten veröffentlicht und in beiden Ländern mit großem Beifall aufgenommen worden; inzwischen wurde es zudem in mehrere Sprachen übersetzt. Ich war Mitglied von Geoffrey Chews Forschungsteam in Berkeley und arbeitete eng mit einem der tiefsten wissenschaftlichen Denker unserer Zeit zusammen. Meine finanziellen Schwierigkeiten waren endlich behoben, und ich hatte mit einem erregenden neuen Projekt begonnen – der Erforschung des Paradigmenwechsels in der Wissenschaft und der Gesellschaft –, was mich wiederum in Kontakt mit vielen außergewöhnlichen Menschen brachte.

Ich kehrte in bester Stimmung nach London zurück. Drei Wochen lang feierte ich mit meinen Freunden, die mich freudig und mit Zuneigung begrüßten. Bei der Architectural Association, einer Hochschule für Architektur, die während der sechziger und siebziger Jahre der künstlerischen und intellektuellen Avantgarde als Forum diente, hielt ich zwei Vorträge. Mit der BBC machte ich einen kurzen Fernsehfilm über mein Buch, in dem mein alter Freund Phiroz Mehta die Hindu-Texte sprach. Außerdem besuchte ich einige hervorragende Wissenschaftler, um mit ihnen meine Ideen und Zukunftsprojekte zu besprechen. Drei Wochen lang erlebte ich eine märchenhafte Zeit.

Einer der Wissenschaftler, die ich besuchte, war der Physiker David Bohm. Mit ihm diskutierte ich den neuen Durchbruch in der Bootstrap-Physik und die von mir erkannten Zusammenhänge zwischen Chews und Bohms Theorie. Ein anderer denkwürdiger Besuch galt Joseph Needham in Cambridge. Er ist Biologe und wurde zu einem der führenden Historiker chinesischer Naturwissenschaft und Technologie. Sein monumentales Werk *Science and Civilisation in China* (deutsch: *Wissenschaft und Zivilisation in China*) hat mein Denken beim Schreiben des *Tao der Physik* stark beeinflußt, doch hatte ich nie gewagt, ihn zu besuchen. Nun jedoch fühlte ich mich selbstsicher genug, mit Needham Kontakt aufzunehmen. Er empfing mich freundlich und lud mich in sein College Gonville and Caius zum Abendessen ein, wo ich einen sehr anregenden Abend mit ihm verbrachte.

Beide erwähnten Besuche waren für mich sehr stimulierend. Doch wurden sie von zwei weiteren Besuchen übertroffen, die unmittelbar mit meinem neuen Projekt zusammenhingen. Der eine galt E. F. Schumacher, dem Autor von *Small is Beautiful* (deutsch: *Die Rückkehr zum menschlichen Maß*). Der andere Besuch galt R. D. Laing und war überhaupt eines der Hauptziele meines Aufenthaltes in London. Eine gute Freundin, Jill Purce, Schriftstellerin und Herausgeberin mit vielen Beziehungen zu künstlerischen, literarischen und spirituellen Kreisen in London, hatte Laing durch den auch mir bekannten Anthropologen Francis Huxley kennengelernt. Deshalb schickte ich Laing über Jill und Francis einen meiner Artikel, der den Inhalt von *Tao der Physik* zusammenfaßte. Im Begleitbrief schrieb ich ihm, ich würde mich sehr freuen und geehrt fühlen, wenn ich ihn persönlich treffen könnte. Ich sei gerade dabei, meine Forschung in neue Bereiche auszudehnen und hätte einige Fragen über Psychologie und Psychotherapie. Würde er vielleicht so freundlich sein und mir etwas Zeit zur Erörterung dieser Fragen widmen? Ich wollte Laing auch fragen, was er von Grofs Arbeit hielt, und spielte sogar mit dem Gedanken, ihn als Berater zu gewinnen.

Laing antwortete positiv und lud mich für einen der nächsten Tage um elf Uhr vormittags in sein Haus in Hampstead ein. Jener Tag war ein warmer, klarer Frühlingstag – einer jener in London so seltenen strahlenden Tage, die nach dem langen englischen Winter besonders guttun. Als ich pünktlich an Laings Haustür läutete, war ich angesichts seiner Reputation als Exzentriker, als unberechenbarer und im Umgang oft schwieriger Mensch etwas nervös. Doch hatte ich schon vorher so manches Gespräch mit recht ungewöhnlichen Leuten geführt; ich war ernsthaft daran interessiert, von ihm selbst mehr über seine Ideen zu erfahren, ich wußte, welche Fragen ich ihm stellen wollte, und ich vertraute meiner Fähigkeit, andere Menschen in anregende intellektuelle Gespräche zu verwickeln. So war ich trotz leichter Nervosität recht zuversichtlich.

Laing öffnete die Tür und blickte mich aus halbgeschlossenen Augen neugierig an, den Kopf leicht zur Seite geneigt, die Schultern hochgezogen. Er hatte einen Schal um den Hals geschlungen und sah hager und zerbrechlich aus. Als er mich erkannte, lud er mich lächelnd und mit leicht übertriebener Verbeugung, scheu, aber freundlich, ein, näher zu treten. Er faszinierte mich vom ersten Augenblick an. Laing erkundigte sich, ob ich schon gefrühstückt hätte, und als ich das bejahte, fragte er mich, ob ich ihn zu einem nahe gelegenen Restaurant begleiten wolle, in dessen hübschem Garten *er* frühstücken könne, wobei ich ihm mit einer Tasse Kaffee oder einem Glas Wein Gesellschaft leisten könne.

Auf dem Wege zum Restaurant dankte ich Laing für seine Bereitschaft, mich zu empfangen und fragte ihn, ob er bereits die Möglichkeit gehabt habe, einen Blick in mein Buch zu werfen oder den von mir übersandten Artikel zu lesen. Er gestand, er habe für beides noch keine Zeit gehabt, sondern nur einen flüchtigen Blick auf den Artikel geworfen. Daraufhin erzählte ich ihm, mein Buch behandle die Parallelen zwischen moderner Physik und den Grundideen der mystischen Überlieferungen des Ostens, und fragte, ob Laing selbst schon jemals an solche Parallelen gedacht habe. Mir war bekannt, daß Laing einige Zeit in Indien gelebt hatte, jedoch nicht, ob er etwas über Quantenphysik wußte.

«Solche Parallelen überraschen mich gar nicht», begann er in etwas ungeduldigem Ton. «Denken Sie doch daran, was Heisenberg über die Rolle des Beobachters sagt ...» Und mit diesen Worten leitete er eine eindrucksvolle und genaue Zusammenfassung der Anschauungen der modernen Physik ein. Es war einer jener langen

Monologe, die, wie ich später merkte, für Laing charakteristisch sind. Seine Zusammenfassung der Philosophie der Quantenmechanik und Relativitätstheorie kam dem sehr nahe, was ich in *Das Tao der Physik* dargestellt hatte, und ließ die Parallelen zur östlichen Mystik deutlich hervortreten. Diese brillante Zusammenfassung überwältigte mich ebenso wie Laings Fähigkeit, die wesentlichen Aspekte eines Gebietes zu erfassen, von dem ich meinte, daß es ihm recht fremd sein müßte.

Im Restaurant angelangt, bestellte Laing ein Omelett und fragte, ob er mich zu einem Glas Wein einladen dürfe. Er ließ eine Flasche Rotwein kommen, den er als Spezialität des Hauses empfahl. Dann saßen wir an diesem wundervollen, sonnigen Vormittag in dem lauschigen Garten und führten ein mehr als zweistündiges Gespräch über einen breiten Themenkreis. Es war für mich nicht nur intellektuell sehr anregend, sondern insgesamt ein faszinierendes Erlebnis, noch verstärkt durch Laings ausdrucksvolle Art zu sprechen. Er trägt seine Ansichten stets mit großer Leidenschaft vor, wobei sein Gesicht und seine Körpersprache ein ganzes Spektrum von Emotionen zum Ausdruck bringen – Ekel, Spott, verächtlichen Sarkasmus, Charme, Zartheit, Empfindsamkeit, ästhetisches Vergnügen und vieles mehr. Seine Art zu sprechen, läßt sich am besten mit Musik vergleichen. Der Ton ist oft beschwörend, der Rhythmus stets akzentuiert; die Sätze sind lang und eindringlich, wie Variationen eines musikalischen Themas mit abwechselnder Betonung und Intensität.

Laing verwendet Sprache gern, um Dinge eher zu malen, als sie zu beschreiben, wobei er nach Belieben Umgangssprache mit hochkultivierten Zitaten aus Literatur, Philosophie und religiösen Texten mischt. Dabei zeigt sich die außergewöhnliche Bandbreite und Tiefe seiner Bildung. Er hat eine gründliche Schulung in Griechisch und Latein erfahren, neben seiner langen Ausbildung in Psychiatrie ausführlich Philosophie und Theologie studiert, kann hervorragend Klavier spielen, schreibt Poesie und hat viel Zeit mit dem Studium östlicher und abendländischer mystischer Überlieferungen verbracht und seine Einsichten durch Yoga und buddhistische Meditation vertieft. Während unseres ersten langen Gesprächs entfaltete sich vor mir nach und nach die Fülle dieser Welt von Laings Wissen und Erfahrung und verzauberte mich für immer.

Laing zeigte sich mir gegenüber sehr freundlich. Obwohl er oft mit großem Nachdruck sprach, war er niemals aggressiv oder sarkastisch, sondern stets sehr sanft und liebenswürdig.

Er begann unsere Unterhaltung mit einigen Sätzen über Indien, wobei er einige Gedanken fortsetzte, die er auf dem Wege zum Restaurant formuliert hatte. Damals war ich noch nicht in Indien gewesen, und Laing sagte, es sei ihm zutiefst zuwider zu sehen, wie so viele selbsternannte und falsche Gurus die romantischen Sehnsüchte naiver abendländischer Jünger ausnutzten. Er sprach sehr verächtlich von diesen Pseudo-Gurus, erzählte mir aber nicht, daß er selbst während seines Aufenthalts in Indien von echten spirituellen Meistern tief inspiriert worden war. Erst mehrere Jahre später erfuhr ich, wie sehr er von indischer Spiritualität, besonders vom Buddhismus, beeinflußt war. In diesem Zusammenhang sprachen wir auch über C. G. Jung, über den Laing sich kritisch äußerte. Laing meinte, Jung drücke sich in einigen Einführungen zu Büchern über östliche Mystik sehr gönnerhaft aus und projiziere seine schweizerisch-psychiatrische Anschauung auf die östlichen Überlieferungen, was für Laing «absolut unerträglich» war, obwohl er Jung als Psychotherapeuten sehr respektierte.

An dieser Stelle unseres Gespräches legte ich das Grundthema meines neuen Buches dar und begann mit dem Gedanken, daß die Naturwissenschaften ebenso wie die Geistes- und die Sozialwissenschaften nach der Newtonschen Physik modelliert sind, daß sich mehr und mehr Naturwissenschaftler der Grenzen der mechanistischen Newtonschen Weltanschauung bewußt werden, und daß sie ihre grundlegende Philosophie radikal ändern müßten, um an der gegenwärtigen kulturellen Transformation teilhaben zu können. Ich erwähnte insbesondere die Parallelen zwischen Newtonscher Physik und der Psychoanalyse, die ich mit Grof diskutiert hatte.

Laing stimmte meiner grundlegenden These zu und bestätigte auch meine Idee, daß die Psychoanalyse einen Newtonschen Rahmen habe. Die Kritik an Freuds mechanistischer Denkweise, so sagte er mir, sei noch relevanter, wo es um zwischenmenschliche Beziehungen gehe. «Freud besaß keine Denkkonstruktionen für Systeme, die aus mehr als einer Person bestehen. Für ihn gab es nur den mentalen Apparat, die psychischen Strukturen, inneren Objekte und Kräfte – doch hatte er keine Vorstellung davon, wie zwei dieser mentalen Apparate, jeder mit seiner eigenen Konstellation innerer Objekte, miteinander in Beziehung treten können. Nach Ansicht von Freud interagieren sie bloß mechanisch, wie die zwei Billardkugeln. Er hatte keine Vorstellung von Erfahrungen, die von Menschen geteilt werden.»

Laing sprach dann von seiner umfassenderen Kritik an der Psychiatrie, wobei er ganz besonders die Überzeugung vertrat, dem Patienten dürften niemals psychoaktive Drogen aufgezwungen werden. «Wer gibt uns das Recht, uns in die geistige Verwirrung eines Menschen einzumischen?» fragte er. Es bedürfe einer viel vorsichtigeren Anwendung von Drogen. Natürlich dürfe man den Patienten mit Medikamenten beruhigen, darüber hinaus jedoch solle man an Geisteskrankheiten mit einer Art «homöopathischer Methode» herangehen, «mit dem Körper tanzend» und nur «leicht das Gehirn anstoßend». Er sagte auch, die ursprüngliche Bedeutung des Wortes «Therapeut» in seiner griechischen Form *therapeutes* sei «aufmerksamer Begleiter». Ein Therapeut solle daher ein Spezialist in Aufmerksamkeit und Gewahrsein sein.

Im Laufe unseres Gespräches stellte sich zu meiner Freude immer deutlicher heraus, daß Laing meine Grundthese bestätigte und mit meiner Methode übereinstimmte. Gleichzeitig wurde mir klar, daß seine Persönlichkeit und sein Stil von meinem so verschieden waren, daß eine Zusammenarbeit zwischen uns wahrscheinlich nicht gut verlaufen würde. Außerdem hatte ich mich praktisch schon entschieden, Grof zu bitten, mein Berater in Sachen Psychologie zu werden. Deshalb fragte ich Laing, wie er über das Werk von Grof denke. Er sprach mit großer Achtung von ihm. Er sei an dessen Arbeiten über LSD-Therapie und vor allem über den Einfluß des Geburtserlebnisses auf die Psyche des Menschen sehr interessiert. Als ich später meinen Plan erwähnte, eine Gruppe von Beratern zusammenzuführen, sagte Laing einfach: «Wenn Sie Grof bekommen, könnte ich mir keinen Besseren denken.»

Ermutigt durch Laings wohlwollende Kommentare und Anregungen und seine weitreichende Übereinstimmung mit meinen Ideen, stellte ich schließlich die Frage, die mich am meisten beschäftigte: Was ist das Wesen der Psychotherapie? Wie funktioniert sie? Diese Frage, so erzählte ich Laing, hatte ich in früheren Gesprächen mit Psychotherapeuten oft gestellt. Ich erinnerte mich insbesondere einer Unterhaltung mit Analytikern der Jungschen Richtung in Chicago, unter ihnen Werner Engel und June Singer, aus der ich gefolgert hatte, es müsse eine Art «Resonanz» zwischen dem Therapeuten und dem Patienten geben, um den Heilungsprozeß in Gang zu bringen. Zu meiner freudigen Überraschung sagte Laing, auch für ihn sei dies das Wesentliche an der Psychotherapie. «Psychotherapie ist im Grunde eine authentische Begegnung zwischen zwei Menschen.» Um die Bedeutung dieser schönen Definition zu illustrieren, berichtete er mir von einer seiner Therapiesitzungen. Ein Mann kam mit beruflichen und familiären Problemen zu ihm. Seine Situation schien überhaupt keine herausragenden Merkmale zu haben. Er war verheiratet, hatte zwei Kinder, war als Büroangestellter tätig. In seinem Leben gab es nichts Ungewöhnliches, nichts Dramatisches, kein komplexes Einwirken besonderer Umstände. «Ich hörte ihm zu», sagte Laing, «ich stellte ihm ein paar Fragen, und schließlich brach der Mann in Tränen aus und sagte: ‹Zum ersten Male habe ich mich hier als Mensch gefühlt.› Anschließend gaben wir uns zum Abschied die Hand – und das war alles.»

Diese Geschichte klang mir reichlich seltsam, da mir wirklich nicht klar war, worauf Laing hinauswollte. Ich brauchte mehrere Jahre, um sie zu verstehen. Während ich noch über ihren Sinn nachdachte, bemerkte Laing, daß wir die Flasche geleert hatten, und fragte, ob wir nicht noch etwas trinken sollten. Das Restaurant habe einen noch besseren Wein im Keller, den er sehr empfehlen könne. Ich hatte an diesem Morgen nur wenig gefrühstückt und die erste halbe Flasche praktisch auf nüchternen Magen getrunken, doch hatte ich keine Einwände gegen eine zweite Flasche. Lieber wollte ich mich voll berauschen lassen, als den Abbruch unseres guten Gespräches riskieren.

Die zweite Flasche wurde aufgetragen. Laing widmete sich dem bei Kennern üblichen Ritual des Probierens, und nach einem schnell Zuprosten – der Wein war wirklich ausgezeichnet – begann er mit einer Reihe von Stories über therapeutische Begegnungen und psychotische Heilungsreisen, die zunehmend verdrehter und bizarrer wurden. Sie gipfelten in der Geschichte einer Frau, die dadurch geheilt wurde, daß sie sich spontan in einen Hund und wieder zurück in eine Frau verwandelte. Diese dramatische Periode dauerte drei Tage, von Karfreitag bis Ostermontag – vom Tod bis zur Auferstehung –, während sie sich ganz allein in einem abgelegenen Landhaus aufhielt.*

Ich hatte anfänglich Mühe, Laing zu verstehen, weil ich nicht an seinen schottischen Dialekt gewöhnt war. Jetzt, nachdem der Wein sich auswirkte, schien sein Akzent noch exotischer zu werden, seine Sprache noch einnehmender. Die Wirklichkeit des Gartenrestaurants und die Wirklichkeit seiner außergewöhnlichen Geschichten verschwammen immer mehr ineinander. All das summierte sich zu einer sehr ungewöhnlichen Erfahrung, bei der ich mir etwas wie Alice im Wunderland vorkam, auf Reisen durch die wundersame und fantastische Welt des R. D. Laing.

Tatsächlich hat Laing mich bei dieser ersten Begegnung in einen veränderten Bewußtseinszustand versetzt, um mit mir über veränderte Bewußtseinszustände zu sprechen, wobei er unsere Diskussion über solche Erfahrungen geschickt mit tatsächlicher Erfahrung vermischte. Dadurch half er mir zu begreifen, daß es auf die Frage «Was ist das Wesen der Psychotherapie?» nicht die eindeutige Antwort gibt, die ich erwartet hatte. Mittels seiner fantastischen Geschichten übermittelte Laing mir die Botschaft, die er in seinem Buch *Phänomenologie der Erfahrung* in einen einzigen Satz komprimiert hat: «Doch die wirklich entscheidenden Momente in der Psychotherapie sind – wie jeder Patient oder Therapeut weiß, der sie erfahren hat – nicht vorhersagbar, einmalig, unvergeßlich, niemals wiederholbar und oft unbeschreibbar.»

Stanislav Grof und Ronald D. Laing

Als ich mich entschloß, ein Buch über die Grenzen der mechanistischen Weltanschauung und das Entstehen eines neuen Paradigmas in verschiedenen Wissensgebieten zu schreiben, war mir klar, daß

* Jahre später veröffentlichte Laing diese außergewöhnliche Geschichte in seinem Buch *Die Stimme der Erfahrung*.

ich diese Aufgabe nicht allein bewältigen konnte. Es wäre mir unmöglich gewesen, die umfangreiche Literatur auch nur einer einzigen der anderen Disziplinen auszuwerten, um herauszufinden, wo ein größerer Wandel im Gange war und wo sich bedeutsame neue Ideen entwickelten – ganz zu schweigen vom Versuch, das gleich für mehrere Disziplinen zu tun. Deshalb stellte ich mir von Anfang an dieses Buch als Ergebnis einer Gemeinschaftsleistung vor.

Zuerst plante ich es als ein von mehreren Autoren verfaßtes Werk, entworfen im Stile des Seminars «Jenseits der mechanistischen Weltanschauung», das ich an der Universität Berkeley im Frühjahr 1976 organisiert und zu dem ich mehrere Gastdozenten eingeladen hatte. Dann jedoch änderte ich meine Meinung und beschloß, das Buch selbst zu schreiben, mit Hilfe mehrerer Berater, die aus ihrem Sachgebiet Hintergrundpapiere für mich schreiben sollten. Ferner sollten sie mir weitere Literatur als Lektüre empfehlen und mir helfen, sobald sich für mich während des Abfassens des Buches Verständnisprobleme ergeben sollten. Ich wählte vier Disziplinen aus – Biologie, Medizin, Psychologie und Volkswirtschaft – und begann Anfang des Jahres 1977, mich nach Ratgebern in diesen Bereichen umzusehen.

Damals waren mein Leben und mein Arbeitsstil stark von taoistischer Philosophie beeinflußt. Ich strebte danach, mein intuitives Gewahrsein zu stärken und «die Muster des Tao» zu erkennen; ich praktizierte die Kunst des *wu-wei*, das heißt, nicht gegen den Fluß der Dinge in einer Situation zu schwimmen, sondern auf den rechten Augenblick zu warten, ohne etwas um jeden Preis herbeizwingen zu wollen. Dabei war ich stets der Metapher Castanedas eingedenk – von dem Kubikzentimeter Glück, der hier und da plötzlich auf dem Weg des Kriegers liegt und den er aufzuheben vermag, wenn er ein diszipliniertes Leben führt und seine Intuition geschärft hat.

Als ich begann, mich nach Beratern umzusehen, unternahm ich daher auch keine systematische Suche, sondern faßte diese Aufgabe als einen Teil meiner taoistischen Übungen auf. Ich wußte: Alles, was ich zu tun hatte, war, hellwach zu sein und mich auf mein Ziel zu konzentrieren; dann würden früher oder später die richtigen Personen meinen Weg kreuzen. Ich wußte ja, wonach ich suchte: Menschen mit einer soliden und umfassenden Kenntnis auf ihrem Fachgebiet. Sie sollten tiefe Denker sein und meine ganzheitliche Vision teilen, sollten bedeutende Beiträge zu ihrem Forschungsgebiet geleistet, die engen Grenzen ihrer akademischen Disziplin jedoch durchbrochen haben. Kurz gesagt: Leute, die wie ich Rebellen und Erneuerer waren.

Diese taoistische Art, meine Berater auszusuchen, funktionierte wunderbar. Während der folgenden drei Jahre begegnete ich hervorragenden Männern und Frauen, die eine tiefe Wirkung auf mein Denken ausübten und mir beträchtlich dabei halfen, das Material für mein Buch zusammenzutragen. Vier von ihnen erklärten sich bereit, auf die von mir geplante Art als Sonderberater tätig zu sein. Meine Erforschung der begrifflichen und weltanschaulichen Verschiebungen in verschiedenen Wissensgebieten und die Entdekkung faszinierender Verbindungen und Zusammenhänge zwischen ihnen vollzog sich viel mehr durch Diskussionen mit Menschen als durch Lektüre.

Tatsächlich entwickelte ich ein zuverlässiges intuitives Gespür für Menschen, die ihrerseits diese neuen Denkweisen erforschten; manchmal erkannte ich sie nur aufgrund einer beiläufigen Bemerkung oder einer Fragestellung in einem Seminar. Dann suchte ich ihre persönliche Bekanntschaft und verwickelte sie in intensive Gespräche. Außerdem entwickelte ich ein besonderes Geschick, ihnen ihre Gedanken zu entlocken und sie anzuregen, bei der Formulierung neuer Ideen weiterzugehen, als sie es zuvor getan hatten.

Es waren Jahre reich an intellektuellen Abenteuern, die mein Wissen unerhört erweiterten. Am stärksten erweiterte sich vielleicht mein Verständnis der Psychologie, einer Disziplin, von der ich zuvor nur wenig wußte und die für mich zu einem faszinierenden Bereich des Lernens, der Erfahrung und des persönlichen Wachstums wurde. In den sechziger und siebziger Jahren hatte ich mich ausführlich mit der Erforschung multipler Bewußtseinsebenen beschäftigt, jedoch im Rahmen der östlichen spirituellen Überlieferungen. Von Alan Watts hatte ich gelernt, daß man diese Traditionen, vor allem den Buddhismus, als östliches Gegenstück zur abendländischen Psychotherapie betrachten könne, eine Ansicht, die ich auch in *Das Tao der Physik* dargestellt hatte. Das hatte ich jedoch getan, ohne die Psychotherapie wirklich zu kennen. Ich hatte nur einen Essay von Sigmund Freud gelesen und vielleicht zwei oder drei von C. G. Jung, der mir gefiel, weil er weitgehend mit den Wertvorstellungen der Gegenkultur übereinstimmte. Dagegen war mir das Gebiet der Psychiatrie vollkommen fremd. Während der sechziger Jahre hatte ich nur flüchtige Einblicke in psychotische Zustände durch Diskussionen über psychedelische Drogen gewonnen sowie auf gewisse Weise durch die eindrucksvollen Aufführungen des Experimentellen Theaters, denen ich während meiner vier Londoner Jahre mit großer Begeisterung beiwohnte.

Paradoxerweise wurden gerade Psychologen und Psychotherapeuten zu meinen interessiertesten und begeistertsten Zuhörern, als ich durch die Lande reiste und Vorträge über *Das Tao der Physik* hielt – trotz meiner Unwissenheit auf ihrem Fachgebiet. Natürlich führte ich mit ihnen zahlreiche Diskussionen, die weit über Physik und östliche Philosophie hinausgingen, wobei das Werk von C. G. Jung oft als Ausgangspunkt diente. Dadurch nahmen meine Kenntnisse im Bereich der Psychologie im Laufe der Jahre schrittweise zu. Diese Diskussionen waren jedoch nur das Vorspiel zum Gedankenaustausch mit zwei außergewöhnlichen Persönlichkeiten, die meinen Geist ständig herausforderten und mein Denken bis an seine Grenzen trieben. Es sind die beiden Männer, denen ich die meisten Einsichten in die vielfältigen Bereiche des menschlichen Bewußtseins verdanke – Stanislav Grof und R. D. Laing.

Grof und Laing sind beide Psychiater, ausgebildet in der Tradition der Psychoanalyse, und dazu brillante und originelle Denker, die den Freudschen Rahmen bei weitem überschritten und die traditionellen Vorstellungen ihrer Disziplin radikal verändert haben. Beide haben ein tiefes Interesse an östlicher Spiritualität und sind fasziniert von «transpersonalen» Ebenen des Bewußtseins; außerdem empfindet jeder von beiden große Hochachtung für das Werk des anderen. Von diesen Ähnlichkeiten abgesehen, sind sie jedoch total verschiedene und diametral entgegengesetzte Persönlichkeiten.

Grof ist ein großer, untersetzter und ruhiger Mann. Laing dagegen ist klein und hager, mit einer lebhaften und ausdrucksstarken Körpersprache, die ein reiches Repertoire wechselnder Stimmungen reflektiert. Grofs Gebaren flößt Vertrauen ein, Laing schüchtert oft die Leute ein. Grof neigt dazu, diplomatisch und verbindlich zu sein; Laing ist ungehemmt und kämpferisch, Grof ruhig und ernsthaft, Laing launenhaft und voll sarkastischen Humors. Bei unserer ersten Begegnung empfand ich sofort eine Verwandtschaft mit Grof, einem in Prag geborenen Tschechen, der aus einem kulturellen Umfeld kommt, das dem meinen sehr nahe steht. Im Gegensatz dazu hatte ich zunächst große Schwierigkeiten, Laing zu verstehen, der aus Glasgow stammt und niemals seinen schottischen Akzent verloren hat. Obwohl er mich sofort faszinierte, brauchte ich lange Zeit, um mich in seiner Gegenwart wohl fühlen zu können.

Während der darauffolgenden vier Jahre hat dann mein intensiver Gedankenaustausch mit diesen beiden hervorragenden und auffallend verschiedenen Persönlichkeiten meinen gesamten begrifflichen Rahmen erweitert und mein Bewußtsein tief beeinflußt.

Phänomenologie der Erfahrung

Mit dem Werk von R. D. Laing kam ich erstmals im Sommer 1976 im Naropa Institute in Boulder, Colorado, in Berührung. Das ist jene buddhistische Privatuniversität, an der ich auch Gregory Bateson begegnete. Während jenes Sommers verbrachte ich sechs Wochen in Naropa, wo ich eine Vortragsreihe über *Das Tao der Physik* hielt. Daneben besuchte ich selbst zwei andere Kurse – einen von Alan Ginsberg geleiteten Lyrik-Workshop und einen über «Verrücktheit und Kultur», veranstaltet von Steve Krugman, einem Psychologen und Sozialarbeiter aus Boston. Laings klassisches Buch *Das geteilte Selbst* gehörte für Krugmans Klasse zur Pflichtlektüre. Die Lektüre ausgewählter Teile dieses Buches und die Teilnahme an den Vorlesungen machten mich mit den Grundideen des Werkes von Laing vertraut.

Zuvor hatte ich wirklich keine Ahnung, was unter Psychose oder Schizophrenie zu verstehen ist, noch kannte ich den Unterschied zwischen Psychiatrie und Psychotherapie. Andererseits wußte ich, wer R. D. Laing war. Seine *Phänomenologie der Erfahrung* war in den sechziger Jahren ein Kultbuch. Ich selbst hatte es nicht gelesen, doch viele meiner Freunde. Deshalb wußte ich einiges über Laings Sozialkritik.

Laings Ideen fanden in der Gegenkultur der sechziger Jahre starken Widerhall, da sie eindringlich die beiden Hauptthemen ansprachen, die jenes Jahrzehnt dominierten: das Infragestellen der Autorität und die Erweiterung des Bewußtseins. Mit großer Beredsamkeit und Leidenschaft stellte Laing das Recht psychiatrischer Einrichtungen in Frage, geisteskranke Patienten ihrer grundlegenden Menschenrechte zu berauben:

> Der «Eingelieferte», etikettiert als Patient und «Schizophrener», wird von seinem existentiellen und legalen Vollstatus als verantwortlich handelnder Mensch degradiert. Er kann sich nicht länger selbst definieren, darf seinen Besitz nicht behalten und hat seine Entscheidungsfreiheit darüber abzugeben, wen er trifft und was er tut. Seine Zeit gehört nicht mehr ihm, und der Raum, den er einnimmt, ist nicht mehr der seiner Wahl. Nachdem er einem Degradierungszeremoniell unterworfen worden ist (bekannt als psychiatrische Untersuchung), wird er seiner bürgerlichen Freiheiten dadurch beraubt, daß man ihn in einer totalen Institution (bekannt als «Heilanstalt») einsperrt. Vollständiger und radikaler als sonstwem in unserer Gesellschaft wird ihm das Menschsein aberkannt.

Laing hat keineswegs die Existenz von Geisteskrankheit geleugnet. Er bestand jedoch darauf, daß der Psychiater den Geisteskranken im Kontext seiner Beziehungen zu anderen Menschen begreifen müsse, wozu ganz zentral auch das Verhältnis zwischen dem Patienten und dem Psychiater selbst gehöre. Die traditionelle Psychiatrie bedient sich im Gegensatz dazu einer kartesianischen Methode, bei der der Patient von seiner Umwelt isoliert wird – begrifflich wie physisch – und in die Kategorie einer ganz bestimmten Geisteskrankheit eingeordnet wird. Laing betonte, niemand *hat* Schizophrenie etwa wie einen Schnupfen, und behauptete dann radikal, in vielen klassischen psychiatrischen Texten manifestiere sich genau die Psychopathologie, die man in die als «Patient» bezeichnete Person hineinprojiziert, eindeutig in der Mentalität des Psychiaters.

Die konventionelle Psychiatrie leidet unter einer Verwechslung, die den Kern der Verständnisprobleme der gesamten modernen naturwissenschaftlichen Medizin ausmacht: die Verwechslung zwischen Krankheitsprozeß und Krankheitsursachen. Statt sich die Frage zu stellen, *warum* eine Geisteskrankheit vorliegt, versuchen die medizinischen Forscher die biologischen Mechanismen zu begreifen, nach denen die Krankheit abläuft. Statt der wahren Ursprünge werden diese Mechanismen als Krankheitsursachen angesehen. Dementsprechend beschränken sich die meisten psychiatrischen Behandlungen gegenwärtig auf die Unterdrückung der Symptome durch psychoaktive Medikamente. Das erreichte man zwar recht erfolgreich; doch hat diese Methode weder den Psychiatern geholfen, Geisteskrankheiten besser zu verstehen, noch hat sie es den Patienten erlaubt, ihre zugrunde liegenden Probleme zu lösen.

An diesem Punkt nun ließ Laing die meisten seiner Kollegen hinter sich. Er konzentrierte sich auf die Ursprünge der Geisteskrankheit, indem er sich jeweils die menschlichen Umstände ansah – das Individiuum eingebettet in ein Netz multipler Zusammenhänge – und auf diese Weise die psychiatrischen Probleme von einem existentiellen Standpunkt anging. Statt Schizophrenie und andere Formen von Psychosen als Krankheiten zu behandeln, betrachtete er sie als spezielle Strategien, die einzelne Menschen erfinden, um in nicht lebenswerten Situationen zu überleben. Diese Anschauung lief auf einen radikalen Wandel der Perspektive hinaus: Laing betrachtete Geisteskrankheit als gesunde Antwort auf eine kranke soziale Umwelt. In *Phänomenologie der Erfahrung* (engl. Titel: *The Politics of Experience*) artikulierte er eine scharfe Gesellschaftskritik, die starken Widerhall in der Kritik der Gegenkultur fand und heute noch so gültig ist, wie sie es vor zwanzig Jahren war.

Die meisten Psychologen und Psychiater studierten menschliches *Verhalten* und versuchten, es in Beziehung zu physiologischen und biochemischen Phänomenen zu setzen. Laing dagegen versenkte sich in das Studium der Feinheiten und Verzerrungen der menschlichen *Erfahrung*. Auch damit befand er sich in vollem Einklang mit dem Geist der sechziger Jahre. Mit Hilfe von Philosophie, Musik, Dichtung, Meditation und bewußtseinserweiternden Drogen begab er sich auf eine Reise durch die vielschichtigen Bereiche des menschlichen Bewußtseins. Dabei beschrieb er mit großer Intensität und unerhörter literarischer Begabung mentale Landschaften, in denen Tausende von Lesern ihre eigenen Erfahrungen wiedererkannten.

Topographie des Unbewußten

Meine ersten Kontakte mit dem Werk von R. D. Laing im Sommer 1976 weckten meine Neugier auf die abendländische Psychologie. Von da an nutzte ich jede Gelegenheit, in Diskussionen mit Psychologen und Psychotherapeuten mein Wissen über die menschliche Psyche zu erweitern. Bei vielen dieser Diskussionen fiel der Name Stan Grof. Mir wurde oft geraten, diesen Mann zu treffen, der eine bedeutende Persönlichkeit in der Bewegung zur Entfaltung des menschlichen Potentials sei und dessen Vorstellungen von Naturwissenschaft und Spiritualität den meinen sehr nahekämen. Im Stile meiner *Wu-wei*-Methode, den richtigen Augenblick abzuwarten, bemühte ich mich nicht um Kontakte mit Grof, war dann aber sehr erfreut, als ich eine Einladung erhielt, an einer kleinen Veranstaltung zu seinen Ehren im Februar 1977 in San Francisco teilzunehmen.

Als ich Grof bei dem Empfang begegnete, war ich sehr überrascht. Ich hatte stets gehört, daß die Leute ihn «Stan» nannten, und es war mir niemals in den Sinn gekommen, daß sein voller Vorname Stanislav war. Ich erwartete, einen kalifornischen Psychologen zu treffen. Als ich ihn dann mit Handschlag begrüßte, erkannte ich zu meiner großen Überraschung, daß er nicht nur Europäer war, sondern darüber hinaus auch aus einem Kulturkreis kam, der meinem eigenen sehr nahesteht. Seine Geburtsstadt Prag und meine Geburtsstadt Wien liegen räumlich ja nur ein paar hundert Kilometer auseinander, und unsere Länder haben eine lange gemeinsame Geschichte, während der die beiden Kulturen sich beträchtlich vermischt haben. Grof zu begegnen war daher, als träfe ich einen entfernten Vetter, was sofort eine Verbindung herstellte, die sich später zu enger Freundschaft entwickelte.

Mein Gefühl der Vertrautheit und Ungezwungenheit wurde noch durch die Persönlichkeit Grofs verstärkt. Er ist sehr warmherzig und zugänglich und flößt Zuversicht und Vertrauen ein. Grof spricht langsam, überlegt, mit großer Konzentration und beeindruckt seine Zuhörer nicht nur durch seine ungewöhnlichen Ideen, sondern auch durch die Intensität seines persönlichen Einsatzes. Bei Vorträgen und Seminaren spricht er oft stundenlang ohne Notizen. Dabei bleibt er vollkommen konzentriert; seine Augen haben einen durchdringenden Blick, der das Auditorium in Bann hält.

Während des Empfangs gab Grof einen kurzen Überblick über seine Forschungsarbeit mit psychedelischen Drogen, den ich erstaunlich und faszinierend fand. Ich wußte, daß er auf diesem Gebiet eine Autorität war, hatte jedoch keine Ahnung von der Tragweite seiner Forschung. Während der sechziger Jahre hatte ich mehrere Bücher über LSD und andere psychedelische Drogen gelesen, war tief von Aldous Huxleys *Die Pforten der Wahrnehmung* und von Alan Watts' *Joyous Cosmology* beeindruckt gewesen und hatte schließlich selbst mit bewußtseinserweiternden Drogen experimentiert. Doch hatte ich keine Ahnung von der sorgsamen, systematischen und in die Tiefe gehenden Forschungsarbeit, die Grof unternommen hatte. Seine klinische Erfahrung mit der Nutzung von LSD für psychotherapeutische und psychologische Forschung ist die bei weitem umfassendste, die ein einzelner jemals gesammelt hat. Grof begann seine klinische Arbeit 1956 im Psychiatrischen Institut in Prag und setzte sie von 1967 bis 1973 im Maryland Psychiatric Research Center fort. Während dieser siebzehn Jahre leitete er persönlich mehr als 3000 Sitzungen mit LSD und hatte Zugang zu mehr als 2000 schriftlichen Berichten über Sitzungen, die von seinen Kollegen in der Tschechoslowakei und den Vereinigten Staaten organisiert worden waren. Im Jahre 1973 kam er als festes Mitglied zum Esalen Institute. Dort hat er nun über ein Jahrzehnt mit der Auswertung und Ausweitung seiner umfangreichen Forschung verbracht. Als wir uns 1977 bei dem Empfang trafen, hatte Grof zwei Bücher über seine Forschungsergebnisse geschrieben und plante zwei weitere, die er inzwischen vollendet hat.

Als mir Ausmaß und Tiefgang von Grofs Forschung bewußt wurden, stellte ich ihm natürlich die Frage, die während der sechziger Jahre eine ganze Generation fasziniert hatte: «Was ist LSD, und worin besteht seine hauptsächliche Wirkung auf Körper und Geist?»

«Diese entscheidende Frage habe ich mir selbst jahrelang gestellt», antwortete Grof. «Die Suche nach typischen und zwangsläufig eintretenden Auswirkungen war ein wichtiger Aspekt meiner anfänglichen analytischen Auswertung von Daten über LSD. Das Ergebnis dieser Jahre dauernden Untersuchungen war sehr überraschend. Bei der Analyse von über dreitausend Aufzeichnungen über LSD-Sitzungen habe ich nicht ein einziges Symptom gefunden, das man als absolut konstante und invariable Komponente der LSD-Erfahrung bezeichnen könnte. Das Fehlen jeglicher drogenspezifischen Wirkung und die riesige Bandbreite der bei solchen Experimenten auftretenden Phänomene haben mich überzeugt, daß LSD am besten als kraftvoller unspezifischer Verstärker und Katalysator geistiger Prozesse bezeichnet werden kann, der das Auftauchen unbewußten Materials aus verschiedenen Ebenen der menschlichen Psyche erleichtert. Die Bandbreite und unerhörte Vielfalt der LSD-Erfahrung lassen sich durch die Tatsache erklären, daß die ganze Persönlichkeit des Betreffenden und die Struktur seines Unbewußten eine entscheidende Rolle spielen.

Diese Schlußfolgerung hat meine Perspektive beträchtlich verschoben», fuhr Grof fort. «Ich kam zu der erregenden Einsicht, daß ich in der Lage sein würde, LSD als kraftvolles Werkzeug zur Erforschung des menschlichen Geistes zu nutzen – statt nur die spezifischen Wirkungen einer psychoaktiven Droge auf das Gehirn zu studieren. Die Eigenschaft des LSD und anderer psychedelischer Drogen, unsichtbare Phänomene und Prozesse ans Licht zu bringen und sie der wissenschaftlichen Untersuchung zugänglich zu machen, verleiht diesen Substanzen ein einzigartiges Potential als diagnostisches Instrument und als Mittel zur Erkundung des menschlichen Geistes. Es scheint mir nicht unangebracht oder übertrieben, ihre potentielle Bedeutung für die Psychiatrie und Psychologie mit der des Mikroskopes für die Medizin oder des Fernrohrs für die Astronomie zu vergleichen.» Grof unterstrich dann die Größenordnung der Aufgabe, die er sich gestellt hatte. Er sagte schlicht: «Sie besteht in nichts Geringerem als dem Zeichnen erster Landkarten von bisher unbekannten und kartographisch noch nicht erfaßten Gebieten des menschlichen Bewußtseins.» Das Ergebnis war eine neue Kartographie, die er in seinem ersten Buch *Realms of the Unconscious* (deutsch: *Topographie des Unbewußten*) veröffentlicht hatte.

Grofs kurzer Bericht über seine Forschung beeindruckte mich tief, doch stand mir die größte Überraschung des Abends noch bevor. Auf die Frage, wie seine Arbeit sich auf die zeitgenössische Psychologie und Psychotherapie auswirkt, erläuterte Grof, wie seine Beobachtungen mithelfen könnten, «etwas Klarheit in den Dschungel der miteinander rivalisierenden Systeme der Psychotherapie zu bringen.

Schon ein flüchtiger Blick auf die abendländische Psychologie enthüllt die schweren Kontroversen über die Dynamik des menschlichen Geistes, die Natur der Gemütsstörungen und die Grundprinzipien der Psychotherapie. In vielen Fällen ergeben sich bei Forschern, die ursprünglich von denselben Grundannahmen ausgegangen waren, fundamentale Meinungsverschiedenheiten.» Zur Erläuterung dieser Aussage umriß Grof dann kurz die Unterschiede zwischen den Theorien von Sigmund Freud und dessen ehemaligen Jüngern Adler, Rank, Jung und Reich.

«Beobachtungen systematischer Veränderungen des Inhalts psychedelischer Sitzungen haben zur Aufhebung einiger besonders auffälliger Widersprüche zwischen diesen Schulen beigetragen», fuhr er dann fort. «Vergleicht man das Material mehrerer aufeinanderfolgender LSD-Sitzungen mit derselben Person, dann wird deutlich, daß es eine definitive Kontinuität gibt, ein schrittweises Entfalten tieferer und immer tieferer Ebenen des Unbewußten. Im Verlauf dieser inneren Reise geht die Versuchsperson vielleicht zuerst durch eine Freudsche Phase, dann durchläuft sie eine Tod-Wiedergeburt-Erfahrung, die man als Ranksche Phase bezeichnen könnte. Die weiter fortgeschrittenen Sitzungen mit derselben Person könnten dann eine mythologische und religiöse Qualität haben, die sich am besten mit Begriffen von C. G. Jung beschreiben läßt. Deshalb können alle diese psychotherapeutischen Systeme in gewissen Stadien des LSD-Prozesses nützlich sein.»

Zum Schluß führte Grof aus: «Ein erheblicher Teil der Verwirrung in der zeitgenössischen Psychotherapie ergibt sich aus der Tatsache, daß die einzelnen Forscher ihre Aufmerksamkeit vor allem auf eine gewisse Ebene des Unbewußten konzentriert und dann versucht haben, ihre Ergebnisse auf den menschlichen Geist in seiner Totalität verallgemeinernd auszuweiten. Viele Kontroversen zwischen den verschiedenen Denkschulen lassen sich bereits durch diese einfache Erkenntnis ausräumen. Alle in Frage kommenden Systeme mögen mehr oder weniger zutreffende Beschreibungen des Aspekts oder der Ebene des Unbewußten darstellen, die sie beschreiben. Was wir jetzt brauchen, ist eine ‹Bootstrap-Psychologie›, welche die verschiedenen Systeme zu einer Sammlung von ‹Landkarten› integriert, die die gesamte Bandbreite des menschlichen Bewußtseins erfassen.»

Diese Bemerkung machte mich praktisch sprachlos. Ich war zu diesem Empfang gekommen, um einen berühmten Psychiater zu treffen und mehr über die menschliche Psyche zu lernen. Und im Hinterkopf hatte ich natürlich auch die Frage, ob Stan Grof mein Berater für das Sachgebiet Psychologie werden könnte. Der faszinierende Bericht über seine Forschungstätigkeit hatte meine Erwartungen bereits erheblich übertroffen, und nun hatte Grof soeben klar und deutlich einen bedeutenden Teil der Aufgabe umrissen, die ich mir selbst gestellt hatte – die Integration verschiedener Denkschulen in einen neuen begrifflichen Rahmen. Da stand dieser Mann und trat für genau dieselbe Philosophie ein – Chews-Bootstrap-Methode –, die zu einem wesentlichen Aspekt meiner eigenen Arbeit geworden war. Damit war klar, daß Grof ein idealer Berater für mich sein würde, und ich war sehr darauf aus, ihn näher kennenzulernen. Gegen Ende des Abends sagte er mir, *Das Tao der Physik* sei für ihn eine wichtige Entdeckung gewesen, und er lud mich ein, ihn in seinem Haus in der Nähe des Esalen-Instituts zu einem ausführlichen Gedankenaustausch zu besuchen. Hochgestimmt verließ ich diesen Empfang, mit dem Gefühl, einen großen Schritt in Richtung auf ein besseres Verständnis der Psychologie und zur Verwirklichung meines Projekts getan zu haben.

Landkarten des Bewußtseins

Wenige Wochen nach diesem Zusammentreffen und noch vor meinem Besuch in seinem Haus traf ich Grof in Kanada wieder, wo wir beide Vorträge im Rahmen einer Konferenz über neue Modelle der Wirklichkeit und ihre Anwendung auf die medizinische Wissenschaft hielten. Gastgeber war die Universität Toronto. In der Zwischenzeit hatte ich seine *Topographie des Unbewußten* mit großer Spannung gelesen, und Grofs Konferenzvortrag vertiefte meine Einsicht in seine Arbeit.

Grofs Entdeckung, daß psychedelische Drogen als machtvolle Katalysatoren mentaler Prozesse wirken, wird durch die Tatsache bestätigt, daß die von ihm bei LSD-Sitzungen beobachteten Phänomene keineswegs nur bei psychedelischen Experimenten auftreten. Viele wurden auch im Zusammenhang mit meditativen Praktiken, Trancezuständen, schamanischen Heilungszeremonien, in Situationen an der Grenze zwischen Leben und Tod und anderen biologischen Gefahrenzuständen sowie in einer Vielfalt anderer, nichtgewöhnlicher Bewußtseinszustände beobachtet. Grof baute seine «Kartographie des Unbewußten» zwar auf der Grundlage seiner klinischen LSD-Forschung auf, untermauerte sie jedoch seither in vielen Jahren sorgfältigen Studiums anderer nichtgewöhnlicher Bewußtseinszustände, die entweder spontan auftreten oder durch spezielle Techniken ohne Einsatz von Drogen herbeigeführt werden können.

Seine Kartographie umfaßt drei Hauptbereiche. Den ersten bilden «psychodynamische» Erfahrungen, wozu auch das komplexe Wiedererleben seelisch bedeutsamer Ereignisse aus verschiedenen Lebensperioden des jeweiligen Individuums gehört. Zum «perinatalen» Bereich gehören Erlebnisse im Zusammenhang mit biologischen Phänomenen beim Geburtsvorgang. Schließlich existiert noch ein ganzes Spektrum von Erfahrungen, die die Grenzen des Individuums überschreiten und die Einschränkungen durch Raum und Zeit transzendieren. Grof hat für sie den Ausdruck «transpersonal» geprägt.

Die psychodynamische Ebene hat eindeutig einen autobiographischen Ursprung und läßt sich weitgehend mit Hilfe der grundlegenden psychoanalytischen Prinzipien verstehen. «Wären psychodynamische Sitzungen der einzige Typus von LSD-Erlebnissen», schreibt Grof, «so könnten die Beobachtungen aus der LSD-Psychotherapie als Laboratoriumsbeweis der Grundprämissen Freuds betrachtet werden. Die psychosexuelle Dynamik und die fundamentalen Konflikte der menschlichen Psyche, wie sie Freud dargestellt hat, manifestieren sich mit ungewöhnlicher Klarheit und Eindrücklichkeit . . .» (*Topographie des Unbewußten*).

Der Bereich der perinatalen Erfahrungen ist vielleicht der faszinierendste und originellste Teil von Grofs Kartographie. In ihm kommt es zu einer Vielfalt eindrucksvoller und komplexer Erlebnismuster im Zusammenhang mit den Problemen der biologischen Geburt. Zum perinatalen Erlebnis gehört ein äußerst realistisches und authentisches Wiedererleben verschiedener Phasen des persönlichen Geburtsvorganges: die glücklich-friedliche Existenz im Mutterleib in ursprünglichem Einssein mit der Mutter; die «Sackgassen»-Situation im ersten Stadium des Geburtsvorganges, in dem der Muttermund noch geschlossen ist und das Zusammenziehen der Gebärmutter den Fötus zusammenpreßt und für ihn eine von intensiven Gefühlen körperlichen Unwohlseins begleitete Situation von Klaustrophobie schafft. Es folgt das Austreiben durch den Geburtskanal, begleitet von einem unerhörten Ringen ums Überleben gegen fast unerträglichen Druck; und schließlich die plötzliche Erleichterung und Entspannung, der erste Atemzug und das Zerschneiden der Nabelschnur, das die physische Trennung von der Mutter vollendet.

Bei perinatalen Erfahrungen können die Empfindungen und Gefühle im Zusammenhang mit dem Geburtsvorgang auf unmittelbare und realistische Weise wiedererlebt werden, sie können aber auch in Form symbolhafter visionärer Erfahrungen auftreten. So werden die enormen Spannungen, die für das Ringen im Geburtskanal typisch sind, oft von Visionen von Titanenkämpfen, Naturkatastrophen und verschiedenen Bildern von Zerstörung und Selbstzerstörung begleitet. Um das Verständnis der großen Komplexität der psychischen Symtpome, Vorstellungsbilder und Erlebnismuster zu erleichtern, hat Grof sie in vier Bündel gruppiert, die er perinatale Matrizen nennt und die den aufeinanderfolgenden Phasen des

Geburtsvorganges entsprechen. Ins einzelne gehende Studien der Verknüpfungen zwischen den verschiedenen Elementen dieser Matrizen haben ihn zu tiefen Einsichten in die physiologischen Konditionen und die Muster menschlicher Erfahrung gebracht. Ich erinnere mich, daß ich einmal Gregory Bateson nach einem gemeinsamen Besuch eines der Seminare von Grof fragte, was er von Grofs Arbeit über die psychologischen Auswirkungen des Geburtserlebnisses halte. Wie er es so gerne tat, antwortete Bateson mit einer komprimierten Floskel: «Nobel-Kaliber.»

Der letzte große Bereich von Grofs Kartographie des Unbewußten sind die transpersonalen Erfahrungen, die tiefe Einsichten in die Natur und Relevanz der spirituellen Dimension des Bewußtseins zu bieten scheinen. Zu den transpersonalen Erfahrungen gehört die Erweiterung des Bewußtseins über die konventionellen Grenzen des Organismus hinaus und damit auch ein Gefühl einer umfassenderen Identität. Dazu können auch Wahrnehmungen der Umwelt gehören, die über den gewöhnlichen Bereich der Sinneswahrnehmung hinausreichen und oft an eine unmittelbare mystische Erfahrung der Wirklichkeit heranreichen. Da die transpersonale Form des Bewußtseins im allgemeinen logisches Denken und intellektuelle Analyse transzendiert, ist es äußerst schwierig, wenn nicht unmöglich, sie in objektivierender Sprache zu beschreiben. Grof hat herausgefunden, daß die weitaus weniger durch Logik und konventionelles Denken eingeengte Sprache der Mythologie zur Beschreibung von Erfahrungen im transpersonalen Bereich oft angemessener erscheint als ein wissenschaftliches Idiom.

Seine detaillierte Erforschung des perinatalen und des transpersonalen Bereichs überzeugte Grof, daß Freuds Theorie beträchtlich erweitert werden mußte, um den von ihm selbst entwickelten neuen Konzepten gerecht werden zu können. Diese Schlußfolgerung fiel zeitlich zusammen mit seiner Übersiedlung in die Vereinigten Staaten im Jahre 1967. Dort traf er auf eine sehr vitale Bewegung innerhalb der amerikanischen Psychologie, bekannt als Humanistische Psychologie, die ihre eigene Disziplin bereits weit über den Freudschen Rahmen hinaus erweitert hatte. Unter der Führung von Abraham Maslow studierten humanistische Psychologen *gesunde* Individuen als integrale Organismen. Sie beschäftigten sich intensiv mit persönlichem Wachstum und «Selbstverwirklichung» durch Entfaltung des allen Menschen inhärenten Potentials; ferner konzentrierten sie ihre Aufmerksamkeit mehr auf Erfahrungen als auf intellektuelle Analyse. Daraus entwickelten sich zahlreiche neue Psychotherapien und Schulen für «Körperarbeit», die man kollektiv als Bewegung zur Entfaltung des menschlichen Potentials (*Human Potential Movement*) bezeichnet.

Anmerkung

Diese Beiträge erschienen erstmals in: Fritjof Capra, *Das neue Denken*, München 1987, und wurden übersetzt von Erwin Schuhmacher.

Ganzheit und Gesundheit

Krise und Wandel

In den letzten Jahren ist es immer klarer geworden, daß die dringendsten Probleme unserer Zeit nicht voneinander getrennt werden können. Die wachsende Drohung des Atomkriegs, die Zerstörung unserer natürlichen Umwelt, das gleichzeitige Bestehen von Fortschritt und Armut sogar in den reichsten Ländern – das alles sind keine Einzelprobleme. Es sind verschiedene Facetten ein und derselben Krise, die im wesentlichen eine Krise der Wahrnehmung ist. Sie ist eine Folge der Tatsache, daß die meisten unter uns, und vor allem unsere mächtigen gesellschaftlichen Institutionen, an einem überholten Weltbild festhalten, an einer Weltanschauung, die zur Lösung der vielfältigen Probleme in unserer global vernetzten Welt ungeeignet ist.

Gleichzeitig wird jedoch an den Grenzgebieten der Wissenschaft und in einer großen Zahl von gesellschaftlichen Bewegungen eine neue Sicht der Wirklichkeit entwickelt, welche die Grundlage unserer zukünftigen Technologien, Wirtschaftssysteme und gesellschaftlichen Institutionen bilden wird.

Wir befinden uns also am Beginn eines tiefgreifenden Wandels der Weltbilder und Wertvorstellungen in Wissenschaft und Gesellschaft. Das alte Weltbild, oder Paradigma, das jetzt langsam zurücktritt, hat unsere Kultur mehrere hundert Jahre lang beherrscht und hat während dieser Zeit die ganze Welt wesentlich beeinflußt. Es enthält eine Anzahl von Ideen und Wertvorstellungen: darunter die Auffassung, das Universum sei ein mechanisches System, das aus materiellen Grundbausteinen besteht; das Bild des menschlichen Körpers als eine Maschine, die Vorstellung des Lebens in der Gesellschaft als ein ständiger Konkurrenzkampf um die Existenz; der

Glaube an unbegrenzten materiellen Fortschritt durch wirtschaftliches und technisches Wachstum; und – nicht zuletzt! – der Glaube, daß eine Gesellschaft, in der das Weibliche überall dem Männlichen untergeordnet ist, einem grundlegenden Naturgesetz folgt. Alle diese Annahmen haben sich während der letzten Jahrzehnte als sehr begrenzt erwiesen und bedürfen einer radikalen Neuformulierung.

Eine solche Neuformulierung findet jetzt auch tatsächlich statt. Das im Entstehen begriffene neue Paradigma kann in verschiedener Weise beschrieben werden. Es ist ein ganzheitliches Weltbild und kann auch als ökologisch bezeichnet werden, wenn das Wort «ökologisch» im Sinne der sogenannten «tiefen» Ökologie gebraucht wird. Ökologisches Bewußtsein in diesem tiefen Sinn erkennt die grundlegende Verknüpfung und wechselseitige Abhängigkeit aller Phänomene und die Einbettung des einzelnen wie der Gesellschaft in die zyklischen Prozesse der Natur.

Die mechanistische Auffassung der Gesundheit

Der Wandel von einem mechanistischen zu einem ganzheitlichen Weltbild ist heute auf dem Gebiet der Medizin und, allgemeiner gesprochen, auf dem Gebiet der Gesundheitsfürsorge besonders auffallend. Trotz der großen Fortschritte der medizinischen Wissenschaft in unserem Jahrhundert sind wir augenblicklich Zeugen einer tiefgreifenden Krise des Gesundheitswesens. Für die weitverbreitete Unzufriedenheit mit den medizinischen Institutionen werden viele Gründe genannt: schwieriger Zugang zur Gesundheitsfürsorge, wenig Sympathie und Anteilnahme, verantwortungsloses Verhalten der Ärzte usw. Zentrales Thema aller Kritik ist jedoch das auffallende Mißverhältnis zwischen Kosten und Nutzen der modernen Medizin. Trotz des alarmierenden Anstiegs der Kosten für das Gesundheitswesen in den vergangenen Jahrzehnten und trotz der von der Ärzteschaft ständig betonten wissenschaftlichen und technologischen Leistungen scheint sich die Gesundheit der Bevölkerung nicht wesentlich gebessert zu haben.

Die Ursachen der Krise unseres Gesundheitswesens sind mannigfaltig und liegen innerhalb wie außerhalb der medizinischen Wissenschaft; sie sind unauflöslich verknüpft mit der umfassenderen gesellschaftlichen und kulturellen Krise. Dennoch wächst die Zahl der Fachleute wie der Laien, welche die Mängel unseres gegenwärtigen Gesundheitswesens in dem theoretischen Rahmen suchen, der die medizinische Theorie und Praxis abstützt. Diese Beobachter meinen, die Krise werde so lange andauern, bis dieser Rahmen verändert wird.

Die theoretische Grundlage der modernen wissenschaftlichen Medizin ist das sogenannte biomedizinische Modell, welches fest im mechanistischen kartesianischen Denken verankert ist. Descartes gründete seine Naturanschauung auf die fundamentale Unterscheidung zwischen zwei unabhängigen und getrennten Bereichen: dem des Geistes und dem der Materie. Das materielle Universum war für ihn eine Maschine, die als prinzipiell vollkommen verstanden werden kann, indem man sie in ihre kleinsten Teile zerlegt.

Descartes dehnte dieses mechanistische Bild auch auf lebende Organismen, und insbesondere auf den menschlichen Körper, aus. So schrieb er zum Beispiel:

«Für mich ist der menschliche Körper eine Maschine. In Gedanken vergleiche ich einen kranken Menschen und eine schlecht gemachte Uhr mit meiner Idee von einem gesunden Menschen und einer gut gemachten Uhr.»

Die wesentlichen Merkmale des biomedizinischen Modells und viele Aspekte der gegenwärtigen medizinischen Praxis können auf dieses kartesianische Bild zurückgeführt werden.

Gemäß der kartesianischen Methode hat sich die medizinische Wissenschaft auf den Versuch beschränkt, die biologischen Mechanismen zu verstehen, die betroffen sind, wenn einzelne Teile des Körpers Schaden erleiden. Diese Mechanismen werden aus der Sicht der Zell- und Molekularbiologie erforscht, wobei alle nichtbiologischen Einflüsse auf biologische Vorgänge unberücksichtigt bleiben. Aus dem großen Netzwerk von Phänomenen, welche die Gesundheit beeinflussen, greift die biomedizinische Methode nur einige physiologische Aspekte heraus. Deren Kenntnis ist natürlich sehr wichtig und nützlich, doch stellen sie nur einen kleinen Teil des Sachverhalts dar. Eine medizinische Wissenschaft mit einem derart engen Horizont ist in der Förderung und Erhaltung guter Gesundheit nicht sehr wirkungsvoll. Dieser Zustand wird sich erst dann ändern, wenn die medizinische Wissenschaft die Erforschung der biologischen Aspekte der Krankheit auch auf die allgemeine körperliche und psychische Kondition des menschlichen Organismus und seiner Umwelt ausdehnt.

Angesichts ökologischer und sozialer Probleme meinen medizinische Forscher häufig, diese lägen außerhalb der Grenzen der Medizin. Die ärztliche Praxis muß ihrer Meinung nach prinzipiell von sozialen Belangen getrennt werden, da letztere von Kräften verursacht würden, auf die der Arzt keinen Einfluß habe. Doch haben gerade die Ärzte eine große Rolle bei der Entstehung dieses Dilemmas gespielt, da sie darauf bestehen, sie alleine seien befugt festzustellen, was Krankheit bedeutet, und die angemessene Therapie zu bestimmen. Solange sie ihre Position an der Spitze der Hierarchie des Gesundheitswesens behalten, müssen sie auch die Verantwortung übernehmen, auf alle Aspekte der Gesundheit einzugehen.

Das zentrale gedankliche Problem der Schulmedizin ist die Verwechslung von Krankheits*prozessen* und Krankheits*ursachen*. Statt zu fragen, warum eine Krankheit auftritt, und dann zu versuchen, die verursachenden Bedingungen zu beseitigen, bemühen sich die medizinischen Forscher, die biologischen Mechanismen zu verstehen, nach welchen die Krankheit abläuft, um entsprechend eingreifen zu können. Diese Mechanismen und nicht die wahren Ursprünge gelten im heutigen medizinischen Denken als Krankheitsursachen, und diese Verwechslung bildet den Kern der Probleme im Gedankengebäude der Schulmedizin.

Bei ihrem Bemühen, Krankheit auf ein biologisch klar umrissenes Phänomen zu reduzieren, hat sich die Aufmerksamkeit der Ärzte vom Patienten als ganze Person entfernt.

Durch Konzentration auf kleine und immer kleinere Teile des Körpers verliert die moderne Medizin oft aus den Augen, daß der Patient ein menschliches Wesen ist; und da sie Gesundheit auf mechanische Funktionen reduziert, ist sie nicht mehr imstande, das Phänomen des Heilens einzubeziehen. Das ist vielleicht der schwerwiegendste Mangel des biomedizinischen Ansatzes. Obwohl jeder Arzt weiß, daß Heilen ein wesentlicher Aspekt aller medizinischen Praxis ist, gilt dieses Phänomen als außerhalb des wissenschaftlichen Rahmens stehend. Der Grund liegt auf der Hand: Heilen ist ein Phänomen, das nicht mechanistisch erfaßt werden kann.

Obwohl die Unzufriedenheit mit der Medizin und den Ärzten heute weit verbreitet ist, sind sich die meisten Leute nicht bewußt, daß einer der Hauptgründe für die gegenwärtige unbefriedigende Lage der enge begriffliche Rahmen der Schulmedizin ist. Im Gegenteil: Das biomedizinische Modell wird allgemein akzeptiert, und seine Grundprinzipien sind fest in unserer Kultur verwurzelt. Die meisten Patienten verstehen seine komplexen Aspekte kaum, sind jedoch konditioniert zu glauben, der Arzt allein wisse, was sie krank mache, und technologische Interventionen seien der einzige Weg zur Besserung. So ist also das biomedizinische Modell heute viel mehr als nur ein Modell. Bei der Ärzteschaft hat es den Status eines Dogmas erlangt, und für die allgemeine Öffentlichkeit gehört es unauflöslich zum allgemeinen kulturellen Weltbild. Die Überwindung des biomedizinischen Modells wird uns nur dann gelingen, wenn wir als Gesellschaft dazu fähig sind, uns ein neues ganzheitlich-ökologisches Weltbild anzueignen.

Die Theorie lebender Systeme

In der Naturwissenschaft bietet die aus der Kybernetik der vierziger Jahre entstandene, jedoch erst in den letzten zehn Jahren voll entwickelte Theorie lebender Systeme den idealen Rahmen zur wissenschaftlichen Formulierung des ganzheitlich-ökologischen Denkens und damit auch die ideale Grundlage für einen ganzheitlichen Ansatz zur Gesundheitsfürsorge. Da dieser Ansatz zutiefst ökologisch ist, ist er auch im Einklang mit der hippokratischen Überlieferung, der Wurzel unserer abendländischen Medizin.

Lebende Systeme sind integrierte Ganzheiten, deren Eigenschaften sich nicht auf die kleineren Einheiten reduzieren lassen. Anstatt auf Grundbausteine konzentriert sich die Systemtheorie auf grundlegende Organisationsprinzipien. Beispiele für Systeme gibt es in der Natur in Hülle und Fülle. Jeder Organismus – von der kleinsten Bakterie über den weiten Bereich der Pflanzen und Tiere bis hin zum Menschen – ist ein integriertes Ganzes und somit ein lebendes System. Zellen sind lebende Systeme, und ebenso die Gewebe und Organe des Körpers. Dieselben Ganzheitsaspekte zeigen sich auch in Sozialsystemen – z. B. in einer Familie oder einer Gemeinschaft – und ebenso in Ökosystemen, die aus einer Vielzahl von Organismen in ständiger Wechselwirkung mit lebloser Materie bestehen.

Alle diese natürlichen Systeme sind Ganzheiten, deren spezifische Strukturen sich aus den wechselseitigen Beziehungen und Abhängigkeiten ihrer Teile ergeben. Systemeigenschaften werden zerstört, wenn ein System in isolierte Einzelteile zerlegt wird, sei es physisch oder theoretisch. Obwohl wir in jedem System Einzelteile unterscheiden können, ist das Ganze immer etwas anderes als die bloße Summe seiner Teile.

Ein weiterer wichtiger Aspekt lebender Systeme ist die ihnen innewohnende Dynamik. Ihre Formen sind keine starren Strukturen, sondern sind flexibel und erwachsen aus den den Systemen zugrunde liegenden Prozessen. Systemdenken ist immer Prozeßdenken. Jede Struktur wird als Manifestation von Systemprozessen erkannt, und lebende Systeme werden durch ihre Organisationsmuster dargestellt.

Was sind nun die Organisationsmuster, die für das Leben, d. h. für lebende Systeme, charakteristisch sind? Es stellt sich heraus, daß die vielfältigen Prozesse und Phänomene, die für Lebewesen bezeichnend sind, als verschiedene Aspekte ein und desselben Prinzips verstanden werden können, des Prinzips der Selbstorganisation. Ein lebender Organismus ist ein selbstorganisierendes System, d. h., seine Ordnung wird ihm nicht von der Umwelt auferlegt, sondern wird vom System selbst bestimmt. Mit anderen Worten: Lebende, selbstorganisierende Systeme haben eine gewisse Autonomie ihrer Umwelt gegenüber. Das heißt aber nicht, daß sie von der Umwelt isoliert sind. Ganz im Gegenteil: Sie stehen mit der Umwelt in ständiger Wechselwirkung, doch bestimmt diese Wechselwirkung nicht ihre Organisation.

Ein zentrales Merkmal dieser lebenden, selbstorganisierenden Systeme ist die Tatsache, daß sie ihre Strukturen ständig ändern, dabei aber ihr Organisationsmuster beibehalten. Ein wichtiges Beispiel dieses Phänomens ist der Prozeß der Selbsterneuerung. Jeder lebende Organismus erneuert sich fortlaufend: Zellen zerfallen und bauen neue Strukturen auf; Gewebe und Organe ersetzen ihre Zellen in stetigen Zyklen. Trotz dieses ständigen Wandels behält der Organismus im wesentlichen seine Erscheinungsform bei. Seine Teile werden fortlaufend erneuert und *recycled*, doch das Organisationsmuster bleibt dasselbe. Andere Phänomene, die mit der Selbsterneuerung in engem Zusammenhang stehen, sind die Prozesse der Selbstheilung, Regeneration und Anpassung an Umweltveränderungen.

Bei all diesen Prozessen spielen Fluktuationen eine wesentliche Rolle. Jedes lebende System kann durch eine Anzahl von wechselseitig abhängigen Variablen beschrieben werden, von denen jede zwischen Grenzwerten schwankt, so daß das System sich in steter Fluktuation befindet. Diesen Zustand nennt man Homöostase. Es ist ein Zustand eines dynamischen Gleichgewichts mit einem hohen Grad von Flexibilität. Tritt eine Störung auf, so neigt der Organismus dazu, zu seinem ursprünglichen Zustand zurückzukehren, indem er sich auf die verschiedenste Weise an Umweltveränderungen anpaßt. Rückkopplungsmechanismen kommen ins Spiel, die dazu tendieren, jegliche Abweichungen vom Gleichgewichtszustand wieder zu verringern.

Dies ist jedoch nur eine von zwei Möglichkeiten eines lebenden Systems, auf Störungen zu antworten. Lebewesen haben nicht nur die Neigung, sich in ihrem dynamischen Zustand zu erhalten, sondern auch die Tendenz, sich selbst zu überschreiten und kreativ neue Strukturen zu schaffen. Dieses Prinzip der Selbstüberschreitung zeigt sich in den Prozessen der Entwicklung und Evolution wie auch in jedem Akt des Lernens.

Das Systembild der Gesundheit

Das Systembild des Lebens, das ich hier kurz umrissen habe, bietet die ideale Grundlage für ein entsprechendes Systembild der Gesundheit. In Systemen denken heißt in Vorgängen denken, und dementsprechend ist das Systembild der Gesundheit ein Bild ständiger Aktivität und ständigen Wandels. Da der Zustand eines Menschen stets erheblich von der natürlichen und sozialen Umwelt abhängen wird, kann es keine von der Umwelt unabhängige absolute Ebene der Gesundheit geben. Die ständige Veränderung des Organismus in Beziehung zur sich ändernden Umwelt wird ganz natürlich auch vorübergehende Phasen mangelhafter Gesundheit einschließen, und es wird sich oft als unmöglich erweisen, eine klare Trennungslinie zwischen Gesundheit und Erkrankung zu ziehen.

Die systemische Auffassung der Gesundheit wird weiterhin auch noch dadurch erschwert, daß Gesundheit ein vieldimensionales Phänomen ist mit voneinander abhängenden physischen, psychischen und sozialen Aspekten. Die übliche Darstellung von Gesundheit und Erkrankung als entgegengesetzte Punkte eines eindimensionalen Kontinuums ist daher ziemlich irreführend. Körperliche Erkrankung kann durch eine positive psychische Haltung und durch gesellschaftliche Unterstützung ausgeglichen werden, so daß der Gesamtzustand durchaus Wohlbefinden sein kann. Andererseits können emotionelle Probleme oder gesellschaftliche Isolierung eine Person trotz körperlicher Fitneß sich krank fühlen lassen. Diese multiplen Dimensionen der Gesundheit beeinflussen einander im allgemeinen, und das stärkste Gefühl, gesund zu sein, wird dann auftreten, wenn sie gut ausgeglichen und integriert sind. Aus der Sicht der Systemlehre entsteht das Ergebnis der Erkrankung aus Störungen, die sich auf verschiedenen Ebenen des Organismus äußern können, wie auch bei den verschiedenen Formen des Zusammenwirkens zwischen dem Organismus und den größeren Systemen, in die er eingebettet ist.

Wie wir gesehen haben, sind lebende Systeme selbstorganisierende Systeme mit einem hohen Grad von Stabilität. Diese Stabilität ist äußerst dynamisch und zeichnet sich durch kontinuierliche, multiple und voneinander abhängende Fluktuationen aus. Um gesund zu sein, braucht ein solches System Flexibilität, so daß ihm eine große Zahl von Möglichkeiten der Wechselwirkung mit der Umwelt offenstehen. Je dynamischer der Zustand des Organismus ist, desto größer die Flexibilität. Dies gilt nicht nur für individuelle Organismen, sondern auch für Sozial- und Ökosysteme. Welcher Art die Flexibilität auch sein mag – physisch, psychisch, gesellschaftlich, technologisch oder wirtschaftlich –, es kommt ganz entscheidend darauf an, daß das System imstande bleibt, sich Umweltveränderungen anzupassen. Verlust an Flexibilität bedeutet Verlust an Gesundheit.

Dieses Bild der lebenden Systeme legt den Begriff des dynamischen Gleichgewichts als zentralen Begriff zur Definition der Gesundheit nahe. Das Wort «dynamisch» ist hier entscheidend; es handelt sich nicht um ein statisches Gleichgewicht, sondern um ein flexibles Fluktuationsmuster. In diesem Sinne möchte ich Gesundheit definieren als *ein Gefühl des Wohlbefindens als Ergebnis dynamischer Ausgeglichenheit der physischen und psychischen Aspekte des Organismus sowie seines Zusammenwirkens mit seiner natürlichen und gesellschaftlichen Umwelt.*

Die Vorstellung der Gesundheit als dynamisches Gleichgewicht stimmt nicht nur mit dem modernen Systembild des Lebens überein, sondern auch mit vielen überlieferten Modellen von Gesundheit und Heilen, darunter auch die hippokratische Überlieferung und die der klassischen chinesischen Medizin. Wie bei diesen überlieferten Modellen beinhaltet der Begriff *dynamisches Gleichgewicht,* daß in jedem lebenden Organismus Heilungskräfte vorhanden sind, d. h., daß der Organismus eine angeborene Tendenz hat, zu einem Gleichgewichtszustand zurückzukehren, wenn dieser gestört ist. Und zwar kann er durch verschiedene Prozesse der Selbsterhaltung mehr oder weniger zum ursprünglichen Zustand zurückkehren. Als Beispiele für dieses Phänomen lassen sich die kleineren Erkrankungen anführen, die zu unserem Alltag gehören und sich von selbst heilen. Andererseits kann der Organismus auch Prozesse der Selbstwandlung und Selbstüberschreitung durchmachen, mit Phasen der Krise und des Wandels, an deren Ende sich ein völlig neuer Gleichgewichtszustand ergibt.

Um das Ungleichgewicht in einem Organismus zu beschreiben, scheint der Streßbegriff äußerst nützlich zu sein. Dieser Begriff des Stresses befindet sich in völliger Übereinstimmung mit dem Systembild des Lebens und kann nur dann voll erfaßt werden, wenn man das subtile Zusammenspiel von Geist und Körper wahrnimmt. Streß bedeutet fehlende Ausgeglichenheit im Organismus als Reaktion auf Umwelteinflüsse. Vorübergehender Streß ist ein wesentlicher Aspekt des Lebens, da das fortlaufende Zusammenwirken zwischen Organismus und Umwelt oft zu einem vorübergehenden Verlust an Flexibilität führt. Anhaltender oder chronischer Streß kann jedoch schädlich sein und spielt bei der Entwicklung vieler Erkrankungen eine bedeutsame Rolle.

Hat man erkannt, welche Rolle der Streß bei der Entstehung von Erkrankungen spielt, dann gelangt man dadurch zur bedeutsamen Erkenntnis, daß eine Erkrankung auch ein *Problemlöser* sein kann. Soziale und kulturelle Zwänge machen es uns oft unmöglich, unseren Streß auf gesunde Weise loszuwerden, weshalb wir – bewußt oder unbewußt – die Krankheit als Ausweg wählen. Sie kann sich physisch oder psychisch äußern oder auch als gewalttätiges Verhalten, Verbrechen, Drogenmißbrauch, Selbstmord usw. – Erscheinungen, die man gut als soziale Erkrankungen bezeichnen kann. All diese *Fluchtwege* sind Formen schlechter Gesundheit, wobei eine physische Krankheit nur einer von mehreren ungesunden Wegen ist, mit Streßsituationen im Leben fertig zu werden. Deshalb muß die Heilung der Krankheit den Patienten nicht zwangsläufig gesund machen. Wird die Flucht in eine bestimmte Krankheit durch ärztliches Eingreifen gestoppt, während die Streßsituation anhält, kann das zur Verlagerung der Reaktion dieser Person in eine andere Art von Flucht führen, etwa Geisteskrankheit oder antisoziales Verhalten, was genauso ungesund wäre. Eine ganzheitliche Methode wird die Gesundheit aus dieser Perspektive sehen und klar zwischen dem Ursprung einer Erkrankung und ihrem Erscheinungsbild unterscheiden müssen.

Wenn Krankheit als ein Weg gesehen wird, mit Streßsituationen im Leben fertig zu werden, dann gelangt man natürlich auch zum tieferen Sinn einer Erkrankung, zu der Erkenntnis, daß eine bestimmte Krankheit uns eine «Botschaft» übermittelt. Diese Botschaft zu verstehen bedeutet, schlechte Gesundheit als eine Mahnung zur inneren Einkehr, zur Selbstbeobachtung anzunehmen. Nur so kann das ursprüngliche Problem, können die Gründe für einen bestimmten Fluchtweg auf eine bewußte Ebene gebracht werden. Hier können psychologische Beratung und Psychotherapie eine wichtige Rolle spielen, selbst bei der Behandlung physischer Erkrankungen. Die Integration physischer und psychologischer Therapien wird zu einer bedeutenden Revolution in der Gesundheitsfürsorge führen, da sie die volle Anerkennung der wechselseitigen Abhängigkeit von Körper und Geist in Gesundheit und Krankheit voraussetzt.

Ganzheitliche Gesundheitsfürsorge

Das Systembild der Gesundheit macht es möglich, eine Reihe von Richtlinien für die Gesundheitspflege aufzustellen und den neuen ganzheitlichen Ansatz in seinen groben Umrissen zu erfassen. Gesundheitsfürsorge wird darin bestehen müssen, das dynamische Gleichgewicht der einzelnen Patienten und Patientinnen, wie auch der Familien und anderer gesellschaftlicher Gruppen, wiederherzustellen. Das bedeutet, daß der Mensch ganz individuell sich um seine eigene Gesundheit kümmern muß, dann auch im Rahmen der Gesellschaft und mit Hilfe von Therapeuten. Ein zukünftiges Gesundheitssystem wird in erster Linie darin bestehen, ein umfassendes, wirksames und gut integriertes System der Vorbeugung aufzubauen. Die Erhaltung der Gesundheit wird teils Privatangelegenheit, teils kollektive Aufgabe sein, und meistens werden beide eng verbunden sein.

Die individuelle Gesundheitsfürsorge beruht auf der Erkenntnis, daß die Gesundheit der einzelnen vor allem von ihrem eigenen Verhalten abhängt, von der Ernährung und der Art ihrer Umwelt. Als Individuen haben wir die Macht und die Verantwortung, unseren Organismus durch Beachtung einer Anzahl einfacher Verhaltensregeln über Schlaf, Ernährung, körperliche Betätigung und Drogen im Gleichgewicht zu halten. Die Rolle der Therapeuten wird darin bestehen, uns dabei behilflich zu sein. Das ist übrigens der ursprüngliche Sinn des Wortes *Therapie*, das vom griechischen *therapeuin (beistehen)* kommt. In den hippokratischen Schriften wird die Rolle des Therapeuten als die eines Beistands oder Gehilfen im natürlichen Heilungsprozeß definiert.

Wenn es auch für das künftige System einer ganzheitlichen Gesundheitsfürsorge von entscheidender Bedeutung sein wird, die persönliche Verantwortung des einzelnen zu akzeptieren, so wird es nicht weniger entscheidend sein anzuerkennen, daß die Verantwortung erheblichen Beschränkungen unterworfen ist. Einzelpersonen können nur insoweit verantwortlich sein, wie sie die Freiheit haben, sich um sich selbst zu kümmern; eine Freiheit, die oft durch gesellschaftliche und kulturelle Zwänge eingeschränkt ist. Außerdem entstehen viele Gesundheitsprobleme aus ökonomischen und politischen Faktoren, die nur durch kollektives Handeln geändert werden können. Zur individuellen Verantwortung muß die gesellschaftliche hinzukommen, und individuelle Gesundheitsfürsorge muß durch gesellschaftliche Aktivitäten und politische Maßnahmen unterstützt werden. *Soziale Gesundheitsfürsorge* scheint der angemessene Ausdruck für politische und gemeinschaftliche Maßnahmen zur Erhaltung und Verbesserung der Gesundheit zu sein.

Was ganzheitliche Therapie betrifft, so wird der erste und wichtigste Schritt darin bestehen, dem Patienten soweit wie möglich Art und Umfang seines inneren Ungleichgewichts bewußtzumachen. Dazu müssen die Probleme des Patienten in den größeren Zusammenhang gestellt werden, aus dem heraus sie entstanden sind. Dies wiederum macht eine sorgfältige Erforschung der vielfachen Aspekte der Erkrankung durch den Therapeuten und den Patienten nötig. Allein schon die Erkenntnis, daß es diesen Zusammenhang gibt – das Gewebe untereinander verknüpfter Einflüsse, die zu der Störung führen –, wirkt in hohem Maße therapeutisch, da sie Besorgnis vermindert, Hoffnung und Selbstvertrauen steigert und so die Selbstheilung in Gang bringt. Eine wichtige Rolle spielt bei diesem Prozeß die psychologische Beratung, und daher sollten Therapeutinnen und Therapeuten die dazu notwendigen psychologischen Grundkenntnisse besitzen. Hauptzweck der ersten Begegnung zwischen Patient und praktischem Arzt sollte es sein, von dringenden Notmaßnahmen abgesehen, den Patienten über Natur und Sinn der Erkrankung aufzuklären und auch über Möglichkeiten zur Veränderung der Lebensweise, die zu dieser Erkrankung geführt hat. Dies ist ja die ursprüngliche Rolle des *Doktors*, dessen Berufsbezeichnung sich aus dem Lateinischen *docere (lehren)* ableitet.

Grundlegendes Ziel jeder Therapie muß es sein, das innere Gleichgewicht des Patienten wiederherzustellen. Da das neue Gesundheitsmodell die in jedem Organismus innewohnende Tendenz zur Selbstheilung anerkennt, soll der Therapeut auch nur geringfügig eingreifen und die Behandlung so schonend wie möglich gestalten. Die Heilung wird stets durch das Geist-Körper-System selbst erfolgen. Der Therapeut soll nur übermäßigen Streß verringern, den Körper stärken, den Patienten zu mehr Selbstvertrauen und einer positiven seelischen Haltung ermuntern und ganz allgemein das der Heilung am besten dienende Milieu schaffen.

Zum Paradigmenwechsel im Gesundheitswesen gehören neue Begriffsmodelle ebenso wie neue Institutionen und neuartige politische Maßnahmen. Was die Organisation angeht, so könnte eine ganze Reihe von Maßnahmen sofort in Angriff genommen werden. Bei den therapeutischen Modellen und Methoden ist die Lage etwas komplizierter. Bis heute gibt es noch kein wirklich etabliertes Therapiesystem, das der neuen Anschauung von der Erkrankung als einem vieldimensionalen und vielschichtigen Phänomen entspricht. Doch gibt es zur Zeit schon einige Modelle und Verfahren, die erfolgreich auf verschiedene Aspekte schlechter Gesundheit einzuwirken scheinen. Es scheint mir daher, daß die wirkungsvollste Strategie darin bestehen würde, ein Mosaik therapeutischer Modelle und Methoden von begrenzter Wirkungsweise zu entwickeln, die miteinander übereinstimmen. Es wäre dann die Aufgabe des Allgemeinmediziners oder Gesundheitsteams herauszufinden, welches Modell und Methode bei dem jeweiligen Patienten die passendste und wirksamste wäre. Parallel dazu müßten Forscher und Kliniker diese Modelle noch näher erforschen und sie schließlich in ein zusammenhängendes System integrieren.

Die ganzheitliche Gesundheitsbewegung

Die Kräfte, die neue Gedanken über Gesundheit und Heilen propagieren, sind inner- und außerhalb des medizinischen Systems tätig. Ärzte schließen sich zu Vereinigungen zusammen und diskutieren die Vorteile der ganzheitlichen Medizin auf Kongressen. Angesichts des wachsenden Interesses am breiteren Zusammenhang der Gesundheit sind nichtakademische Praktiker und Institutionen in der Lage, ihren Status und Einfluß zu verstärken. Außerdem finden einige Regierungen neues Interesse an Vorbeugungsmaßnahmen und der Erhaltung der Gesundheit, und es werden Behörden geschaffen, um die Entwicklung der ganzheitlichen Gesundheitsfürsorge zu studieren.

Die wichtigste Kraft in dieser Revolution der Gesundheitsfürsorge ist eine starke Basisbewegung aus einzelnen Frauen und Männern und aus neugebildeten Organisationen, die mit dem jetzigen Gesundheitssystem unzufrieden sind. Sie suchen intensiv nach alternativen Wegen, zu denen auch die Propagierung gesunder Lebensgewohnheiten und der persönlichen Verantwortung für die eigene Gesundheit sowie der jedem Individuum innewohnenden Kraft zur Selbstheilung gehören. Ferner bezeugen sie ein starkes Interesse an traditionellen Heilkünsten aus anderen Kulturen, die physische und psychologische Wege zur Gesundheit integrieren. Schließlich bleibt zu erwähnen die Bildung von Zentren für ganzheitliche Gesundheitsfürsorge, von denen viele mit unorthodoxen Therapien experimentieren.

Der Wandel der Begriffe, Werte und Lebensweisen, der von den Bewegungen für ganzheitliche Gesundheit propagiert wird, wird weiterhin von einer ganzen Reihe von gesellschaftlichen Bewegungen – der Ökologiebewegung, der Frauenbewegung, der Friedensbewegung, der grünen Bewegung usw. – unterstützt. Bis vor kurzem haben diese Bewegungen noch verhältnismäßig getrennt gearbeitet, ohne zu erkennen, wie ihre Bestrebungen miteinander in Beziehung stehen. Doch in den letzten Jahren haben sich einige Koalitionen ergeben, und es ist zu erwarten, daß alle diese Aktivitäten eine machtvolle Kraft gesellschaftlicher Umgestaltung bilden werden.

Ich habe diese neu entstehende gesellschaftliche Kraft die *aufsteigende Kultur* genannt, wobei ich dieses Bild von Arnold Toynbee übernahm, der kulturelle Evolution als einen regelmäßigen Prozeß von Anstieg, Höhepunkt, Niedergang und Verfall beschrieben hat. In der gegenwärtigen kulturellen Umwandlung beherrscht die verfallende Kultur – d. h. die etablierten politischen Parteien, die großen Industriekonzerne usw. – noch das Bild. Doch sie wird ihren Niedergang unweigerlich fortsetzen, weil sie auf veralteten Anschauungen beruht, die heute nicht mehr anwendbar sind. Andererseits wird die aufsteigende Kultur stetig wachsen und schließlich die führende Rolle übernehmen.

Dieser Prozeß des Wandels spielt sich heute deutlich in unserer Gesellschaft ab und kann auch von jedem und jeder einzelnen als innerer Prozeß des Wandels nachvollzogen werden. Die Erkenntnis, daß es sich hier nicht um vorübergehende Schwankungen, sondern um eine evolutionäre Wandlung von weltweitem Ausmaß handelt, bildet meiner Meinung nach unsere größte Hoffnung für die Zukunft.

Anmerkung

Dieser Beitrag erschien erstmals in: *Wiener Dialog über Ganzheitsmedizin*, Sonderdruck, Wien o. J.

Der Garten als Schule

Über die Zyklen der Natur

Die Konferenz zum Thema «Garten als Schule» wurde von einer Gruppe von Menschen organisiert, die im Einladungsprospekt erklären, «daß die Gartenarbeit die Kinder wieder mit den Grundlagen der Ernährung vertraut macht, wobei sie praktisch jede Tätigkeit an der Schule einbezieht und belebt». Ich möchte noch einen Schritt weitergehen, indem ich Ihnen zeige, daß die Gartenarbeit die Kinder nicht nur mit den Grundlagen der Ernährung, sondern auch mit den Grundlagen des Lebens vertraut macht.

Während der letzten Jahrzehnte hat die wissenschaftliche Avantgarde eine neue Vorstellung, eine neue systemische Anschauung vom Leben entwickelt. Ich kann hier nicht auf jedes Detail dieser neuen Vorstellung vom Leben eingehen, möchte aber einige der wichtigsten Merkmale erwähnen. Im Mittelpunkt steht die Erkenntnis, daß es ein Grundmuster des Lebens gibt, das allen lebenden Systemen gemeinsam ist – das heißt, allen lebenden Organismen, Ökosystemen und sozialen Systemen. Dieses Grundmuster ist das Netz. Zwischen allen Komponenten eines lebenden Organismus gibt es ein Netz von Beziehungen, ebenso wie zwischen den Pflanzen, Tieren und Mikroorganismen in einem Ökosystem oder zwischen den Menschen in einer menschlichen Gemeinschaft.

Eines der Hauptmerkmale dieser lebenden Netze ist die Tatsache, daß all ihre Nährstoffe in Form von Zyklen weitergegeben werden. In einem Ökosystem fließt Energie durch das Netz, während Wasser, Sauerstoff, Kohlenstoff und alle anderen Nährstoffe sich in diesen bekannten ökologischen Zyklen bewegen. In gleicher Weise zirkuliert das Blut durch unseren Körper, ebenso die Luft, die Lymphe und so weiter. Wo immer wir Leben sehen, erblicken wir Netze, und wo immer wir lebende Netze erblicken, erkennen wir Zyklen.

Diese drei Erkenntnisse – das Netzmuster, der Energiefluß und die Nährstoffzyklen – sind von grundlegender Bedeutung für die neue wissenschaftliche Vorstellung vom Leben. Die Naturwissenschaftler haben sie in einer komplizierten Fachsprache formuliert. Sie sprechen von «autopoetischen Netzen», «dissipativen Strukturen» und «katalytischen Zyklen». Aber die mit diesen Fachbegriffen bezeichneten Grundphänomene sind nichts anderes als das Netz des Lebens, der Energiefluß und die Zyklen der Natur. Und genau das sind die Phänomene, die die Kinder bei der Gartenarbeit erleben, erkunden und verstehen.

Uralte Weisheit

Während es in der Wissenschaft relativ neu ist, für das Verständnis von Leben Begriffe wie Netze, Flüsse und Zyklen zu verwenden, ist dies von grundlegender Bedeutung für das Wissen spiritueller Überlieferungen, wie der Traditionen der amerikanischen Ureinwohner, des Christentums oder des Buddhismus.

Leider haben wir dieses Wissen während der relativ kurzen Epoche des industriellen Zeitalters weitgehend verloren. Zwischen der Ökologie und der Ökonomie der Welt der Industrie besteht ein wesentlicher Konflikt. Er rührt von dem Umstand her, daß die Natur zyklisch ist, wohingegen unsere Industriesysteme linear sind. Paul Hawken hat darauf hingewiesen, daß unsere Unternehmen sich der Ressourcen bedienen, sie in Produkte plus Abfallstoffe umwandeln und die Produkte an Verbraucher verkaufen, die ihrerseits weiteren Abfall erzeugen, wenn sie die Produkte verbraucht haben. Nachhaltige Muster von Produktion und Konsum müssen zyklisch sein, also die zyklischen Prozesse in der Natur imitieren. Um derartige zyklische Muster zu erreichen, müssen wir unsere Unternehmen und unsere Wirtschaft grundlegend umgestalten.

Die Wurzel dieses Problems ist unsere fixe Idee von einem unbeschränkten Wirtschaftswachstum. Wachstum ist ein wichtiges Merkmal aller lebendigen Dinge, aber auf einem endlichen Planeten können nicht alle lebendigen Dinge gleichzeitig wachsen. Für jedes Ding gibt es eine Jahreszeit. Während einige Dinge wachsen, müssen andere verschwinden. Hazel Henderson hat uns an einen wichtigen Vorgang erinnert: Genauso wie das verfallende Laub vom vergangenen Jahr Nährstoffe für neues Wachstum in diesem Frühjahr liefert, müssen wir einige Institutionen zugrunde gehen und verfallen lassen, damit ihr Kapital und die Talente ihrer Menschen zur Erschaffung neuer Organisationen freigesetzt und recycelt werden können.

Diese uralte Weisheit läßt sich durch die Gartenarbeit unmittelbar erfahren und verstehen. An der Schwelle zum 21. Jahrhundert liegt die große Herausforderung darin, daß wir ökologisch nachhaltige Gemeinschaften errichten, Gemeinschaften also, in denen wir unsere Bedürfnisse befriedigen und unsere Ziele verwirklichen, ohne die Chancen künftiger Generationen zu mindern. Für diese Aufgabe können wir wertvolle Lehren aus dem Studium von Ökosystemen ziehen, die in der Tat nachhaltige Gemeinschaften von Pflanzen, Tieren und Mikroorganismen sind. Um diese Lehren zu verstehen, müssen wir die Grundprinzipien der Ökologie lernen. Wir müssen ein ökologisches Bewußtsein entwickeln, und das gelingt am besten schon im Schulgarten.

Es ist kein Zufall, daß die Gartenarbeit und die Zubereitung von Nahrung aus dem, was im Garten wächst, wesentliche Bestandteile der religiösen Praxis in vielen spirituellen Traditionen sind, zum Beispiel in den Klostertraditionen des Christentums und des Buddhismus. Gartenarbeit und Kochen sind Beispiele zyklischer Arbeit – einer Arbeit, die immer wieder getan werden muß und die keinerlei dauerhafte Spuren hinterläßt. Sie kochen eine Mahlzeit, die sofort gegessen wird. Sie spülen das Geschirr ab, aber es wird schon bald wieder schmutzig sein. Sie pflanzen an, pflegen den Garten, ernten und pflanzen wieder an. Diese Arbeit ist Teil einer klösterlichen Praxis, weil sie dazu beiträgt, daß wir die natürliche Reihenfolge von Wachstum und Verfall, von Geburt und Tod erkennen, und weil sie uns damit bewußt macht, daß wir alle in diese Zyklen der Natur eingebettet sind.

Im Garten erfahren wir eine Menge über Nahrungszyklen, einem der frühesten und wichtigsten ökologischen Begriffe. Seit es die Wissenschaft der Ökologie gibt, studieren die Ökologen Ernährungsbeziehungen. Zunächst haben sie den Begriff der Nahrungskette geprägt, den wir noch heute verwenden: Kleine Lebewesen werden von größeren gefressen, die wiederum von größeren gefressen werden und so weiter. Bald fanden die Ökologen heraus, daß alle großen Lebewesen, wenn sie sterben, von kleineren Lebewesen gefressen werden, von den sogenannten Zersetzern. Dies führte zum Begriff Nahrungszyklen. Und schließlich stellten die Ökologen fest, daß all diese Nahrungszyklen miteinander vernetzt sind, weil sich die meisten Arten – wie wir – von mehreren anderen Arten ernähren und die Nahrungszyklen damit Teile eines einzigen umfassenden Netzes werden. Daher verwendet die moderne Ökologie den Begriff des Nahrungsnetzes, eines Netzes von Ernährungsbeziehungen.

Durch Gartenarbeit lernen

Im Garten lernen wir, daß Grünpflanzen eine ganz wichtige Rolle im Energiefluß durch alle ökologischen Zyklen spielen. Ihre Wurzeln nehmen Wasser und Mineralsalze aus der Erde auf, und die daraus entstehenden Säfte steigen bis zu den Blättern hoch, wo sie sich mit Kohlenstoffdioxid (CO_2) aus der Luft verbinden und Zucker und andere organische Verbindungen bilden. Bei diesem großartigen Prozeß, der sogenannten Photosynthese, wird Sonnenenergie in chemische Energie umgewandelt und in den organischen Substanzen gebunden, während Sauerstoff an die Luft abgegeben wird, um erneut von anderen Pflanzen und Tieren durch den Prozeß der Atmung aufgenommen zu werden.

Indem Grünpflanzen Wasser und Mineralien von unten mit Sonnenlicht und CO_2 von oben verbinden, bringen sie Erde und Himmel zusammen. Wir glauben im allgemeinen, daß Pflanzen aus dem Boden wachsen, aber tatsächlich beziehen sie ihre Materie überwiegend aus der Luft. Ein Großteil der Zellulose und der anderen durch Photosynthese erzeugten organischen Verbindungen besteht aus schweren Kohlenstoff- und Sauerstoffatomen, die Pflanzen direkt der Luft in Form von CO_2 entnehmen. Das Gewicht eines

Holzklotzes stammt fast gänzlich aus der Luft. Wenn wir ihn in einem Kamin verbrennen, verbinden sich Sauerstoff und Kohlenstoff erneut zu CO_2, und im Licht und in der Wärme des Feuers gewinnen wir einen Teil der Sonnenenergie zurück, die für die Erzeugung des Holzes verwendet wurde. All das können wir von der Gartenarbeit lernen.

Zyklen innerhalb von Zyklen

In einem typischen Nahrungszyklus werden die Pflanzen von Tieren gefressen, die wiederum von anderen Tieren gefressen werden – auf diese Weise werden die pflanzlichen Nährstoffe durch das Nahrungsnetz weitergegeben, während Energie durch Atmung in Wärme und durch Ausscheidung in Abfall umgewandelt wird. Die Abfallstoffe werden ebenso wie tote Tiere und Pflanzen von Insekten und Bakterien, den Zersetzungsorganismen, zersetzt, die sie in Grundnährstoffe zerlegen, welche wiederum erneut von Grünpflanzen aufgenommen werden.

In der Gartenarbeit integrieren wir die natürlichen Nahrungszyklen in unsere Zyklen von Anpflanzen, Pflegen, Ernten, Kompostieren und Recycling. Durch diese Praxis erfahren wir auch, daß der Garten als Ganzes in größere Systeme eingebettet ist, die ihrerseits lebendige Netze mit ihren eigenen Zyklen sind. Die Nahrungszyklen überschneiden sich mit diesen größeren Zyklen – dem Wasserzyklus, dem Zyklus der Jahreszeiten und so weiter –, die alle im planetarischen Netz des Lebens miteinander verknüpft sind.

Durch die Gartenarbeit werden wir uns bewußt, daß wir selbst ein Teil des Lebensnetzes sind. In seiner berühmten Rede hat Häuptling Seattle erklärt: «Wir haben das Netz des Lebens nicht geknüpft – wir sind nichts weiter als ein Faden darin. Was auch immer wir dem Netz antun, tun wir uns selbst an.»

Im Garten lernen wir, daß ein fruchtbarer Boden ein lebendiger Boden ist, der in jedem Kubikzentimeter Milliarden lebender Organismen enthält. Diese Bodenbakterien führen verschiedene chemische Umwandlungen herbei, die für die Erhaltung des Lebens auf der Erde von wesentlicher Bedeutung sind. Wegen der elementaren Beschaffenheit des lebendigen Bodens müssen wir die Ganzheit der großen ökologischen Zyklen in unserer praktischen Gartenarbeit und Landwirtschaft bewahren. Dieses Prinzip ist in traditionellen Anbaumethoden verkörpert, die auf einem tiefen Respekt vor dem Leben beruhen. Früher haben die Bauern jedes Jahr andere Feldfrüchte im Wechsel angebaut, damit das Gleichgewicht im Boden erhalten blieb. Pestizide waren dabei nicht erforderlich, da Insekten, die von einer Feldfruchtart angezogen wurden, bei der nächsten verschwanden. Statt Kunstdünger einzusetzen, reicherten die Bauern ihre Felder mit Mist an – auf diese Weise gaben sie dem Boden organische Stoffe zurück, damit sie wieder in den ökologischen Zyklus gelangten.

Vor etwa vierzig Jahren wurde diese uralte Praxis des organischen Anbaus abrupt abgelöst von der massenhaften Einführung von Kunstdüngemitteln und Pestiziden. Der chemische Anbau hat das Gleichgewicht des Bodens ernsthaft gestört, und das hatte schlimme Folgen für die menschliche Gesundheit, weil sich jedes Ungleichgewicht im Boden auf die Nahrung, die in ihm wächst, und damit auf die Gesundheit der Menschen auswirkt, die diese Nahrung essen. Zum Glück sind sich mittlerweile immer mehr Bauern der Gefahren des chemischen Anbaus bewußt geworden und zu organischen, ökologischen Methoden zurückgekehrt. Der Schulgarten ist der ideale Ort, um unseren Kindern die Vorzüge des organischen Anbaus zu vermitteln.

In der realen Welt lernen

Im Garten begegnen wir noch einer anderen Art von Zyklus, nämlich dem Lebenszyklus eines Organismus – dem Zyklus von Geburt, Heranwachsen, Reife, Niedergang, Tod und neuem Heranwachsen der nächsten Generation. Wachstum und Entwicklung erleben wir im Garten tagtäglich. Wir können der Entwicklung einer Pflanze vom Samen zum ersten Trieb folgen, dem Wachstum von Stengel und Blättern, von Knospen, Blüten und Früchten. Und wenn wir uns das Innere einer Frucht anschauen, entdecken wir in ihrem Kern die neuen Samen, und so beginnt der Lebenszyklus wieder von vorn. Das Verstehen von Wachstum und Entwicklung ist natürlich nicht nur für die Gartenarbeit, sondern auch für die Erziehung von grundlegender Bedeutung. Während die Kinder lernen, daß sich ihre Arbeit im Schulgarten mit der Entwicklung und dem Reifen der Pflanzen verändert, verändern sich die Unterrichtsmethoden der Lehrer und der gesamte Unterricht in der Klasse mit der Entwicklung und dem Reiferwerden der Schüler. Das ist systemisches Denken in Aktion – das gleiche Prinzip wird auf verschiedene Systemebenen angewendet.

Seit den bahnbrechenden Arbeiten von Jean Piaget in den zwanziger und dreißiger Jahren sind sich Wissenschaftler und Erzieher weitgehend einig geworden hinsichtlich der Entfaltung kognitiver Funktionen im heranwachsenden Kind. Dazu gehört auch die Erkenntnis, daß ein reichhaltiges, multisensorisches Lernmilieu – die Formen und Strukturen, die Farben, Gerüche und Geräusche der realen Welt – für die umfassende kognitive und emotionale Entwicklung des Kindes von wesentlicher Bedeutung ist. Das Lernen im Schulgarten ist im besten Sinne ein Lernen in der realen Welt. Es ist von Vorteil für die Entwicklung des einzelnen Schülers wie der Schulgemeinschaft und eine der besten Möglichkeiten für Kinder, ökologisches Bewußtsein zu entwickeln und damit zur nachhaltigen Sicherung der Zukunft beizutragen.

Anmerkung

Der Autor hielt diesen Vortrag am 15. März 1997 an der Martin Luther King Middle School der Stätte des «Eßbaren Schulhofs», in Berkeley, California. Der Beitrag erschien erstmals in: *Turn, Turn, Turn: Understanding Nature's Cycles*, Berkeley, CA 1997, und wurde übersetzt von Michael Schmidt.

III

Die Wende – in Wahrnehmung und Handeln

Einführung

Fritjof Capra – ein lebensnaher Denker

Fritjof Capras Credo lautet: Wer systemisch denkt, gelangt im Ergebnis zu einer ökologischen Lebenspraxis. Die Wende vom Theoretisieren zum praktischen Tun im Sinne eines nachhaltigen, die Vielfalt aller Lebensformen schützenden und erhaltenden Handelns ist zwangsläufig und unvermeidbar für jeden, der eine systemische Anschauung des Lebens hat. Wo könnte diese neue Wahrnehmung vom «Leben in Netzen» in einer Gesellschaft, die ganz von Wirtschaft, Industrie und Handel geprägt ist, besser zur Geltung kommen als in der Corporate World? Deshalb hat Capra seine ökopolitische Pädagogik vornehmlich auf das Management ausgerichtet. Der Manager von morgen, die Führungskraft, die die Herausforderung des 21. Jahrhunderts meistern will, muß ein Innovationsökologe sein. Ein Meister des Wandels, der – aus den inneren Quellen der Kreativität schöpfend – sich und seine Mitarbeiter in einer Weise führt, die den ökonomischen Zielen erlaubt, im Einklang mit einer nachhaltigen ökologischen Entwicklung auf dem Raumschiff Erde zu stehen.

Nirgendwo besser als in der Geschichte des von Capra mitgegründeten Elmwood Institute drückt sich sein weltzugewandtes Engagement aus.

Ende der siebziger Jahre, nachdem er «Das Tao der Physik» *geschrieben hatte, kam ihm die Idee, ein alternatives Forschungsinstitut zu gründen. Seiner Ansicht nach waren die vorherrschenden akademischen Rahmenbedingungen für eine ökologisch orientierte, interdisziplinäre Forschung nicht ausreichend. Capra kannte viele Menschen, die ebenso dachten wie er; auf ihrem Gebiet hochqualifizierte Leute, die aus dem akademischen Leben zugunsten eines ökologischen, therapeutischen und spirituellen Wirkens für die Gesellschaft ausgestiegen waren. Der Gedanke, eine neue Organisation zu gründen, wurde noch verstärkt, als Capra* Wendezeit *zusammen mit einer Gruppe von beratenden Koautoren verfaßte, die er im Februar 1979 zu den «Big Sur Dialogues» zusammenrief.*

Im Oktober 1984 nahm Capras Idee Gestalt an. An einem verlängerten Wochenende traf sich eine Gruppe von zwölf Kollegen, Beratern, einigen

Gästen und Praktikanten in Berkeley. Sie diskutierten lebendig, kontrovers und intensiv in einer gastfreundlichen, warmherzigen und kooperativen Atmosphäre. An dieser Gründungskonferenz des Elmwood Institute nahmen folgende Personen teil:

Walter Truett Anderson, Ernest Callenbach, Fritjof Capra, Gloria Goldberg, Elizabeth Hawk, Randall Hayes, Hazel Henderson, Eleanor LeCain, Robert Livingston, Michael Miller, Nancy Morita, Janice Perlman, Michael Phillips, Phyllis Shulman und Charlene Spretnak.

Die Gründungskonferenz war erfolgreich und brachte eine Menge konkreter Ergebnisse: Satzung und Ziele des Elmwood Institute wurden festgelegt; Kriterien zur Auswahl der Projekte Elmwoods wurden definiert; zahlreiche Projektideen wurden diskutiert und einige Projekte initiiert. Die Konferenz endete in einem fröhlichen Fest. Die Begeisterung, die Visionen, die persönliche Reife und das profunde Wissen seiner Freunde und Kollegen verhalfen Capra dazu, einen Traum zu verwirklichen, den er mehr als zehn Jahre lang im stillen gehegt hatte.

Während der nächsten drei Jahre konzentrierten sich die Mitglieder des Elmwood Institute darauf, eine Aufklärungskampagne unter allen Interessierten zu führen. Sie griffen auf die altehrwürdige Form des Dialogs zurück – einen konstruktiven, hochmotivierten Austausch von Ideen, der ideal geeignet war, sich entwickelnde neue Visionen zu verfolgen. Acht «Elmwood-Dialoge» wurden in der San Francisco Bay Area abgehalten und vierzehn regionale öffentliche Symposien im ganzen Land.

Zusätzlich beteiligte sich das Institut an der finanziellen Unterstützung einer internationalen Konferenz, «Decade of the Rainforest» in Seattle, und veranstaltete ein weiteres offenes Symposion zum Thema «The New Paradigm – East & West» in Kyoto, Japan. Das Kyoto Symposion, das ins Leben gerufen wurde von Shingo Nomura und organisiert von seinem «Center for Global Action in Tokyo», eröffnete Elmwood eine neue Dimension internationaler Beziehungen und gab den Anstoß zu zwei weiteren Elmwood-Projekten: einer Medienkonferenz in Kyoto, «Renewing the Earth», und «Global File», einem Projekt, das den Spielraum der Aktivitäten des Instituts weitgehend abdeckte.

Gegen Ende des Jahres 1989 rückte der Ausbau von Elmwood zu einer Gesellschaft des öffentlichen Rechts ins Zentrum der Aktivitäten. Dies wurde nötig durch das Projekt «Global File» – ein neuartiges Dienstleistungsvorhaben, in dessen Rahmen das Institut Informationen zu erfolgrei-

chen, ökologischen Praktiken in Wirtschaft und Politik speicherte, analysierte und verbreitete.

Im Jahr 1990 wurde dieses Vorhaben fortgesetzt. Die ersten drei Monate waren ausgefüllt mit intensiver Arbeit an vier Berichten zu «Global File» («The Development of Ecologically Conscious Management in Germany», «Alternatives to Tropical Rainforest Plywood», «Product Eco-Labeling» und «Production and Consumption of Eco-Friendly Paper in Sweden»), die rechtzeitig zur zweiten Konferenz in Kyoto fertiggestellt wurden. Diese Konferenz «Chikyu Saisozo – Renewing the Earth», wiederum finanziell getragen von Shingo Nomura, war ein voller Erfolg. Mit ihrem Schwerpunkt auf dem Thema «Verantwortung der Massenmedien bei der Verbreitung eines ökologischen Bewußtseins» konnte sie zum erstenmal herausragende Presse- und Rundfunkjournalisten aus Japans größten Massenmedien versammeln. Sie diskutierten die gegenwärtigen und zukünftigen Bedingungen ihrer Medienhäuser mit Denkern und Aktivisten vom Elmwood Institute und Japans Landbevölkerung.

Während der zweiten Hälfte des Jahres 1990 vollzog Elmwood dann einen weiteren Schritt auf dem Weg zur Körperschaft des öffentlichen Rechts mit der Fertigstellung des «Global File»-Berichts Nr. 5 The Elmwood Guide to Eco-Auditing and Ecologically Conscious Managment, *das von Ernest Callenbach, Fritjof Capra und Sandra Marburg verfaßt wurde. Aus diesem Bericht, der auf Recherchen in Europa und den Vereinigten Staaten basierte, wurde ein kleiner Band von ca. 130 Seiten. Eine erweiterte Buchausgabe wurde außerdem in Japan, Deutschland und den Vereinigten Staaten publiziert.*

Auf der Vorstandssitzung im Juni 1991 wurden die neuen Programmschwerpunkte des Elmwood Institute für die Jahre 1991/92 geklärt und beschlossen, sich auf zwei Hauptthemen zu konzentrieren:

«Ecoliteracy»
Öko-Studien-Programm: Entwurf eines ökologisch orientierten Lehrplans für die K 12 und eines Modells von «Schule als lernender Gemeinschaft».

«Ecomanagement»
Öko-Management: Förderung von ökologisch bewußtem Management und nachhaltigen Wirtschaftspraktiken durch Forschung, Ausbildung, Dialog und Aufbau eines Netzwerks.

Fritjof Capra hatte die Idee zu einem Öko-Studien-Programm während seines Besuchs in der Madison High School in Portland, Ohio, im April. Bis zur Vorstandssitzung im September hatte sich ein Programm-Komitee gebildet, das aus Capra, Zenobia Barlow und Ed Clark bestand. Letzterer hatte sich bereits seit mehr als zwölf Jahren mit dem Entwurf eines ökologisch orientierten Lehrplans beschäftigt und regte an, dem Studienprogramm den Namen «Ecoliteracy» zu geben. Ein weiteres Mitglied war Ken Lebensold, der gerade die Arbeit an einem Manuskript zu ganzheitlicher Erziehung abgeschlossen hatte. Im Januar 1992 hatte das Komitee schließlich sein neues Programm inhaltlich konzipiert und vorgestellt.

Das Programm zum Öko-Management entstand nach und nach, in Form mehrerer, locker verbundener Ansätze. Nach der Publikation von «The Elmwood Guide» *fragten einige Unternehmen beim Institut nach Möglichkeiten der Handhabung eines Öko-Audits an. Dies löste wiederum ausführliche Reflexionen und Diskussionen darüber aus, welche Rolle das Institut in dieser Hinsicht einnehmen sollte. Schließlich wurde entschieden, daß Elmwoods Aufgabenbereich hinsichtlich des Öko-Audits bis zur Erstellung eines Konzepts gehen sollte, daß aber auch die Ermöglichung von Kontakten zwischen «grünen» Unternehmen und ökologischen Unternehmensberatern dazu gehöre.*

Um dem Elmwood Institute ein der Öffentlichkeit einprägsames, neues Profil seiner Organisation zu geben, beschloß der Vorstand im Mai 1993, die Worte «Center for Ecoliteracy» als erläuternden Untertitel zum Namen «The Elmwood Institute» auf dem Briefkopf und in den Publikationen hinzuzufügen. Zusätzlich zu einschlägigen Projekten zum Öko-Studien-Programm war das Center in den folgenden Programmschwerpunkten aktiv:

- *Forschung und Entwicklung*
- *berufliche Entwicklung/Beratung*
- *Produktion von Sachgütern*
- *Abrechnung/Verteilungsnetz*

Intensive Netzwerkarbeit von Zenobia Barlow mit Schlüsselfiguren und -organisationen in der Schulreformszene gipfelte in einem zweitägigen Workshop der neu gegründeten «Alliance for Ecoliteracy» auf der Walter Creek Ranch im Januar 1994. Während dieses Seminars konnte der kon-

zeptionelle Zusammenhang dreier wichtiger Bestandteile des Öko-Studien-Programms erfolgreich präsentiert werden:

- *die Prinzipien der Ökologie, die den ganzheitlichen Ansatz begründen*
- *das Modell einer ganzheitlichen Veränderung der Schule, das während der letzten vier Jahre von Karen Kent und Rich Gemmet entwickelt worden war*
- *die Zusammenarbeit mit Führungspersonen der amerikanischen Ureinwohner, die sich innerhalb der vergangenen Jahre parallel entwickelt hatte und tiefgreifende, neue Lernerfahrungen mit sich brachte.*

Um diese Diskussionen weiterzuführen, begannen die Mitarbeiter des Instituts ab September 1994 eine Reihe von Dialogen zum Öko-Studien-Programm, die «Ecoliteracy Dialogues», einzurichten. Sie hofften, daß sich diese in regelmäßigem Turnus stattfindenden, öffentlichen Treffen zu einem zentralen Forum für Forschung und Entwicklung im Rahmen des Öko-Studien-Programms entwickeln würden.

Während der zweiten Hälfte des Jahres 1994 stieß das Öko-Studien-Programm des Elmwood Institute auf begeisterte Reaktionen von seiten des Lehr- und Verwaltungspersonals beim Mill Valley School District, dem kalifornischen Unterrichtsministerium in Sacramento, wie auch bei nationalen Bildungseinrichtungen wie Life Lab, Tribes und Waldorf Education.

Um sich voll auf die Förderung eines Öko-Studien-Programms in öffentlichen Schulen konzentrieren zu können, wurde das Elmwood Institute Ende 1994 geschlossen und trat in Form einer neuen Organisation unter dem Namen «Center for Ecoliteracy» im Januar 1995 wieder in Erscheinung.

Aus der kurz skizzierten Entwicklungsgeschichte des Elmwood Instituts und des immer noch intensiv aktiven «Centers for Ecoliteracy» gehen die lebensnahen Denkbewegungen Capras augenscheinlich einher mit einem Institutionenwandel, der aus der Sache heraus nötig wurde. Capra zeigt sich in der Führung seines Centers selber als ein Manager des Wandels, dessen Kreativität und Führungsgeschick zu einem blühenden, dem gesellschaftlichen und ökologischen Wohl verpflichteten Unternehmen geführt hat.

Von den Teilen zum Ganzen

Im Laufe dieses Jahrhunderts hat sich der Wechsel vom mechanistischen zum ökologischen Paradigma auf den verschiedenen Wissenschaftsgebieten in unterschiedlichen Formen und mit unterschiedlichem Tempo vollzogen. Er ist alles andere als eine stetige Veränderung. Da kommt es zu wissenschaftlichen Revolutionen, zu Rückschlägen und Pendelbewegungen. Die angemessenste zeitgemäße Metapher dafür wäre wohl ein chaotisches Pendel im Sinne der Chaostheorie[1]: Schwingungen, die sich annähernd, aber nicht ganz genau wiederholen, scheinbar zufällig sind und doch ein komplexes, hochorganisiertes Muster bilden.

Dieser bedeutsamen Entwicklung liegt die spannungsvolle Beziehung zwischen den Teilen und dem Ganzen zugrunde. Die Betonung der Teile nennt man mechanistisch, reduktionistisch oder atomistisch, die des Ganzen holistisch, organismisch oder ökologisch. Die ganzheitliche Perspektive wird in der Wissenschaft des 20. Jahrhunderts als «systemisch» und die damit verbundene Denkweise als «Systemdenken» bezeichnet. In diesem Buch werde ich «ökologisch» und «systemisch» synonym verwenden, wobei «systemisch» nur der mehr fachliche, wissenschaftliche Begriff ist.

Die Hauptmerkmale des Systemdenkens entwickelten sich gleichzeitig in mehreren Disziplinen in der ersten Hälfte dieses Jahrhunderts, insbesondere während der zwanziger Jahre. Eine Vorreiterrolle übernahmen Biologen, die die Ansicht vertraten, daß lebende Organismen integrierte Ganze seien. Dieser Sichtweise schlossen sich die Gestaltpsychologie und die neue Wissenschaft der Ökologie an, und am dramatischsten wirkte sie sich vielleicht in der Quantenphysik aus. Da die zentrale Idee des neuen Paradigmas das Wesen des Lebens betrifft, wollen wir uns zuerst der Biologie zuwenden.

Substanz und Form

Die Spannung zwischen der mechanistischen und der ganzheitlichen Sichtweise ist in der Geschichte der Biologie immer wieder thematisiert worden. Sie ist die unvermeidliche Folge der althergebrachten Trennung von Substanz (Materie, Struktur, Quantität) und Form (Muster, Ordnung, Qualität). In der Biologie ist Form mehr als nur der gestalthafte Umriß, mehr als eine unveränderliche Konfiguration von Komponenten in einem Ganzen. In einem lebenden Organismus findet ein ständiges Fließen von Materie statt, während seine Form aufrechterhalten wird. Da gibt es eine Entwicklung, eine Evolution. Somit ist das Verständnis der biologischen Form untrennbar mit dem Verständnis von Stoffwechsel- und Entwicklungsvorgängen verknüpft.

In der Frühzeit der westlichen Philosophie und Wissenschaft unterschieden die Pythagoreer zwischen «Zahl» oder Muster und Substanz oder Materie und sahen in der Zahl etwas, was die Materie begrenzt und ihr Form verleiht. Gregory Bateson hat dies so formuliert:

> (Die) Argumentation nahm folgende Form an: «Hat man zu fragen, woraus alles besteht – Erde, Feuer, Wasser usw.?» Oder muß man fragen, «Was ist das *Muster*?» Pythagoras stand eher für die Untersuchung von Mustern als für die Erforschung der Substanz.[2]

Auch Aristoteles, der erste Biologe der westlichen Tradition, unterschied zwischen Materie und Form; zugleich verband er aber beides durch einen Entwicklungsprozeß.[3] Im Gegensatz zu Platon glaubte Aristoteles, daß die Form nicht für sich existiere, sondern der Materie immanent sei und daß die Materie wiederum nicht getrennt von der Form existieren könne. Nach Aristoteles enthält die Materie das Wesen aller Dinge, aber nur als Möglichkeit. Dank der Form wird dieses Wesen wirklich. Der Vorgang der Selbstverwirklichung des Wesens in den realen Phänomenen wird von Aristoteles als *Entelechie* («Selbstvollendung») bezeichnet. Es ist ein Entwicklungsprozeß, ein Drang zur vollen Selbstverwirklichung. Materie und Form sind die beiden Seiten dieses Prozesses und lassen sich nur durch Abstraktion trennen.

Aristoteles entwickelte ein formales System der Logik und eine Reihe von vereinheitlichenden Begriffen, die er auf die Hauptdisziplinen seiner Zeit anwandte: Biologie, Physik, Metaphysik, Ethik und Politik. Seine Philosophie und Wissenschaft beherrschten das westliche Denken noch zweitausend Jahre nach seinem Tod, und seine Autorität war fast so unumstritten wie die der Kirche.

Kartesianischer Mechanismus

Im 16. Und 17. Jahrhundert erfuhr das auf der aristotelischen Philosophie und der christlichen Theologie beruhende mittelalterliche Weltbild eine radikale Veränderung. Die Vorstellung eines organischen, lebenden und spirituellen Universums wurde durch die Vorstellung von der Welt als einer Maschine ersetzt. Die Weltmaschine wurde die beherrschende Metapher der Neuzeit. Dieser radikale Wandel wurde durch die neuen Entdeckungen in der Physik, der Astronomie und der Mathematik herbeigeführt, der sogenannten Wissenschaftlichen Revolution, die mit dem Namen Kopernikus, Galilei, Descartes, Bacon und Newton verbunden ist.[4]

Galileo Galilei verbannte die Qualität aus der Wissenschaft; diese hatte sich für ihn auf die Untersuchung von Phänomenen zu beschränken, die sich messen und quantifizieren ließen. Dies hat sich in der modernen Wissenschaft als eine sehr erfolgreiche Strategie erwiesen, aber unser besessenes Quantifizieren und Messen hat auch einen hohen Preis gefordert. Der Psychiater R. D. Laing hat mit allem Nachdruck darauf verwiesen:

> Galilei bietet uns eine tote Welt: Weg mit Sehen, Klang, Geschmack, Gefühl und Geruch! Mit ihnen gingen auch Ästhetik und ethische Sensibilität dahin sowie Wertvorstellungen, Qualität, Seele, Bewußtsein, Geist. Die Erfahrung als solche wird aus dem Reich wissenschaftlicher Abhandlungen verdrängt. Kaum etwas anderes hat in den vergangenen vierhundert Jahren unsere Welt mehr verändert als Galileis kühnes Programm. Wir mußten

die Welt in der Theorie zerstören, bevor wir sie auch in der Praxis zerstören konnten.[5]

René Descartes entwickelte die Methode des analytischen Denkens, bei der komplexe Phänomene in einzelne Teile zerlegt werden, damit man das Verhalten des Ganzen aus den Eigenschaften seiner Teile verstehen kann. Descartes' Bild der Natur beruhte auf der grundlegenden Trennung zwischen zwei unabhängigen und getrennten Reichen: Geist und Materie. Das materielle Universum, einschließlich der lebenden Organismen, war für Descartes eine Maschine, die sich im Prinzip vollständig verstehen ließ, indem man sie im Hinblick auf ihre kleinsten Teile untersuchte.

Das von Galilei und Descartes errichtete Gedankengebäude – die Welt als vollkommene Maschine, die von exakten mathematischen Gesetzen beherrscht wird – wurde auf triumphale Weise von Isaac Newton vollendet, dessen großartige Synthese, die Newtonsche Mechanik, die krönende Leistung der Wissenschaft des 17. Jahrhunderts war. In der Biologie feierte das mechanistische Modell von Descartes seinen größten Erfolg in der Anwendung auf das Phänomen des Blutkreislaufs durch William Harvey. Angeregt durch Harveys Erfolg, versuchten die Physiologen seiner Zeit, die mechanistische Methode bei der Beschreibung anderer Körperfunktionen wie der Verdauung und des Stoffwechsels anzuwenden. Allerdings scheiterten diese Versuche kläglich, weil die Phänomene, die die Physiologen zu erklären suchten, mit chemischen Vorgängen zusammenhingen, die damals noch nicht bekannt waren und mit den Begriffen der Mechanik nicht beschrieben werden konnten. Das änderte sich schlagartig im 18. Jahrhundert, als Antoine de Lavoisier, der «Vater der modernen Chemie», nachwies, daß die Atmung eine spezielle Form der Oxidation ist, und damit die Relevanz chemischer Vorgänge für das Funktionieren lebender Organismen bestätigte.

Angesichts der neuen Wissenschaft der Chemie wurden die allzu einfachen mechanischen Modelle lebender Organismen zwar großenteils aufgegeben, aber im wesentlichen blieb die kartesianische Vorstellung erhalten. Tiere galten noch immer als Maschinen, auch wenn sie viel komplizierter waren als mechanische Uhrwerke und mit komplexen chemischen Vorgängen zusammenhingen. Folglich ging die kartesianische Mechanistik in das Dogma ein, daß sich die Gesetze der Biologie letztlich auf die der Physik und Chemie zurückführen ließen. Zugleich fand die starre mechanistische Physiologie ihren entschiedensten und ausgeklügeltsten Ausdruck in der polemischen Abhandlung *Der Mensch eine Maschine* von Julien de La Mettrie, deren Ruhm das 18. Jahrhundert überdauerte und viele Debatten und Kontroversen auslöste, teilweise sogar noch im 20. Jahrhundert.[6]

Die Romantik

Der erste entschiedene Widerstand gegen das mechanistische kartesianische Paradigma ging im späten 18. und frühen 19. Jahrhundert von der romantischen Bewegung in Kunst, Literatur und Philosophie aus. William Blake, der bedeutende mystische Dichter und Maler, der großen Einfluß auf die englische Romantik hatte, war ein leidenschaftlicher Kritiker Newtons. Seine Kritik faßte er in den berühmten Versen zusammen:

> Möge Gott uns bewahren
> vor Einäugigkeit und Newtons Schlaf.[7]

Die deutschen Dichter und Philosophen der Romantik besannen sich auf den anderen Traditionsstrang, der auf die frühe griechische Naturphilosophie, auf Jacob Böhme und Paracelsus zurückgeht. Sie konzentrierten sich auf das Wesen der organischen Gestalt. Goethe, die zentrale Figur dieser Bewegung, verwendete als einer der ersten den Begriff «Morphologie» für das Studium der biologischen Form aus einer dynamischen, entwicklungsgeschichtlichen Perspektive. Er bewunderte die «bewegliche Ordnung» der Natur und sah in «Metamorphose», «Gestalt» und «Typus» ein Muster von Beziehungen innerhalb eines geordneten Ganzen – eine Vorstellung, die dem neuesten Stand des zeitgenössischen Systemdenkens entspricht. «So ist jede Kreatur», schrieb Goethe, «nur ein Ton, eine Schattierung einer großen Harmonie...»[8] Die Romantiker waren vorwiegend an einem qualitativen Verständnis von Mustern interessiert, und daher war ihnen sehr daran gelegen, die Grundeigenschaften des Lebens mit visualisierten Formen zu erklären. Insbesondere Goethe vertrat die Ansicht, daß die visuelle Wahrnehmung das Tor zum Verstehen organischer Formen sei.[9]

Das Verstehen organischer Formen spielte auch in der Philosophie Immanuel Kants eine wichtige Rolle. Kant, der oft als bedeutendster moderner Philosoph angesehen wird, trennte als Idealist die Welt der Phänomene von einer Welt der «Dinge an sich». Er war der Überzeugung, daß die Wissenschaft nur mechanistische Erklärungen liefern könne, und wies mit Nachdruck darauf hin, daß die wissenschaftliche Erkenntnis auf Gebieten, wo diese Art von Erklärungen nicht ausreichten, durch die Vorstellung von der Zweckmäßigkeit der Natur ergänzt werden müsse. Das wichtigste dieser Gebiete ist nach Kant das Verstehen des Lebens.[10]

In seiner *Kritik der Urteilskraft* befaßte Kant sich auch mit der Natur lebender Organismen. Er erklärte, Organismen seien, im Gegensatz zu Maschinen, sich selbstreproduzierende, selbstorganisierende Ganze. In einer Maschine existieren nach Kant die Teile nur *für*einander, also sie unterstützen einander innerhalb eines funktionalen Ganzen. In einem Organismus existieren die Teile auch gerade aufgrund ihrer gemeinsamen Existenz, mit anderen Worten, sie *produzieren* einander.[11] «In einem solchen Produkte der Natur», schrieb Kant, «wird ein jeder Teil, so wie er durch alle übrigen da ist, auch als um der anderen und des Ganzen willen existierend, d. i. als Werkzeug (Organ) gedacht» und darüber hinaus «als ein die anderen Teile (folglich jeder den anderen wechselseitig) hervorbringendes Organ...; und nur dann und darum wird ein solches Produkt als organisiertes und sich selbstorganisierendes Wesen ein Naturzweck genannt werden können.»[12] Mit dieser Erklärung hat Kant nicht nur als erster den Begriff der «Selbstorganisation» verwendet, um das Wesen lebender Organismen zu definieren, sondern er hat ihn auch auf eine Weise verwendet, die einigen gegenwärtigen Vorstellungen bemerkenswert nahekommt.[13]

Das romantische Bild von der Natur als «einer großen Harmonie», wie Goethe es formulierte, bewog einige Wissenschaftler jener Zeit, ihre Suche nach Ganzheit auf den gesamten Planeten auszudehnen und in der Erde ein integriertes Ganzes, ein Lebewesen zu sehen. Die Ansicht, daß die Erde lebe, hat natürlich eine lange Tradition. Mutter Erde gehört zu den ältesten mythischen Bildern in der Religionsgeschichte. Gaia, die Erdgöttin, wurde im prähellenischen Griechenland als höchste Gottheit verehrt.[14] Noch früher, von der Steinzeit bis zur Bronzezeit, wurden in den Stammesgesellschaften Europas zahlreiche weibliche Gottheiten als Inkarnationen von Mutter Erde angebetet.[15]

Die Vorstellung von der Erde als einem lebenden, spirituellen Wesen wurde auch noch im Mittelalter und in der Renaissance aufrechterhalten, bis die ganze mittelalterliche Anschauung vom kartesianischen Bild von der Welt als einer Maschine abgelöst wurde. Als die Wissenschaftler des 18. Jahrhunderts sich die Erde als Lebewesen vorzustellen begannen, belebten sie somit eine alte Tradition wieder, die nur für relativ kurze Zeit geruht hatte.

In neuerer Zeit wurde die Vorstellung von einem lebenden Planeten in der modernen Wissenschaftssprache als die sogenannte «Gaia-Hypothese» formuliert, und interessanterweise enthalten die von Naturwissenschaftlern des 18. Jahrhunderts entwickelten Anschauungen über die lebende Erde einige Schlüsselelemente der gegenwärtigen Theorie.[16] Der schottische Geologe James Hutton vertrat die Ansicht, daß alle geologischen und biologischen Prozesse miteinander verknüpft seien, und verglich die Gewässer der Erde mit dem Blutgefäßsystem eines Tieres. Der deutsche Forscher und Entdecker Alexander von Humboldt, einer der größten Universalgelehrten des 18. und 19. Jahrhunderts, ging sogar noch weiter. Seine «Gewohnheit, den Globus als ein großes Ganzes zu betrachten», veranlaßte Humboldt, im Klima eine einheitliche globale Kraft zu erblicken und bei lebenden Organismen, beim Klima und in der Erdkruste eine gemeinsame Entwicklung am Werke zu sehen – eine Anschauung, die der gegenwärtigen Gaia-Hypothese sehr nahekommt.[17]

Am Ende des 18. und zu Beginn des 19. Jahrhunderts war der Einfluß der Romantik so stark, daß sich die Biologen in erster Linie mit dem Problem der biologischen Form befaßten und Fragen der materiellen Zusammensetzung als zweitrangig betrachteten. Dies galt besonders für die großen französischen Schulen der Vergleichenden Anatomie oder «Morphologie», allen voran für Georges Cuvier, der ein auf Ähnlichkeiten oder strukturellen Beziehungen beruhendes System der zoologischen Klassifikation eingeführt hatte.[18]

Das mechanistische Denken des 19. Jahrhunderts

Während der zweiten Hälfte des 19. Jahrhunderts schwang das Pendel wieder zurück zum Mechanismus, als das neu perfektionierte Mikroskop viele beachtliche Fortschritte in der Biologie ermöglichte.[19] Im 19. Jahrhundert wurde nicht nur das evolutionäre Denken eingeführt, sondern auch die Zelltheorie formuliert, die moderne Embryologie und die Mikrobiologie nahmen ihren Anfang, und die Gesetze der Vererbung wurden entdeckt. Diese bahnbrechenden Entdeckungen und Errungenschaften ließen die Biologie wieder auf Physik und Chemie aufbauen, und die Wissenschaftler bemühten sich erneut, nach physikalisch-chemischen Erklärungen des Lebens zu suchen.

Als Rudolf Virchow die Zelltheorie in ihrer modernen Form formulierte, verlagerte sich das Interesse der Biologen von den Organismen zu den Zellen. Nun spiegelten biologische Funktionen nicht mehr die Organisation des Organismus als Ganzem wider, sondern sie wurden als Ergebnisse von Wechselwirkungen zwischen den Zellbausteinen betrachtet.

Die Forschung in der Mikrobiologie – einem neuen Gebiet, das eine ungeahnte Reichhaltigkeit und Komplexität mikroskopisch kleiner lebender Organismen enthüllte – wurde von dem genialen Louis Pasteur beherrscht, dessen scharfsinnige Erkenntnisse und klare Formulierungen sich nachhaltig auf die Chemie, die Biologie und die Medizin auswirkten. Pasteur gelang es, die Rolle von Bakterien in bestimmten chemischen Vorgängen zu ermitteln und damit den Grundstein der neuen Wissenschaft der Biochemie zu legen, und er wies nach, daß es einen eindeutigen Zusammenhang zwischen «Keimen» (Mikroorganismen) und Krankheiten gebe.

Pasteurs Entdeckungen führten zu einer allzu einfachen «Theorie von den Krankheitskeimen», in der Bakterien als einzige Ursache von Krankheiten galten. Diese reduktionistische Sicht stellte eine alternative Theorie in den Schatten, die ein paar Jahre zuvor von Claude Bernard dargestellt worden war, dem Begründer der modernen experimentellen Medizin. Bernard behauptete, es gebe eine innige Beziehung zwischen einem Organismus und seiner Umwelt, und wies als erster darauf hin, daß jeder Organismus auch ein inneres Milieu habe, in dem seine Organe und Gewebe leben. Bernard bemerkte, daß dieses innere Milieu in einem gesunden Organismus im wesentlichen konstant bleibt, auch wenn die äußere Umwelt erhebliche Schwankungen aufweist. Seine Vorstellung von der Konstanz des inneren Milieus nahm die bedeutende Idee der Homöostase vorweg, die von Walter Cannon in den zwanziger Jahren entwickelt wurde.

Die neue Wissenschaft der Biochemie machte ständig Fortschritte und vermittelte den Biologen die Gewißheit, daß sämtliche Eigenschaften und Funktionen lebender Organismen sich letztlich anhand chemischer und physikalischer Gesetze erklären ließen. Diese Ansicht wurde am deutlichsten von Jacques Loeb in seiner Abhandlung *The Mechanistic Conception of Life* zum Ausdruck gebracht, die von ungeheurem Einfluß auf das damalige biologische Denken war.

Vitalismus

Die Triumphe der Biologie des 19. Jahrhunderts – Zelltheorie, Embryologie und Mikrobiologie – verankerten die mechanistische Anschauung des Lebens im Bewußtsein der Biologen als ein unerschütterliches Dogma. Und doch trugen sie in sich bereits die Ansätze zur nächsten Gegenströmung: der sogenannten Schule der organismischen Biologie oder des «Organizismus». Während die Zellbiologie gewaltige Fortschritte im Hinblick auf das Verständnis der Strukturen und Funktionen vieler Zelluntereinheiten machte, erzielte sie jedoch nicht in gleicher Weise Erkenntnisse über die Art und Weise, wie diese Vorgänge koordiniert werden, damit die Zelle als Ganzes funktioniert.

Noch klarer traten die Grenzen des reduktionistischen Modells bei den Problemen der Zellentwicklung und -teilung zutage. In sehr frühen Entwicklungsstadien höherer Organismen wächst die Zahl ihrer Zellen von eins auf zwei auf vier usw., indem sie sich also mit jedem Schritt verdoppelt. Da die genetische Information in jeder Zelle dieselbe ist, stellt sich die Frage, wie sich diese Zellen auf so vielfältige Weise spezialisieren und Muskelzellen, Blutzellen, Knochenzellen, Nervenzellen und so weiter werden können. Dieses Grundproblem der Entwicklung, das in vielen Variationen überall in der Biologie auftritt, führt die mechanistische Anschauung vom Leben ad absurdum.

Bevor der Organizismus aufkam, durchliefen nicht wenige hervorragende Biologen eine Phase des Vitalismus, und über viele Jahre wurde die Auseinandersetzung zwischen Mechanismus und Holismus als Debatte zwischen Mechanismus und Vitalismus geführt.[20] Ein klares Verständnis der vitalistischen Vorstellung ist sehr nützlich, denn sie steht in scharfem Gegensatz zur systemischen Anschauung des Lebens, die sich aus der organismischen Biologie des 20. Jahrhunderts entwickeln sollte. Vitalismus und Organizismus lehnen gleichermaßen die Reduzierung der Biologie auf Physik und Chemie ab. Beide Schulen räumen zwar ein, daß sich die Gesetze von Physik und Chemie auf Organismen anwenden lassen, behaupten aber, daß sie nicht ausreichen, um das Phänomen des Lebens umfassend zu verstehen. Das Verhalten eines lebenden Organismus als einem integrierten Ganzen läßt sich nicht allein durch das Studium seiner Teile verstehen. Oder, wie die Systemtheoretiker es Jahrzehnte später formulierten: Das Ganze ist mehr als die Summe seiner Teile.

Vitalistische und organismische Biologen unterscheiden sich deutlich bei der Antwort auf die Frage: In welchem Sinne genau ist das Ganze mehr als die Summe seiner Teile? Die Vitalisten versichern, zu den Gesetzen von Physik und Chemie müsse noch irgendein nichtphysikalisches Wesen, eine Kraft oder ein Feld, kommen, damit man das Leben verstehen kann. Organismische Biologen behaupten demgegenüber, das zusätzliche Element sei das Verständnis der «Organisation» oder der «organisierenden Beziehungen».

Da diese organisierenden Beziehungen Beziehungsmuster sind,

die der physikalischen Struktur des Organismus innewohnen, versichern die organismischen Biologen, daß zum Verstehen des Lebens kein eigenes, nichtphysikalisches Wesen erforderlich sei. Später werden wir sehen, daß der Begriff der Organisation in den gegenwärtigen Theorien von lebenden Systemen zu dem Begriff der «Selbstorganisation» verfeinert worden ist und daß das Verständnis des Selbstorganisationsmusters der Schlüssel zum Verständnis der wahren Natur des Lebens ist.

Während die organismischen Biologen den kartesianischen Vergleich mit einer Maschine dadurch in Frage stellen, daß sie biologische Formen im Sinne einer umfassenderen Bedeutung von Organisation zu verstehen suchten, gingen die Vitalisten eigentlich nicht über das kartesianische Paradigma hinaus. Ihre Sprache beschränkte sich auf dieselben Bilder und Metaphern – sie fügten nur ein nichtphysikalisches Wesen hinzu, als Schöpfer oder Leiter jener organisierenden Vorgänge, die sich mechanistischen Erklärungen entziehen. Damit führte die kartesianische Trennung von Geist und Körper sowohl zum Mechanismus wie zum Vitalismus. Als Descartes' Anhänger den Geist aus der Biologie verbannten und sich den Körper als Maschine vorstellten, kehrte der Geist als «Gespenst in der Maschine» – um es mit Arthur Koestler zu sagen[21] – schon bald in den vitalistischen Theorien wieder.

Der deutsche Embryologe Hans Driesch leitete die Abkehr von der mechanistischen Biologie um die Jahrhundertwende mit seinen bahnbrechenden Experimenten an Seeigeleiern ein, nach denen er die erste Theorie des Vitalismus formulierte. Als Driesch eine der Zellen eines Embryos im ganz frühen Zwei-Zellen-Stadium zerstörte, entwickelte sich die verbleibende Zelle nicht zu einem halben Seeigel, sondern zu einem vollständigen, wenn auch kleineren Organismus. Auf die gleiche Weise entwickelten sich vollständige kleinere Organismen nach der Zerstörung von zwei oder drei Zellen in vierzelligen Embryos. Driesch erkannte, daß seine Seeigeleier etwas fertiggebracht hatten, was einer Maschine nie gelänge: Sie hatten das Ganze aus einigen ihrer Teile regeneriert.

Um dieses Phänomen der Selbstregulierung zu erklären, hielt Driesch offenbar hartnäckig nach dem fehlenden Muster der Organisation Ausschau.[22] Aber statt sich mit der Vorstellung des Musters zu befassen, postulierte er einen kausalen Faktor, für den er auf den aristotelischen Begriff der *Entelechie* zurückgriff. Doch während Entelechie bei Aristoteles einen Prozeß der Selbstverwirklichung darstellt, der Materie und Form vereint, ist die von Driesch postulierte Entelechie ein eigenes Wesen, das auf das physikalische System einwirkt, ohne ein Teil davon zu sein.

In neuerer Zeit ist die Idee des Vitalismus in viel raffinierterer Form von Rupert Sheldrake wiederbelebt worden, der die Existenz nichtphysikalischer *morphogenetischer* («formbildender») Felder postuliert, die kausal zur Entwicklung und Einhaltung biologischer Formen führen.[23]

Organismische Biologie

Zu Beginn des 20. Jahrhunderts griffen organismische Biologen, die gegen den Mechanismus wie gegen den Vitalismus waren, das Problem der biologischen Formen mit neuem Schwung auf, indem sie viele wichtige Erkenntnisse von Aristoteles, Goethe, Kant und Cuvier ausarbeiteten und verbesserten. Einige der Hauptmerkmale unseres heutigen Systemdenkens haben sich aus ihren intensiven Überlegungen entwickelt.[24]

Ross Harrison, einer der frühen Vertreter der organismischen Schule, untersuchte den Begriff der Organisation, der nach und nach die alte Idee der Funktion in der Physiologie ablöste. Dieser Wechsel von der Funktion zur Organisation stellt einen Wechsel vom mechanistischen zum systemischen Denken dar, weil Funktion im Grunde ein mechanistischer Begriff ist. Harrison bezeichnete die Konfiguration und die Beziehung als zwei wichtige Aspekte der Organisation, die später im Begriff des Musters als einer Konfiguration von geordneten Beziehungen zusammengeführt wurden.

Einigen Einfluß übte auch der Biochemiker Lawrence Henderson aus, indem er schon früh den Begriff «System» zur Bezeichnung sowohl von lebenden Organismen als auch von sozialen Systemen verwendete.[25] Seitdem versteht man unter einem System ein integriertes Ganzes, dessen wesentliche Eigenschaften sich aus den Beziehungen zwischen seinen Teilen ergeben, und unter «Systemdenken» das Verständnis eines Phänomens innerhalb des Kontextes eines größeren Ganzen. Dies ist eigentlich die Grundbedeutung des Wortes «System», das aus dem griechischen *synistánai* («zusammenstellen») abgeleitet ist. Dinge systemisch verstehen heißt wörtlich: sie in einen Kontext stellen, das Wesen ihrer Beziehungen feststellen.[26]

Der Biologe Joseph Woodger behauptete, Organismen ließen sich vollständig aufgrund ihrer chemischen Elemente beschreiben – «plus der sie organisierenden Beziehungen». Diese Formulierung hatte erheblichen Einfluß auf Joseph Needham, der erklärte, die Veröffentlichung von Woodgers *Biological Principles* im Jahre 1936 habe das Ende der Debatte zwischen Mechanisten und Vitalisten markiert.[27] Needham, der sich durch seine frühen Arbeiten mit den Problemen in der Biochemie der Entwicklung befaßte, interessierte sich immer besonders für die philosophischen und historischen Dimensionen der Naturwissenschaft. Er schrieb zahlreiche Essays zur Verteidigung des mechanistischen Paradigmas, übernahm aber später die organismische Anschauung. «Eine logische Analyse der Idee des Organismus», schrieb er 1935, «führt dazu, daß wir auf allen Ebenen der lebenden Struktur – höheren und tieferen, groben und feinen – nach organisierenden Beziehungen Ausschau halten.»[28] Später kehrte Needham der Biologie den Rücken und wurde einer der führenden Historiker der chinesischen Wissenschaft und als solcher ein leidenschaftlicher Verfechter des organismischen Weltbilds, das die Grundlage des chinesischen Denkens darstellt.

Woodger und viele andere Wissenschaftler betonten, eines der Hauptmerkmale der Organisation lebender Organismen sei ihre hierarchische Natur. In der Tat ist eine herausragende Eigenschaft allen Lebens die Tendenz, vielschichtige Strukturen von Systemen innerhalb anderer Systeme zu bilden. Jedes dieser Subsysteme bildet ein Ganzes im Hinblick auf seine Teile, während es zugleich selbst Teil eines größeren Ganzen ist. Somit verbinden sich Zellen, um Gewebe, Gewebe, um Organe, und Organe, um Organismen zu bilden. Diese wiederum existieren innerhalb von sozialen Systemen und Ökosystemen. Wir sehen, wie in der gesamten Lebenswelt Systeme in anderen Systemen nisten.

In der organismischen Biologie wurden diese vielschichtigen Strukturen von Anfang an als Hierarchien bezeichnet. Allerdings kann dieser Betriff ausgesprochen irreführend sein, weil er von menschlichen Hierarchien abgeleitet wird. Diese aber sind recht starre Herrschafts- und Kontrollstrukturen und mit der in der Natur anzutreffenden vielschichtigen Ordnung nicht zu vergleichen. Wie wir noch sehen werden, ermöglicht der wichtige Begriff des Netzwerks – das Netz des Lebens – einen neuen Blick auf die sogenannten «Hierarchien» der Natur.

Die frühen Systemdenker waren sich durchaus darüber im klaren, daß es verschiedene Ebenen der Komplexität gibt, auf denen jeweils verschiedene Arten von Gesetzen herrschen. Ja, der Begriff der «organisierten Komplexität» wurde das eigentliche Thema des systemischen Ansatzes.[29] Auf jeder Komplexitätsebene weisen die beobachteten Phänomene Eigenschaften auf, die auf einer niedrigeren Ebene nicht existieren. So ist zum Beispiel der Begriff der Temperatur, der für die Thermodynamik von zentraler Bedeutung ist, ohne jede Bedeutung auf der Ebene der einzelnen Atome, auf der die Gesetze der Quantentheorie gelten. Ebensowenig kommt der Geschmack von Zucker in den Kohlenstoff-, Wasserstoff- und Sauerstoffatomen vor, aus denen er zusammengesetzt ist. Anfang der zwanziger Jahre prägte der Philosoph C. D. Broad den Begriff «emergente (neu auftretende) Eigenschaften» für jene Eigenschaften, die auf einer bestimmten Ebene der Komplexität spontan auftreten, aber auf niedrigeren Ebenen nicht existieren.

Systemdenken

Die von den organismischen Biologen in der ersten Hälfte dieses Jahrhunderts dargelegten Ideen trugen dazu bei, daß sich eine neue Denkweise – «Systemdenken» – entwickelte, die sich mit Begriffen wie Zusammenhang, Beziehungen, Kontext befaßte. Nach dieser Systemanschauung sind die wesentlichen Eigenschaften eines Organismus oder lebenden Systems Eigenschaften des Ganzen, die keiner seiner Teile besitzt. Sie gehen vielmehr aus den Wechselwirkungen und Beziehungen zwischen den Teilen hervor. Diese

Eigenschaften werden vernichtet, wenn das System entweder physisch oder theoretisch in isolierte Elemente zerlegt wird. Wir können zwar in jedem System einzelne Teile ausmachen, aber diese Teile sind nicht voneinander isoliert, und das Ganze unterscheidet sich seinem Wesen nach stets von der bloßen Summe seiner Teile. Eine wunderschöne Veranschaulichng hat das Systembild des Lebens in den Schriften von Paul Weiss gefunden, der aus seinen früheren ingenieurwissenschaftlichen Arbeiten Systembegriffe auf die Lebenswissenschaft übertrug und sein Leben damit verbrachte, ein ganz und gar organismisches Konzept der Biologie zu erforschen und zu propagieren.[30]

Die Entwicklung des Systemdenkens stellte eine tiefgreifende Umwälzung in der Geschichte des westlichen naturwissenschaftlichen Denkens dar. Der Glaube, daß sich in jedem komplexen System das Verhalten des Ganzen völlig aus den Eigenschaften seiner Teile verstehen ließe, ist von zentraler Bedeutung für das kartesianische Paradigma. Dies war Descartes' berühmte Methode des analytischen Denkens, die ein wesentliches Merkmal des modernen naturwissenschaftlichen Denkens ist. Nach der analytischen oder reduktionistischen Methode lassen sich die Teile nicht mehr weiter analysieren, außer wenn man sie auf noch kleinere Teile reduziert. Im Grunde hat sich die westliche Naturwissenschaft auf diese Weise weiterentwickelt, und auf jeder Stufe hat es eine Ebene von Grundbestandteilen gegeben, die nicht weiteranalysiert werden konnten.

Der große Schock für die Naturwissenschaft des 20. Jahrhunderts bestand darin, daß Systeme nicht durch Analyse verstanden werden können. Die Eigenschaften der Teile sind keine Eigenschaften an sich, sondern lassen sich nur im Kontext des größeren Ganzen verstehen. Damit hat sich die Beziehung zwischen den Teilen und dem Ganzen umgekehrt. Gemäß dem systemischen Ansatz lassen sich die Eigenschaften der Teile nur aus der Organisation des Ganzen verstehen. Dementsprechend konzentriert sich das Systemdenken nicht auf Grundbausteine, sondern vielmehr auf Grundprinzipien der Organisation. Systemdenken ist «kontextbezogen», und das ist das Gegenteil von analytischem Denken. Analyse heißt, daß etwas auseinandergenommen wird, um es zu verstehen – Systemdenken heißt, daß etwas in den Kontext eines größeren Ganzen gestellt wird.

Quantenphysik

Die Erkenntnis, daß Systeme integrierte Ganze sind, die sich durch Analyse nicht verstehen lassen, hat in der Physik sogar einen noch größeren Schock ausgelöst als in der Biologie. Seit Newton hatten die Physiker geglaubt, daß alle physikalischen Phänomene auf die Eigenschaften harter und fester Materieteilchen reduziert werden könnten. In den zwanziger Jahren jedoch zwang sie die Quantentheorie, die Tatsache zu akzeptieren, daß sich die festen materiellen Objekte der klassischen Physik auf der subatomaren Ebene in wellenartige Wahrscheinlichkeitsmuster auflösen. Darüber hinaus stellen diese Muster keine Wahrscheinlichkeiten von Dingen dar, sondern vielmehr Wahrscheinlichkeiten von wechselseitigen Verbindungen. Die subatomaren Teilchen haben keine Bedeutung als isolierte Einheiten, sondern lassen sich nur als wechselseitige Verbindungen oder Korrelationen zwischen verschiedenen Beobachtungs- und Meßvorgängen verstehen. Mit anderen Worten: Subatomare Teilchen sind keine «Dinge», sondern wechselseitige Verbindungen zwischen Dingen, und diese wiederum sind wechselseitige Verbindungen zwischen anderen Dingen und so weiter. In der Quantentheorie landen wir nie bei irgendwelchen «Dingen» – hier haben wir es stets mit wechselseitigen Verbindungen zu tun.

Somit zeigt die Quantenphysik, daß wir die Welt nicht in unabhängig voneinander existierende elementare Einheiten zerlegen können. Wenn wir unsere Aufmerksamkeit nicht den makroskopischen Objekten, sondern den Atomen und subatomaren Teilchen zuwenden, weist die Natur keine isolierten Bausteine auf, sondern erscheint vielmehr als ein komplexes Netz von Beziehungen zwischen den verschiedenen Teilen eines einheitlichen Ganzen. Oder, wie es Werner Heisenberg, einer der Begründer der Quantentheorie, formuliert hat: «Die Welt erscheint in dieser Weise als ein kompliziertes Gewebe von Vorgängen, in dem sehr verschiedenartige Verknüpfungen sich abwechseln, sich überschneiden und zusammenwirken und in dieser Weise schließlich die Struktur des ganzen Gewebes bestimmen.»[31]

Moleküle und Atome – also die von der Quantenphysik beschriebenen Strukturen – bestehen aus einzelnen Teilchen. Doch diese Bestandteile, die subatomaren Teilchen, lassen sich nicht als isolierte Einheiten verstehen, sondern müssen durch ihre wechselseitigen Beziehungen definiert werden. Oder, um es mit Henry Stapps Worten zu sagen: «Ein Elementarteilchen ist keine unabhängig existierende, analysierbare Einheit. Es ist im Grunde eine Reihe von Zusammenhängen, die sich nach außen zu anderen Dingen hin erstrecken.»[32]

In der formalen Sprache der Quantentheorie werden diese Zusammenhänge in Form von Wahrscheinlichkeiten ausgedrückt, und die Wahrscheinlichkeiten hängen von der Dynamik des ganzen Systems ab. Während in der klassischen Mechanik die Eigenschaften und das Verhalten der Teile die Eigenschaften und das Verhalten des Ganzen bestimmen, verhält es sich in der Quantenmechanik genau umgekehrt: Das Ganze bestimmt das Verhalten der Teile.

In den zwanziger Jahren bemühten sich die Quantenphysiker, den gleichen gedanklichen Wandel von den Teilen zum Ganzen zu vollziehen, der zur Bildung der Schule der organismischen Biologie geführt hatte. Ja, eigentlich wäre es den Biologen wahrscheinlich viel schwerer gefallen, den kartesianischen Mechanismus zu überwinden, wenn er nicht auf so spektakuläre Weise in der Physik zusammengebrochen wäre, in der ja das kartesianische Paradigma drei Jahrhunderte lang Triumphe gefeiert hatte. Heisenberg sah im Wechsel von den Teilen zum Ganzen den zentralen Aspekt jener gedanklichen Revolution, und er war davon so beeindruckt, daß er seiner wissenschaftlichen Autobiographie den Titel *Der Teil und das Ganze* gab.[33]

Gestaltpsychologie

Als sich die ersten organismischen Biologen mit dem Problem der organischen Form befaßten und über die relativen Vorzüge von Mechanismus und Vitalismus diskutierten, waren deutsche Psychologen von Anfang an an diesem Dialog beteiligt.[34] Damals nannte man das vieldiskutierte Problem der organischen Form das Gestaltproblem. Der Philosoph Christian von Ehrenfels hatte um die Jahrhundertwende als erster das Wort Gestalt im Sinne eines nicht mehr reduzierbaren Wahrnehmungsmusters verwendet und war damit einer der Wegbereiter der Schule der Gestaltungspsychologie geworden. Ehrenfels charakterisierte eine Gestalt damit, daß er erklärte, das Ganze sei mehr als die Summe seiner Teile, was später dann die Schlüsselformel der Systemdenker werden sollte.[35]

Die Gestaltpsychologen, allen voran Max Wertheimer und Wolfgang Köhler, sahen in der Existenz nichtreduzierbarer Ganzheiten einen wichtigen Aspekt der Wahrnehmung. Lebende Organismen, erklärten sie, nähmen Dinge nicht als isolierte Elemente wahr, sondern als integrierte Wahrnehmungsmuster – als sinnvoll organisierte Ganze, die Eigenschaften aufwiesen, welche in ihren Teilen fehlten. Der Gedanke des Musters tauchte immer wieder in den Schriften der Gestaltpsychologen auf, die oft den Vergleich mit einem musikalischen Thema heranzogen, das sich in verschiedenen Tonarten spielen läßt, ohne seine wesentlichen Merkmale zu verlieren.

Wie die organismischen Biologen sahen auch die Gestaltpsychologen in ihrer Denkrichtung einen dritten Weg jenseits von Mechanismus und Vitalismus. Die Gestaltlehre lieferte bedeutende Beiträge zur Psychologie, insbesondere auf dem Gebiet der Lernforschung und über das Wesen von Assoziationen. Mehrere Jahrzehnte später, in den sechziger Jahren, regte die ganzheitliche Methode der Psychologie eine entsprechende psychotherapeutische Schule an, die sogenannte Gestalttherapie, die die Integration persönlicher Erlebnisse in einem sinnvollen Ganzen betont.[36]

Im Deutschland der zwanziger Jahre, während der Weimarer Republik, waren organismische Biologie und Gestaltpsychologie in einen umfassenderen intellektuellen Trend eingebunden, der sich selbst als Protestbewegung gegen die zunehmende Fragmentierung und Entfremdung des Menschen verstand. Die gesamte Kultur dieser Zeit zeichnete sich durch eine antimechanistische Anschauung aus, einen «Hunger nach Ganzheit».[37] Aus diesem ganzheitlichen Zeitgeist gingen die organismische Biologie, die Gestaltpsychologie, die Ökologie und später auch die allgemeine Systemtheorie hervor.

Ökologie

Während die organismischen Biologen in Organismen, die Quantenphysiker in atomaren Phänomenen und die Gestaltpsychologen in der Wahrnehmung auf die nichtreduzierbare Ganzheit stießen, begegneten ihr die Ökologen bei ihren Untersuchungen der Tier- und Pflanzengemeinschaften. Die neue Wissenschaft der Ökologie entwickelte sich aus der organismischen Schule der Biologie im Laufe des 19. Jahrhunderts, als die Biologen Gemeinschaften von Organismen zu untersuchen begannen.

Die Ökologie – von griechisch *oíkos* («Haushalt») – ist das Studium des Haushalts der Erde. Genauer gesagt: Sie ist das Studium der Zusammenhänge, die alle Angehörigen des Erdhaushalts miteinander verbinden. Der Begriff wurde 1866 von dem deutschen Biologen Ernst Haeckel geprägt, der die Ökologie als «Wissenschaft von den Beziehungen des Organismus zur umgebenden Außenwelt»[38] definierte. Im Jahre 1909 wurde das Wort Umwelt zum erstenmal von dem baltischen Biologen und Ökologiepionier Jakob von Uexküll verwendet.[39] In den zwanziger Jahren konzentrierten sich die Ökologen auf die funktionalen Beziehungen innerhalb der Tier- und Pflanzengemeinschaften.[40] In seinem bahnbrechenden Buch *Animal Ecology* führte Charles Elton die Begriffe Nahrungskette und Nahrungszyklus ein, wobei er in den Ernährungsverhältnissen innerhalb von biologischen Gemeinschaften deren zentrales Organisationsprinzip erblickte.

Da die frühen Ökologen sprachlich dem Vokabular der organismischen Biologie sehr nahestanden, überrascht es nicht, daß sie biologische Gemeinschaften mit Organismen verglichen. So sah beispielsweise Frederic Clements, ein amerikanischer Pflanzenökologe und ein Pionier des Studiums der gesetzmäßigen Folge von Pflanzengesellschaften (Sukzession), in Pflanzengemeinschaften «Superorganismen». An diesem Begriff entzündete sich eine lebhafte Debatte, die über ein Jahrzehnt anhielt, bis der britische Pflanzenökologe A. G. Tansley die Vorstellung von Superorganismen ablehnte und dafür den Begriff «Ökosystem» einführte, um Tier- und Pflanzengemeinschaften zu charakterisieren. Der Begriff des Ökosystems – heute definiert als «eine Gemeinschaft von Organismen und ihrer physischen Umwelt, die als ökologische Einheit miteinander agiert»[41] – hat in der Folge das gesamte ökologische Denken geprägt und allein schon dadurch ein Systemdenken in der Ökologie gefördert.

Der Begriff «Biosphäre» wurde erstmals im späten 19. Jahrhundert von dem österreichischen Geologen Eduard Sueß verwendet, der damit die Schicht des Lebens bezeichnete, die die Erde umgibt. Ein paar Jahrzehnte später entwickelte der russische Geochemiker Wladimir Wernadskij in seinem bahnbrechenden Buch *Die Biosphäre* aus dem Begriff eine regelrechte Theorie.[42] Indem er auf Ideen von Goethe, Humboldt und Sueß zurückgriff, sah Wernadskij im Leben eine «geologische Kraft», die die planetarische Umwelt teils erschafft und teils steuert. Von allen frühen Theorien über die lebende Erde kommt die von Wernadskij der gegenwärtigen Gaia-Theorie am nächsten, wie sie von James Lovelock und Lynn Margulis in den siebziger Jahren entwickelt worden ist.[43]

Die neue Wissenschaft der Ökologie bereicherte die aufkommende systemische Denkweise durch die Einführung von zwei neuen Begriffen: Gemeinschaft und Netzwerk. Indem die Ökologen in einer ökologischen Gemeinschaft eine Ansammlung von Organismen erblickten, die durch ihre wechselseitigen Beziehungen in ein funktionales Ganzes eingebunden sind, erleichterten sie den ständigen Perspektivenwechsel zwischen Organismen und Gemeinschaften, wobei sie ein und denselben begrifflichen Apparat auf verschiedenen Systemebenen anwandten.

Heute wissen wir, daß die meisten Organismen nicht nur ökologischen Gemeinschaften angehören, sondern auch ihrerseits komplexe Ökosysteme sind und eine ganze Reihe kleinerer Organismen enthalten, die eine beachtliche Autonomie besitzen und doch harmonisch in den Funktionszusammenhang des Ganzen integriert sind. Somit gibt es drei Arten lebender Systeme: Organismen, Teile von Organismen und Gemeinschaften von Organismen, und alle sind integrierte Ganze, deren wesentliche Eigenschaften aus den Wechselwirkungen und der wechselseitigen Abhängigkeit ihrer Teile resultieren.

Im Laufe von Milliarden Jahren der Evolution haben viele Arten überaus eng verknüpfte Gemeinschaften gebildet, so daß das ganze

System einem großen, aus vielen Wesen bestehenden Organismus gleicht.[44] Bienen und Ameisen beispielsweise können nicht als Einzelwesen überleben, aber in großer Zahl agieren sie fast wie die Zellen eines komplexen Organismus mit einer kollektiven Intelligenz und Anpassungsfähigkeiten, die denen der einzelnen Individuen weit überlegen sind. Eine ähnlich enge Koordination von Aktivitäten kommt auch zwischen verschiedenen Arten vor, in der sogenannten Symbiose – auch hier weisen die sich daraus ergebenden lebenden Systeme die Eigenschaften einzelner Organismen auf.[45]

Seit dem Aufkommen der Ökologie sieht man in ökologischen Gemeinschaften ein Miteinander von Organismen, die auf netzartige Weise durch Ernährungsbeziehungen miteinander verknüpft sind. Dieser Gedanke tauchte bereits wiederholt in den Schriften von Naturforschern des 19. Jahrhunderts auf, und als man in den zwanziger Jahren Nahrungsketten und Nahrungszyklen zu untersuchen begann, gingen diese Begriffe bald im heute noch verwendeten Konzept des Nahrungsnetzes auf.

Das «Lebensnetz» ist natürlich eine alte Idee, auf die Dichter, Philosophen und Mystiker zu allen Zeiten zurückgriffen, um damit die Verwobenheit und wechselseitige Abhängigkeit aller Phänomene zum Ausdruck zu bringen. Eines der schönsten Beispiele findet sich in der berühmten Rede, die Häuptling Seattle zugeschrieben wird.

Als der Begriff des Netzwerks in der Ökologie mehr und mehr an Bedeutung gewann, begannen Systemdenker, Netzwerkmodelle auf allen Systemebenen zu verwenden, indem sie in Organismen Netzwerke aus Zellen, Organen und Organsystemen erblickten und Ökosysteme als Netzwerke individueller Organismen verstanden. Dementsprechend wurden die Ströme von Materie und Energie durch Ökosysteme als Fortsetzung der Stoffwechselwege durch Organismen betrachtet.

Die Anschauung, daß lebende Systeme Netzwerke sind, gewährt eine neue Sicht auf die sogenannten «Hierarchien» der Natur.[46] Da lebende Systeme auf allen Ebenen Netzwerke sind, müssen wir uns das Netz des Lebens als lebende Systeme (Netzwerke) vorstellen, die auf netzartige Weise mit anderen Systemen (Netzwerken) verknüpft sind. Beispielsweise können wir ein Ökosystem schematisch als ein

Netz mit ein paar Knoten darstellen. Jeder Knoten steht für einen Organismus, und das heißt nichts anderes, als daß jeder Knoten, wenn man ihn vergrößert, seinerseits als Netzwerk erscheint. Jeder Knoten in diesem neuen Netzwerk kann für ein Organ stehen, das wiederum als Netzwerk erscheint, wenn man es vergrößert, und so fort.

Mit anderen Worten: Das Netz des Lebens besteht aus Netzwerken innerhalb von Netzwerken. In jedem Maßstab erweisen sich bei genauerer Untersuchung die Knoten des Netzwerks ihrerseits als kleinere Netzwerke. Wir stellen diese Systeme, die alle innerhalb von größeren Systemen nisten, gewöhnlich in einem hierarchischen Schema dar, indem wir die größeren Systeme pyramidenartig über den kleineren anordnen. Aber das ist nichts weiter als eine menschliche Projektion. In der Natur gibt es kein «oben» oder «unten» und auch keine Hierarchien. Hier gibt es nur Netzwerke, die in anderen Netzwerken nisten.

In den letzten Jahrzehnten hat die Netzwerkperspektive zunehmend einen zentralen Stellenwert in der Ökologie bekommen. So hat der Ökologe Bernard Patten in seinen abschließenden Bemerkungen auf einer Konferenz über ökologische Netzwerke vor ein paar Jahren erklärt: «Ökologie *heißt* Netzwerke . . . Ökosysteme zu verstehen bedeutet letztlich, Netzwerke zu verstehen.»[47] Ja, in der zweiten Hälfte dieses Jahrhunderts ist der Begriff des Netzwerks zum Schlüssel zu wesentlichen Fortschritten im wissenschaftlichen Verständnis nicht nur der Ökosysteme, sondern der Natur des Lebens überhaupt geworden.

Anmerkungen

Dieser Beitrag erschien erstmals in: Fritjof Capra, *Lebensnetz*, München 1996, und wurde übersetzt von Michael Schmidt.

1 Siehe Fritjof Capra, *Lebensnetz*, München 1996.

2 Gregory Bateson, *Steps to an Ecology of Mind*, New York 1972, S. 577. Deutsche Ausgabe: *Ökologie des Geistes*, Frankfurt/M. 1980.

3 Siehe Wilhelm Windelband, *A History of Philosophy*, New York 1901, S. 119ff. Deutsche Ausgabe: *Lehrbuch der Geschichte der Philosophie*, Tübingen [18]1993.

4 Siehe Fritjof Capra, *The Turning Point*, New York 1982, S. 53ff. Deutsche Ausgabe: *Wendezeit*, München 1983.

5 R. D. Laing, zitiert nach Fritjof Capra, *Uncommon Wisdom*, New York 1988, S. 144f. Deutsche Ausgabe: *Das neue Denken*, München 1987.
6 Siehe Capra (1982), op. cit., S. 114.
7 William Blake, «Briefe an Thomas Butts, 22. November 1802», in: Alicia Ostriker (Hrsg.), *William Blake: The Complete Poems*, London 1977.
8 Siehe Capra (1982), op. cit., S. 7.
9 Siehe Donna Jeanne Haraway, *Crystals, Fabrics, and Fields: Metaphors of Organicism in Twentieth-Century Developmental Biology*, Yale University Press 1976, S. 40–42.
10 Siehe Windelband (1901), op. cit., S. 481ff.
11 Siehe G. Webster und B. C. Goodwin, «The Origin of Species: A Structuralist Approach», in: *Journal of Social and Biological Structures*, Bd. 5, 1982, S. 15–47.
12 Immanuel Kant, *Kritik der Urteilskraft*, Berlin 1790.
13 Siehe Capra (1996), op. cit., S. 119.
14 Siehe Charlene Spretnak, *Lost Goddesses of Early Greece*, Berkeley, CA, 1978, S. 30ff.
15 Siehe Marija Gimbutas, «Women and Culture in Goddess-Oriented Old Europe», in: Charlene Spretnak (Hrsg.), *The Politics of Women's Spirituality*, NY 1982.
16 Siehe Capra (1996), op. cit., S. 120ff.
17 Siehe Aaron Sachs, «Humboldt's Legacy and the Restoration of Science», in: *World Watch*, März/April 1995.
18 Siehe Webster und Goodwin (1982), op. cit.
19 Siehe Capra (1982), op. cit., S. 117ff.
20 Siehe Haraway (1976), op. cit., S. 22ff.
21 Arthur Koestler, *The Ghost in the Machine*, London 1967. Deutsche Ausgabe: *Das Gespenst in der Maschine*, Wien, München 1968.
22 Siehe Hans Driesch, *The Science and Philosophy of the Organism*, Aberdeen 1908, S. 76ff. Deutsche Ausgabe: *Philosophie des Organischen*, Leipzig 1921.
23 Rupert Sheldrake, *A New Science of Life*, Los Angeles 1981. Deutsche Ausgabe: *Das schöpferische Universum*, München 1983.
24 Siehe Haraway (1976), S. 33f.
25 Siehe Robert Lilienfeld, *The Rise of Systems Theory*, New York 1978, S. 14.
26 Diesen Hinweis verdanke ich Heinz von Foerster.
27 Siehe Haraway (1976), S. 131, 194.
28 Zitiert ibid., S. 139.
29 Siehe Peter Checkland, *Systems Thinking, Systems Practice*, New York 1981, S. 78.
30 Siehe Haraway (1976), op. cit., S. 147ff.
31 Zitiert in Capra (1975), op. cit., S. 140.
32 Ibid.
33 Heisenbergs englische und amerikanische Verleger verstanden nicht den Sinn dieses Titels und gaben der englischen Übersetzung den Titel *Physics and Beyond*; siehe Werner Heisenberg, *Der Teil und das Ganze*, München 1973.
34 Siehe Lilienfeld (1978), op. cit., S. 227ff.
35 Christian von Ehrenfels, «Über ‹Gestaltqualitäten›», 1890; nachgedruckt in Ferdinand Weinhandl (Hrsg.), *Gestalthaftes Sehen*, Darmstadt 1960.
36 Siehe Capra (1982), op. cit., S. 433.
37 Siehe Steve J. Heims, *The Cybernetics Group*, Cambridge, Mass., 1991, S. 209.
38 Ernst Haeckel, zitiert in Manon Maren-Grisebach, *Philosophie der Grünen*, München/Wien 1982, S. 30.

39 Jakob von Uexküll, *Umwelt und Innenwelt der Tiere*, Berlin 1909.
40 Siehe Robert E. Ricklefs, *Ecology*, New York ^{3}1990, S. 174ff.
41 Siehe R. J. Lincoln et al., *A Dictionary of Ecology*, Cambridge, Mass. 1982.
42 Wladimir Wernadskij, *The Biosphere*, zuerst 1926 erschienen, Nachdruck Oracle, AR, 1986; siehe auch Lynn Margulis und Dorion Sagan, *What is Life?*, New York 1995, S. 44ff.
43 Siehe Capra (1996), op. cit., S. 120ff.
44 Siehe Lewis Thomas, *The Lives of a Cell*, New York 1975. Deutsche Ausgabe: *Das Leben überlegt.* Geheimnis der Zellen.
45 Ibid.
46 Siehe T. P. Burns, B. C. Pattan und H. Higashi, «Hierarchical Evolution in Ecological Networks», in: M. Higashi und T. P. Burns, *Theoretical Studies of Ecosystems: The Network Perspective*, New York 1991.
47 B. C. Patten, «Network Ecology», in: M. Higashi und T. P. Burns, *Theoretical Studies of Ecosystems: The Network Perspective*, New York 1991.

Wandel im Management – Management im Wandel

Die systemische Methode

Paradigmenwechsel im Management

Im Laufe der letzten Jahre ist uns zunehmend klargeworden, daß sich die heutigen Managementprobleme nicht innerhalb von starr voneinander getrennten Disziplinen lösen lassen. Der Kontext moderner Organisationen ist so komplex, und ihre Grenzbedingungen ändern sich so rasch, daß der alte Managementstil nicht mehr genügt. Wir brauchen eine ganzheitliche Methode.

Dieser Zustand des Managements spiegelt den umfassenderen Zustand der Wissenschaft und der Gesellschaft wider. Auf allen Gebieten wird es immer mehr evident, daß sich die dringendsten Probleme weder isoliert verstehen noch mit einer derart fragmentierten Methode lösen lassen. Es sind «systemische» Probleme, das heißt, sie sind alle miteinander verbunden und wechselseitig voneinander abhängig. Wir werden sie erst lösen können, wenn wir ganzheitlich zu denken und zu handeln vermögen. Im Management wie in der Medizin, in der Wirtschaft oder der Politik erfordert die Lösung der vielschichtigen Probleme unserer global vernetzten Welt einen grundlegenden Paradigmenwechsel, einen Wandel in unserem Denken, unseren Weltanschauungen und unseren Werten. Ein wesentliches Merkmal dieses Paradigmenwechsels ist eine veränderte Wahrnehmung der Welt – sie wird nicht mehr als Maschine betrachtet, sondern als ein lebendes System. Dieser Wandel betrifft unsere Wahrnehmung der Natur, des menschlichen Organismus, der Gesellschaft und damit auch der Unternehmensorganisation. Systemisches Denken ist ganzheitliches Denken. Heutzutage wird es von der wissenschaftlichen Avantgarde ebenso entwickelt wie in einer wachsenden Zahl von hervorragend geführten Unternehmen, wo man oft von «systemischem Management» spricht.

Die Kriterien des systemischen Denkens

Wo auch immer das systemische Denken praktiziert und entwickelt wird, genügt es vier Kriterien, die auf Veränderungen im Denken und in der Wahrnehmung verweisen.

1. Von den Teilen zum Ganzen
Die alte Denkweise ging davon aus, daß sich in jedem komplexen System die Dynamik des Ganzen aus den Eigenschaften der Teile verstehen ließe. In der neuen Denkweise versuchen wir, die Teile aus der Dynamik des Ganzen zu verstehen. Das systemische Denken ist ganzheitliches Denken. Im Mittelpunkt stehen nicht Grundbausteine, sondern Grundmuster der Organisation.

2. Von Objekten zu Beziehungen
Aus der systemischen Perspektive wird jedes «Objekt», jeder «Teil» als ein Muster in einem untrennbaren Netz von Beziehungen gesehen. Die wesentlichen Eigenschaften eines derartigen Objekts leiten sich aus seinen Beziehungen zu anderen Objekten ab. Das gilt auch für jedes lebende System als ein Ganzes: Sein Wesen leitet sich aus seinen Beziehungen zur Umwelt ab. Somit ist systemisches Denken stets auch Umweltdenken.

3. Von Strukturen zu Prozessen
Die alte Denkweise ging von der Vorstellung aus, daß Grundstrukturen miteinander durch Kräfte und Mechanismen interagieren und damit Prozesse auslösen. In der neuen Denkweise werden Struktur und Prozeß als komplementäre Begriffe verstanden. Jeder Prozeß betrifft eine Struktur, und jede Struktur ist eine Manifestation von Prozessen. Systemisches Denken ist Prozeßdenken.

4. Von der Objektivität zur Konstruktion der Realität
Zum alten Paradigma gehörte auch der Glaube an eine objektive Beschreibung der Wirklichkeit, die unabhängig vom menschlichen Beobachter und vom Erkenntnisprozeß wäre. Im neuen Paradigma gewinnt die Einsicht an Bedeutung, daß ein Verstehen des Wissensprozesses ein integraler Bestandteil der Beschreibung natürlicher

Phänomene sein muß. Einerseits konstitutiert sich ein lebendes System durch seine Beziehungen zur Umwelt (siehe zweites Kriterium), andererseits bringt es auch diese Umwelt hervor. Es nimmt Umwelteinflüsse selektiv wahr und konstruiert auf diese Weise seine eigene Umwelt.

Lebende Systeme

Lebende Systeme sind integrierte Ganze, deren Eigenschaften sich nicht auf die Eigenschaften kleinerer Einheiten reduzieren lassen. In der Natur gibt es eine Fülle von Beispielen lebender Systeme. Jeder Organismus – von der kleinsten Bakterie über die ganze Bandbreite von Pflanzen und Tieren bis zu uns Menschen – ist ein integriertes Ganzes und somit ein lebendes System. Diese Ganzheit zeigt sich auch an sozialen Systemen und Ökosystemen, deren spezifische Strukturen aus den Interaktionen und der wechselseitigen Abhängigkeit ihrer Teile entstehen.

Eine erstaunliche Eigenschaft lebender Systeme ist ihre Neigung, vielschichtige Strukturen von Systemen innerhalb von Systemen zu bilden. Jedes dieser Systeme stellt ein Ganzes im Hinblick auf seine Teile dar, während es gleichzeitig Teil eines größeren Ganzen ist. Daher verbinden Zellen sich zu Geweben, Gewebe zu Organen und Organe zu Organismen. Diese wiederum existieren innerhalb von Gesellschafts- und Ökosystemen. Einer der größten Vorzüge der systemischen Methode besteht darin, daß sich dieselben Begriffe auf verschiedenen systemischen Ebenen anwenden lassen, und das führt oft zu bedeutenden Erkenntnissen.

Eine weitere erstaunliche Eigenschaft aller lebenden Systeme ist ihr hohes Maß an Stabilität. Diese Stabilität wird nicht durch Starrheit bewirkt, sondern vielmehr durch eine dynamische, nicht-lineare Vernetztheit (Rückkopplungsschleifen). In dieser Dynamik spielen Schwankungen eine wichtige Rolle. Das dynamische Gleichgewicht der lebenden Systeme zeichnet sich durch ständige wechselseitig voneinander abhängige Schwankungen aller Variablen aus. Um gesund zu sein, muß das System flexibel sein, und seine Flexibilität hängt davon ab, wie viele seiner Variablen ständig schwanken – je dynamischer der Zustand des Organismus ist, desto größer ist seine Flexibilität und damit seine Fähigkeit, sich den sich verändernden Umweltbedingungen anzupassen. In Gesellschafts- und Ökosystemen ist die Variabilität ein weiterer wichtiger Aspekt der für lebende Systeme typischen Flexibilität und Anpassungsfähigkeit.

Mangel an Flexibilität manifestiert sich als Streß. Insbesondere tritt Streß auf, wenn eine oder mehrere Variablen des Systems bis zu ihren Extremwerten getrieben werden, was dann im ganzen System zu erhöhter Starrheit führt. Vorübergehender Streß ist ein wesentlicher Aspekt des Lebens, aber anhaltender Streß ist schädlich und zerstörerisch für das System. Diese Überlegungen führen zu der wichtigen Erkenntnis, daß es beim Management eines sozialen Systems – eines Unternehmens, einer Großstadt oder einer Volkswirtschaft – darum geht, die optimalen Werte für die Systemvariablen zu finden. Jeder Versuch, eine einzelne Variable zu *maximieren* statt zu *optimieren*, wird unweigerlich zur Zerstörung des Systems als einem Ganzen führen.

Wenn man die Stabilität und Anpassungsfähigkeit eines sozialen Systems als Folgen eines dynamischen Gleichgewichts ansieht, das durch ständige, wechselseitig voneinander abhängige Schwankungen charakterisiert ist, erscheint eine entsprechende Konfliktlösungsstrategie naheliegend. Unweigerlich treten in jedem lebenden System Konflikte und Widersprüche auf. In Ökosystemen sind Wachstum und Verfall wechselseitig gegenläufige Prozesse, die sich in allen ökologischen Zyklen manifestieren. In gleicher Weise treten in der menschlichen Gesellschaft Widersprüche und Konflikte auf, die sich nicht zugunsten der einen oder der anderen Seite lösen lassen. Somit brauchen wir Stabilität *und* Wandel, Ordnung *und* Freiheit, Tradition *und* Erneuerung, Planung *und* Laisser-faire. Statt durch starre Entscheidungen lassen sich diese unvermeidlichen Konflikte besser durch die Errichtung eines dynamischen Gleichgewichts lösen.

Um den Begriff «lebendes System» genauer zu definieren, muß die Frage «Was ist Leben?» aus der systemischen Perspektive neu formuliert werden: «Was sind die Organisationsprinzipien lebender Systeme?»

Dabei stellt sich heraus, daß die für lebende Systeme charakteristischen vielfältigen Prozesse und Phänomene als verschiedene Aspekte eines einzigen Prinzips gesehen werden können, des Prinzips der Selbstorganisation. Ein lebendes System ist ein selbstorganisierendes System, das heißt, seine Ordnung wird ihm nicht von der Umwelt auferlegt, sondern vom System selbst errichtet. Mit anderen Worten: Lebende, selbstorganisierende Systeme weisen ein gewisses Maß an Autonomie auf. Damit ist nicht gesagt, daß sie von ihrer Umwelt isoliert wären. Im Gegenteil – sie interagieren ständig mit ihr. Aber diese Interaktion bestimmt nicht ihre Organisation.

Der faszinierendste und revolutionärste Aspekt der neuen Theorie lebender Systeme ist ein neues Verständnis der Kognition. Der Kognitionsprozeß wird als ein wesentlicher Bestandteil der Selbstorganisation gesehen. Von zentraler Bedeutung ist dabei die Gleichsetzung des geistigen Prozesses oder des Kognitionsprozesses mit dem Prozeß des Lebens selbst.

In der neuen Theorie lebender Systeme ist die Kognition nicht eine Darstellung einer unabhängig existierenden Welt, sondern vielmehr ein ständiges Hervorbringen einer Welt durch den Prozeß des Lebens. Alle Interaktionen des lebenden Systems mit seiner Umwelt sind kognitive Interaktionen – Leben ist Wissen.

Systemisches Management

Die Anwendung der oben skizzierten Ideen und Erkenntnisse auf die Führung von Organisationen läßt sich dementsprechend als systemisches Management bezeichnen. Ein von systemischem Denken und Handeln geprägter Führungsstil zeichnet sich vor allem durch eine grundlegend neue Einstellung aus. Manager, die systemisch denken, betrachten sich nicht mehr als Herrschafts- und Kontrollinstanzen im Unternehmen, sondern vielmehr als «Gärtner und Kultivierer». Sie sehen im Unternehmen ein lebendes, selbstorganisierendes System, und darum vermitteln sie lieber Impulse als Anweisungen. Sie sind sich der folgenden Grundprinzipien des systemischen Managements bewußt.

1. Unternehmen können nicht beherrscht werden – sie beherrschen sich selbst.
Für viele Manager ist dieser Gedanke äußerst unangenehm bis unannehmbar. Stur halten sie an der Vorstellung fest, daß das Unternehmen wie eine Maschine sei, die sich steuern ließe, wenn man nur hinreichend verstünde, wie ihre Teile zusammenpassen. Selbst die tägliche Erfahrung, daß diese Maschine sich weiterhin im Widerspruch zu ihren Erwartungen verhält, bringt diese Manager nicht dazu, ihre Grundannahme in Frage zu stellen. Im Gegenteil – das regt sie geradezu an, die Mechanismen noch gründlicher zu studieren, damit sie sie steuern können.

Wir gehen dagegen von folgender Annahme aus: Unternehmen als lebende soziale Systeme sind so komplex, daß sie von einem einzelnen Individuum nie völlig verstanden werden können. Wie alle anderen lebenden Systeme lassen sich Unternehmen außerdem deshalb nicht beherrschen, weil sie selbstorganisierend sind. Sie reagieren, großenteils automatisch, indem sie ihre Identität dadurch bewahren, daß sie sich von ihrer Umwelt unterscheiden und Informationen nach ihrer eigenen Logik verarbeiten.

Das bedeutet, daß Manager lernen müssen, mit der Ungewißheit zu leben. Sie handeln innerhalb eines sozialen Systems, das sie nie völlig begreifen können und dessen Reaktionen und Ereignisse sie nie mit Gewißheit vorhersagen, geschweige denn steuern werden. Daher müssen die Manager sich um ein Gespür für die eigene Logik und Rationalität des Unternehmens bemühen. Allerdings entbindet sie das nicht von der Verantwortung, Orientierungen und Impulse zu vermitteln und mit aller Energie zu versuchen, das Unternehmen in gewisse Zustände zu versetzen und deren Auswirkungen zu analysieren.

2. Das Wesen eines lebenden Systems wird entschieden von seiner Beziehung zu seiner jeweils relevanten Umwelt bestimmt.
Das Wesen eines lebenden Systems leitet sich von seiner Beziehung zur Umwelt ab. Genauso wie die Identität eines Menschen unter anderem von seinen Erfahrungen, seiner Herkunft, der sozialen Schicht, aus der er kommt, seinen Beziehungen zu seinen Freunden und Kollegen und so weiter bestimmt wird, gestalten sich die Eigenschaften einer Unternehmensorganisation nach ihren Beziehun-

gen zur jeweiligen Umwelt, die für ihre Existenz und Entwicklung relevant ist.

Wie ein Unternehmen seine Kunden, Lieferanten und Konkurrenten behandelt, spiegelt sich in seiner gesamten Identität und Kultur wider, und dazu gehören auch seine Struktur, seine Symbole, seine gemeinsamen Werte, Normen, Organisationsformen und Erwartungen. Obwohl die Selbstorganisation jedes sozialen Systems eine Voraussetzung für autonomes Handeln ist, haben seine Beziehungen zu seiner Umwelt einen starken Einfluß auf die Merkmale des Systems. Dementsprechend spiegeln die Normen, Erwartungen und Prozesse im System seine Beziehungen zu seiner Umwelt wider. Beispielsweise unterscheidet sich die Kultur von Dienstleistungsunternehmen von der Kultur von Produktionsunternehmen. Gleichzeitig projiziert ein Unternehmen seine eigenen Strukturen und Prozesse auf die Umwelt. Es nimmt diese Umwelt selektiv wahr, und somit konstruiert es in der Tat bis zu einem gewissen Grad seine eigene Umwelt.

Störungen innerhalb eines Systems müssen daher stets innerhalb des Kontexts der Beziehung des Unternehmens zu seiner relevanten Umwelt interpretiert werden.

Die relevante äußere Umwelt eines Unternehmens umfaßt nicht nur den Markt, sondern auch die natürliche Umwelt, von der das Leben aller Menschen abhängt und aus der das Unternehmen seine Energie und seine Rohstoffe bezieht. Heutzutage ist der ökologische Kontext immer mehr von zentraler Bedeutung für die Wirtschaft wie für das Management. Dementsprechend wird das ökologische Denken eine immer größere Rolle im systemischen Management spielen.

3. Manager und Mitarbeiter sind die «innere Umwelt» des Unternehmens. Im Zentrum der Wahrnehmung von Unternehmen als sozialen Systemen stehen Handlungen und Handlungsmuster, die charakteristisch für eine spezifische Unternehmensorganisation sind. Natürlich kann es kein soziales System ohne Menschen geben. Doch nur die Handlungen der Mitarbeiter eines Unternehmens, die für das Unternehmen relevant sind, gehören zu seiner Organisation. Die Privatperson hat nur eine indirekte Bedeutung.

Wir widersprechen der weithin vertretenen Ansicht, daß die Manager und Mitarbeiter eines Unternehmens das gesamte Unternehmen ausmachen. Einerseits ist diese Betrachtungsweise zu eng, weil sie andere wichtige Aspekte wie Wirtschaft und Technik ausklammert. Andererseits respektiert sie nicht den ganzen Menschen, der auf jeden Fall mehr ist als seine Rolle und Funktion innerhalb der Unternehmensorganisation. Wir meinen, wer das Unternehmen mit der Summe der darin handelnden Menschen gleichsetzt, sieht den Wald vor lauter Bäumen nicht. Natürlich kann es keinen Wald ohne Bäume und kein Unternehmen ohne Menschen geben. Doch für den Wald wie auch für das Unternehmen gilt, daß die Beziehungen zwischen ihren Teilen und die sich ergebenden Handlungsmuster die charakteristischen und bleibenden Merkmale sind, während die Teile von geringerer Bedeutung und großenteils austauschbar sind.

Zweifellos haben diejenigen, die in Organisationen Macht besitzen, einen starken Einfluß auf die Unternehmensregeln. Doch oft wird der Einfluß der strukturellen Bedingungen einer Organisation und ihrer Dynamik unterschätzt. Daher sehen wir in den Managern und Mitarbeitern eines Unternehmens relevante innere Umwelten. Sie können natürlich Handlungsmuster je nach ihrer Motivation, Bildung, Biographie und so weiter beeinflussen. Doch im Vergleich zum Unternehmen als autonomem, selbstorganisierendem System wird ihr individueller Einfluß gewöhnlich viel begrenzter sein.

Menschen, die als Problemfälle abgestempelt werden, lassen sich fast immer als Symptome tieferliegender Störungen diagnostizieren. Daher können grundlegende Veränderungen im Unternehmen nur durch die Beeinflussung von Handlungen und Handlungsmustern statt von Individuen herbeigeführt werden. Es geht nicht darum, Menschen zu verändern, sondern vielmehr Bedingungen zu schaffen, die andere Verhaltensmuster zulassen.

4. Widersprüche gibt es in jedem System.

In jedem System gibt es eine Vielfalt von Rollen und Subsystemen mit Aufgaben von unterschiedlicher Komplexität und situationsbedingter Bedeutung. Das erzeugt unterschiedliche und zuweilen widersprüchliche Wahrnehmungsmuster und Mechanismen der Informationsverarbeitung. Andererseits ermöglicht es auch Flexibilität und Vielfalt und damit die unabdingbare Basis für die Anpassungsfähigkeit und das Entwicklungspotential des Systems. Die Art und Weise, wie diese Widersprüche einbezogen werden, stellt einen wesentlichen Teil der Identität des Unternehmens dar.

So führen beispielsweise die verschiedenen Positionen und Rollen in einem Unternehmen – interne und externe Aufgaben, Chefs und Mitarbeiter, private und geschäftliche Angelegenheiten – zu widersprüchlichen Erwartungen. Darüber hinaus werden widersprüchliche Erwartungen auch durch Faktoren außerhalb des Systems hervorgerufen – durch Kundenbedürfnisse, staatliche Regulierungen, Ansprüche von Lieferanten und so weiter. Schließlich weisen die Beziehungen zwischen den verschiedenen Angehörigen der Organisation ihre eigenen Widersprüche auf – Mitarbeiter sollen sowohl kreativ wie gehorsam, autonom wie loyal sein.

Alle Vertreter des mittleren Managements befinden sich automatisch in einem Spannungsfeld. Um mit dieser Situation gut zurechtzukommen, müssen sie sich ausgezeichnet auf Konfliktlösungen verstehen und in der Lage sein, sich von verschiedenen Rollen zu distanzieren. Sie sollen leistungsorientiert sein und gleichzeitig die Bedürfnisse der Mitarbeiter berücksichtigen, sie schützen und fördern, während sie stets das Ganze repräsentieren.

Jedes System muß dafür sorgen, daß die ihm innewohnenden Eigenschaften im Gleichgewicht bleiben, wenn es am Leben bleiben soll. Es benötigt redundante Routineprogramme, die für Stabilität sorgen, ebenso wie flexible Möglichkeiten für innovative Handlungen und freie Entscheidungen, die eine Vielfalt garantieren.

Ein systemorientierter Manager weiß, daß beide Tendenzen eines Widerspruchs von Bedeutung sind, wobei das Gleichgewicht zwischen ihnen vom jeweiligen Kontext abhängt. Ein derartiger Manager erkennt die funktionale Rolle von Unterschieden und verliert die Dialektik von Gut und Schlecht nie aus den Augen. Würde er sich für eine Seite des Widerspruchs entscheiden, wäre dies automatisch eine Provokation der anderen Seite und eine Beschneidung der Fähigkeit, mit dem Widerspruch zu leben und ihn zu managen.

Um den Zustand eines dynamischen Gleichgewichts aufrechtzuerhalten, muß man sich darüber im klaren sein, daß auf Widersprüchen basierende Konflikte funktional sind, daß sie zur Vitalität und Lebensfähigkeit des Systems beitragen und daß sich die Komplexität der Umwelt nur durch das Konfliktmanagement in Betracht ziehen läßt. Es geht nicht mehr um Nullsummenspiele, sondern vielmehr um konstruktive Konfliktlösungen. Ohne Konflikte kann es keine Entwicklung geben. Der chinesische Begriff für Krise veranschaulicht dies auf eindrucksvolle Weise: *Wei-chi* setzt sich zusammen aus den Wörtern für «Gefahr» und «Chance».

5. Etwas muß geschehen, damit die Dinge gleich bleiben.
Je dynamischer der Zustand des Gleichgewichts im lebenden System ist, desto größer ist seine Stabilität – daher gilt der paradoxe Satz: «Etwas muß geschehen, damit die Dinge gleich bleiben.» Im Laufe der Geschichte eines Unternehmens entstehen für die Organisation relevante Umwelten aus der Vielzahl der Phänomene, die das System umgeben. Die Corporate Identity ist unter anderem durch die Neigung des Systems charakterisiert, konstante Beziehungen zu diesen relevanten Umwelten aufrechtzuerhalten. Ein weiterer Teil der Unternehmensidentität resultiert aus dem Entstehen idiosynkratischer innerer Strukturen – Werte, Normen und Muster –, die ebenfalls eine Tendenz haben zu bleiben, wie sie sind.

Wenn sich nun die relevanten Umwelten des Unternehmens verändern und die Organisation ihre Beziehungen zu diesen sich verändernden Umwelten aufrechterhalten will, muß sie ihre innere Struktur verändern. Aber da sich die Umwelten ständig verändern, führt dies zu der paradoxen Situation, daß sich Unternehmen ständig verändern müssen, um die Beziehungen aufrechtzuerhalten, die über ihre Identität entscheiden, während sie gleichzeitig versuchen müssen, ihre charakteristischen inneren Strukturen zu bewahren.

Mit dem Grundwiderspruch zwischen Veränderung und Stabilität zu leben und ihn auf eine für das Unternehmen sinnvolle Weise am Leben zu erhalten, ist daher eine der größten Herausforderungen für das Management.

6. Systemisches Denken und Handeln bedeutet, daß man ständig die Schleife von Beobachtung, Hypothesenbildung und Handeln durchläuft.
Jeder Manager ist letztlich ein Problemlöser. Die zunehmende Komplexität von Managementproblemen erfordert ein frühes Erkennen und Handeln. Ein Problem zu erkennen bedeutet, daß man seine Vernetzungen mit einer Vielzahl von beeinflussenden Faktoren begreift, während man den eigenen Standpunkt als Beobachter, mit seiner relevanten Wahrnehmung, dabei berücksichtigt. Systemisches Handeln setzt die Fähigkeit voraus, Distanz zu gewinnen, indem man sich Zeit läßt, um einen größeren Blickwinkel zu bekommen. Ohne ständige Situationsdiagnose und Hypothesenbildung – das heißt, ohne ein Erkennen der tieferliegenden dynamischen Muster – würde sich systemisches Management auf intuitives Handeln beschränken.

Nach der systemischen Methode verfahrende Manager wissen, daß es keine absolute Objektivität geben kann, daß die Diagnose stets das Ergebnis einer Interaktion zwischen dem Beobachter und den beobachteten Phänomenen ist. Jedes Individuum konstruiert seine eigene Realität. Daher ist im systemischen Management die Zusammenarbeit mit anderen Menschen wichtig, damit man sich ein Bild von der Situation machen kann. Allein schon dieser Prozeß wird oft der erste Schritt zu einer Bewußtseinsveränderung und einer Lösung des Problems sein.

Systemische Manager bemühen sich bewußt darum, Vertreter aus verschiedenen Interessengruppen sowie widersprüchliche Tendenzen in den Prozeß von Reflexion und Entscheidungsfindung einzubeziehen. Auf diese Weise sorgen sie dafür, daß ihre Entscheidungen und ihre Problemlösungsmethoden auch die Handlungsmuster und die Komplexität der relevanten Umwelt einschließen. Diese Schleife – Beobachtung, Hypothesenbildung und Handeln – sollte unabdingbar mit dem systemorientierten Management verbunden sein.

7. Der Weg ist das Ziel.
In unserer westlichen Kultur gehen wir oft von der Vorstellung fester, unveränderlicher Ziele aus, die erreicht werden müssen. Der Weg zu diesen Zielen wird als getrennt von den Zielen selbst und

oft als mit Schwierigkeiten verbunden verstanden. Wenn dann das Ziel erreicht ist, wird häufig ein Gefühl der Leere empfunden, während sich neue Probleme und Aufgaben einstellen.

Systemisches Denken ist Prozeßdenken. Wenn man von der Vorstellung ausgeht, daß sich alles in ständigem Wandel befindet und daß die Turbulenz ebenso wie die Vielfalt und die Wissensmenge in der Umwelt in absehbarer Zukunft weiterhin zunehmen werden, dann werden Vorstellungen wie das Lernen des Lernens und die bewußte Gestaltung des Prozesses (das heißt des Weges) in den Vordergrund treten.

Die Aufgabe besteht darin, den Weg (den Prozeß, die Strategie) als gleichwertig mit dem Ziel und als wechselseitig abhängig von ihm zu betrachten, ohne die klare Vision und Planung aufzugeben, die eine wichtige Orientierung in diesen turbulenten Zeiten bieten. Die Gestaltung des Wegs und die Formulierung der Vision können als Prozesse oder als Ko-Evolution von Unternehmen und Umwelt angesehen werden.

Da man vom Prozeß, vom Weg lernen kann, ist er auch das Ziel. Die Identität des Unternehmens zum Beispiel ist ein ständiger Entwicklungsprozeß von Denken und Bewußtsein. Er ist der Weg zu dem Ziel, die Unternehmensidentität mit dem Markt zur Deckung zu bringen. Bei dieser Aufgabe wird die Formulierung bindender Regeln nicht ausreichen. Dazu bedarf es keiner Zaubersprüche, sondern vielmehr des Lernens innerhalb des Prozesses der Anpassung.

Neues Denken – neue Werte

Der Paradigmenwechsel im Management wie in der Wissenschaft und in der Gesellschaft erfordert eine Ausweitung nicht nur unseres Denkens, sondern auch unserer Werte. Interessanterweise läßt sich ein erstaunlicher Zusammenhang zwischen diesen Veränderungen im Denken und dem Wertewandel feststellen. Die folgende Tabelle zeigt, daß sich in beiden eine Verlagerung von der Selbstbehauptung zur Integration vollzieht.

Denken	*Werte*
rational → intuitiv	Wettbewerb → Kooperation
Analyse → Synthese	Quantität → Qualität
reduktionistisch → holistisch	Herrschaft → Partnerschaft

Es muß betont werden, daß es hier nicht darum geht, alte, sinnvolle Denkweisen und Werte wie Logik, Analyse und Kausalfaktoren sowie Definitionen von Zielen aufzugeben, sondern vielmehr um eine Bereicherung der Grundannahmen und -einstellungen, damit man zu einer ganzheitlichen Perspektive gelangt.

Die Folgen des neuen Managementstils sind weder sensationell noch spektakulär, weil sie sich vor allem in der Grundhaltung, den Wahrnehmungskategorien, der Weltsicht und dem Selbstverständnis des systemischen Managers manifestieren. Wie bereits gesagt, versteht ein derartiger Manager sich nicht als Herrscher und Kontrolleur, sondern vielmehr als «Gärtner und Kultivierer», der zur Gestaltung der Bedingungen für das langfristige Überleben des Unternehmens beiträgt. Durch die Freisetzung von Energien, das Erkennen latenter Potentiale, Zusammenspiele und Prozesse, durch die Betonung von Intuition, Sinn und Vision, durch das Vermitteln von Orientierungen, den Einsatz der Metakommunikation, durch zunehmende Flexibilität und die Verbesserung des Lernpotentials des Systems verkörpern solche Manager ein qualitativ anderes Managementkonzept.

Manager und Unternehmensführer, die unter dem täglichen Druck stehen, Leistungen zu erbringen und Ziele zu erreichen, werden sich besonders der Gegensätze zwischen ihrer eigenen Situation und dem hier beschriebenen Managementstil bewußt werden. Die strukturellen Grenzbedingungen in den meisten Unternehmen sowie die bei allen Menschen verbreitete Angst vor Machtverlust und Veränderung sind zusätzliche Handikaps. Doch die zunehmend auf Lösungen drängenden Probleme und die wachsende Erkenntnis, daß die Probleme des heutigen Managements systemische Probleme sind, werden immer mehr Manager und Unternehmer zu der Überzeugung gelangen lassen, daß der Wechsel zum systemischen Management die beste Lösung sein wird.

Man muß sich nämlich darüber im klaren sein, daß es kein schwierigeres Wagnis, keinen zweifelhafteren Erfolg und keinen gefährlicheren Versuch gibt, als sich zum Leiter eines Staats aufzuwerfen und eine neue Ordnung einzuführen; denn jeder Neuerer hat alle die zu Feinden, die von der alten Ordnung Vorteile hatten, und er hat an denen nur laue Verteidiger, die sich von der neuen Ordnung Vorteile erhoffen.
Machiavelli, *Der Fürst*

Anmerkung

Dieser Beitrag entstand in Zusammenarbeit mit Axel Exner und Roswita Königswieser und erschien erstmals in: *World Business Academy Perspectives*, Vol. 6, Nr. 3, 1992. Übersetzt wurde er von Michael Schmidt.

Innovations-Ökologie: Das Elmwood-Konzept

«Wir gehen mit dieser Erde um, als hätten wir noch eine zweite im Kofferraum.»

Jane Fonda, Schauspielerin und Umweltaktivistin (1981)

«Was immer der Erde widerfährt, widerfährt auch den Kindern der Erde.
Wenn die Menschen auf die Erde spucken, bespucken sie sich selbst.
Denn dies wissen wir:
Die Erde gehört nicht dem Menschen, der Mensch gehört der Erde. Alle Dinge sind miteinander verbunden ...
Der Mensch hat das Netz des Lebens nicht gewoben, er ist nur ein Strang in diesem Netz. Was immer er dem Netz antut, tut er sich selber an.»

Häuptling Seattle in seiner Rede vor dem Präsidenten der Vereinigten Staaten von Amerika (1855)[1]

«Wie der Verlauf früherer Krisen zeigt, wird sich das wirtschaftliche Gleichgewicht erst auf dem Weg der in ungeheurem Umfang stattfindenden Vernichtung menschlicher und sachlicher Werte wiederherstellen.»

Max Horkheimer (1932)[2]

Zukunftswerkstätten in Deutschland (Lutz 1987)

A. Ursprung und konzeptioneller Rahmen der Ökobilanzierung: Der Global File Report des Elmwood Institute

«Global File» ist ein Projekt des Elmwood Institute, bei dem Informationen über erfolgreiche ökologische Praktiken der Unternehmen und Regierung gesammelt, analysiert und veröffentlicht werden. In unserem ersten Bericht legen wir unsere Einschätzung der 90er Jahre als kritisches Jahrzehnt dar, das durch einen profunden Wandel weg von einer mechanistischen Weltanschauung und weg von einem vom Dominanzstreben bestimmten Wertesystem hin zu einer ökologischen Weltanschauung und einem Wertesystem auf der Grundlage einer echten Partnerschaft gekennzeichnet ist. Die Herausforderung der 90er Jahre besteht in der Schaffung einer tragfähigen Gesellschaft, das heißt einer sozialen und kulturellen Umgebung, in der «wir unsere Bedürfnisse befriedigen können, ohne zugleich die Zukunft der nächsten Generationen zu zerstören».[3]

Der «Global-File»-Bericht Nr. 1 konzentriert sich hauptsächlich auf das Beispiel Deutschland, eines der Länder, in denen das Bewußtsein für den Stellenwert der Umwelt nicht nur innerhalb der Bevölkerung, sondern auch in der Industrie und Politik einen brisanten Aufschwung erlebte. Der Report präsentiert und diskutiert das Konzept und die Praxis des umweltbewußten Managements durch deutsche Unternehmen und dient als anschauliche Illustration dessen, was in naher Zukunft auf andere Länder zukommen wird.

Er handelt von umweltbewußtem Management, im besonderen von der «Ökologischen Bilanz» (oder Ökobilanz), die mittlerweile als wesentlicher Bestandteil eines zeitgemäßen Managements gilt. Dieser Bericht ergänzt das deutsche Konzept der Ökobilanz (und das in Amerika entwickelte, etwas enger gefaßte Konzept), dehnt es über die Grenzen Deutschlands hinaus aus und versucht, für diesen sich rapide entwickelnden Bereich neue Maßstäbe zu setzen. Er versteht sich als *konzeptioneller* Ratgeber, der den kulturellen und konzeptionellen Rahmen aufzeigt und den Standard für eine Ökobilanz festlegt. Des weiteren wird die für eine derartige Ökobilanz notwendige Firmenpolitik dargelegt und die Theorie aufgestellt, daß nur Bilanzen dieser «tiefenökologischen» Natur einen wirklichen Beitrag zu einer reduzierten Umweltbelastung im wirtschaftlichen Bereich leisten.

1. Anstieg umweltrelevanter Bedenken

Während der 70er und 80er Jahre führten nicht zuletzt die Umweltkatastrophen von Seveso, Bhopal, Tschernobyl und Basel zu einem dramatisch verschärften Umweltbewußtsein in ganz Europa. Diese Entwicklung vollzog sich kurz darauf in den Vereinigten Staaten von Amerika, wo die Ölkatastrophe der Exxon Valdez die Bevölkerung erzürnte. Millionen von Menschen auf der ganzen Welt trafen sich am «Tag der Erde 1990», um gemeinsam ihre Absicht, die Erde zu retten, kundzutun. Heutzutage herrscht die weitverbreitete Einstellung, daß die 90er Jahre das Jahrzehnt der Umwelt werden.

Es ist von Bedeutung, sich daran zu erinnern, daß sich das Schadensausmaß der obengenannten Katastrophen im Vergleich zu den meist unentdeckten kumulativen Umweltschäden, die durch eine riesige Anzahl kleiner Umweltsünder verursacht werden, als relativ gering erweist. Dabei bewegen sich diese «kleinen Fische» in den meisten Fällen durchaus im Rahmen der jeweiligen Landesgesetze. Für Deutschland wurde das jährliche Ausmaß von Umweltschäden wie folgt geschätzt:

Luftverschmutzung	über 48 Milliarden DM
Wasserverschmutzung	weit über 18 Milliarden DM
Bodenschäden	weit über 5 Milliarden DM
Lärm	über 33 Milliarden DM
Gesamtschaden	über 104 Milliarden DM

Die Gesamtsumme von 104 Milliarden DM entspricht etwa 6% des deutschen Bruttosozialprodukts aus dem Jahr 1984. Für andere europäische Länder liegen leider keine entsprechenden ökologischen «Jahresbilanzen» vor, das Gesamtausmaß der Umweltschäden in diesen Staaten wird von der Organisation für wirtschaftliche Zusammenarbeit und Entwicklung (OECD) auf 3–5 % des Bruttosozialprodukts geschätzt.

Natürlich schließen diese Hochrechnungen gewisse Faktoren nicht mit ein, entweder weil sie nicht quantitativ erfaßt werden können oder weil deren relevante ökologische Interdependenz noch nicht erforscht wurde. Es gilt als wahrscheinlich, daß das tatsächliche Schadensausmaß die gegenwärtigen Berechnungen sogar noch übersteigt.

Während der 80er Jahre hat sich der Glaube daran, daß «alltägliche» Umweltschäden durch ökologisch sinnvolle Unternehmenspraktiken drastisch reduziert werden können, in ganz Europa verbreitet. Besonders in Deutschland war ein Boom bei umweltfreundlichen Produkten und Dienstleistungen zu verzeichnen.

Die starke Reaktion deutscher Unternehmen und ihrer Kunden auf diese Herausforderung durch die Umwelt muß vor dem Hintergrund der folgenden Entwicklungen, die die politische Landschaft während der 80er Jahre prägten, betrachtet werden:

- das rapide gewachsene Umweltbewußtsein in der Öffentlichkeit, das sich beträchtlich auf die Kaufvorlieben der Kunden auswirkte, zusammen mit dem Entstehen einer mächtigen Ökologiebewegung;
- das Entstehen einer Protestwelle gegen bestimmte Technologien, vor allem gegen Atomkraft und andere Mega-Technologien als neue politische Protestform;
- die Gründung der GRÜNEN und ihre Erfolge bei der Einführung kritischer ökologischer Themen in den politischen Dialog und die Gesetzgebung.

Aus der Kombination dieser drei Entwicklungen entstand ein Geschäftsklima, in dem sich die Überzeugungen deutscher Unternehmen hinsichtlich der Umwelteinflüsse bestimmter Unternehmenspraktiken nachhaltig änderten. Vor den 80er Jahren galt Umweltschutz als lästiges, kostenintensives Nebenthema, das unter Einbringung des Vorwands, Umweltschutzmaßnahmen schränkten die Konkurrenzfähigkeit ein, tunlichst zu vermeiden war. Diese Reaktion war eine reine Verteidigungshaltung; Ziel war es, sämtliche Ansprüche aufgrund von Umweltschäden kleinzumachen, abzuwehren, zu bekämpfen oder zu ignorieren. Während der 80er Jahre wurden Ausgaben für den Umweltschutz nicht mehr ausschließlich als Kosten, sondern vielmehr als Investition in die Zukunft gesehen und, paradoxerweise, auch als Vorteil gegenüber der Konkurrenz betrachtet. Aus dem defensiv-reaktiven Verhalten wurde ein proaktiv-kreatives. «Umweltbewußtes Management» wurde das neue Schlagwort in progressiven Unternehmerkreisen.

Durch diesen drastischen Wandel im unternehmerischen Denken gingen die deutsche Industrie und deutsche Ökologie eine neuartige Symbiose ein. Experten, spezielle Kommunikationskanäle und finanzielle Mittel der deutschen Industrie führten zu einer Realisierung vieler «öko-technologischen» Projekte, die von Umweltgruppen initiiert wurden. Somit wandelte sich der anfängliche Antagonismus zwischen der Basisökologiebewegung und der Industrie in eine hochproduktive Zusammenarbeit.

Der Gesinnungswandel unter deutschen Unternehmen wird durch Meinungsumfragen dokumentiert. Bereits 1984 wies eine Umfrage des Bundes der Jungen Unternehmer nach, daß 78% der Befragten die Aufnahme des Umweltschutzes in die deutsche Verfassung begrüßen würden; 75% beabsichtigten die Aufnahme von Umweltschutzmaßnahmen in die Produktion, während 60% zu erheblichen Opfern für den Umweltschutz bereit seien.

a) Umweltbewußtes Management

Die Einbeziehung des Umweltschutzes in die Ziele des Managements führt zu einer nachhaltigen Erweiterung des gesamten Managementbegriffs. Die traditionellen Ziele des Managements waren ausschließlich wirtschaftlicher Art. Aber seit dem Zweiten Weltkrieg wurden vor allem in Europa unter der steigenden Integration sozialer Komponenten – wie Arbeitsschutz, Sozialversicherung, Arbeitermitbestimmung, humane Arbeitsplatzbedingungen usw. – die

Ziele des Managements erweitert. Bis Mitte der 50er Jahre hatten sich diese Ziele sowohl in der Theorie als auch in der Praxis enorm ausgedehnt.[4]

Während der 80er Jahre fand auch die ökologische Dimension Eingang in das deutsche Managementkonzept. Zunächst fand dies nur sporadisch statt, indem vereinzelte Manager und Unternehmer Recyclingprogramme initiierten oder Energiesparmaßnahmen und ähnliche ökologische Innovationen in ihre Betriebe aufnahmen. Diese Praktiken verbreiteten sich jedoch rasch, und schon bald entwickelten mehrere Geschäftspioniere umfangreiche und ökologisch orientierte Managementsysteme.

Zum erfolgreichsten dieser Systeme avancierte das von Georg Winter entwickelte «Integrierte System eines umweltbewußten Managements», das heute unter dem Namen «Wintermodell» bekannt ist. Auf der praktischen Seite ist die Gründung der Bundesgemeinschaft für Umweltbewußtes Management (B. A. U. M.), eines Zusammenschlusses mehrerer Firmen zum Zwecke der Verbreitung und Ausarbeitung des Wintermodells zu nennen.

Vorteile des umweltbewußten Managements

Winter führt sechs Gründe auf, warum jeder verantwortungsbewußte Manager oder Unternehmer die Prinzipien des umweltbewußten Managements in seinem Betrieb verwirklichen sollte:

1. *Überleben der Menschheit:* Nur mit umweltbewußten Unternehmen kann eine ökologisch gesunde Wirtschaft realisiert werden; ohne eine ökologisch gesunde Wirtschaft ist das Überleben der Menschheit gefährdet.
2. *Öffentlicher Konsens:* Nur mit umweltbewußten Unternehmen kann es einen öffentlichen Konsens mit den Unternehmen geben; ohne solchen Konsens wäre die Marktwirtschaft politisch bedroht.
3. *Marktchancen:* Ohne ein umweltbewußtes Management droht ein Verlust der schnellwachsenden Marktchancen.
4. *Risikosenkung:* Ohne Umweltbewußtes Management setzen sich Unternehmen dem Risiko der Haftung für Umweltschäden aus,

die in Millionenhöhe gehen können und auch die persönliche Haftung der Direktoren, leitenden Angestellten und anderen Mitarbeitern nicht ausschließen.

5. *Kostenersparnis:* Umweltbewußtes Management läßt unzählige Gelegenheiten für eine Reduzierung der Betriebskosten erkennen.
6. *Persönliche Integrität:* ohne umweltbewußtes Management werden sowohl Unternehmer als auch Firmenmitarbeiter das Gefühl haben, es mangele ihnen an persönlicher Integrität, weswegen sie sich nicht voll mit ihrem Beruf identifizieren können.

Befriedigung im Beruf muß mit dem Bewußtsein einhergehen, daß die Arbeit mit minimalen Kosten für die Umwelt, persönlicher Gesundheit und Chancen für zukünftige Generationen verbunden ist. Diese Philosophie impliziert den Begriff der «Tragfähigkeit», der in der amerikanischen Umweltbewegung zu einem Kernkonzept geworden ist.[5] Beim Wintermodell ist diese Ansicht in sechs Prinzipien aufgegliedert, die für den langfristigen Erfolg eines umweltbewußt geführten Unternehmens von essentieller Bedeutung sind:

Qualität

Ein Produkt darf nur dann als qualitativ hochwertig bezeichnet werden, wenn es auf umweltschonende Weise produziert wurde und wenn bei seiner Verwendung oder Entsorgung keine Umweltschäden verursacht werden. (Nach der Elmwoodschen Ansicht ist diese Formulierung etwas naiv, da alle industriellen Vorgänge umweltschädlich sind; Ziel ist es, das Schadensausmaß so gering wie möglich zu halten.)

Kreativität

Die Kreativität der Mitarbeiterschaft eines Unternehmens wird gefördert durch die Bedingungen am Arbeitsplatz, bei denen menschliche und biologische Bedürfnisse berückichtigt werden (niedriger Lärmpegel, gesunde Ernährung, ökologisch orientierte Architektur u. ä.).

Menschlichkeit
Das allgemeine Arbeitsklima wird menschlicher, wenn Firmenziele und -strategien nicht ausschließlich auf wirtschaftlichen Erfolg, sondern auch auf eine Verantwortung für alle Lebensformen ausgerichtet sind.

Rentabilität
Die Rentabilität eines Unternehmens kann durch die Umsetzung ökologischer Innovationen und die Nutzung von Marktchancen für ökologisch ansprechende Produkte gesteigert werden.

Kontinuität
Es liegt im Interesse der Kontinuität eines Unternehmens, Haftungsansprüche bei Verstößen gegen eine sich weiter verschärfende Gesetzgebung im Bereich der Umwelt auszuschließen und kein finanzielles Risiko aufgrund der sinkenden Nachfrage nach umweltschädlichen Produkten einzugehen.

Loyalität
Im Endeffekt wird die Belegschaft eines Betriebs nur dann Loyalität zu ihrem Land und Mitbürgern aufbringen können, wenn sie sich emotional verbunden fühlen. Dies kann jedoch nur zutreffen, wenn das Land seinen Charakter aufgrund eines umweltverantwortlichen Umgangs beibehält.

Das Wintermodell beinhaltet den strategischen Einsatz traditioneller Managementmaßnahmen im ökologischen Sinn. Somit setzen umweltorientierte Manager die ihnen zur Verfügung stehenden speziellen, oft internationalen Kommunikationskanäle sowie ihren Einfluß auf die Industrie- und Handelskammern und Berufsverbände ein. Die Effizienz von Managementteams, die daraufhin geschult und erfahren sind, Ziele festzulegen und zu verwirklichen, wird auf den umweltrelevanten Kontext ausgeweitet. Die Kreativität der Arbeitnehmer kann auf ökologische Aktivitäten gelenkt werden, zum Beispiel durch das innerbetriebliche Vorschlagswesen.

Drei Schlüsselelemente sind für umweltbewußte Managementstrategien charakteristisch:[6]

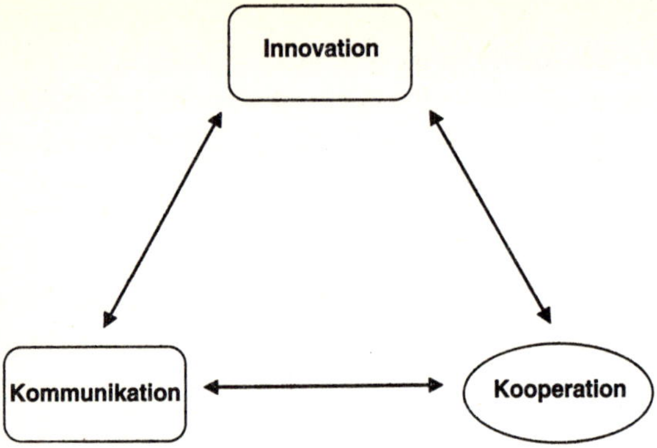

Umweltbewußtes Management (Lutz 1992)[7]

Innovation
Im Gegensatz zu kosten- und arbeitsparenden Maßnahmen erfordern umweltbewußte Strategien «öko-freundliche» und rohstoffkonservierende Innovationen. Es gibt zwei Arten von ökologischen Maßnahmen: solche, die die Umweltbelastung durch einen Betrieb verringern, und solche, die dem Verbraucher ökologische Vorteile bieten. Erstere führen zu einer Kostensenkung, letztere zu Vorteilen gegenüber der Konkurrenz.

Kooperation
Die Relevanz der Kooperation zwischen allen an der Herstellung eines Produkts hinsichtlich Rohstoffen, Produktion, Verwendung und Entsorgung Beteiligten ergibt sich aus der Tatsache, daß wirtschaftliche und ökologische Wirkungen unterschiedlichen Gesetzen folgen. Bei der Wirtschaft regiert das Konkurrenzdenken, bei der Ökologie die Kooperation.

Kommunikation
Bei traditionellen Managementstrategien sind Kommunikation und Public Relations begrenzende Komponenten der Vermarktung. Bei umweltbewußten Managementstrategien wird dagegen der Aufgabe der Kommunikation zentrale strategische Bedeutung beige-

messen, was sich aus der Vertrauenskrise, von der sowohl einzelne Unternehmen als auch ganze Industriezweige betroffen sind, ergibt.

b) Ursprung und Praxis der Umweltbilanz

Alle wirtschaftlichen Aktivitäten üben einen Einfluß auf die Umwelt aus und verursachen somit Kosten für die Umwelt. In der konventionellen Wirtschaft werden diese Kosten als «Fremdkosten» behandelt. Sie tauchen in keiner Bilanz auf und werden an den Verbraucher, die Umwelt und zukünftige Generationen weitergegeben. Umweltbilanzen hatten ihren Ursprung in Deutschland und der Schweiz Ende der 70er Jahre, als Kosten für Umwelt – und auch Soziales – in die traditionellen Jahresbilanzen aufgenommen wurden.[8] Diese als Umwelt- oder Sozialbilanz bekannt gewordene Praxis impliziert eine Untersuchung und Prüfung aller Tätigkeiten eines Unternehmens mit dem Ziel, das Unternehmen auf eine ökologisch sinnvolle Grundlage zu stellen.

In Deutschland und der Schweiz hat die Umweltbilanz den gesetzlichen Rahmen, also die Prüfung, ob ein Unternehmen auch aus ökologischer Sicht konkurrenzfähig ist, bereits gesprengt. Die Hauptaufgabe besteht nicht nur in der Feststellung, ob sich ein Unternehmen an Gesetze hält, sondern inwieweit sich die Umweltbelastung verringern läßt. Das schließt Arbeits- und Umweltschutz, die Bereitstellung eines ökologisch gesunden Arbeitsplatzes und die Herstellung umweltfreundlicher Produkte ein. Solche Überlegungen finden nur langsam Zutritt in das amerikanische Gedankengut, auch wenn Betriebe mittlerweise nach diesen Prinzipien handeln. In Großbritannien werden die meisten Umweltbilanzen, vor allem bei größeren Firmen, von amerikanischen Unternehmen, die in den USA sitzen, erstellt. Dadurch werden genau wie in Amerika nur «Einhaltungsbilanzen» erstellt. Die Grundhaltung dieser Betriebe ist immer noch als defensiv zu bezeichnen. Der sich in Deutschland während des letzten Jahrzehnts in vielen Unternehmen vollzogene Wandel ist in England noch ausgeblieben.

Wir hoffen, daß sich eine proaktive, kreative Annäherung an Umweltbilanzen (oder Ökobilanzen) auf der ganzen Welt entwikkeln wird. Angesichts der kontinuierlichen Auseinandersetzung mit Energieeffizienz, der steigenden Nachfrage nach umweltfreundlichen Produkten und dem weltweiten Einfluß der nach 1992 zu erwartenden europäischen Produktstandards ist wahrscheinlich so groß, daß sich der Wandel auch bei amerikanischen Unternehmen vollziehen wird.

c) Fallstudien

Ungefähr Mitte der 80er Jahre begannen zahlreiche Firmen mit der Umsetzung ökologischer Praktiken wie Recyclingprogramme, Energiesparmaßnahmen, wiederfüllbare Container usw. Viele gingen sogar einen Schritt weiter in Richtung auf ein umfassendes, ökologisch orientiertes Management. Ein deutscher Chemiekonzern (SKW Trostberg) hat beispielsweise nicht nur seinen ganzen Produktionsablauf auf ökologisch sinnvolle Vorgänge umgestellt, sondern auch die Aufklärung der Mitarbeiter und Motivationsprogramme sowie die finanzielle Unterstützung von Umweltschutzgruppen oder Finanzierung von Studien über Umweltbelastungen in sein Firmenkonzept aufgenommen. Ein führendes Versandunternehmen (Otto Versand) überprüfte seine Produktpalette und eliminierte besonders schädliche Produkte aus seinen Beständen, einschließlich der aus Regenwaldholz hergestellten Produkte oder solcher Erzeugnisse, die mit Tötung gefährdeter Tierarten in Verbindung stehen.

Ein Hamburger Kosmetikkonzern (Elida Gibbs) sucht in seinem «Grünen Report» nach beispielhafter Offenheit, hält Kontakt mit führenden Umweltschützern und schuf ein firmeninternes «Öko-Team», dessen Vertreter in allen Abteilungen sitzen. Ein Industrieversorgungsunternehmen (Friedrich Niemann) veröffentlicht einen «Grünen Katalog» mit Öko-Technologien.

Ein Schweizer Supermarkt (Coop Schweiz) entwickelte sein eigenes System für Umweltetiketten. Eine Brauerei (Neumarkter Lammsbräu) kreierte eine «ganzheitliche Managementphilosophie», welche eine organische Landwirtschaft, ökologisch sinnvolles Brauen und Verpacken sowie den Einsatz von Solarenergie beinhaltet.

Die meisten dieser Unternehmen erstellen teilweise Ökobilanzen, einige entwickeln sogar umfassende Bilanzierungssysteme. Eine davon ist Winter & Söhne, eine in Hamburg ansässige Firma, die Diamantschneidewerkzeuge herstellt und das bereits erwähnte Wintermodell entwickelte. Ein anderer Trendsetter ist Bischof & Klein, einer der größten Verpackungsmittelhersteller Europas, der als Leitlinie für seine Firmenpolitik einen umfangreichen «Öko-Plan» ins Leben rief. Außerdem war dies eines der ersten Unternehmen Deutschlands, das eine systematische ökologische Bilanz einführte, die drei Stufen umfaßt: eine Unternehmens-, Produkt- und Fertigungsbilanz. Dieses System zeigte sich so erfolgreich, daß Bischof & Klein es nun auch anderen Firmen anbietet.

In England ist vor allem das von Anita und Gordon Roddick gegründete Kosmetikunternehmen «The Body Shop» im Umweltschutz, sowohl in die Tiefe gehend als auch Pionierarbeit leistend, engagiert. Die Firmenpolitik und Aktivitäten basieren auf der Vision seiner Gründer von einem erfolgreichen Geschäftsverlauf unter Einbeziehung umweltrelevanter und sozialer Themen und deren Umsetzung in die tagtägliche Praxis. Seit Eröffnung seines ersten Ladens 1976, expandierte The Body Shop international mit über 450 Läden in 37 Ländern auf der Grundlage einer Reihe ökologischer Prinzipien:

- Kosmetikartikel mit minimalem Verpackungs- und Werbungsaufwand verkaufen
- besser für Gesundheit statt Glamour werben
- nach Möglichkeit natürliche Stoffe verwenden
- weder Bestandteile noch Endprodukte an Tieren testen
- in jedem Lande einen Nachfüllservice anbieten
- Abfall und Papier grundsätzlich wiederverwerten

Die Firma kauft Rohstoffe aus der ganzen Welt und betreibt eine tragfähige, nicht ausbeuterische Politik bei den Vertragsabschlüssen mit wirtschaftlich benachteiligten Ländern.

Ein klassisches Kennzeichen des Body Shops ist die Nutzung seiner Schaufenster und Tragetüten für radikale, absolut unkonventionelle Kampagnen über Themen wie Umwelt und Menschenrechte.

Von Anfang an war umweltbewußtes und soziales Handeln oberstes Gebot für den Body Shop. Aufgrund der kürzlichen Expansion des Unternehmens wurde das Bedürfnis nach einem umweltbewußten Management erkannt, und man entschloß sich zu einer alles umfassenden Umweltbilanz mit dem Ziel des *Bekenntnisses* zu einer formellen Umweltpolitik.

Viele der in diesem Kapitel empfohlenen Techniken werden vom Body Shop bereits verwirklicht. Sie beinhalten eine effektive multimediale Kommunikation, sowohl nach außen als auch nach innen, unterstützen Beziehungen mit Basisorganisationen; Mitarbeiterschulungsprogramme mit starker Betonung der Umwelt; ökologische Einkaufskriterien und Produktentwicklung sowie ein ausgedehntes Abfallbeseitigungsprogramm.

2. Methoden zur Analyse von Umweltdaten

a) Quantität und Qualität

Alle umweltorientierten Praktiken, ganz besonders aber die Ökobilanz, sind auf ein zuverlässiges Informationssystem über ökologisch relevante Daten zwingend angewiesen. Zunächst wird eine Aufstellung der Umweltbelastung und der daraus für das Unternehmen resultierenden Kosten benötigt. Hier stoßen wir auf ein zentrales Problem bei sämtlichen Methoden der Analyse von Umweltdaten. Nur wenige Umweltbelastungen können quantitativ präzise erfaßt werden, da sie die – menschliche oder nichtmenschliche – Lebensqualität berühren, die hauptsächlich über Werturteile bestimmt wird, auch wenn sich Messungen bei der Einschätzung von Lebensqualität als hilfreich erwiesen haben.

Die konventionelle Wirtschaft und vor allem die Unternehmensverwaltung haben sich traditionell als wertfreie Wissenschaft dargestellt, gleichwohl sind Wertvorstellungen für alle Wissenschaften sehr wohl maßgeblich. Anstatt sich mit Werten zu befassen, versucht das Unternehmen, Wertvorstellungen in Preisen auszudrükken, die wiederum meßbare Quantitäten sind und «objektiv» behandelt werden können. Nicht explizit genannt werden jedoch die

Kriterien für das Auszeichnen von Wertvorstellungen mit Preisschildern, was sich im Grunde als politische Wahl erweist.

Die Konzentration auf Preise statt Wertvorstellungen verewigt die Spannung zwischen Quantität und Qualität, zwischen Wirtschaft und Ökologie, was alle Methoden der Umweltdatenanalyse beeinträchtigt. Dies wird vor allem bei den unterschiedlichen Techniken der Erfassung von Umweltdaten deutlich, die jeder Ökobilanz zugrunde liegen. In dem vom Schweizer Wirtschaftsexperten Ruedi Müller-Went Ende der 70er Jahre aufgestellten Erfassungssystem werden die Belastungsfaktoren wie Energie- und Rohstoffverbrauch sowie Wasserverschmutzung quantifiziert und aufgezeichnet. Die unterschiedlichen Faktoren werden anschließend unter Zuhilfenahme eines «Äquivalenzkoeffizienten» auf der Grundlage ökologischer Knappheit miteinander verglichen. Somit können die Umweltbelastungen unterschiedlicher Firmen beziehungsweise die Umweltbelastungen einer Firma über mehrere Jahre hinweg miteinander verglichen werden.

Das Hauptproblem bei dieser Methode besteht darin, wie die Äquivalenzkoeffizienten festgelegt werden sollen, die dieser Methode zwar einen wissenschaftlich-mathematischen Anstrich verleihen, andererseits aber eine implizierte politische Entscheidung maskieren. Rohstoffknappheit als einziges Kriterium für diese Berechnung zu sehen läßt andere Umweltschäden außer acht, wie zum Beispiel die Ausrottung seltener Tierarten, und betont lediglich den ökologischen Status quo, nicht aber die Notwendigkeit der Restauration.

b) Methodik der Umweltbilanz in Deutschland

Nachfolgend betrachten wir zahlreiche Methoden zur Analyse von Umweltdaten. Der Erfolg der jeweiligen Methode hängt davon ab, inwieweit sie den Bilanzprüfer befähigen, die Spannung zwischen Wirtschaft und Ökologie durch die Integration quantitativer und qualitativer Annäherungen zu überwinden.

Umweltindikatoren
Umweltindikatoren wie der «Biologische Sauerstoffbedarf» (BSB) identifizieren spezielle Schadstoffe, die durch gesetzliche Bestimmungen definiert werden. Diese Methode gibt einerseits eine quantitative Norm vor, ignoriert aber synergistische Auswirkungen und impliziert nicht ausdrücklich genannte Wertvorstellungen.

Umwelterfassung
Es werden bestimmte Arten der Zu- und Abgänge (wie zum Beispiel Materialverwendung, Abwässer, Abwärme bei der Müllverbrennung) ausgewählt und quantifiziert, um zu beweisen, daß die «effektiven Kosten», wozu auch Umweltbelastungen zählen, die Marktpreise deutlich überschreiten. Damit werden Alternativen (vor allem kostenintensive, die weniger umweltschädlich sind) für die Wirtschaft als Ganzes gerechtfertigt. Die Analyse, der Vergleich und die Bewertung von Zu- und Abgängen werden durch die Verwendung von «Äquivalenzkoeffizienten» ermöglicht – eine Methode, die trotz ihrer Fehlerhaftigkeit ökologische Ethik in eine traditionelle wirtschaftliche Analyse aufnimmt.

Berechnung der Umweltbelastungen
Ursprünglich auf der Grundlage des amerikanischen Umweltschutzgesetzes aus dem Jahr 1969 entwickelt, handelt es sich bei dieser Schätzung der Umweltbelastungen nur um eine institutionelle Überprüfung der Einhaltung gesetzlicher Bestimmungen. Diese defensive Praxis wurde von anderen Nationen, einschließlich Deutschland, übernommen.

Berechnung der wirtschaftlichen Durchführbarkeit (Feasibility-Study)
Diese Methode beinhaltet ausschließlich wirtschaftliche Kriterien und aus dem Rechnungswesen abgeleitete Methoden (beispielsweise Abschreibungen). Damit kann jedoch weder berechnet werden, ob Investitionen oder Produktionsprozesse ökologisch wichtig oder erfolgreich sind, noch trägt dieser Ansatz zum Spannungsabbau zwischen Wirtschaft und Ökologie bei.

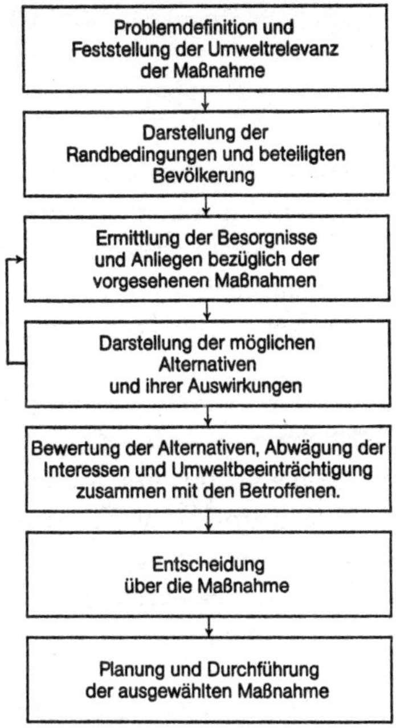

Ablaufschema der Umweltverträglichkeit (UVP) und Technologie-Folgenabschätzung (Lutz 1980)[9]

Technologiefolgenabschätzung (TA)

Diese Methode wurde ebenso wie die Berechnung der Umweltbelastungen für Entscheidungsfindungsprozesse innerhalb staatlicher Einrichtungen entwickelt. Sie befaßt sich insbesondere mit den vorhersehbaren sozialen und politischen Konsequenzen neuer Technologien, integriert ökologische Überlegungen jedoch nur in einem geringen Maße.

Material- und Energieverbrauch

Diese Methode, die oft in praktischen Anwendungen integriert ist, kann bei der Analyse der umweltschädlichen «Mikroprozesse» eines Unternehmens sehr hilfreich sein, kann jedoch auch als Matrix für den permanenten Materialfluß dienen. Eine besondere Eigenschaft dieser physikalischen Methode ist die Eignung dafür, als Maßstab bei der Festlegung von Schadstoffgrenzen beim Umweltschutz verwendet zu werden.

Marktforschung
Dies bedeutet das Sammeln von Informationen mit Hilfe von Fragebögen und kontrollierten Experimenten über Themenbereiche wie die Nachfrage nach umweltfreundlichen Produkten, wieviel der Verbraucher dafür auszugeben bereit ist oder der Wissensstand und Sensibilisierungsgrad bei Umweltfragen allgemeiner oder spezieller Natur.

Kosten-Nutzen-Analyse
Diese Methode versucht die für Investoren und andere (zum Beispiel Arbeitnehmer) Direktbetroffene anfallenden Kosten zu schätzen. Es hat sich jedoch als schwierig erwiesen, die unterschiedlich erhaltenen Ergebnisse in Geld umzusetzen.

Soziale Bilanz
Das traditionelle Konzept der «Bilanz», das ein Unternehmen in Begriffen wie finanzielle Einlagen und Haftung beschreibt, wird erweitert auf ökologische und soziale Kosten und Vorteile.

Datenbanken und Umweltdaten
Datenbanken sind eher Informationsquellen als Analysemittel, die Nennung an sich ist jedoch gerechtfertigt durch die gestiegene Relevanz der für die Planung benötigten Informationen. Bis jetzt werden in Deutschland mehrere Datenbanken bereits im Planungsstadium eingesetzt. Datenbanken liefern Informationen über Umweltbedingungen, ökologische Standards, Schadstoffgrenzwerte und Literaturhinweise. Die folgenden Datenbanken werden eingesetzt: UMPLIS (allgemeines Informations- und Dokumentationssystem), AWIDAT (Information über Abfall), DABAWAS (Wasserverschmutzungsdaten).

Checklisten
Checklisten haben sich als fundamentales Hilfsmittel sowohl bei der Ökobilanz als auch der engeren Erfassungsbilanz erwiesen. Des öfteren wurden Checklisten jedoch auf einer ad-hoc-Basis erstellt und wiesen logische Mängel auf. Die zentrale Aufgabenstellung liegt in der Zusammenstellung einer systematischen Auflistung der ökologischen Verhältnisse bei Produktion und Verbrauch. Diese konzeptionellen Ziele tragen durch Kategorisieren und Vergleichen bestimmter Faktoren zur Entscheidungsfindung bei.

Relevanzmethode
Erweist sich bei entscheidungsrelevanten Methoden hinsichtlich umstrittener ökologischer Methoden als nützlich, da hier Ziele und Teilziele je nach ihrem Beitrag bei der Erreichung höher geordneter Ziele hierarchisch angeordnet werden.

Systemdynamik
Hier wird die komplexe Simulation von Systemprozessen durch Computer ermöglicht. Diese kostspielige Methode wurde von J. Foerster entwickelt, um wirtschaftliche und ökologische Wachstumsprozesse zu simulieren. Sie wurde bereits auf mehrere globale Modelle angewandt.

Bilden von Szenarien
Diese Technik ist sehr nützlich bei der Entwicklung einer umfassenden Teilnahme der ökologischen Planung eines Unternehmens. In der Zukunftswerkstatt werden Diskussionsrunden dazu aufgefordert, mögliche Alternativszenarien der Zukunft zu entwickeln:

- das Status-quo-Szenario
- ein positives alternatives Szenario
- ein realistisches Gegenszenario
- ein strategisches Szenario als Synthese der obigen drei Punkte.

Während Techniken wie die Kosten-Nutzen-Analyse die Hinzuziehung von Experten erfordern und nur spezielle Problemstellungen angehen, bilden Szenarien komplexe Möglichkeiten, zahlreiche Faktoren eines Unternehmens, wie sie von einer Gruppe gesehen oder ausgemalt werden, als Geflecht darzustellen. Somit tragen sie dazu bei, die Beziehung innerhalb einzelner Abteilungen oder abteilungsspezifischer Belange und der Zukunft des Unternehmens als Ganzes darzustellen. Aufgrund der Aufstellung von alternativen Basisparadigmen fördert diese Methode kreatives und innovatives Denken.

3. Ökobilanz

a) Unterschied zwischen Umwelt- und Ökobilanz: der Paradigmenwechsel

Bei dem konzeptionellen Rahmen für Theorie und Praxis der Ökobilanz müssen wir zwischen Umwelt- und Ökobilanz unterscheiden. Der erste Begriff steht für den defensiven Ansatz, wie er bei der Erfassungsbilanz zu beobachten ist, der zweite Begriff steht für den proaktiven reaktiven Zugang, wie er in Deutschland entwickelt und vom Elmwood Institute ausgearbeitet wurde. Der Zweck einer Ökobilanz besteht darin, die Umweltbelastungen durch ein Unternehmen zu minimieren und sämtliche Betriebsvorgänge ökologisch sinnvoll zu gestalten.

Unser Ausgangspunkt ist die Anerkennung, daß weltweite ökologische Probleme, wie auch alle anderen großen *Problematiken* der heutigen Zeit, nicht getrennt betrachtet werden können und dürfen. Es handelt sich hierbei um *systemische* Probleme – miteinander verbunden und interdependent –, die nach einem neuen systemischen oder ökologischen Denken verlangen, um verstanden und gelöst werden zu können. Diese neue Denkweise muß überdies von einem Wertewandel, das heißt von Expansion zu Umweltschutz, von Quantität zu Qualität und von Dominanz zu Partnerschaft, begleitet werden. Das neue Wertesystem und die Denkweisen, zusammen mit der entsprechenden neuen Wahrnehmung und Praxis, wird als «neues Paradigma» bezeichnet.

Die der Praxis der Ökobilanz zugrunde liegende Philosophie, wie sie vom Elmwood Institute verstanden wird, basiert auf der

Überzeugung, daß sich die von einem Unternehmen verursachten Umweltbelastungen nicht bedeutend verbessern, solange sich das Unternehmen nicht einem radikalen Wandel hinsichtlich seiner Unternehmenskultur unterzieht.

b) Seichter Umweltschutz und Tiefenökologie

Unsere Unterscheidung zwischen Umwelt- und Ökobilanz impliziert die Verwendung des Begriffs «ökologisch» in dieser weitreichenden Bedeutung. Wir betrachten unsere Terminologie als spezielle Anwendung des Unterschieds zwischen «seichtem Umweltschutz»[10] und «Tiefenökologie», Begriffe, die in den 70er Jahren von dem norwegischen Philosophen Arne Naess geprägt wurden. Dieser Unterschied wird mittlerweile in weiten Kreisen als hilfreiche Terminologie für das Verständnis eines großen Unterschieds zeitgemäßer gedanklicher Trends bezüglich der Umwelt akzeptiert.

In seiner Übersicht «Deep Ecology: A New Philosophy of Our Time?» befaßt sich Warwick Fox mit den folgenden drei Merkmalen von Arne Naess' Unterscheidung, von denen jede einzelne für unsere Einteilung in (seichte) Umwelt- und (tiefe) Ökobilanz gilt.

Seichter Umweltschutz akzeptiert die dominanten mechanistischen Paradigmen. Tiefenökologie involviert den Wandel zu einer ganzheitlichen systemischen Weltanschauung.

Eine Umweltbilanz stellt die dominanten firmenspezifischen Paradigmen nicht in Frage. Sie betrachtet das Unternehmen als steuerbaren Apparat und übernimmt die groben Vorgaben der konventionellen Wirtschaft. Bei der Konformitätsbilanz können rein auf Quantifizierung basierende Methoden angewandt werden, da gesetzliche Bestimmungen und Standards mengenmäßig formuliert werden. Dies führt jedoch zu einer weiteren Vertiefung des Status quo und erweist sich bei der Lösung dringender Umweltprobleme, die nicht von der Regierung angegangen werden, keineswegs als hilfreich.

Die Ökobilanz involviert den Wandel vom mechanistischen zum systemischen Denken. Ein wesentlicher Aspekt dieses Wandels ist, daß die Welt nicht mehr als Mechanismus, sondern als Netzwerk lebender Systeme gesehen wird. Dieser Wandel betrifft unsere Wahrnehmung der Natur, des menschlichen Organismus, der Gesellschaft und somit auch die Wahrnehmung der Organisation eines Unternehmens. Firmen sind lebende Systeme, deren Betriebsfähigkeit nicht allein vom wirtschaftlichen Standpunkt aus begutachtet werden kann. Als lebendes System kann ein Unternehmen nicht starr durch direkten Eingriff gesteuert, sondern nur über Orientierungshilfen und Impulse beeinflußt werden. Dieser neue Managementstil ist als systemisches Management bekannt.

Seichter Umweltschutz ist anthropozentrisch: Er betrachtet die Menschheit als Ursprung aller Wertvorstellungen und stuft die Natur lediglich als Nutzwert für den Menschen ein. Tiefenökologie akzeptiert die inneren Werte aller Lebewesen und betrachtet den Menschen lediglich als ein bestimmtes Element im Netzwerk des Lebens.

Umweltbilanzen werden mit der Vorstellung assoziiert, ein Unternehmen wäre nur bei eigenen Gewinnvorteilen zur Lösung umweltrelevanter Probleme bereit. Ihr fehlt die ethische Komponente, und die Hauptmotivation besteht aus der Einhaltung gesetzlicher Bestimmungen und der Verbesserung des Firmenimages. Im Gegensatz dazu ist die Motivation der Ökobilanz die ökologische Ethik und die Sorge um das Wohl zukünftiger Generationen. Ausgangspunkt ist der Wertewandel eines Unternehmens.

Seichter Umweltschutz tendiert dazu, die Ideologie des Wirtschaftswachstums entweder versehentlich zu akzeptieren oder freudig zu begrüßen. Tiefenökologie hingegen ersetzt die Ideologie des Wirtschaftswachstums durch die Idee der ökologischen Tragfähigkeit.

Die Ideologie des Wirtschaftswachstums, die ja die Haupttriebfeder der aktuellen Wirtschaftspolitik und tragischerweise auch der globalen Umweltzerstörung ist, wird durch Umweltbilanzen nicht in Frage gestellt. Ablehnung dieser Ideologie bedeutet nicht notwendigerweise die Ablehnung jeglichen Wachstums, sondern eher Ablehnung der blinden Verfolgung einer unbegrenzten wirtschaftlichen Expansion, die mit rein quantitativen Begriffen wie der Maximierung des Profits oder des Bruttosozialprodukts umfaßt wird. Ökobilanzen beinhalten die Überzeugung, daß ungebremstes Wirtschaftswachstum auf einem begrenzten Planeten nur in einem Desaster enden kann. Demgemäß wird das Wachstumskonzept durch die Einführung der ökologischen Tragfähigkeit als Schlüsselkriterium sämtlicher geschäftlicher Aktivitäten qualifiziert.

c) Die Elmwood-Definition einer Ökobilanz

Auf der Grundlage der bisherigen Diskussion über den Unterschied zwischen dem seichten Umweltschutz und Tiefenökologie machen wir uns folgende Definition von der Ökobilanz zu eigen:

Eine Ökobilanz, wie sie vom Elmwood-Institut verstanden wird, ist eine Untersuchung und Einstufung sämtlicher Aktivitäten eines Unternehmens aus der Perspektive der tiefen Ökologie beziehungsweise des neuen Paradigmas. Ihr liegt der Wandel der Wertvorstellungen eines Unternehmens zugrunde, und zwar von Dominanz zu Partnerschaft und von der Ideologie des unbegrenzten Wirtschaftswachstums zur ökologischen Tragfähigkeit. Sie involviert den entsprechenden Wandel von einer mechanistischen zu einer systemischen Denkensweise und konsequenterweise zu einem neuen als systemisches Management bekannt gewordenen Management. Das Ergebnis einer Ökobilanz ist ein Aktionsplan zur Minimierung der Umweltbelastungen durch ein Unternehmen und durch Wandel aller Tätigkeiten in ökologisch sinnvolle.

Der Begriff «Bilanz», der natürlich der Welt der Finanzen entnommen wurde, führt zur Assoziation einer präzisen und eng definierten Untersuchung nach gesetzlichen Bestimmungen, der Firmenpolitik oder nach «allgemeingültigen Praktiken». Die vom Elmwood Institute befürwortete und in einem weiteren Sinne zu verstehende Ökobilanz schließt Vorgehensweisen ein, die bisweilen als «Umfrage», «Studie», «amtliche Einschätzung», «Untersuchung» und ähnliches bezeichnet werden. Wichtig ist, daß die Mitarbeiter in den Prozeß der Bilanzerhebung integriert werden, da sie diejenigen sind, die die eigentliche Arbeit verrichten und deswegen mit den Produktionsabläufen am vertrautesten sind. Sie müssen ihre innovativen Ideen einbringen können, angemessene Unterstützung und finanzielle Anreize erhalten; somit besteht eine «Methodik» zur ökologischen Verbesserung eines Unternehmens aus der Mobilisierung der geistigen Auseinandersetzung aller Mitarbeiter mit dem Thema Umwelt und aus Möglichkeiten zur Realisierung der durch diesen Prozeß entstehenden Ideen.

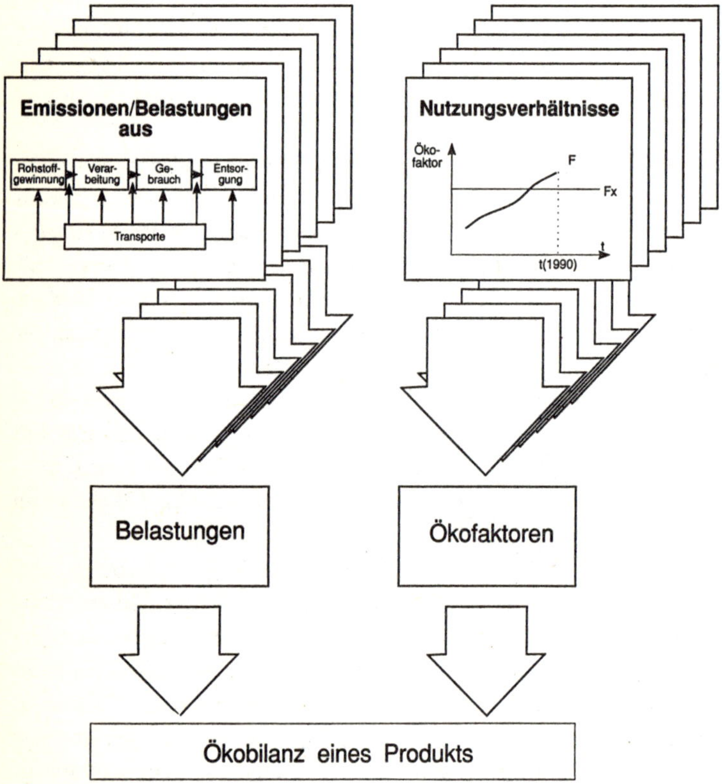

Prozeß der Ökobilanz (Lutz 1987)

B. Die ökologische Transformation: Theorie und Praxis der Ökobilanz

1. Neudefinition der Unternehmenskultur

a) Neue Wahrnehmungen, Ideen und Wertvorstellungen

Unsere Ausgangsbasis beinhaltet, daß die Ökobilanzierung grundlegende Veränderungen in der Firmenpolitik einschließt. Der Ökobilanz, wie sie vom Elmwood Institute verstanden wird, liegen Wertvorstellungen sowie das Konzept der Tiefenökologie zugrunde. Ihr Erfolg hängt von dem Ausmaß ab, in dem das ökologische Paradigma in die Unternehmenskultur Eingang findet.

Die Konzepte «Paradigma» und «Unternehmenskultur» sind eng miteinander verknüpft. Ein gesellschaftliches Paradigma kann definiert werden als eine Konstellation von Konzepten, Wertvorstellungen, Wahrnehmungen und Praktiken innerhalb einer Gemeinschaft, die eine bestimmte Vision der Realität aufbaut, welche ihrerseits zur Basis wird, wie sich diese Gruppe selbst organisiert. Unternehmenskultur kann definiert werden als Geflecht von Ideen, Wertvorstellungen, Normen und Verhaltensmustern, die innerhalb eines Unternehmens in einem Konsensprozeß akzeptiert und erarbeitet wurden und die den unternehmenseigenen, unverwechselbaren Charakter des Betriebs ausmachen. Oder, wie es der Direktor eines großen Beratungsunternehmens etwas informeller ausdrückte, Firmenpolitik ist «die Art, wie wir hier die Dinge schaukeln».

Die Gretchenfrage lautet somit: Wie kann die Unternehmenskultur so erweitert und neu definiert werden, daß dadurch das Paradigma der Tiefenökologie zum Ausdruck kommt? Es würde den Rahmen dieses Berichts bei weitem sprengen, diskutierte man jetzt den Paradigmenwechsel in Wissenschaft und Gesellschaft in all seinen möglichen Spielarten und Auswüchsen. In den folgenden Abschnitten möchten wir deshalb lediglich die Schlüsselelemente beim Paradigmenwechsel grob umreißen, wobei besonderer Wert auf die wichtigsten Elemente bei der Neudefinition der Unternehmenskultur gelegt wird.

Um eine erfolgreiche Ökobilanz aufstellen zu können, sollte die Unternehmenskultur folgende Wahrnehmungen, Ideen und Wertvorstellungen enthalten:

Ausgangspunkt: Der Krisenzustand unserer Welt

Die 90er Jahre sind ein kritisches Jahrzehnt. Das Überleben der Menschheit und des Planeten stehen auf dem Spiel. Gegenwärtig werden wir mit einer Vielzahl globaler Probleme konfrontiert, die zu nicht wiedergutzumachenden Schäden am Menschen und an der Biosphäre geführt haben (vgl. die jährlichen Berichte «State of the World» des Worldwatch Institute). Die Wälder dieser Erde werden abgeholzt, während sich die Wüstenfläche ausdehnt. Die Anbauflächen nehmen ab, und die uns vor schädlichen ultravioletten Strahlungen schützende Ozonschicht zeigt riesige Löcher. Die Weltbevölkerung vermehrt sich ungebremst, und die Kluft zwischen Armen und Reichen verbreitert sich ständig. Keine dieser Herausforderungen kann isoliert betrachtet werden. Es handelt sich um Probleme, deren Verständnis und Lösung einen systemischen Ansatz erfordern.

Elemente des neue Paradigmas

Wandel von Objekten zu Beziehungen

Die systemische Natur globaler Herausforderungen entstammt der Tatsache, daß die Welt, unser Planet Erde, als integriertes Ganzes, als lebendes System verstanden wird. Der Wahrnehmungswandel von der Welt als Maschine zur Welt als lebendes System ist das Hauptmerkmal des ökologischen Paradigmas. Die Realität ist nicht länger die Ansammlung einzelner Objekte, sondern vielmehr ein untrennbares Beziehungsgeflecht.

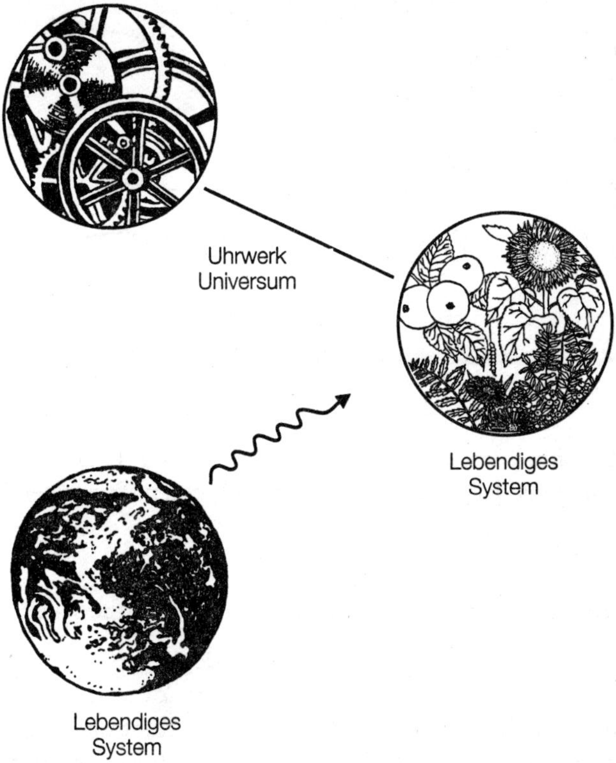

Wandel von Objekten zu Beziehungen (Lutz 1992)

Wandel von einem Teilschema zur Gesamtschau

Lebende Systeme bestehen aus individuellen Organismen, sozialen und ökologischen Systemen, die als integriertes Ganzes in ein größeres Ganzes eingebettet sind, von dem sie abhängen. Bei der physikalischen oder theoretischen Zergliederung des Systems in isolierte Elemente werden systemische Eigenschaften zerstört. Auch wenn wir in jedem System individuelle Eigenschaften beobachten können, unterscheidet sich die Natur des Ganzen immer von der bloßen Summe der Einzelteile. Die Natur eines beliebigen leben-

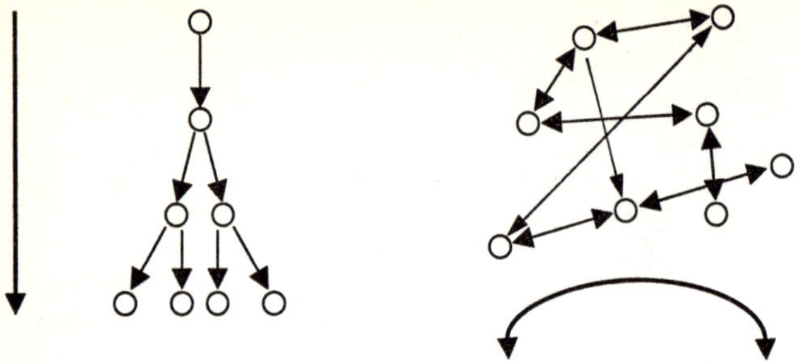

Von Dominanz zu Partnerschaft (Lutz 1992)

den Systems, einschließlich eines betrieblichen Unternehmens, entstammt aus der Beziehung des ganzen Systems zu seiner Umwelt.

Abkehr von Dominanz, Hinwendung zur Partnerschaft

Ein weiteres wesentliches Merkmal des ökologischen Paradigmas ist der Wandel von Dominanz zu Partnerschaft. Zwar läßt sich eine Maschine durchaus durch Beherrschung und Kontrolle begreifen, bei einem lebenden System ist der Erfolg jedoch wesentlich wahrscheinlicher, wenn kooperative und partnerschaftliche Prinzipien verwirklicht werden. In der Natur ist alle Konkurrenz gleichzeitig in Kooperation eingebunden. Kooperative symbiotische Beziehungen sind ein wesentliches Merkmal des Beziehungsgeflechts aller Daseinsformen.

Wandel von statischen Strukturen zu dynamischen Prozessen

Systemdenken ist Prozeßdenken. Jede Struktur ist eine Manifestation der ihr unterliegenden Prozesse. Das Beziehungsgeflecht ist dem Wesen nach dynamisch. Dabei spielt die Fluktuation eine zentrale Rolle. Die Stabilität eines Systems wird durch ein dynamisches Gleichgewicht erreicht, das durch kontinuierliche interdependente Funktionen aller Variablen gekennzeichnet ist. Je dynamischer das

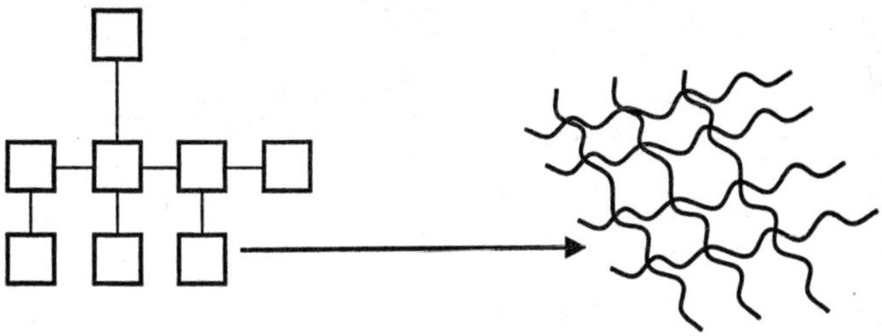

Von statischen Strukturen zu dynamischen Prozessen (Lutz 1992)

Gleichgewicht, um so flexibler das lebende System; je flexibler das System, um so höher die Stabilität. Streß ist ein Mangel an Flexibilität.

Wandel von Selbstdurchsetzung zu Integration

Ein gesundes dynamisches Gleichgewicht innerhalb eines lebenden Systems schließt die Ausgewogenheit zwischen Selbstdurchsetzung und Integration, den zwei wesentlichen Tendenzen allen Lebens, mit ein. Als integriertes Ganzes müssen sich lebende Systeme in ihrer Individualität behaupten; als Teil eines größeren Ganzen müssen sie sich in die größeren Muster integrieren. In unserer Kultur wurde Selbstdurchsetzung – Wettbewerb, Expansion, Quantität – überbewertet und Integration – Kooperation, Umweltschutz, Qualität – vernachlässigt. Der Paradigmenwechsel schließt den Wandel von Selbstdurchsetzung zu Integration mit ein.

Wandel von Wachstum zu Beständigkeit

Bei kommerziell orientierten Unternehmen ist das wichtigste Merkmal für den Wandel von Expansion zu umwelterhaltenden Maßnahmen, von Quantität und Qualität, der Wandel der fundamentalen «Erfolgs»-Kriterien vom Wirtschaftswachstum hin zur ökologischen Tragfähigkeit. Wie bereits erwähnt, ist das blinde Hinterherlaufen hinter ungebremstem Wachstum die Haupttriebfeder der globalen Umweltzerstörung. Natürlich ist Wachstum an

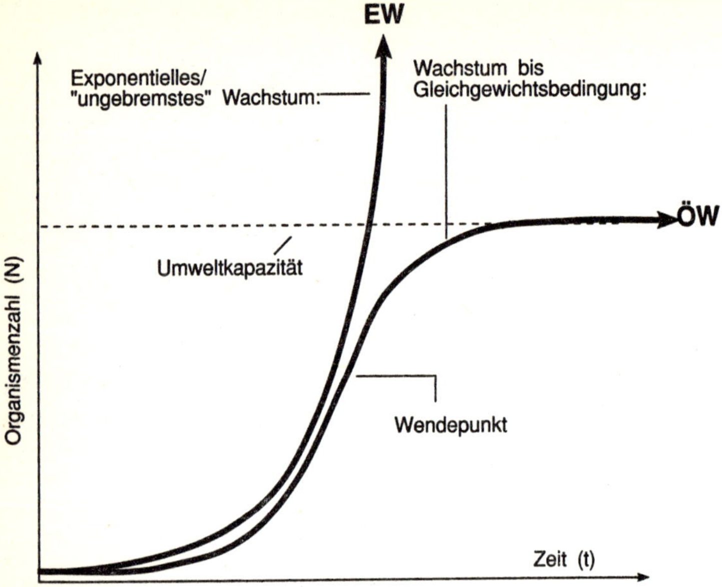

Die Kurve EW zeigt den Verlauf exponentiellen (ungebremsten) Wachstums, welches notwendigerweise nicht mit den vorhandenen Umweltkapazitäten klarkommt. Dagegen verläuft ökologisches, natürliches Wachstum ÖW immer «sigmoid», paßt sich an die Grenzkapazität an. In begrenzten Systemen (wie zum Beispiel auf unserer Erde) müssen deshalb Wachstumsprozesse immer S-förmig verlaufen, um das Überleben des Gesamtsystems zu ermöglichen.

Das Wachstumsgesetz lebendiger Systeme (Lutz 1987)

sich ein Kennzeichen von Leben. Jedoch hat es in dieser lebenden Welt nicht ausschließlich eine quantitative Bedeutung. Umweltbewußtes Management beinhaltet vielmehr ein qualitatives Wirtschaftswachstum durch die Einführung von Tragfähigkeit als Hauptkriterium für sämtliche unternehmerische Aktivitäten. Was über einen längeren Zeitraum hinweg in einem System bestehen bleibt, ist sein Organisationsmuster, das heißt das Beziehungsgeflecht, das das System als Ganzes definiert. Dieses Muster, die Essenz des Systems, ist ein qualitatives Merkmal.

b) Systemisches Management

Unternehmenskultur ist das Resultat eines langen Prozesses der Konsensbildung, und sämtliche Veränderungen innerhalb dieser Kultur bedingen auf allen Ebenen der Organisationskultur eines Unternehmens die Einbeziehung sämtlicher Mitarbeiter.

Ökologischer Konsens kann nicht von oben herab verordnet werden, sondern muß sich unter Einbringung der Kreativität und der aktiven Einsicht der gesamten Belegschaft entwickeln. Dies ist der Grund, warum die Praxis des «systemischen Managements» ein fester Bestandteil der Ökobilanz sein muß. Dieser neue Führungsstil, der sich durch systemisches Denken und Handeln auszeichnet, wurde in Europa während des letzten Jahrzehnts entwickelt und beginnt sich nun auch in Amerika durchzusetzen. Wir wollen uns hier jedoch auf die wesentlichen Aspekte beschränken:

Systemisch orientierte Manager sehen sich nicht als Beherrscher und Kontrolleure eines Unternehmens, sondern vielmehr als «Kultivierer» oder «Katalysatoren». Sie geben aufgrund ihrer Wahrnehmung der Natur des Unternehmens als lebendes System eher Impulse als Befehle.

Systemische Manager müssen lernen, mit Unsicherheiten zu leben. Sie handeln innerhalb eines sozialen Systems, das sie nicht vollständig begreifen können und dessen Reaktionen sie niemals mit Bestimmtheit voraussagen, geschweige denn steuern können. Natürlich entbindet sie das nicht von einer verantwortungsvollen und richtungweisenden Unternehmenspolitik.

Stabilität und Flexibilität eines sozialen Systems als Konsequenz seiner dynamischen Balance zu sehen verlangt auch bei der Konfliktlösung nach einer ähnlichen Strategie. In jedem Unternehmen, so wie in einer Gesellschaft als Ganzes, tauchen unvermeidlich Konflikte und Widersprüche auf, die nicht einfach zugunsten der einen oder anderen Seite gelöst werden können. Deshalb brauchen wir Stabilität und Wandel, Ordnung und Freiheit, Tradition und Innovation, Planung und Laissez-faire.

Ein systemisch orientierter Manager wertet Widersprüche innerhalb eines Unternehmens als Zeichen von Vielfalt und Vitalität und damit als Bezug zur Lebensfähigkeit des Unternehmens. Ein systemischer Manager wird deshalb versuchen, beide Aspekte des strittigen Punktes zu berücksichtigen, wohl wissend, daß beide je nach Kontext wichtig sein können. Er wird versuchen, unvermeidbare Konflikte nicht durch starre Entscheidungen, sondern vielmehr durch dynamisches Ausgleichen beider Seiten zu lösen.

c) Unternehmensziele und -strategien

Kritische Analyse der Unternehmensphilosophie

Der erste Schritt bei der Neudefinition der Unternehmenskultur besteht in einer kritischen Analyse der Unternehmensphilosophie: In welchem Ausmaß sind die am Anfang dieses Kapitels aufgeführten Wahrnehmungen, Ideen und Wertvorstellungen Bestandteil unserer Unternehmenskultur? Eine derart kritische Analyse beginnt mit sehr allgemeinen und tiefgründigen Fragen:

> Interessiert mich die Weltsituation wirklich, oder handle ich nur, um mein Image zu verbessern oder meinem Ego zu schmeicheln?
> Habe ich die wesentlichen Elemente von Ökologie wirklich verstanden, oder wiederhole ich lediglich ein paar Schlagwörter?
> Lebe ich selbst umweltbewußt, oder gibt es eine Diskrepanz zwischen meinen Worten und Taten? Bin ich konsequent?
> In welchem Ausmaß sind die Prinzipien des systemischen Managements Teil unserer Unternehmenskultur?

Der nächste Schritt könnte darin bestehen, die ökologische Tragfähigkeit des Industriezweiges zu untersuchen, zu dem das Unternehmen zählt:

> Sind die Produkte beziehungsweise Dienstleistungen des Unternehmens ökologisch vertretbar oder unnötig destruktiv?
> Welche Veränderungen würden die Umwelt weniger belasten?

Anschließend sollte die Tragfähigkeit des Unternehmens begutachtet werden:

Wie lautet unsere Firmenphilosophie hinsichtlich des Wirtschaftswachstums?
Welches Wachstumskonzept stellen wir auf?
Bleiben wir auch nach Wegfall des auf quantitatives Wachstum ausgerichteten Ziels offen für einen Wandel?

Eine sorgfältige Überprüfung dieser grundlegenden philosophischen Fragen kann zu einer Ausweitung oder Umformulierung der Absichtserklärung des Unternehmens, über tiefenökologische Werte zu reflektieren, führen.

Analyse der Hauptbereiche

Die vorstehende philosophische Analyse sollte die Umformulierung der firmeninternen Ziele und Strategien so weit zulassen, daß die ökologische Komponente als fester Bestandteil integriert werden kann. Zunächst scheint es sinnvoll, sich auf Hauptbereiche innerhalb des Unternehmens zu konzentrieren.

Welche *Chancen* und *Risiken* gegenüber der Umwelt und dem Markt können wir feststellen?

Gesetzgebung / Öffentliches Bewußtsein / Verbraucherbewußtsein / Aktivitäten der Konkurrenz / Wissenschaftliche und technologische Entwicklungen

Wo liegen unsere *Stärken* beziehungsweise *Schwächen*?

- Gesicherte Finanzierung ökologisch orientierter Investitionen;
- Umweltbewußtsein des Topmanagements;
- Flexibilität des Managements und der Belegschaft;
- Relevanz der Produkte beziehungsweise Dienstleistungen des Unternehmens in puncto Umweltschutz;
- Unterstützung von ökologischen Verbesserungen durch die Gemeinschaft.

Festlegung ökologisch orientierter Unternehmensziele

Sobald die wichtigsten ökologischen Themen identifiziert und analysiert wurden, können ökologisch orientierte Unternehmensziele festgelegt werden. Es mag sich als sinnvoll erweisen, zunächst diverse ökologische Richtlinien aufzustellen, wie zum Beispiel:

- Demonstration der Kompatibilität von Marktwirtschaft und ökologischen Anforderungen;
- Sichern der Überlebensfähigkeit des Unternehmens durch Anerkennung globaler Trends in einem frühen Stadium mit entsprechender Planung;
- Suche nach Wettbewerbsvorteilen durch Minimierung der Umweltbelastung;
- Einnahme eines proaktiven kreativen Standpunktes zu ökologischen Herausforderungen in allen Bereichen der unternehmerischen Tätigkeit.

Nun sollten *langfristige Ziele* der Firma als Ganzes aufgestellt werden:

- Nutzung der sich aus dem ökologischen Engagement des Unternehmens ergebenden positiven Einstellung der Mitarbeiter, der Öffentlichkeit und Regierungsstellen;
- Vorteilsnutzung aufgrund von Kosteneinsparungen durch verringerten Energie- und Rohstoffverbrauch und der Weiterentwicklung umweltfreundlicher Technologien;
- Risikominimierung infolge Produkt- oder Managementhaftung, plötzlicher Gesetzesänderungen oder rapider Nachfragesteigerung bei umweltorientierten Kunden nach bestimmten Produkten;
- Gesetzgebung durch umweltorientierte Lobbybildung beeinflussen.

Ähnliche Ziele müssen auch für sämtliche *Abteilungen* aufgestellt werden, zum Beispiel:

- Personal: Attraktivität der Firma für umweltmotivierte Mitarbeiter erhöhen, dadurch verstärkte Loyalität zum Unternehmen;

- Einkauf: Umweltbewußtsein als Entscheidungskriterium beim Einkauf von Rohstoffen;
- Produktion: Kostensenkung durch verminderten Energie-, Rohstoff- und Wasserbedarf;
- Produktdesign: Neufassung von Spezifikationen mit dem Ziel einer verringerten Umweltbelastung bei der Produktion, beim Produkteinsatz und bei der Entsorgung;
- Vertrieb: Verwendung von Transportmitteln, die weniger Energie verbrauchen und die die Umwelt weniger stark belasten.

Als letzter Punkt muß die Beziehung zwischen den ökologischen und wirtschaftlichen *Zielen* des Unternehmens dargestellt werden:

- Analyse der Auswirkungen der Unternehmensziele in bezug auf Umsatz, Kosten und Gewinn;
- Feststellung der Hauptkonfliktzonen;
- Festlegung langfristiger Prioritäten innerhalb des Systems der Unternehmensziele, wenn möglich bei sich immer weiter ändernden ökologischen Prioritäten.

d) Motivationsaufbau

Die Hinwendung zu einer Umweltverantwortung hängt von dem Engangement eines jeden einzelnen im Unternehmen ab. Alle Mitglieder der Geschäftsleitung, die nicht von der Notwendigkeit eines umweltbewußten Managements und von den Vorteilen der Ökobilanz überzeugt sind, müssen zunächst motiviert werden. Nur wenn die Mitarbeiter motiviert sind, ist das Projekt auf Erfolg ausgerichtet, unabhängig davon, wie gut andere Bereiche geplant sein mögen.

Die Festlegung und Umsetzung der Unternehmensziele und -strategien fällt wesentlich leichter, wenn das Management einen kooperativen und systemischen Stil vertritt. Dabei sollten schwerpunktmäßig folgende Ziele angestrebt werden: Energien der Mitarbeiter freisetzen, brachliegendes Potential erkennen; Orientierungshilfen bieten; Prozesse initiieren; Respekt und Achtung zeigen; Intuition, eigene Meinung und Visionen betonen; Flexibilität fördern und Lernpotential des Systems vergrößern. Sind diese Muster erst einmal gefestigt, läuft das Projekt «Ökobilanz» wie von selbst.

Es ist wesentlich leichter, Abteilungsleiter von den Vorteilen einer Ökobilanz zu überzeugen, wenn ihre Bedenken angesprochen werden. Mit dem Leiter der Personalabteilung sollten Sie im Gespräch die menschlichen Beziehungen betonen; der Verkaufsleiter sollte sich hingegen mehr mit Öffentlichkeitsarbeit, Firmenimage und Werbung auseinandersetzen; der Einkaufsleiter mit Lösungen zur Entsorgungsproblematik und der Leiter der Finanzierung mit Kostenersparnissen.

Es wirkt sich auch positiv aus, wenn Sie an die persönlichen Beweggründe eines Abteilungsleiters appellieren und versuchen, seine Gefühle und Gedankengänge nachzuvollziehen. Wenn Sie bei Ihrem Gesprächspartner den Wunsch wahrnehmen, den Unternehmensgeist zu fördern, sollten Sie die integrierende Wirkung des Umweltbewußtseins ansprechen; ist das Bedürfnis nach öffentlicher Anerkennung zu verspüren, so ist es sinnvoll, auf den möglichen Abbau des durch diverse Unternehmensaktivitäten zustande gekommenen schlechten Rufs durch die Ökobilanz zu verweisen; stellen Sie bei Ihrem Geschäftspartner das Bedürfnis nach Selbstverwirklichung fest, so bieten Sie ihm an, daß er persönlich Pionierarbeit im Grenzbereich Umwelt/Wirtschaft leisten könne.

Vor der Entscheidungsfällung sollten sich die Betroffenen schon mit dem entsprechenden Informationsmaterial und der Motivation der Belegschaft auseinandersetzen. Gilt eine Entscheidung mit hoher Wahrscheinlichkeit als umstritten, sollten Sie auf einen günstigen Augenblick warten, wie zum Beispiel die Bekanntgabe der Verkaufszahlen eines besonders erfolgreichen Jahres, ein besonderes Jubiläum, einen Großauftrag oder ähnliches.

Nachdem die Entscheidung gefallen ist, ist es klug, jenen Mitgliedern des Teams, die überstimmt wurden, besondere Aufmerksamkeit zu schenken und sie nicht als geschlagene Gegner zu behandeln.

Entscheidungen über ökologische Maßnahmen sollten überall im Haus bekanntgemacht werden, damit deutlich wird, daß das Management unisono arbeitet, denn dadurch werden die Mitarbeiter stärker an die gemeinsame Entscheidung gebunden. Führt die Entscheidung zu positiven Reaktionen und Ergebnissen, sollten alle Beteiligten dafür anerkannt werden, sowohl innerhalb des Unternehmens als auch in den Medien, so daß jeder am Erfolg teilhaben kann. Kommt es zu negativen Reaktionen (falls zum Beispiel die Qualität von Umweltschutzpapier benörgelt wird), sollten Sie sich hinter die unter Beschuß geratenen Mitglieder des Recycling-Teams stellen, um den Teamgeist zu stärken. Sie sollten jede Gelegenheit nutzen, den Teammitgliedern für ihr Umweltbewußtsein Dank und Anerkennung auszusprechen und sie somit zu zukünftigen Aktionen motivieren.

Die stärkste Motivation für die Belegschaft ist ihr Gefühl persönlicher Integrität und die persönliche Beziehung zu der Firma. In dem Maße, in dem sich das Umweltbewußtsein in der Bevölkerung weiter durchsetzt, wird für viele klar, daß sie sich nicht mehr voll mit ihren Jobs identifizieren können, solange diese umweltschädlich sind. Je mehr sie realisieren, daß ihre Arbeit einen aktiven Beitrag zum Umweltschutz leistet, um so enthusiastischer werden sie für die Erstellung der Ökobilanz und die Umsetzung ihrer Ergebnisse eintreten.

Das Bewußtsein, daß hohe ökologische Standards auch Hand in Hand mit einem hohen Arbeitsstandard im traditionellen Sinne gehen, ist ebenfalls von herausragender Bedeutung. Durch die Bewußtmachung, daß der Wandel von Quantität zu Qualität ein wesentlicher Bestandteil der Tiefenökologie ist, kann das neue Umweltbewußtsein in traditionelle Überlegungen auf der Suche nach qualitativ hochwertiger Arbeit integriert werden.

Ähnliche Überlegungen gelten auch für die Qualität menschlicher Beziehungen innerhalb des Unternehmens, wie das gestaltete Arbeitsumfeld, die Ernährung etc. Je menschlicher, gesünder und ökologisch sinnvoller diese sind, um so leichter kann ein Umweltbewußtsein aufgebaut werden.

Wie bei den Managern gilt auch hier, daß es sich als hilfreich erweist, persönliche Motivation und Bedenken der Mitarbeiter anzusprechen. Das Bedürfnis nach Sicherheit kann durch Verbesserung des Informationsmaterials über Arbeitsschutzbedingungen und Beobachtung befriedigt werden, der Wunsch, dazuzugehören, durch Leiten weiterbildender Gruppenaktivitäten oder Teilnahme an solchen Aktivitäten; das Bedürfnis nach materieller Anerkennung durch einen Sonderbonus oder ähnliche Anreize; das Statusdenken durch Belobigung und andere Zeichen der Wertschätzung; der Wunsch nach Selbstverwirklichung durch verstärkte Teilnahme an der ökologischen Planung und Stretegieentwicklung.

Nachdem das ökologische Paradigma eine ganzheitliche Betrachtensweise der Welt und des menschlichen Seins beinhaltet, ist es wichtig, durch Motivations- und Schulungsprogramme die ganze Person anzusprechen. Dies kann geschehen, indem auf dem Wege einer experimentellen Abhandlung der Ökologie Gefühle angesprochen werden; indem Schulungen über systemisches Denken durchgeführt werden; indem das Verantwortungsbewußtsein für die eigene Gesundheit, die seiner Mitmenschen, anderer Lebewesen und zukünftiger Generationen gestärkt wird; indem das Urteilsvermögen durch Entwickeln der Fähigkeit, ökologische Alternativen zu bewerten und auszuwählen, gefördert wird; sowie indem durch die konstante Ermutigung, neue Einsichten und Entscheidungen in die Praxis umzusetzen, Aktionen ausgelöst werden.

In all diesen Bereichen sind die psychologische Vorbereitung, die moralische Unterstützung und die Erfolgsbestätigung von immenser Bedeutung. Niemand sollte jemals vor vollendete Tatsachen gestellt, sondern rechtzeitig vor einer Entscheidungsfällung immer persönlich befragt werden, damit aus der Erfahrung und dem Wissen der Betroffenen auch wirklich Nutzen gezogen werden kann. Ökologisch erfolgreich durchgeführte Maßnahmen sollten großzügig mit Dank und Lob bedacht werden.

Nach diesen allgemeinen Hinweisen nun einige Vorschläge, wie Mitarbeiter motiviert und geschult werden können. Zunächst müssen die folgenden vier wesentlichen Fragen geklärt werden:

Wer soll motiviert und geschult werden?
Wer ist für Motivierungsprogramme und Schulungen verantwortlich?

Was soll vermittelt werden?
Welche Methoden sind wahrscheinlich am erfolgreichsten?

Zu den *Personen, die motiviert und geschult werden können*, zählen: Auszubildende, Familien der Mitarbeiter, Haushaltsangehörige und Lebenspartner; sowie Mitarbeiter der Dienstleistungsunternehmen, die regelmäßig oder häufig für das Unternehmen tätig werden.

Neben den internen Mitarbeitern und Umweltberatern können zusätzlich *für diese Motivierungsprogramme und Schulungen verantwortlich* sein: Mitarbeiter von Umweltagenturen, Wissenschaftler, Ingenieure und Erfinder; Repräsentanten von Umweltorganisationen und Verbraucherverbänden und Unternehmen, die Umwelttechnologien herstellen; Handwerker, die ihr Handwerk ökologisch sinnvoll ausüben und in der Lage sind, praktische Demonstrationen vorzuführen; Politiker und Persönlichkeiten, die über ökologische Prinzipien oder ihr eigenes persönliches Engagement sprechen und damit Vorbildfunktion ausüben.

Während der letzten zehn Jahre wurden die unterschiedlichsten Motivations- und Schulungsmethoden sowohl in Europa als auch in Amerika erfolgreich eingesetzt. Nachfolgende Beispiele dienen der Auswahl der geeignetsten Methoden, die den individuellen Ansprüchen der Unternehmen gerecht werden.

Informationsverbreitung

Anschlagtafeln, die Betriebszeitung, Rundschreiben, eine Umweltbibliothek, regelmäßige Berichte und Reden zu besonderen Anlässen sind alles effiziente Kanäle für die Verbreitung von ökologischen Informationen.

- Am *Schwarzen Brett* können Zeitungsartikel über die Umwelt, Informationen über wichtige Rundfunk- oder Fernsehsendungen und Informationen über interne ökologische Maßnahmen aushängen. Eine spezielle Anschlagtafel «Neues aus der Firma zum Thema Umweltschutz» könnte die Ausweitung der Unternehmensziele in diese neue Domäne zum Ausdruck bringen.
- Die *«Firmenzeitung»* sollte eine «Umweltspalte», ein Sonderthema

aus dem Bereich Umwelt und mehrere Bereiche über ökologische Lebensarten (zum Beispiel: Recycling, organischer Gartenbau, Radfahren und ähnliches) enthalten.

- *Rundschreiben* über Umweltthemen sollten durch Veröffentlichungen des Worldwatch Institute, von Greenpeace und anderen Umweltorganisationen ergänzt werden.
- Eine spezielle *Umweltbibliothek* sollte mit Büchern, Zeitschriften und Zeitungen, Diagrammen, Postern, Dias, Audio- und Videokassetten ausgestattet sein.
- *Regelmäßige Berichte* und die traditionellen Ansprachen zu besonderen Anlässen bieten eine ideale Gelegenheit, um über Erfolge und Mißerfolge des ökologischen Managements der Firma zu berichten und zu demonstrieren, daß diese Art des Managements in die Firmenpolitik integriert wurde.

Soziale Ereignisse

Neben der sozialen Funktion, die von Ansprachen traditionellerweise eingenommen wird, können neue Anlässe kreiert werden, die das Umweltbewußtsein fördern. Dazu zählen:

- eine Umweltverlosung bei Geschäftsfeiern mit einem Fahrrad als Hauptgewinn und ökologisch orientierten Büchern, Videokassetten usw. als weitere Preise.
- Fahrradausflüge oder Spaziergänge der Mitarbeiter in der Natur;
- Besuche ökologischer Sehenswürdigkeiten wie Musterhäuser, effizient arbeitende Unternehmen, alternative Energieanlagen usw.;
- Tag der offenen Tür für Mitarbeiter und deren Familien, Mitbewohner und Freunde, um die ökologischen Praktiken des Unternehmens zu demonstrieren;
- ein Fest für die Mitarbeiter und ihre Familien unter dem Motto «Ja zur Umwelt».

Tage der offenen Tür, Kinderfeiern und andere Anlässe sind besonders wirkungsvoll, wenn auch die Anwohner der näheren Umgebung eingeladen werden. Vor allem in kleinen Gemeinden hat dies eine stark positive Auswirkung auf das Firmenimage und kann die Aufmerksamkeit von Lokalreportern anziehen.

Einbeziehung der Mitarbeiter

Sämtliche Mitarbeiter des Unternehmens sollten dazu angehalten und bevollmächtigt werden, über kostensenkende ökologische Maßnahmen nachzudenken, wobei Erfolge belohnt werden sollten. Vor Beginn jedes Steuerjahres sollten gewählte Vertreter der einzelnen Abteilungen eine Liste realistischer ökologischer Ziele für dieses Jahr aufstellen. Diese Ziele müssen zunächst ausführlich diskutiert und daraufhin überprüft werden, ob sie mit der Firmenphilosophie in Einklang stehen. Die im nachfolgenden Kapitel enthaltenen Checklisten können bei der Aufstellung dieser Liste sehr hilfreich sein.

Es muß natürlich gewährleistet sein, daß sowohl auf ökologische als auch auf wirtschaftliche Ziele mit der gleichen Sorgfalt hingearbeitet wird, und daß jeder Mitarbeiter gleichermaßen hinter ihnen steht. Periodische Interviews und Erfolgsberichte können dazu beitragen. Es ist vor allem wichtig, die hierarchische Kontrolle durch Selbstbeobachtung zu ersetzen, denn nur so erhöhen sich das Engagement der Mitarbeiter und die Arbeitsbefriedigung.

Mitglieder von sogenannten Qualitätsgruppen – in denen Mitarbeiter Verbesserungsvorschläge ohne Berücksichtigung hierarchischer Stufen einbringen – sollten dazu ermutigt werden, sich mit ökologischen Themen zu befassen. Umweltbewußtsein ist ein integrierter Bestandteil von Qualitätsbewußtsein.

Bei allen Anreizsystemen muß unbedingt beachtet werden, daß die Belohnungskriterien klar definiert und gleichermaßen verteilt werden. Besonderer Anreiz kann durch folgende Punkte gegeben werden:

- eine Prämie für das Erreichen oder Übertreffen ökologischer Ziele, die so formuliert sind, daß auf ökologischem Gebiet nicht erreichte Ziele nicht durch eine Sollübererfüllung im ökologischen Bereich ausgeglichen werden dürfen, und auch nicht umgekehrt;

- ein Prämiensystem, wobei die Prämie für das Erreichen wirtschaftlicher Ziele niedriger angesetzt wird, solange nicht auch das ökologische Ziel erreicht wurde;
- ein firmeninternes System für ökologische Maßnahmen, das Mitarbeitern einen Anteil an den Kosteneinsparungen zusichert, die aufgrund von deren Vorschlägen gemacht werden;
- keine finanziellen Zuwendungen für ökologische Vorschläge, die nicht mit einer Kostensenkung verbunden sind;
- Integration von ökologischen und wirtschaftlichen Leistungen in die Promotionkriterien des Unternehmens.

Anerkennung

Lob, Danksagungen und Anerkennungen für gezeigtes Umweltbewußtsein können besonders wirksam zu öffentlichen Anlässen und traditionellen sozialen Funktionen ausgesprochen werden. Hier sollten besonders engagierte Mitarbeiter ihr wohlverdientes Lob, egal in welcher Form, erhalten. Man sollte jedoch gewährleisten, daß außergewöhnliche Leistungen auf ökologischem Gebiet genauso anerkannt werden wie auf traditionellem Gebiet. Arbeitsplatzbeschreibungen und Promotionkriterien sollten umgeschrieben werden, um die effiziente Partizipierung in Öko-Teams und ökologisch orientierten Projekten zu gewährleisten.

Mitarbeiter, die sich für die Entwicklung oder Umsetzung von umweltfreundlichen Maßnahmen stark gemacht haben, können auch für die Auszeichnung durch externe Umweltorganisationen vorgeschlagen werden. Weiterhin sollte durch eine effiziente Öffentlichkeitsarbeit gewährleistet sein, daß Berichte über die ökologischen Leistungen des Unternehmens in den Medien erscheinen, um der Belegschaft das Gefühl von Anerkennung zu vermitteln und den Teamgeist zu stärken.

Unterstützung externer Umweltprojekte

Es sollte ein Umweltkonto, das die finanzielle Unterstützung externer Umweltprojekte sichert und auf das freiwillige Spenden der Belegschaft eingezahlt werden (die durch Beiträge der Firma ergänzt werden), eröffnet werden. Dieses Konto sollte gemeinsam vom Management und den Mitarbeitern verwaltet werden.

Man sollte auch überlegen, inwieweit Umweltorganisationen spezielle betriebliche Mittel nutzen (wie zum Beispiel ein spezielles Informationsnetz) und damit die Fähigkeiten der Mitarbeiter vergrößern können. Dies schließt auch die Teilnahme an ökologischen Projekten als Arbeitszeit ein.

Erweiterter Schulungsbegriff

Sämtliche Schulungen eines Unternehmens müssen auf die ökologische Dimension erweitert werden. Dies gilt besonders für die Einarbeitung neuer Mitarbeiter, da diese besonders aufnahmefähig und offen für ökologische Ideen sind und als junge Generation die Gesellschaft der Zukunft mitprägen. Bei allen Schulungen sollte eine absolut gleichrangige Behandlung wirtschaftlicher und ökologischer Aspekte vorherrschen. Insbesondere sollte mit dem Mißverständnis, daß die ökologische Komponente eine «weiche Option» ist, aufgeräumt werden. Es sollte von Anfang an klargestellt werden, daß die Komplexität ökologischer Interdependenz natürlich Schwierigkeiten aufwirft, daß sich die Lösung ökologischer Probleme jedoch als besonders lohnende Aufgabenstellung erweist.

Führt ein Unternehmen interne Schulungen durch oder nimmt es an Erwachsenenbildungskursen der Gemeinde teil, sollte eine Ausgewogenheit zwischen konventionellen und ökologischen Lehrmethoden gewährleistet sein:

- Ökologische Schulungen sollten nicht zu abgehobenen Kursen ohne offensichtliche Anknüpfung an berufsspezifische Ausbildung verkommen; sie müssen Bestandteil herkömmlicher Schulungen werden.
- Die ökologischen Komponenten herkömmlicher Kurse sollten nicht in isolierte Lerneinheiten aufgespalten werden. Den Mitarbeitern müssen die ökologischen Konsequenzen jedes einzelnen Arbeitsgangs klargemacht werden. Zusätzlich sollten sie praktisches Training als Optimierung der ökologischen Aspekte der Arbeitsgänge erhalten.

- Die ökologischen Komponenten müssen in zwei Dimensionen eingegliedert werden: Zum einen horizontal durch die Gewähr, daß sämtliche Arbeitsgänge aus ökologischer Sichtweise behandelt wurden, und zum anderen vertikal durch die Zusicherung, daß jeder einzelne Arbeitsgang eines bestimmten Bereichs vom ökologischen Standpunkt aus bewertet wurde.
- Die Schulung der Kursleiter, insbesondere der Handwerksmeister, die oft Rechtschaffenheit mit Stolz auf ihr Handwerk und einem starken Verantwortungsbewußtsein kombinieren, sollte besonders sorgfältig durchgeführt werden.
- Von bestehenden Institutionen angebotene Dienstleistungen sollten in vollem Umfang in Anspruch genommen werden – wie zum Beispiel Vorträge von Vertretern der Umweltschutzorganisationen, Umweltkurse an der Universität oder anderen Instituten der Erwachsenenbildung, Fernkurse und ähnliches.

e) Der Aufbau des ökologischen Managements

Viele größere Unternehmen haben Abteilungen für ökologisches Management eingerichtet. Im allgemeinen ist die erste Hierarchieebene unter dem Vorstand weisungsbefugt und für die Realisierung der durch das Topmanagement festgelegten Firmenpolitik verantwortlich. Dadurch ist ihre organisatorische Position, die sie brauchen, um sich die Aufmerksamkeit der Linienmanager zu sichern, gewährleistet. Manche Unternehmensberater vertreten jedoch die Auffassung, daß bereits größere Abteilungen eigenständig autorisierte Linienmanager haben sollten, die nicht von oben weisungsgebunden sind, sondern selbständig Entscheidungen treffen können. Manche Unternehmen setzen «technische Komitees» ein, deren Mitglieder sich aus allen Abteilungen rekrutieren, wobei gewährleistet ist, daß ökologische Belange im ganzen Unternehmen verbreitet werden; solche Komitees sollten langfristig eingesetzt werden, regelmäßige Besprechungen abhalten und periodisch Berichte erstatten. Es scheint, als würden unterschiedliche Unternehmensphilosophien bestimmen, welches Arrangement sich am besten für die jeweilige Firma eignet. Das Ziel bleibt jedoch das gleiche: Ökologische Verhaltensweisen koordiniert im gesamten Unternehmen zu verbreiten. Die Rolle des Umweltmanagers und die damit verbundenen Aufgaben sollten klar definiert werden und innerhalb der Firma bekannt sein. Ein beträchtlicher Anteil der zu leistenden Arbeit wird in Zusammenarbeit mit Vertretern vieler Abteilungen auf unterschiedlichen Ebenen geleistet; manchmal werden firmenweite Beratungskomitees gegründet, die dem Umweltmanager assistieren. Die *Position* eines Umweltmanagers beinhaltet folgende Aufgabenstellungen:

- Leitung von Programmen zur Minimierung der Schadstoffemissionen und Einhaltung gesetzlicher Bestimmungen;
- Leitung von Programmen zur Senkung des Wasser- und Energieverbrauchs;
- Unterstützung beim Umsteigen auf ökologisch akzeptablere Produkte und koordinierendes Eingreifen;
- Erstellung von Bilanzen, aus denen die Vorteile und Kosten firmeninterner ökologischer Programme so quantitativ wie möglich ersichtlich sind;
- Beobachtung der Entwicklung einer ökologischen Denkweise und der Regierungspolitik in Sachen Umwelt und frühzeitige Warnung des Unternehmens vor Auswirkungen;
- Marktbeobachtung bezüglich neuer Produkte, die weniger umweltschädigend sind als die bisher vom Unternehmen verwendeten;
- Anknüpfung und Pflege von Beziehungen zu den Gewerkschaften hinsichtlich umweltrelevanter Belange;
- Teilnahme an ökologischen Komitees der Gemeinde und Erteilung von Empfehlungen für Firmenpositionen und Aktionen, die öffentliche Themen berücksichtigen;
- Informierung der Belegschaft und Durchführung von Schulungen innerhalb des Unternehmens, einschließlich Meetings mit Betonung auf Feedback durch die Mitarbeiter, Organisierung von Fahrten zu anderen betrieblichen Einrichtungen;
- Vertretung des Unternehmens und der Firmenpolitik in der Gemeinde, in der näheren Umgebung und der Öffentlichkeit im allgemeinen.

Natürlich ist es etwas kritisch, Umweltmanagern die finanziellen Mittel und andere dieser Aufgabenstellung dienliche Mittel zur Verfügung zu stellen. Es besteht der Anspruch, daß im Falle von Unstimmigkeiten zwischen dem Umweltmanager und den Linienmanagern diese unverzüglich geklärt werden (das Topmanagement muß solche Konflikte grundsätzlich als positiv werten und so interpretieren, daß der Umweltmanager seinen Job ausübt, vernachlässigte Themen aufgreift und versucht, einen Wandel herbeizuführen).

Die Haushaltsplanung des ökologischen Managements verlangt dem Topmanagement die schwierige Einschätzung von langfristigen internen wie externen Vorteilen für das Unternehmen und der ganzen Welt ab. Investitionen zu ökologischen Zwecken sollten gesondert geplant werden, die Beurteilung ihrer Auswirkungen sollte regelmäßig durchgeführt werden. Ein Etat für ökologische Aktivitäten außerhalb des Unternehmens (Mitgliedschaft in Verbänden, Zuschüsse für bestimmte Organisationen, Unterstützung der Universität oder anderen Forschungsprogrammen, Veröffentlichungen etc.) sollte getrennt von den Ausgaben für Public Relations festgelegt werden.

Wird eine Abteilung für ökologisches Management eingerichtet und sind weitere Aktivitäten im Rahmen der Ökobilanz geplant, so ist es unerläßlich, sämtliche Abteilungen, Tochtergesellschaften sowie Subunternehmer oder Zulieferer miteinzubeziehen, da nur so gewährleistet ist, daß akkurate Informationen über die durch das Unternehmen verursachten Umweltbelastungen vorliegen.

Beim Erstellen von Bilanzen zeigt es sich als hilfreich, wenn spezielle Ziele und Zeitpläne für ökologische Verbesserungen innerhalb des Unternehmens aufgestellt werden – wie zum Beispiel Eliminierung von Risiken bei der Lagerung oder im Umgang mit toxischen Stoffen innerhalb einiger Wochen, Senkung des Wasserverbrauchs innerhalb von sechs Monaten um 20 % beziehungsweise kontinuierliches Ersetzen umweltschädlicher Stoffe durch weniger schädliche im Laufe eines Jahres. Solche Ziele müssen klar und eindeutig formuliert sein. Vor allem diejenigen, die ihren Beitrag zur Verwirklichung der Ziele leisten sollen, müssen natürlich darüber in Kenntnis gesetzt worden sein. Das Erreichen des gesteckten Ziels sollte dementsprechend honoriert werden.

Werbungspolitik, Kriterien für die Produktgestaltung, Image in der Öffentlichkeit

Der sozio-psychologische Kontext, in den das Geschäftsleben eingebunden ist, hat sich durch die weitverbreitete öffentliche Vertrautheit mit ökologischen Ideen grundlegend geändert. Dies ist besonders in Westeuropa, Nordamerika und Japan der Fall. Umweltkatastrophen wie das Ölunglück des Valdez-Tankers, über die mit Hilfe der modernen Medien eindeutige Bilder und Berichte auf der ganzen Welt verbreitet wurden, führten zu einer kurzfristigen Aufnahme in die Skala der unbeliebtesten Unternehmen beziehungsweise Mitarbeiter. Ungebremste Rodung von Wäldern, Luft- und Wasserverschmutzung und Probleme bei der Anlegung von Deponien haben zu der stark negativen Einstufung der Industrie innerhalb der Bevölkerung als verantwortungslos oder gleichgültig gegenüber der Umwelt und dadurch indirekt auch gegenüber Menschen und Kindern geführt.

Diese Situation wirft neue Probleme auf, wie sich ein Unternehmen der Welt präsentieren soll. Techniken zur Begrenzung des Schadens durch Medien haben sich als unwirksam erwiesen; 25% aller Amerikaner behaupten, sie hätten ihr Konsumverhalten aufgrund negativer Eindrücke über bestimmte Unternehmen geändert. Somit mußten sich viele Unternehmen damit auseinandersetzen, wie sie sich positiv darstellen können. Die unterschiedlichsten Industriezweige haben auf der Suche nach Möglichkeiten, kritische Praktiken ungehindert fortsetzen zu können, Public-Relations-Organisationen eingerichtet. Andere Unternehmen wollten dadurch ein positives Image erreichen, daß sie Umweltorganisationen durch großzügige Spenden unterstützten, auch wenn dabei das Risiko des Rückschlags besteht, nämlich wenn bestimmte Gruppen als befangen oder käuflich gelten. Wieder andere Firmen haben ein bestimmtes ökologisches Problem mit Mitteln und Einsatz aus dem Forschungsbereich zu lösen versucht.

Diese Bemühungen, soweit ernsthaft gemeint, helfen beim Rückgang öffentlicher Kritik und politischem Druck auf gesetzgeberische Maßnahmen; inwieweit sie die tiefere Einstellung der Bevölkerung berühren, ist nicht bekannt, da es sich jedoch lediglich

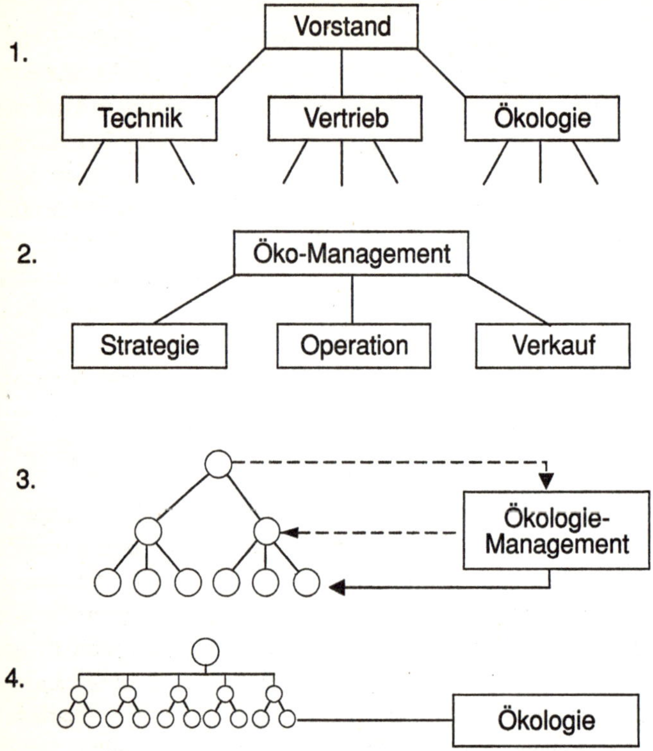

Vier verschiedene strukturelle Möglichkeiten der organisatorischen Einbindung der Ökologie in das Unternehmensmanagement.

Organigramme des ökologischen Managements (Lutz 1992)

um «kosmetische» Aktionen handelt, die sich nicht auf die tatsächlichen Umweltbelastungen durch ein Unternehmen auswirken, stellen sie auch keinen realistischen oder befriedigenden und langfristigen Beitrag mit Bezug auf angestrebte soziale Veränderungen dar. Aus diesem Grund sind Änderungen im technischen Ablauf, einschließlich Veränderungen im Prozeß des Produktdesigns, wie sie in der Ökobilanz aufgestellt werden, von essentieller Bedeutung.

Viele Verbraucher möchten sich gerne rückversichern, daß die von ihnen gekauften Produkte, wie zum Beispiel Umweltschutzpapier oder energiesparende Haushaltsgeräte, auch die wirklich am wenigsten umweltschädigenden Waren sind. Diese Haltung wurde vom Berufsstand der Designer noch nicht verinnerlicht. Es gilt jedoch als wahrscheinlich, daß Produkte von Unternehmen, die Wert auf ökologische «Sicherheit», geringe Umweltbelastung und lange Lebensdauer legen, von weiten Kreisen der Bevölkerung favorisiert werden, verursacht durch die Verbreitung umweltschützender Lebensweisen und Ideen.

Aus diesen Gründen ist es wahrscheinlich, daß sich auch die Werbung den veränderten Bedingungen anpassen muß. «Image»-Werbung muß spezifischer und konkreter werden, um die durch aktive Medienberichterstattung im Bereich Umwelt geförderte chronische Skepsis der Bevölkerung zu überwinden. Produktwerbung sollte zielen auf:

- die dauerhafte statt vorübergehende Zufriedenstellung der Verbraucher;
- attraktive Kosten für die Gesamtlebensdauer eines Produkts statt der bloßen Anschaffungskosten (ohne Berücksichtigung der Betriebs- oder Entsorgungskosten des Produkts);
- konkurrenzfähige Zuverlässigkeit, Lebensdauer und störungsfreie Qualität eines Produkts und nicht auf eine anfängliche emotionale Attraktivität;
- Möglichkeiten der Wiederverwendung des Produkts oder seiner Verpackung beziehungsweise Recycling;
- die niedrige Umweltbelastung bei Produktion, Vertrieb, Einsatz und Entsorgung des Produkts.

Öko-Werbung muß sich also mit dem kompletten Produktzyklus «Herstellung–Einsatz–Entsorgung» befassen und sich nicht primär auf die Herausforderung des Erwerbs des Produkts konzentrieren.

f) Das Unternehmen als lebendes System

Die Ökobilanz ist die Untersuchung und Überprüfung sämtlicher Vorgänge in einem Unternehmen aus der Perspektive des neuen Paradigmas. Das Unternehmen wird als lebendes System verstanden, wobei die Theorie über lebende Systeme sowohl auf den Entwurf der Ökobilanz als auch auf das umweltbewußte (systemische) Management angewandt wird. Deshalb wollen wir uns zunächst mit ein paar auffälligen Merkmalen eines lebenden Systems befassen.

Systemisches Denken beinhaltet die Abkehr von der Wahrnehmung als Objekt hin zur Wahrnehmung als Beziehung, von Bauklötzen hin zu Organisationsprinzipien. Ein lebendes System ist ein integriertes Ganzes, das in noch größere Einheiten eingebettet ist, von denen es abhängt. Die Natur lebender Systeme ergibt sich aus der Beziehung unter den Komponenten sowie der Beziehung des ganzen Systems zu seiner Umwelt.

Das Grundprinzip einer Organisation, das für alles Leben gilt, ist das Prinzip der Selbstorganisation. Das bedeutet, daß die Ordnung und Funktionsweise eines lebenden Systems nicht durch die Umwelt bestimmt wird, sondern vom System selbst aufgestellt wird. Anders ausgedrückt bedeutet dies, daß selbstbestimmte Systeme eine gewisse Autonomie besitzen. Systemisch orientierte Manager sind sich dieser Tatsache genau bewußt, erkennen die firmeninterne Logik und Emotionalität an und versuchen eher lenkend auf das System einzugreifen anstatt es zu kontrollieren.

Die Theorie der selbstbestimmenden Systeme unterscheidet zwischen der Struktur und den Organisationsmustern eines Systems.[11] Das Organisationsmuster steht für die Gesamtheit aller Beziehungen, die die wesentlichen Merkmale eines Systems ausmachen. Dieses Muster kann ohne Bezugnahme auf Energie, physische Substanzen, Organismen und dergleichen sowie ohne das Fachchinesisch der Physik, Chemie und Biologie abstrakt beschrieben werden. Die Struktur eines lebenden Systems ist die physische Umsetzung der Organisationsmuster. Dieselben Muster können auch in unterschiedlichen physischen und biologischen Strukturen umgesetzt und dann in der entsprechenden Fachsprache der Physik, Chemie und Biologie ausgedrückt werden.

Diese wichtige Unterscheidung zwischen der Struktur und den Organisationsmustern liefert uns die für das Erstellen einer Ökobilanz notwendigen Hilfsmittel. Da es Aufgabe der Ökobilanz ist, die Umweltbelastungen eines Unternehmens zu minimieren, und da sich diese Umweltbelastungen auf ökologische Prozesse hinsichtlich Energie, materielle Substanzen, Menschen und andere lebende Organismen beziehen, müssen zur Beschreibung eines Unternehmens auch die entsprechenden Termini dieser Prozesse verwendet werden. Dies bedeutet auch, daß unser Interesse vor allem in den strukturellen Aspekten des Unternehmens, das heißt in der physischen Umsetzung seiner Organisationsmuster, liegt.

Betriebsstoffwechsel und Unternehmensstruktur

Da sich Ökobilanzen mit den Folgen des Material-, Energie- und Menschenstroms befassen, ist es unerläßlich, sich bereits bei der Planung und Ausführung über diese Stufe der physischen Gegebenheiten des Unternehmens und seiner Beziehungen zu Zulieferern, der Gemeinschaft, der natürlichen Umgebung klarzuwerden.

Die Mechanismen der Koordinierung und Steuerung dieses Betriebsstoffwechsels sind abhängig von der Struktur des Unternehmens, die teilweise im Organigramm zum Ausdruck kommt, auch wenn sie nicht immer mit den tatsächlichen Aufgaben und Funktionen der Menschen im Unternehmen korrespondieren. Aus dieser Gesamtschau sind die volle Komplexität der Struktur eines Unternehmens sowie ihre Querverbindungen mit sozialen und natürlichen Umweltfaktoren ersichtlich, so daß sämtliche wesentlichen Aspekte der Betriebsabläufe in die Planung der Ökobilanz einfließen.

Anmerkungen

Dieser Beitrag erschien erstmals in: Fritjof Capra, Ernst Callenbach und Sandra Marburg, *Innovations-Ökologie*, hrsg. von Rüdiger Lutz, Stuttgart, München, Landsberg 1992, und wurde übersetzt von Petra Loesch.

1 Bild und Zitate aus: Rüdiger Lutz, *Ökopolis – eine Anstiftung zur Zukunfts- und Umweltgestaltung*. München 1987.

2 Zitat aus: «Bemerkungen über Wissenschaft und Krise», in: *Zeitschrift für Sozialforschung*, Jahrgang I/1932, S. 2.
3 Lester R. Brown, *Building a Sustainable Society*, New York 1981.
4 Thomas Dyllick, *Management der Umweltbeziehungen*, Wiesbaden 1989; ders.: *Ökologische Lernprozesse in Unternehmen*, Bern 1990; ders.: «Vom Öko-Produkt über die Öko-Information zur Öko-Bilanz. Der Beitrag der Managementlehre zur ökologischen Unternehmensführung», in: *Blick durch die Wirtschaft*, 1989.
5 Brown (1981), op. cit.
6 Dyllik (1990), op. cit.
7 Capra/Callenbach/Marburg, *Innovations-Ökologie,* hrsg. von Rüdiger Lutz, Stuttgart, München, Landsberg 1992
8 Ruedi Müller-Wenk, *Die ökologische Buchhaltung*, Frankfurt, New York 1978.
9 Wulf-Rüdiger Lutz, *Mittlere Technologie für Industrieländer*, München 1980
10 Bill Devall und George Sessions, *Deep Ecology*, Salt Lake City 1985.
11 Humberto Maturana und Francisco Varela, *Der Baum der Erkenntnis*, München 1990, S. 47.

Kreativität und Führung

Das *Center for Ecoliteracy* hat sich die Aufgabe gestellt, die Bildung des ökologischen Bewußtseins in der Schule zu fördern. Ökologisches Bewußtsein oder «Ökobewußtsein» besitzt, wer die Organisationsprinzipien ökologischer Gemeinschaften (sogenannter Ökosysteme) versteht und diese Prinzipien anwendet, um nachhaltige menschliche Gemeinschaften zu schaffen. Insbesondere glauben wir, daß die Prinzipien der Ökologie die Leitprinzipien zur Einrichtung nachhaltiger Lerngemeinschaften sein sollten. Mit anderen Worten: Das ökologische Bewußtsein liefert einen ökologischen Rahmen für eine Reform der Erziehung.

Die Ökologie, abgeleitet von dem griechischen Begriff *oikos* («Haushalt»), ist die Wissenschaft der Beziehungen, die alle Mitglieder des Haushalts Erde miteinander verknüpfen. Ökologisches Denken ist daher ein Denken in Kategorien wie Beziehungen, Vernetztheit und Kontext. In der Wissenschaft nennt man diese Art von Denken systemisches Denken.

Ich habe bereits hier in dieser Bibliothek (Ort des Vortrags; Anm.) und auf Wochenendseminaren mehrere Vorträge über die Prinzipien der Ökologie und über systemisches Denken gehalten. Zwei dieser Vorträge wurden veröffentlicht und sind beim *Center for Ecoliteracy* erhältlich. Der eine behandelt unter dem Titel «Ökologie und Gemeinschaft» die Prinzipien der Ökologie, der andere – «Von den Teilen zum Ganzen» – befaßt sich mit dem systemischen Denken.

In meinem Buch *Lebensnetz* habe ich die Geschichte des systemischen Denkens im Laufe dieses Jahrhunderts dargestellt und eine Synthese mehrerer Systemtheorien vorgeschlagen, die etwa während der letzten fünfundzwanzig Jahre entwickelt worden sind. Anders gesagt: Ich stelle in diesem Buch ein neues Begriffssystem für das wissenschaftliche Verständnis von Leben vor. Dieses neue Verständnis von Leben enthält einige sehr interessante Implikationen für das Verständnis von Kreativität und Menschenführung, und mit diesen Gedanken möchte ich Sie gern bekannt machen.

Lebende Netzwerke

Eine der bedeutendsten frühen Erkenntnisse des systemischen Denkens bestand darin, daß jedes lebende System ein Netzwerk ist. Dieser Gedanke tauchte zuerst in der Ökologie auf. Hier ging man von Anfang an davon aus, daß ökologische Gemeinschaften aus Organismen bestehen, die durch Nahrungsbeziehungen auf netzartige Weise miteinander verknüpft sind. Zunächst führten die Ökologen die Begriffe Nahrungsketten und Nahrungszyklen ein, die bald zum gegenwärtigen Begriff des Nahrungsnetzes erweitert wurden.

Das «Netz des Lebens» ist natürlich ein ganz alter Gedanke, mit dem Dichter, Philosophen und Mystiker zu allen Zeiten ihre Vorstellung von der wechselseitigen Verwobenheit und Abhängigkeit aller Phänomene vermittelt haben. Als der Begriff des Netzes in der Ökologie immer mehr an Bedeutung gewann, begannen systemische Denker Netzmodelle auf allen systemischen Ebenen zu verwenden, indem sie Organismen als Netzwerke von Organen und Zellen betrachteten, genauso wie Ökosysteme als Netze aus individuellen Organismen verstanden werden. Dies führte zu der entscheidenden Erkenntnis, daß das Netz ein Muster ist, das allem Leben gemeinsam ist. Wo wir Leben sehen, haben wir Netze vor uns.

Nun sind zwar alle lebenden Systeme Netze, aber wir wissen natürlich, daß nicht alle Netze lebende Systeme sind. Welche Eigenschaften haben also lebende Systeme? Eines der wichtigsten Merkmale aller lebenden Netze besteht darin, daß sie Rückkopplungsschleifen enthalten. In einem lebenden Netz gibt es viele Zyklen und geschlossene Schleifen, aus denen Rückkopplungsschleifen werden können. Eine Rückkopplungsschleife ist eine kreisförmige Anordnung von kausal miteinander verbundenen Elementen, in der sich eine Anfangsursache rund um die Verbindungsglieder der Schleife fortpflanzt, so daß jedes Element eine Wirkung auf das nächste ausübt, bis das letzte Element die Wirkung zum ersten Element des Zyklus «zurückkoppelt».

In einem Ökosystem bringen Rückkopplungsschleifen das System normalerweise immer dann ins Gleichgewicht zurück, wenn eine Abweichung von der Norm aufgrund veränderter Umweltbedingungen auftritt. Wenn es beispielsweise in einem ungewöhnlich warmen Sommer zu verstärktem Algenwachstum in einem See kommt, können einige Fischarten, die sich von diesen Algen ernähren, besser gedeihen und sich stärker vermehren, so daß ihre Zahl zunimmt und sie anfangen, die Algen zu dezimieren. Sobald ihre Hauptnahrungsquelle reduziert wird, beginnt ein Fischsterben. Wenn die Fischpopulation zurückgeht, werden sich die Algen wieder erholen und sich erneut ausbreiten. Auf diese Weise erzeugt die ursprüngliche Störung eine Schwankung in einer Rückkopplungsschleife, die schließlich das Fisch-Algen-System wieder ins Gleichgewicht zurückbringt.

Das Rückkopplungsphänomen ist äußerst wichtig für alle lebenden Systeme. Dank der Rückkopplung können sich lebende Netze selbst regeln und selbst organisieren. Eine Gemeinschaft beispielsweise kann sich selbst regeln. Sie kann aus ihren Fehlern lernen, weil sich die Fehler entlang dieser Rückkopplungsschleifen fortsetzen und wieder zurückgeführt werden. Auf diese Weise kann die Gemeinschaft sich selbst organisieren und lernen. Aufgrund des Feedbacks hat eine Gemeinschaft eine eigene Intelligenz, eine eigene Lernfähigkeit.

Somit sind Netz, Feedback und Selbstorganisation eng miteinander verbundene Begriffe. Wir können sagen, daß lebende Systeme zur Selbstorganisation fähige Netze sind.

Netzwerke und Unterhaltungen

Nun können wir fragen, worin das Wesen der Verbindungsglieder in einem lebenden Netz besteht. Die Antwort hängt davon ab, von welcher Art von lebendem System wir sprechen. In einer Zelle sind die Verbindungsglieder chemische Prozesse, die alle Zellkomponenten miteinander verbinden. Im Gehirn und im Nervensystem sind die Verbindungsglieder die anatomischen Strukturen des riesigen neuralen Netzes, mit seinen Milliarden von Axonen und Dendriten. In einem Ökosystem sind, wie gesagt, die wichtigsten Verbindungsglieder die Nahrungsbeziehungen, also die vielen Möglichkeiten, wie Pflanzen, Tiere und Mikroorganismen sich voneinander ernähren.

Welche Verbindungsglieder gibt es in einer menschlichen Gemeinschaft? Nun, unter Wissenschaftlern wird lebhaft darüber diskutiert, wie sich soziale Netze am besten beschreiben lassen, und eine der interessantesten Theorien stammt von dem deutschen Soziologen Niklas Luhmann, der eine menschliche Gemeinschaft als ein Netzwerk von Gesprächen bezeichnet. In diesem Netzwerk gibt es mehrfache Rückkopplungsschleifen. Die Ergebnisse von Gesprächen geben Anlaß zu weiteren Gesprächen, die selbstverstärkende Schleifen erzeugen. So kann eine beiläufige Bemerkung vom Netz aufgegriffen und verstärkt werden, bis sie etwas Entscheidendes zur Folge hat. Die Geschlossenheit des Netzes innerhalb der Grenzen der Gemeinschaft führt zu einem gemeinsamen System von Glaubensvorstellungen, Erwartungen und Werten – oft als Organisationskultur bezeichnet –, das ständig durch weitere Gespräche aufrechterhalten wird.

Eine lebende Gemeinschaft ist also ein Netzwerk von Gesprächen mit Rückkopplungsschleifen, und eine der besten Möglichkeiten, die Gemeinschaft zu pflegen, besteht darin, daß Gespräche ermöglicht und in Gang gehalten werden. Interessanterweise wird dieses Phänomen heute auf breiter Basis in Wirtschaftskreisen diskutiert. In ihrem vor kurzem erschienenen Artikel mit dem Titel «Gespräche als zentraler Wirtschaftsprozeß» schildern die Autoren Juanita Brown und David Isaacs, wie sie Hunderte von leitenden Angestellten und Unternehmensmitarbeitern gebeten hätten, die Qualität der Gespräche zu beschreiben, die einen nachhaltigen Eindruck auf sie gemacht hätten.[1]

Sie fanden heraus, daß die Antworten eine Reihe gemeinsamer Themen aufwiesen. Zum Beispiel:

- Zwischen uns gab es so etwas wie gegenseitigen Respekt.
- Wir haben uns die Zeit genommen, um wirklich miteinander

über das zu reden und nachzudenken, was wir für wichtig hielten.

- Jeder von uns hat dem anderen zugehört, selbst wenn wir nicht einer Meinung waren.
- Ich wurde von den anderen im Gespräch akzeptiert und nicht beurteilt.
- Wir haben uns mit Fragen beschäftigt, die wirklich zählten.
- Wir sind einer Meinung gewesen, was anfangs nicht der Fall war.

Und so weiter.

Die Autoren erwähnen auch eine interessante Studie vom «Institute for Research on Learning» in Palo Alto, die sich damit befaßt, wie Lernen in einer Organisation stattfindet. Diese Studie gelangt zu der Schlußfolgerung: «Das stärkste Lernen und das stärkste gemeinsame kollektive Wissen in der Organisation entstehen durch informelle Beziehungen und persönliche Netze – über Arbeitsgespräche in praktischen Arbeitsgemeinschaften.»

Emergenz

Ich komme nun zu einer weiteren, ganz wichtigen Eigenschaft lebender Systeme, die erst in jüngerer Zeit erkannt und erforscht worden ist. Jedes lebende System gelangt gelegentlich an Punkte der Instabilität, an denen einige seiner Strukturen zusammenbrechen und sich neue Verhaltensstrukturen oder -formen herausbilden. Dieses spontane Sichherausbilden von Ordnung – von neuen Verhaltensstrukturen und -formen – ist eines der Kennzeichen von Leben. Dieses Phänomen, fachsprachlich oft «Emergenz» genannt, gilt als Basis der Entwicklung, des Lernens und der Evolution. Mit anderen Worten: Die Kreativität – die Erzeugung von Formen, die ständig neu sind – ist eine Haupteigenschaft aller lebenden Systeme. Das Leben strebt ständig nach Neuem.

Genauere Untersuchungen haben ergeben, daß die Punkte der Instabilität, an denen es zur Emergenz kommt, das Ergebnis kleiner Schwankungen sind, die von Rückkopplungsschleifen verstärkt werden. Denken Sie wieder an die beiläufige Bemerkung in einem

Netz von Gesprächen! Daher sind die Rückkopplungsschleifen im Netzwerk entscheidend für die Kreativität des Systems, und diese Kreativität manifestiert sich in den Prozessen der Emergenz.

Emergente und künstlich geschaffene Strukturen

Im Laufe der langen Geschichte der Evolution haben sich alle lebenden Strukturen auf unserem Planeten durch Emergenz in einem nie endenden Wechsel von Kreativität und Anpassung entwickelt. Mit anderen Worten: Alle nichtmenschlichen Strukturen auf diesem Planeten sind emergente Strukturen. Ich spreche bewußt von allen *nicht-menschlichen* Strukturen, weil mit der Entwicklung der Spezies Mensch Strukturen einer anderen Art geschaffen wurden. Im Laufe der Evolution des Menschen kamen die Sprache, die Abstraktion, das begriffliche Denken und all die anderen Merkmale des menschlichen Bewußtseins ins Spiel. Sie haben es uns ermöglicht, uns geistige Bilder von körperlichen Gegenständen zu machen, Ziele und Strategien zu formulieren und damit künstliche Strukturen zu schaffen.

In menschlichen Organisationen gibt es stets beide Arten von Strukturen. Die künstlich geschaffenen Strukturen sind die formalen Strukturen der Organisation, die in ihren offiziellen Dokumenten dargestellt werden und die Aufgabe der Organisation, ihre formale Politik, ihre Strategien und so weiter darstellen. Außerdem gibt es immer auch emergente Strukturen. Das sind die informellen Strukturen der Organisation – die Allianzen und Freundschaften, die inoffiziellen Kommunikationskanäle (die «Buschtrommel»), die stillschweigenden Fähigkeiten und Wissensquellen, die sich ständig entwickeln. Diese Strukturen bilden sich aus einem informellen Netz von Beziehungen heraus, das ständig wächst, sich verändert und sich neuen Situationen anpaßt.

Diese beiden Arten von Strukturen – die künstlich geschaffenen und die emergenten Strukturen – unterscheiden sich sehr voneinander, und jede Organisation benötigt beide Arten. Während künstlich geschaffene Strukturen nicht wachsen können, sind emergente Strukturen in der Lage, sich anzupassen und weiterzuentwickeln. Sie sind Ausdrucksformen der kollektiven Kreativität der Organisation. Wenn wir uns die Beziehung zwischen Emergenz und Konstruktion als eine Art von Kontinuum vorstellen, dann können wir sagen, daß ein System, das zu weit zur Konstruktion hin «abdriftet», allzu starr wird und nicht mehr in der Lage ist, sich veränderten Bedingungen anzupassen.

Wenn eine Organisation andererseits zu weit zur Emergenz abdriftet, wird sie die Fähigkeit verlieren, effizient Güter zu produzieren oder Dienstleistungen anzubieten. Die künstlich geschaffenen Strukturen ermöglichen es der Organisation, nach gewissen Spezifikationen zu operieren. Sie erlauben die Formulierung der Regeln und Vorschriften, die für das tägliche Management der Organisation notwendig sind. Daher hat jede Organisation die wichtige Aufgabe, ein kreatives Gleichgewicht zwischen ihren künstlich geschaffenen und ihren emergenten Strukturen zu finden.

Führungsstil

Offensichtlich entsprechen zwei unterschiedliche Führungsstile diesen zwei Arten von Strukturen. Die Aufgabe der Organisation ist generell das Ergebnis eines Konstruktionsprozesses. Nach der traditionellen Vorstellung ist ein Führer ein Mensch, der in der Lage ist, diese Aufgabe klar zu formulieren, sie durchzuführen und sie gut und charismatisch zu vermitteln.

Die andere Art von Führungsstil wäre das Ermöglichen von Emergenz. Dieser Führungsstil ist nicht auf ein einzelnes Individuum beschränkt. In selbstorganisierenden Systemen wird die Führung verteilt, und die Verantwortung wird eine Funktion des Ganzen. Der Führungsstil besteht dann darin, ständig die Emergenz neuer Strukturen zu ermöglichen und die besten in die Konstruktion der Organisation aufzunehmen. In einer derartigen Organisation wird es ein ständiges Zusammenspiel zwischen Emergenz und Konstruktion geben.

Wie ermöglicht man Emergenz? Indem man eine Lernkultur schafft, in der man das unentwegte Fragen fördert und die Innovation belohnt. Mit anderen Worten: Führungsstil heißt dann, für Bedingungen zu sorgen, statt Anweisungen zu erteilen.

Vor allem bedeutet das Ermöglichen von Emergenz den Aufbau und die Pflege eines Netzwerks von Gesprächen, samt allen Rückkopplungsschleifen. Der erste Schritt zu diesem Ziel hin könnte darin bestehen, daß die künstlich geschaffenen Strukturen gelockert werden und dadurch mehr Flexibilität entsteht.

Ein weiterer wichtiger Aspekt ist die Schaffung eines emotionalen Klimas, das der Emergenz förderlich ist, d. h. ein Klima der Wärme, der gegenseitigen Unterstützung und des Vertrauens – aber auch ein Klima des leidenschaftlichen Engagements, das reichlich Gelegenheit zum Feiern von Erfolgen bietet.

Schließlich müssen wir einsehen, daß nicht alle emergenten Lösungen brauchbar sind. Daher muß eine Kultur, die die Emergenz pflegt, auch die Freiheit einschließen, Fehler zu begehen. In einer derartigen Kultur wird das Experiment gefördert und das Lernen genauso geschätzt wie der Erfolg.

Eines der Hauptprobleme – in der Geschäftswelt ebenso wie im Bildungswesen – besteht darin, daß Organisationen noch immer nach ihren künstlich geschaffenen und nicht nach ihren emergenten Strukturen beurteilt werden. Aber ich hoffe doch sehr, daß an Schulen, die das ökologische Bewußtsein und das systemische Denken fördern, mehr Aufmerksamkeit den emergenten Strukturen und dem Führungsstil gewidmet wird, der diese Emergenz ermöglicht.

Anmerkungen

Dieser Vortrag wurde am 18. April 1997 im Mill Valley School District gehalten.

1 Juanita Brown und David Isaacs: «Conversations as a Core Business Process», in: *The Systems Thinker*, Cambridge, Ma., 1996/97.

Der Beitrag erschien erstmals in: Fritjof Capra, *Creativity and Leadership*, Berkeley 1997, und wurde übersetzt von Michael Schmidt.

IV

Der Wandel in den Perspektiven von Politik und Religion

Einführung

Fritjof Capra – ein Denker des Friedens

Capra – ebenso Wissenschaftshistoriker wie Praktiker des gesellschaftlichen Wandels – weiß: Wo immer es um Wahrheit, um das Richtige, Passende, Stimmige geht, gibt es zwischen Menschen schnell Streit. Wo die Wahrheit verbreitet werden soll – sei es eine wissenschaftliche Wahrheit über das Paradigma «Systemdenken» oder sei es eine ökologische Wahrheit über den «Frieden der Natur» –, ruft der beflissene Kämpfer für eine Überzeugung sofort Gegner auf den Plan. Einmal mehr gilt auch für das Wahrheitsthema die Yin-Yang-Polarität: Jede Handlung verursacht auch ihr Gegenteil und läßt es mit in die Welt der Erscheinungen treten. Damit muß es in Wissenschaft, Ökologie und auch in der spirituellen Frage nach den «letzten Wahrheiten», den religiösen Einsichten in das Ganze der Natur und des Lebens immer auch und zugleich um eine Konfliktlösung gehen, um das möglichst friedvolle Austragen von komplexen Kontroversen.

Mit dieser Erkenntnis gerüstet, ist es für Capra zwangsläufig von großer Bedeutung, sich um ein Ethos der friedvollen Ko-Existenz und Ko-Evolution auch der Religionen oder der spirituellen Lehren zu befassen. Er geht das Ringen um eine Plattform des Friedens, auf der die Wahrheitsdiskurse stattfinden können, aus einer doppelten, polaren Sicht an: Zum einen geht es um politischen Frieden, zum anderen um religiösen oder inneren Frieden. Dabei ist der mit asiatischer Weisheit vertraute Vordenker von der Priorität des inneren Friedens überzeugt.

Ohne inneren Frieden kann kein anderer Friede verwirklicht werden, ohne geistigen Frieden kein politischer Friede. An beiden muß dennoch gleichzeitig mitgewirkt werden. Capra setzt sich dafür ein, daß jeder Mensch bei sich selbst beginnt. Mit verschiedensten Meditationserfahrungen vertraut, empfiehlt er Meditation als wesentlichen Baustein der Pädagogik der Ganzheit.

Meditation – das kann alles sein, was das neue kosmische Bewußtsein des Menschen aktiviert, also Praxis der Stille ebenso wie künstlerische, na-

turbegegnende oder sozial-aktive Übung im Geist der Einsicht und des Mitgefühls. Capra hat im eigenen Leben erfahren, daß die Einübung in eine vertiefte Selbst-Wahrnehmung auf die Natur des menschlichen Verhaltens einen in Richtung friedvoller Konfliktlösung gehenden, günstigen Einfluß hat.

Capra plädiert für ein mehrdimensionales Friedenskonzept. Vom persönlichen, inneren Frieden über den ökologischen und sozialen Frieden bis zum religiösen Frieden reichen seine Überlegungen und Anregungen für eine neue Lebenspraxis. Dieses umfassende Herangehen an die Friedensfragen nennt er tiefenökologisch. Dabei ist Tiefenökologie keine Lehre oder gar ein Kompendium einer spirituell-ökologischen Lebensführung.

Sie ist vielmehr eine handlungsbezogene Kunst des Untersuchens und Befragens unserer alltäglichen Praxis im Umgang mit der natürlichen Mitwelt, wo sie uns in der Großstadt begegnet, beispielsweise bei der Wasserentnahme, beim Umgang mit Verpackungen, Lebensmitteln, Brennstoffen oder bei Freizeitaktivitäten. Gleichzeitig hat dieser Ansatz ein sozial-ökologisches Anliegen: Er möchte zur Überwindung der sozialen Vereinsamung beitragen, die sich ungünstig auf das Verhältnis von Mensch und Natur auswirkt. In gewisser Weise geht es um die Öffnung des menschlichen Bewußtseins für die Dimensionen der Gemeinschaftsgüter und der kollektiven Aktion.

Tiefe Ökologie ist somit ein Programm, das dazu führen soll, erfinderisch zu werden für ein attraktives, qualitativ reiches und vielfältiges Leben aus einem behutsamen und mitfühlenden Verhalten allen natürlichen Lebensformen gegenüber. Die Grundlage dieses Verhaltens ist eine erweiterte Identifikation mit anderen Menschen und Lebewesen.

Um diese Identifikation zu ermöglichen, fördert die tiefenökologische Arbeit Entwicklungsprozesse von Individuen und Gruppen, indem sie bestehende Verhaltensgewohnheiten unter ganzheitlich-ökologischem Blickwinkel in Frage stellt. Dadurch ist diese Entwicklungsarbeit ein Angebot, eine neue Form des Miteinander-Seins von Mensch und Natur kennenzulernen. Besonderer Wert wird dabei auf das «Kennenlernen-durch-Tun» gelegt. Beispielsweise heißt das, für Fragen des Wachstums und des Fortschritts zu lernen, sich als Mensch zu entfalten, der natürlichen «Tendenz nach Mehr» Folge zu leisten, jedoch dabei zu berücksichtigen, daß auch die natürliche Mitwelt diese Tendenz hat. Letztere hat ebenso ein Recht, vielfältig schöpferisch zu sein, ohne vom Menschen am Leben gehindert zu werden. Ziel ist es, Lebensstile zu entwickeln, in denen Menschen ihre Freiheit in einer Weise verwirklichen, die mit der freien Entfaltung alles Natürlichen übereinstimmt.

Tiefe Ökologie schult mithin in Kooperation und Ko-Evolution. Dabei geht es um ein Wachsen an Einsicht in das Organismische und Systemische des Lebens, um die Entfaltung des Mitgefühls, ferner um das innere Reifen im Sinne eines achtsamen, behutsamen, möglichst gewaltfreien Verhaltens und schließlich auch um die aktive, politische Ausdehnung und Durchsetzung eines Wertekataloges in sozial-ökologischer Hinsicht. Das tiefenökologische Ethos, für das Capra Partei ergreift, kreist meist um Werte wie:

- *Achtung der Lebensprozesse*
- *Basisdemokratie*
- *persönliche und soziale Verantwortung*
- *Gewaltlosigkeit*
- *Dezentralisierung*
- *lokale, gemeinschaftsgetragene Ökonomie*
- *transpatriarchale Beziehungen*
- *Respekt vor der Vielfalt*
- *globale Verantwortung*
- *Generationenbewußtsein*

Ohne eine Erweiterung des Dialogs zwischen den Religionen kann dieser neue Wertekatalog nicht spirituell verankert werden. Die einzelnen religiösen Traditionen bevorzugen unterschiedliche Leitwerte und vernachlässigen andere. Hier setzt Capras Bemühen ein, im Gespräch mit herausragenden Vertretern unterschiedlicher Religionsgemeinschaften Öffnungen zu initiieren, die für die Wandlung der herrschenden materialistischen Kultur in eine ökologisch-spirituelle Weltkultur des 21. Jahrhunderts not-wendend sind.

Die Krise der Wahrnehmung

Warum werden die eigentlichen Fragen unserer Zeit aus dem politischen Diskurs ausgeklammert? Mit den eigentlichen Fragen unserer Zeit meine ich die wichtigen Probleme, die unser Wohlbefinden, unser Überleben und noch stärker das Wohlbefinden und Überleben künftiger Generationen gefährden.

Ausmaß und Bedeutung dieser Probleme sind reichlich dokumentiert. Eine der besten Quellen ist die Reihe der vom «Worldwatch Institute» veröffentlichten Jahresberichte mit dem Titel *State of the World*. Es gibt drei Hauptproblembereiche: das Wettrüsten und die Drohung eines Atomkriegs, die Zerstörung unserer natürlichen Umwelt und die bei allem Fortschritt anhaltende Armut, selbst in den reichen Ländern, aber besonders in der Dritten Welt. Jeder dieser Problembereiche umfaßt viele überaus wichtige Punkte: das Wachstum der Weltbevölkerung, die Abholzung der Wälder, die Erwärmung der Erde (Treibhauseffekt), die Zerstörung der Ozonschicht, die Verschmutzung und Kontaminierung von Luft, Boden und Wasser und so weiter. Doch von all diesen Punkten, würde ich sagen, spielen nur das Wettrüsten und die Drohung eines Atomkriegs eine ernsthafte Rolle im politischen Diskurs.

Warum nicht auch die anderen Probleme? Warum haben die beiden letzten amerikanischen Präsidentschaftskandidaten nie über die Erhaltung der Regenwälder, die Begrenzung des Bevölkerungswachstums, den Schutz der Ozonschicht, die Verhinderung des Treibhauseffekts oder die Erhaltung des Lebens von Millionen von Kindern in der Dritten Welt gesprochen?

Ich glaube, es gibt zwei Gründe, warum diese Fragen aus dem politischen Diskurs ausgeklammert wurden und auch so lange ausgeklammert werden, bis wir selbst sie durch unsere Bürgerinitiativen einführen. Das liegt zum einen an bestimmten Begriffen, zum anderen an bestimmten Werten – und beides ist eng miteinander verknüpft. Und mit diesem Thema möchte ich mich hier gern befassen.

Je mehr wir uns mit den wichtigen Problemen unserer Zeit beschäftigen, desto mehr wird uns klar, daß sich keines isoliert verstehen läßt. Sie sind alle miteinander verknüpft und wechselseitig voneinander abhängig. Eine Stabilisierung der Weltbevölkerung wird nur möglich sein, wenn die Armut weltweit verringert wird. Die ungeheure Ausrottung von Tier- und Pflanzenarten wird so lange weitergehen, wie die Dritte Welt mit gewaltigen Schulden belastet ist. Die Ressourcen, die erforderlich sind, um der Zerstörung unserer Biosphäre Einhalt zu gebieten, werden uns erst dann zur Verfügung stehen, wenn sich das internationale Wettrüsten stoppen läßt.

Die Zusammenhänge zwischen einigen dieser Probleme liegen auf der Hand; bei anderen ist das nicht so offenkundig. Neulich nahm ich mir den Bericht *State of the World* von 1988 vor und schrieb alle darin aufgeführten wichtigen Probleme auf ein großes Blatt Papier. Dann verband ich sie anhand der in diesem Bericht erwähnten Verbindungslinien und hatte schließlich ein vielfach miteinander verknüpftes Begriffsnetz vor mir. Das war eine sehr erhellende Übung, die ich wärmstens empfehle.

Die Krise der Wahrnehmung

Aus dieser Übung können Sie die Lehre ziehen, daß die wichtigen Probleme unserer Zeit systemisch sind – es sind Probleme, die wechselseitig miteinander zusammen- und voneinander abhängen. Ja, je genauer Sie die derzeitige Lage studieren, desto mehr wird Ihnen aufgehen, daß diese Probleme nichts weiter als verschiedene Facetten einer einzigen Krise sind, nämlich einer grundlegenden Krise der Wahrnehmung. Sie resultiert aus der Tatsache, daß die meisten von uns, insbesondere unsere großen sozialen Institutionen, noch im begrifflichen Denken einer veralteten Weltanschauung verhaftet sind, einer Wahrnehmung der Wirklichkeit, die sich im Hinblick auf unsere übervölkerte, global vernetzte Welt als unangemessen erweist.

Gleichzeitig entwickeln führende Forscher, verschiedene soziale Bewegungen und zahlreiche alternative Netzwerke eine neue Vorstellung von Wirklichkeit, die die Grundlage unserer künftigen Technologien, Wirtschaftssysteme und sozialen Institutionen bilden wird. Ich kann dies mit großer Zuversicht sagen, denn entweder werden unsere künftigen Technologien und sozialen Institutionen auf dieser neuen Vorstellung basieren, oder es wird für die Menschheit keine Zukunft geben.

Wir befinden uns also am Anfang eines grundlegenden Wandels der Weltanschauung in Wissenschaft und Gesellschaft, eines Paradigmenwechsels, der auf eine umfassende kulturelle Umwandlung hinausläuft. Aber zu dieser Einsicht sind unsere Politiker noch nicht gelangt. Die Erkenntnis, daß ein tiefgreifender Wandel in Wahrnehmung und Denken erforderlich ist, wenn wir überleben sollen, ist auch den führenden Vertretern unserer Wirtschaft oder den Repräsentanten unserer großen Universitäten noch nicht gekommen. Ja, ihr Widerstand gegen jeden Wandel nimmt sich beinahe wie eine Verschwörung aus.

Die Technologien und die Geschäftspraktiken der Unternehmen, die generell ungesund, wenn nicht gar ausgesprochen zerstörerisch sind, werden entschieden unterstützt vom wissenschaftlichen Establishment – den wissenschaftlichen Beratern unserer Regierungen, den Stiftungen, die Stipendien verleihen, und so weiter. Hinter dieser massiven Unterstützung gefährlicher und schädlicher Tätigkeiten steckt allerdings keine Verschwörung. Sie resultiert vielmehr aus der Tatsache, daß die Urteile und Aktivitäten der Unternehmer und Akademiker wie die unserer politischen Führer auf derselben veralteten Weltanschauung basieren. Auch unsere wichtigen sozialen Institutionen sind an diese veralteten Wahrnehmungsformen gebunden, deren Grenzen inzwischen die vielfältigen Facetten unserer globalen Krise erzeugen.

Diese Anschauungen und Wahrnehmungsformen bilden das sogenannte alte Paradigma, das unsere Kultur seit mehreren Jahrhunderten beherrscht und das unsere moderne westliche Gesellschaft geformt und die übrige Welt entscheidend beeinflußt hat. Dieses Paradigma setzt sich aus einer Reihe von Vorstellungen zusammen – etwa der Anschauung, das Universum wäre ein mechanisches System, das aus elementaren Bausteinen besteht (hier zeigt sich der Einfluß der Philosophie von Descartes und der Physik Newtons). Dem entspricht die Vorstellung vom menschlichen Körper als einer Maschine – und dies ist noch immer die begriffliche Grundlage der Theorie und Praxis unserer medizinischen Wissenschaft; die Ansicht, das Leben in der Gesellschaft sei ein Konkurrenzkampf ums Dasein (ein Erbe der Sozialdarwinisten); und der Glaube an einen grenzenlosen materiellen Fortschritt, der durch wirtschaftliches und technologisches Wachstum zu erzielen sei. Doch in den letzten Jahrzehnten hat sich herausgestellt, daß all diese Annahmen äußerst beschränkt sind und einer radikalen Revision bedürfen. Inzwischen findet eine derartige Revision tatsächlich statt.

Das neue Paradigma

Für das sich herausbildende neue Paradigma gibt es die unterschiedlichsten Bezeichnungen. Man kann von einer ganzheitlichen Weltsicht sprechen, die vom Ganzen statt von den Teilen ausgeht. Oder von einer ökologischen Sicht, wobei hier der Begriff «ökologisch» im Sinne einer «Tiefenökologie» gebraucht wird. Die Unterscheidung zwischen «seichter» und «tiefer» Ökologie stammt aus den frühen siebziger Jahren, und zwar von dem Philosophen Arne Naess. Sie ist inzwischen weithin anerkannt als nützliche Terminologie zur Bezeichnung der beiden Hauptströmungen im heutigen Umweltbewußtsein.

Seichte Ökologie ist anthropozentrisch. Für sie steht der Mensch über oder außerhalb der Natur, als Quelle aller Werte, und er mißt der Natur nur einen instrumentellen Wert oder einen Nützlichkeitswert bei. Für die Tiefenökologie hingegen gibt es keine Trennung zwischen uns Menschen oder irgend etwas anderem und der natürlichen Umwelt. Sie betrachtet die Welt nicht als eine Ansammlung von isolierten Objekten, sondern vielmehr als ein Netz von grundlegend miteinander verknüpften und wechselseitig voneinander abhängigen Phänomenen. Die Tiefenökologie erkennt die immanenten Werte aller Lebewesen an und sieht im Menschen nur einen bestimmten Faden im Netz des Lebens.

Letztlich ist tiefenökologisches Bewußtsein spirituelles oder religiöses Bewußtsein. Wenn man den Begriff des menschlichen Geistes als Bewußtseinsmodus versteht, in dem sich das Individuum mit dem Kosmos als Ganzem verbunden fühlt, dann wird klar, daß ökologisches Bewußtsein seinem tiefsten Wesen nach spirituell ist. Daher überrascht es nicht, daß das jetzt entstehende neue Bild der Wirklichkeit, das auf dem tiefenökologischen Bewußtsein basiert, der sogenannten *philosophia perennis* aller spirituellen Traditionen entspricht: der östlichen spirituellen Traditionen, der Spiritualität der christlichen Mystik oder der Philosophie und Kosmologie, die den Traditionen der amerikanischen Ureinwohner zugrunde liegen.

Das systemische oder Systemdenken betrachtet die Welt im Hinblick auf ihre Beziehungen und ihre Integration. Systeme sind integrierte Ganze, die sich aufgrund ihrer Eigenschaften nicht auf kleinere Einheiten reduzieren lassen. In der Natur gibt es Beispiele von Systemen in Hülle und Fülle. Jeder Organismus – von der kleinsten Bakterie über die ganze Vielfalt von Pflanzen und Tieren bis zum Menschen – ist ein integriertes Ganzes und somit ein lebendes System. Zellen sind ebenso lebende Systeme wie die verschiedenen Gewebe und Organe des Körpers, wobei das menschliche Gehirn das komplexeste Beispiel darstellt. Aber Systeme sind nicht auf individuelle Organismen und ihre Teile beschränkt. Die gleichen Aspekte der Ganzheit weisen auch soziale Systeme auf, etwa eine Familie oder eine Gemeinschaft, sowie Ökosysteme, die aus einer Vielzahl von Organismen und unbelebter Materie bestehen, welche sich in wechselseitiger Interaktion befinden.

All diese natürlichen Systeme sind Ganze, deren spezifische Strukturen aus den Interaktionen und der wechselseitigen Abhängigkeit ihrer Teile entstehen. Systemische Eigenschaften werden zerstört, wenn ein System entweder physisch oder theoretisch in isolierte Elemente zerlegt wird. Wir können zwar individuelle Teile in jedem System ausmachen, doch die Beschaffenheit des Ganzen unterscheidet sich stets von der bloßen Summe seiner Teile. Folglich konzentriert sich die systemische Methode nicht auf einfache Bausteine, sondern vielmehr auf einfache Organisationsprinzipien.

Innerhalb dieses theoretischen Rahmens läßt sich die Frage «Was ist Leben?» neu formulieren: «Was sind die Organisationsprinzipien lebender Systeme?» Diese neue Theorie ist deshalb so aufregend, weil sie im Ansatz eine Antwort auf diese uralte Frage liefert, eine Antwort, die zum erstenmal in der modernen Wissenschaft eine einheitliche Anschauung von Leben, Geist und Materie ermöglicht. Es würde zu weit führen, wenn ich hier und jetzt auf diese Theorie lebender Systeme näher einginge, aber ich kann Ihnen nur wärmstens die Lektüre des Buches *Der Baum der Erkenntnis* von Humberto Maturana und Francisco Varela empfehlen, zwei bedeutenden Begründern dieser Theorie.

Das systemische oder ökologische Denken wirkt sich nicht nur in bedeutendem Maße auf die Naturwissenschaft und die Philosophie aus, sondern auch auf die Gesellschaft und unser tägliches Leben. Weil lebende Systeme eine derart große Vielfalt an Phänomenen umfassen – individuelle Organismen, soziale Systeme und Ökosysteme –, liefert die Systemtheorie die ideale Sprache zur Vereinigung vieler seit langem isolierter und fragmentierter Forschungsgebiete. Einer der großartigen Vorzüge der systemischen Methode besteht darin, daß sich dieselben Begriffe auf verschiedene systemische Ebenen anwenden lassen, was oft zu bedeutenden Erkenntnissen führt. Ich möchte Ihnen das an einem Beispiel veranschaulichen.

Die systemischen Ansichten über Gesundheit und Frieden

Ich möchte den Gesundheitszustand eines einzelnen Menschen mit dem Zustand des Friedens vergleichen, in dem sich ein Land befindet, und in beiden Fällen stelle ich der mechanistischen Anschauung des alten Paradigmas die systemische Sicht des neuen Paradigmas gegenüber.

Die mechanistische Ansicht über die Gesundheit beherrscht unsere medizinischen Einrichtungen, und die mechanistische Ansicht über den Frieden beherrscht das Denken der meisten Politiker und Militärs. Medizinwissenschaftler definieren Gesundheit als Abwesenheit von Krankheit, und Krankheit gilt als Funktionsstörung biologischer Mechanismen. Die Rolle des Arztes besteht darin, daß er mit Hilfe medizinischer Techniken eingreift und die Funktionsstörung eines spezifischen Mechanismus behebt.

In ähnlicher Weise definieren Militärstrategen den Frieden als die Abwesenheit von Krieg, und dem technischen Umgang mit der Gesundheit entspricht ein technischer Umgang mit dem Frieden. Politiker und Militärs neigen dazu, alle Verteidigungsprobleme als technische Probleme zu betrachten. Der Gedanke, daß dabei auch soziale und psychologische Überlegungen von Belang sein könnten, wird meist nicht in Erwägung gezogen.

Im heutigen Gesundheitswesen wird der menschliche Organismus generell von der natürlichen und sozialen Umwelt getrennt, und das große Netz der Phänomene, das die Gesundheit beeinflußt, wird auf seine physiologischen und biochemischen Aspekte reduziert. In ganz ähnlicher Weise reduziert das konventionelle Vorgehen bei der Verteidigung das große Netz der Phänomene, das den Frieden beeinflußt, auf seine strategischen und technischen Aspekte. Diese Aspekte werden noch weiter reduziert, wenn Politiker und Militärs fortwährend von der «nationalen» Sicherheit reden, ohne den gefährlichen Trugschluß hinter dieser allzu vereinfachten und fragmentierten Vorstellung zu erkennen. Anscheinend meinen sie noch immer, wir könnten unsere eigene Sicherheit erhöhen, wenn wir anderen das Gefühl der Unsicherheit vermitteln. Da die heutigen Atomwaffen das Leben auf dem gesamten Planeten auszulöschen drohen, muß das neue Denken über den Frieden notgedrungenermaßen global sein. Im Atomzeitalter ist das ganze Konzept der nationalen Sicherheit überholt. Es kann nur eine globale Sicherheit geben.

Im konventionellen medizinischen Denken erfordert die Behandlung des Patienten einen technischen Eingriff. Sein Selbstorganisations- und Selbstheilungspotential wird dabei nicht in Betracht gezogen. Auch das konventionelle militärische Denken meint, daß Konflikte sich am besten durch technische Intervention lösen lassen. Das Selbstorganisationspotential von Menschen, Gemeinschaften und Ländern wird nicht in Betracht gezogen.

Schließlich werden die mechanistischen Anschauungen auf beiden Gebieten nicht nur von Wissenschaftlern, Politikern und Generälen aufrechterhalten, sondern auch – und vielleicht noch nachdrücklicher – von der pharmazeutischen und der militärischen Industrie, die massiv ins alte Paradigma investiert hat und einem Wandel entschiedenen Widerstand leistet.

Gleichwohl vollzieht sich der Wechsel von der mechanistischen zur systemischen Sicht heute auf beiden Gebieten. Wissenschaftler, Philosophen und verschiedene medizinische Fachleute entwickeln eine systemische Anschauung von Gesundheit, während Militärstrategen (die leider meist nicht mehr aktiv im Dienst sind) und Politiker (hauptsächlich in den europäischen grünen Parteien) sich auf eine entsprechende systemische Anschauung vom Frieden einlassen.

Im Zentrum der systemischen Anschauung von Gesundheit steht die Vorstellung vom dynamischen Gleichgewicht. Gesundheit ist eine Erfahrung von Wohlbefinden aufgrund eines dynamischen Gleichgewichts, das die physischen und psychischen Aspekte des Organismus ebenso einbezieht wie seine Interaktionen mit seiner natürlichen und sozialen Umwelt. Das natürliche Gleichgewicht lebender Organismen schließt insbesondere das Gleichgewicht zwischen ihren Tendenzen zur Selbstbehauptung und zur Integration ein. Um gesund zu sein, muß ein Organismus seine individuelle Autonomie bewahren, aber gleichzeitig in der Lage sein, sich harmonisch in größere Systeme zu integrieren.

Ebenso ist das gesunde und dynamische Gleichgewicht sozialer Systeme eine notwendige Bedingung für wahren Frieden. Um sich in einem derart friedlichen Zustand zu befinden, muß eine soziale Gruppe ihre Autonomie bewahren und gleichzeitig in der Lage sein, sich harmonisch in die größere nationale oder globale Gemeinschaft zu integrieren.

Ungleichgewicht manifestiert sich als Streß, und übertriebener Streß ist, wie wir wissen, schädlich und führt oft zu Krankheiten. Daher manifestiert sich das soziale Ungleichgewicht als Konflikt, und ein maßloser Konflikt ist schädlich und führt wahrscheinlich zu Gewalt und Krieg.

Unter systemischen Gesichtspunkten besteht ein effektives Gesundheitswesen weitgehend darin, gesunde Möglichkeiten zur Meisterung von Streß ausfindig zu machen. Das heißt, das dynamische Gleichgewicht von Individuen wie von sozialen Gruppen wird dadurch wiederhergestellt und aufrechterhalten, daß das Netz von wechselseitig aufeinander bezogenen Mustern, die die Gesundheit beeinträchtigen, erkannt und derart verändert wird, daß der Streß minimiert wird. Eine solche Methode kann eine ganze Reihe von Therapien einbeziehen.

Ein systemischer Weg zum Frieden besteht darin, daß man gewaltlose Formen der Konfliktlösung findet. Das heißt vor allem, daß man eine systemische Vorstellung von dem Netzwerk wirtschaftlicher, sozialer und politischer Muster entwickelt, aus denen Konflikte hervorgehen. Sobald man diese Muster versteht, kann man eine ganze Reihe von Methoden zur Lösung von Konflikten anwenden.

Nachhaltige Lösungen

Ich möchte nun zu meiner anfangs gestellten Frage zurückkehren: Warum werden die eigentlichen Fragen unserer Zeit aus dem politischen Diskurs ausgeklammert? Ich habe klarzumachen versucht, daß diese Fragen – die wichtigen Probleme von heute – globale, systemische Probleme sind, zu deren Verständnis und Lösung eine systemische Vorgehensweise erforderlich ist. Sie werden deshalb aus dem politischen Diskurs ausgeklammert, weil die meisten unserer politischen Führer zu dieser Art von globalem, systemischem und ökologischem Denken nicht fähig sind. Sie beschränken sich auf den engen Blickwinkel des alten Paradigmas und halten sich an die fragmentierte Vorgehensweise, die so typisch ist für unsere akademischen Disziplinen und unsere Regierungsbehörden. Ein derartiges Vorgehen kann niemals irgendeines der Probleme lösen, sondern sie nur in einem komplexen Netz sozialer und ökologischer Beziehungen hin und her schieben. In einem Jahr ist es die Inflation, im nächsten sind es die Drogen und die Kriminalität, dann wiederum die Abfallentsorgung oder der Treibhauseffekt – aber eigentlich ist es immer dasselbe Problem in unterschiedlichem Gewand, dieselbe Krise der Wahrnehmung.

Wir müssen uns auch darüber im klaren sein, daß die enge Perspektive des alten Paradigmas Raum *und* Zeit betrifft. Unsere Politiker und Wirtschaftsführer vermögen nicht nur nicht zu erkennen, daß unterschiedliche Probleme wechselseitig aufeinander bezogen sind, sie verschwenden auch keinen Gedanken daran, wie ihre sogenannten Lösungen sich für künftige Generationen auswirken. So erkennen sie beispielsweise nicht, daß unser Wohlstand, der so überschwenglich von Reagan und Bush gepriesen worden ist, falsch ist, weil er auf einer Hypothek auf die Zukunft beruht – und zwar in finanzieller Hinsicht ebenso wie im Hinblick auf nicht erneuerbare Ressourcen.

Aus systemischer, ökologischer Sicht sind nur die nachhaltigen Lösungen brauchbar. Dieser Begriff der Nachhaltigkeit – wie in «nachhaltige Landwirtschaft», «nachhaltige Wirtschaft» und so weiter – ist ein Schlüsselbegriff in der Umweltbewegung geworden und ist in der Tat ein wichtiges Kriterium. Was bedeutet er? Lester Brown hat in *State of the World 88* eine simple, klare und schöne Definition formuliert: «Eine nachhaltige Gesellschaft ist eine Gesellschaft, die ihre Bedürfnisse befriedigt, ohne die Aussichten künftiger Generationen zu schmälern.»

Bislang bin ich nur auf Wahrnehmungs- und Denkweisen eingegangen. Wenn das ganze Problem bloß darin bestünde, wäre der Paradigmenwechsel viel einfacher. Unter den Befürwortern des neuen Paradigmas gibt es genügend kluge Köpfe, die unsere führenden Kräfte in Politik und Wirtschaft von den Vorzügen des systemischen Denkens überzeugen könnten. Doch der Paradigmenwechsel erfordert nicht nur eine Erweiterung unserer Wahrnehmungs- und Denkweisen, sondern auch unserer Werte.

Interessanterweise läßt sich hier ein bemerkenswerter Zusammenhang zwischen derartigen Veränderungen im Denken und bei den Werten feststellen. Beide können als eine Verlagerung von der Selbstbehauptung zur Integration verstanden werden. Ich erwähnte bereits, daß die Tendenzen zur Selbstbehauptung und zur Integration zwei wesentliche Aspekte aller lebenden Systeme sind. Keiner von ihnen ist an sich gut oder böse. Gut oder gesund ist ein dynamisches Gleichgewicht; schlecht oder ungesund ist ein Ungleichgewicht – die Überbetonung einer Tendenz und die Vernachlässigung der anderen. Im alten Paradigma überbetonen wir die Werte und Denkweisen der Selbstbehauptung und vernachlässigen die entsprechenden integrativen Werte und Denkweisen. Ich schlage daher nicht vor, den einen Modus durch den anderen zu ersetzen, sondern vielmehr für ein besseres Gleichgewicht zwischen beiden zu sorgen.

Daran sollten wir denken, wenn wir uns nun den verschiedenen Manifestationen des Wechsels von der Selbstbehauptung zur Integration zuwenden. Was das Denken betrifft, sprechen wir von einem Wechsel vom Rationalen zum Intuitiven, von der Analyse zur Synthese, vom Reduktionismus zum Holismus, vom linearen zum nicht-linearen Denken. Und was die Werte betrifft, so beobachten wir einen entsprechenden Wechsel vom Wettbewerb zur Kooperation, von der Expansion zur Erhaltung, von der Quantität zur Qualität, von der Herrschaft zur Partnerschaft.

Sie werden vielleicht bemerkt haben, daß die Werte der Selbstbehauptung – Wettbewerb, Expansion, Herrschaft – im allgemeinen mit Männern verbunden werden. Ja, in einer patriarchalischen Gesellschaft werden sie nicht nur bevorzugt, sondern erhalten wirtschaftliche Belohnungen und politische Macht. Dies ist einer der Gründe, warum der Wechsel zu einem ausgewogeneren Wertesystem für die meisten Menschen, insbesondere für die meisten Männer, schwierig ist.

Macht, im Sinne der Herrschaft über andere, ist übermäßige Selbstbehauptung. Die soziale Struktur, in der sie am effektivsten ausgeübt wird, ist die Hierarchie. In der Tat sind unsere politischen, militärischen und unternehmerischen Strukturen hierarchisch geordnet, wobei Männer die oberen Ebenen und Frauen die unteren Ebenen besetzen. Die meisten dieser Männer und auch einige wenige Frauen haben sich daran gewöhnt, ihre Position in der Hierarchie als Teil ihrer Identität zu betrachten, und somit erzeugt der Wechsel zu einem anderen Wertesystem in ihnen Existenzangst.

Allerdings gibt es noch eine andere Art von Macht, die dem neuen Paradigma eher entspricht: Macht als Einfluß auf andere. Die ideale Struktur zur Ausübung dieser Art von Macht ist nicht die Hierarchie, sondern das Netzwerk, und das ist auch eine der zentralen Metaphern des Systemdenkens. Somit ist der Paradigmenwechsel auch ein Wechsel in der sozialen Organisation von Hierarchien zu Netzwerken.

Die aufsteigende Kultur

Für die neuen Werte sowie für neue Einstellungen und Lebensformen setzen sich mittlerweile eine ganze Reihe basisdemokratischer Bewegungen ein: die Ökologiebewegung, die Friedensbewegung, die feministische Bewegung, Bewegungen zur Förderung der ganzheitlichen Medizin und des menschlichen Potentials, verschiedene spirituelle Bewegungen, zahlreiche Bürgerrechtsbewegungen und Bürgerinitiativen, Dritte-Welt- und ethnische Befreiungsbewegungen und viele andere. In den sechziger und siebziger Jahren operierten diese Bewegungen größtenteils getrennt, ohne sich darüber im klaren zu sein, daß ihre Absichten und Ziele wechselseitig aufeinander bezogen waren. Aber seit Anfang der achtziger Jahre haben sich die verschiedenen Bewegungen vereinigt, weil man erkannt hat, daß sie nur verschiedene Facetten desselben neuen Bildes der Wirklichkeit darstellen und damit eine mächtige Kraft für den sozialen Wandel bilden. Der politische Erfolg der Bewegung der Grünen in Europa ist das eindrucksvollste Beispiel für diesen Vereinigungsprozeß.

In den letzten beiden Jahren ist dieser neuen sozialen Kraft, die ich in meinem Buch *Wendezeit* die «aufsteigende Kultur» genannt habe, Hilfe von unerwarteter Seite zuteil geworden. Eigentlich hätte man gedacht, daß die Sowjetunion mit ihrer starren politischen Hierarchie, ihrem autoritären Regime und ihrer Unterdrükkung vieler Menschenrechte, von allen Nationen der Welt die letzte wäre, die sich das neue Paradigma zu eigen machen würde. Doch in Michail Gorbatschow begegnen wir nun einem Weltmachtführer, der sich des gegenwärtigen Wandels im Denken und in den Wertvorstellungen bewußt ist und versucht, ihn auf nationaler wie internationaler Ebene zu vollziehen.

Um Ihnen zu zeigen, wie sehr Gorbatschows Denken – das «neue Denken», wie er es nennt – der Denkweise entspricht, die ich Ihnen gerade vorgestellt habe, möchte ich einige Passagen aus seiner jüngsten Rede vor den Vereinten Nationen zitieren: Über den Paradigmenwechsel selbst hat Gorbatschow gesagt:

> Es wäre naiv zu meinen, daß die Probleme, vor denen die Menschheit heute steht, mit Mitteln und Methoden gelöst wer-

> den könnten, die in der Vergangenheit angewandt wurden oder damals zu funktionieren schienen. Neue Wirklichkeiten verändern gerade die gesamte Lage der Welt. Einige der vergangenen Differenzen und Auseinandersetzungen verlieren an Bedeutung. Das Leben zwingt uns, veraltete Anschauungen aufzugeben. Dies ist eines der Zeichen dafür, wie wichtig die gegenwärtige Phase in der Geschichte ist.

Mit den folgenden Worten hat er sich als globaler, systemischer Denker ausgewiesen:

> Wir erleben den Prozeß des Aufkommens einer wechselseitig aufeinander bezogenen und integralen Welt. Die Bemühungen, globale Probleme zu lösen, erfordern einen neuen Spielraum und eine neue Qualität der Interaktion der Staaten. Die Weltwirtschaft ist dabei, ein einziger Organismus zu werden. Internationale wirtschaftliche Sicherheit ist nur dann denkbar, wenn damit nicht nur die Abrüstung einhergeht, sondern auch die Beseitigung der Bedrohung der globalen Umwelt. Jeder regionale Konflikt betrifft uns alle.

Dieses Denken hat Gorbatschow auf verschiedene Probleme angewandt. Im Hinblick auf den Fortschritt hat er erklärt:

> Das ganze Konzept des Fortschritts wandelt sich. Wir brauchen eine grundlegend neue Art von industriellem Fortschritt.

Über Entwicklung:

> Versuche, auf andere herabzusehen und ihnen den eigenen Typus von Demokratie beizubringen, erweisen sich als völlig unangebracht, von der Tatsache ganz zu schweigen, daß für den Export bestimmte demokratische Werte oft sehr rasch verlorengehen. Wir müssen von der Formel einer Entwicklung «auf Kosten anderer» Abschied nehmen. Kein echter Fortschritt ist möglich auf Kosten der Rechte und Freiheiten von Individuen und Nationen oder auf Kosten der Natur.

Über Sicherheit:

> Wir erleben gegenwärtig die Geburt eines neuen Modells der Garantie von Sicherheit, und zwar nicht durch die Anhäufung von Waffen, sondern im Gegenteil durch ihren Abbau. Internationale Kooperation ist ein wesentliches Element der universalen Sicherheit.

Schließlich möchte ich hier noch zitieren, was Gorbatschow über den Wechsel von der Herrschaft zur Partnerschaft zu sagen hatte:

> Die Anwendung oder Androhung von Zwang kann und darf nicht mehr ein Instrument der Außenpolitik sein. Dies ist die erste und wichtigste Komponente des Ideals einer gewaltlosen Welt. Wir sprechen hier von Kooperation, die man genauer als Ko-Kreation und Ko-Evolution bezeichnen könnte. Wir müssen eine neue Welt errichten – und wir müssen dies miteinander tun.

Dies sind keine aus dem Zusammenhang gerissenen Zitate. Sie können Gorbatschows andere Reden und sein Buch *Perestroika* lesen, und Sie werden darin dieselbe globale, systemische Anschauung der Wirklichkeit vorfinden, denselben dramatischen Wertewandel.

Ich meine, daß wir heute aufgrund dieser unerwarteten Entwicklung in der Sowjetunion viel optimistischer sein können, auch wenn das Aufkommen eines neuen Paradigmas den anderen Weltmachtführern noch nicht zu Bewußtsein gekommen ist. Gorbatschow sowie die europäische und amerikanische Friedensbewegung haben zusammen Reagan gezwungen, ernsthaft zu verhandeln und den INF-Vertrag zur Vernichtung der Mittelstreckenraketen mit Nuklearsprengköpfen zu unterzeichnen. Wenn Gorbatschow damit fortfährt, das Denken und die Werte des neuen Paradigmas von oben einzuführen, und wenn wir damit fortfahren, sie von der basisdemokratischen Ebene aus einzuführen, dann können wir in der Tat den politischen Diskurs erweitern, so daß er die eigentlichen Fragen unserer Zeit einbezieht.

Gleichwohl stellt sich die Frage: Bleibt uns dazu noch genügend

Zeit? Wird der Wendepunkt rechtzeitig erreicht, damit die Welt gerettet werden kann? Ich möchte dies mit einem Zitat des verstorbenen E. F. Schumacher beantworten, des Autors von *Small is Beautiful* (deutsch: *Die Rückkehr zum menschlichen Maß*) und eines Propheten der ökologischen Bewegung:

> Können wir uns darauf verlassen, daß von genügend Menschen eine «Wende» rasch genug erreicht wird, um unsere Welt zu retten? Diese Frage wird zwar oft gestellt, aber jede Antwort führt in die Irre. So würde die Antwort «Ja» zur Selbstzufriedenheit führen, die Antwort «Nein» zur Verzweiflung. Daher ist es wünschenswert, daß wir diese Irrwege verlassen und uns an die Arbeit machen.

Anmerkung

Dieser Beitrag erschien in der Zeitschrift *City Lights Review*, Nr. 3, 1989, und wurde von Michael Schmidt übersetzt. Die Passagen über Gorbatschow sind im damaligen zeitlichen Kontext zu lesen.

Was ist Frieden?

Ich gehe von der Prämisse aus, daß sich die dringendsten Probleme heute nicht isoliert verstehen lassen. Probleme wie die Gefahr eines Atomkriegs, die Zerstörung der natürlichen Umwelt, die Tatsache, daß es auf der ganzen Welt bei allem Fortschritt immer noch Hunger und Armut gibt, und zwar nicht nur in der Dritten Welt, sondern auch hier in Amerika und in den reichsten Ländern der Welt – diese wichtigen Probleme sind alle miteinander verbunden und wechselseitig voneinander abhängig. Eigentlich sind sie nichts anderes als verschiedene Facetten ein und derselben Krise.

Im Laufe der Jahre bin ich mir immer mehr darüber klargeworden, daß diese Krise im Grunde eine Krise der Wahrnehmung ist. Sie beruht auf der Tatsache, daß die meisten von uns und insbesondere unsere großen sozialen Institutionen einer Weltanschauung und einem Wertesystem verpflichtet sind, die sich nicht mehr zur Lösung dieser Probleme eignen und nicht mehr ausreichen, diese übervölkerte und vielfach vernetzte Welt, in der wir leben, zu verstehen.

Gleichzeitig entwickelt sich ein neuartiges Bewußtsein, eine neue Wahrnehmung und eine neue Vorstellung von Wirklichkeit, und zwar sowohl in der Wissenschaft als auch in der Gesellschaft dank zahlreicher Organisationen, informeller Netzwerke, Individuen, Gruppen und so weiter. Wir befinden uns mitten in einer ganz tiefgreifenden Phase der Veränderung, in einem kulturellen Wandel. Während eine Weltanschauung oder ein Paradigma abdankt, kommt bereits die andere Weltanschauung auf.

Die alte Anschauung enthält eine Reihe von bestimmten Ideen und Werten: die Vorstellung vom physikalischen Universum als einem mechanischen System, das aus getrennten Teilen, aus isolierten Bausteinen besteht; die entsprechende Vorstellung vom menschlichen Organismus, dem Körper, als einer Maschine; die Anschauung vom Leben in der Gesellschaft als einem Konkurrenzkampf um die Existenz; der Glaube an den durch technisches und wirtschaftliches Wachstum erzielten, unbegrenzten materiellen Fortschritt; und schließlich der Glaube, daß eine Gesellschaft, in der die Männer und das Männliche stets die Frauen und das Weibliche dominieren, irgendeinem Naturgesetz folge.

Im Laufe der letzten Jahrzehnte hat sich herausgestellt, daß all diese Annahmen ausgesprochen unzulänglich sind und radikal überdacht werden müssen. Ein derartiges Überdenken findet inzwischen in der Tat statt. Diese neue Vorstellung von Wirklichkeit könnte man eine ganzheitliche Vorstellung nennen, weil dabei das Ganze stärker als die Teile betont wird. Man kann sie auch eine ökologische Vorstellung nennen, wenn man den Begriff ökologisch in einem viel umfassenderen und tieferen Sinn als sonst versteht.

Ökologisches Bewußtsein in diesem tiefen Sinn ist das Bewußtsein der wechselseitigen Abhängigkeit und Vernetztheit aller Phänomene sowie der Tatsache, daß wir als Individuen wie als Gesellschaften alle in die Systeme und Prozesse der Natur eingebettet sind. In der Wissenschaft ist man gerade dabei, dieses Bewußtsein wissenschaftlich zu formulieren, und ich bin der Meinung, daß die Systemtheorie, insbesondere die Theorie lebender Systeme, die angemessenste wissenschaftliche Formulierung dieses ökologischen Bewußtseins darstellt.

Auf seiner tiefsten Ebene, glaube ich, ist dieses ökologische Bewußtsein nichts anderes als spirituelles oder religiöses Bewußtsein. Gerade im Zentrum einer Religion, jeder Religion, ebenso wie im Zentrum des spirituellen Bewußtseins steht genau das Wissen, daß wir mit dem Kosmos als einem Ganzen verbunden, in eine größere Realität, einen größeren Kosmos eingebettet sind. An diesem Punkt kommen Spiritualität und Ökologie wirklich zusammen. Dies ist, in aller Kürze, der allgemeine Rahmen.

Was ist Frieden? Ich habe ein System von Vorstellungen über den Frieden in vier Stufen entwickelt. Auf jeder Stufe gibt es eine Beziehung zwischen Frieden und Krieg, und diese Beziehung ist auf jeder Stufe eine andere. Die Vorstellungen vom Frieden in vier Stufen lassen sich auf jede Lebenssituation anwenden: auf ein einzelnes Individuum, eine Beziehung zwischen zwei Menschen, eine kleine Gruppe wie eine Familie, eine Gemeinschaft, eine Nation und schließlich auf Beziehungen zwischen Nationen. Es ist charakteristisch für die sogenannte systemische Methode im neuen Paradigma, daß man diese Überlegungen auf unterschiedliche lebende Systeme anwenden kann, auf Individuen, soziale Systeme, Ökosysteme und so weiter.

Bei der Frage «Was ist Frieden?» denken wir vielleicht zunächst an Frieden im Sinne von Ruhe, wie in der Redewendung «Laß mich in Frieden». Was bedeutet das eigentlich? Es bedeutet soviel wie: «Ich möchte allein sein, ich will nicht gestört werden.» In diesem Sinne also ist Frieden ein Zustand der Ruhe, und dies ist meine erste Definition von Frieden – ein Gefühl von Ruhe. Sie können dies auf sich persönlich anwenden – wenn Ihr innerer Frieden durch keine geistige oder emotionale Erregung oder Unruhe gestört wird – oder aber auf die Gesellschaft – kein Aufruhr auf den Straßen – oder auf jeden anderen Aspekt des sozialen Lebens. Die Beziehung zum Krieg ist dann natürlich die Abwesenheit von Krieg, denn wenn es einen Krieg gibt, herrscht offenkundig eine sehr große Unruhe, und wir leben nicht in Frieden.

Andererseits bedeutet der Umstand, daß wir nicht im Krieg leben, natürlich noch nicht, daß wir im Frieden leben, weil wir uns vielleicht für einen Augenblick in einem Zustand der Ruhe befinden, uns dann aber fragen: «Wie lange wird das anhalten?» Solange Sie sich diese Frage stellen, leben Sie nicht im Frieden, weil Sie Angst vor einer Störung oder vor einem Krieg haben. Wir brauchen also nicht nur die Abwesenheit von Krieg, sondern auch die Abwesenheit der Drohung eines Kriegs. Heutzutage, da unsere Kinder Alpträume von einem Atomkrieg haben, können wir nicht sagen, daß wir in Frieden leben, weil wir ganz real, ganz ernsthaft von Krieg, ja sogar von Vernichtung bedroht sind.

Der Zustand des Friedens, der nach der Ruhe kommt, ist somit der Zustand der Sicherheit, in dem kein Krieg droht. Es gibt keine Angst im Hinblick auf einen drohenden Krieg. Was ist Sicherheit? Die Politik der meisten Länder ist in dem Sinne von der alten mechanistischen Denkweise bestimmt, daß wir Sicherheit in der Isolation suchen, statt in der Kommunikation, in der Kooperation, in

Gewaltlosigkeit und in Formen des wechselseitigen Austauschs. Das ist ganz typisch für das alte Paradigma. Man teilt die Welt in verschiedene Teile ein, isoliert die Dinge voneinander und sucht auf diese Weise Sicherheit. Die sogenannten Verteidigungsministerien auf der ganzen Welt streben danach, ihre Länder in der Isolation zu schützen. Das jüngste Extrem ist das SDI- oder Star-Wars-Projekt, eine extreme Manifestation des Verlangens, Sicherheit in der Isolation zu suchen: die Phantasievorstellung, einen elektronischen Schutzschild über den USA zu errichten, der uns vor jedem äußeren Einfluß isolieren würde.

In jüngster Zeit erleben wir einen dramatischen Wandel in der Sowjetunion. Gorbatschow hat wirklich verstanden, daß Sicherheit nicht in der Isolation gesucht werden kann, sondern daß es eine gemeinsame oder wechselseitige Sicherheit geben muß. Das ganze Konzept der nationalen Sicherheit ist überholt. In einer Zeit, da das Überleben des gesamten Planeten auf dem Spiel steht, kann kein Land seine Sicherheit dadurch verstärken, daß es einem anderen Land das Gefühl der Unsicherheit vermittelt. Sie können dies auch auf einer menschlicheren Ebene betrachten, den Maßstab ändern und sich vorstellen, Sie würden in einem Haus mit zwei Wohnungen leben, einer im Erdgeschoß und einer im ersten Stock. Sie leben im Erdgeschoß, und im ersten Stock wohnt jemand, der seine ganze Wohnung mit Sprengstoff vollgestopft hat. Er hat auch eine Streichholzschachtel und ist bereit, das Zeug anzuzünden und das ganze Haus in die Luft zu sprengen. Auf keinen Fall dürfen Sie diesem Menschen das Gefühl der Unsicherheit vermitteln. Doch genauso spielt sich unsere nationale Politik ab. Reiner Wahnsinn! Zum Glück gewinnt der Gedanke, daß es nur eine globale Sicherheit geben kann, entschieden an Boden.

Wie erreichen wir eine globale Sicherheit? Indem wir Vertrauen herstellen, für Achtung sorgen und zusammenarbeiten. Hierher gehört auch der ganze Bereich von Gerechtigkeit und Gleichheit. Wir brauchen eine gerechte Verteilung der Ressourcen, der Energie, von Geld und Reichtum, um uns sicher zu fühlen. Natürlich könnte man einwenden, daß wir, auch wenn wir alle Ressourcen und alles Geld der Welt besäßen, uns zwar sicher fühlen würden, aber das nichts nützen würde. Wenn ich mich sicher fühle, während sich Millionen Menschen nicht sicher fühlen, dann gibt es keine Sicherheit. Wir müssen die Dinge gerechter verteilen. Die Wirtschaft und der Begriff der wirtschaftlichen Entwicklung müssen ganz radikal verändert werden.

Nun haben wir also bereits zwei Stufen oder Stadien: Frieden als Ruhe und Frieden als Sicherheit – die Abwesenheit von Krieg ebenso wie die Abwesenheit der Drohung eines Kriegs. Wir werden zwar nicht durch einen Krieg bedroht, aber wie lange wird das anhalten? Der nächste Schritt ist ein Zustand der Gewaltlosigkeit durch Übereinkunft. Die betroffenen Gruppen, Gemeinschaften und Nationen kommen überein, daß Gewalt keine akzeptable Möglichkeit zur Lösung eines Konflikts ist. Es ist wichtig, sich darüber klarzuwerden, daß man durch das Eliminieren von Konflikten keinen Frieden schafft. Ich glaube, daß Konflikte prinzipiell zum Leben gehören, weil wir Individuen sind; was mir gefällt, das gefällt Ihnen vielleicht nicht, und wenn wir in irgendeiner Situation zusammenkommen, kann es einen Konflikt geben. Die Frage ist nur, wie wir diesen Konflikt auf eine gewaltlose Weise lösen.

Das ist Frieden als Gewaltlosigkeit durch Übereinkunft. Die Beziehung zum Krieg besteht in der Unrechtmäßigkeit des Kriegs, d. h., wenn der Krieg nicht mehr als Möglichkeit der Konfliktlösung zugelassen wird. Es gibt eine Schule des Denkens und eine wissenschaftliche Tradition, die inzwischen über zwanzig Jahre alt ist und umfassende Erfahrungen mit gewaltlosen Konfliktlösungen gemacht hat: die Schule der humanistischen Psychologie. Carl Rogers und andere Wegbereiter dieser Richtung, die in den frühen sechziger Jahren Bedeutung erlangte, arbeiten seit Jahrzehnten mit *Encounter Groups* und Familientherapiegruppen und studieren gruppendynamische Vorgänge, Konflikte und gewaltlose Konfliktlösungen. Es ist höchste Zeit, daß wir dieses Wissen und diese Fertigkeiten auf die internationale Arena anwenden. Ein ungeheures Potential wartet nur darauf.

Wie lange wird das anhalten? Nun haben wir also die dritte Stufe erreicht: Frieden als Gewaltlosigkeit. Der Krieg gilt als unrechtmäßig, aber wie wir von all den Verhandlungen her wissen – wie etwa dem Abkommen über die Mittelstreckenraketen –, gehört noch mehr dazu. Wenn Sie nach Washington gehen, bekommen Sie zu hören: «Wir würden ja gern ein Abkommen schließen, aber kann man den Russen trauen?» Und wer zuletzt in der Sowjetunion war, bekam genau das gleiche in Moskau zu hören: «Wir würden ja gern ein Abkommen schließen, aber kann man den Amerikanern trauen?» Ein Vertrag oder Abkommen ist nur so lange gültig, wie man Menschen trauen kann, das heißt, solange sich Menschen daran halten. Das ist wirklich der entscheidende Punkt: Die Menschen müssen sich an das Abkommen halten, sonst hat es keinen Wert.

Damit sind wir beim letzten Stadium des Friedens angelangt: Gewaltlosigkeit nicht durch Übereinkunft, sondern als innerer Zustand. Dies ist das Stadium des Friedens, wie er etwa von Gandhi postuliert wurde – ein spiritueller Zustand. Dieses Stadium ist Frieden als ein Zustand der Spiritualität, in dem die Gewaltlosigkeit ein inneres Verlangen, ein innerer Zustand wird und durch die Abwesenheit des Verlangens zu schaden charakterisiert ist. Das ist die Übersetzung des Begriffs, den Gandhi für Gewaltlosigkeit verwendet hat – das Sanskritwort *ahimsa* bedeutet wörtlich «kein Schaden». Die Abwesenheit des Verlangens zu schaden ist ein Zustand des Mitgefühls, ein Zustand der Güte und ein Zustand der Harmonie nicht nur zwischen Menschen, sondern auch der Harmonie mit der Erde. Dies ist eine Vorstellung von Spiritualität als einem Gefühl des Verbundenseins mit der gesamten Menschheitsfamilie und mit der ganzen lebenden Welt. Ich spreche von «Tiefenökologie», wenn Ökologie, Spiritualität und nun auch Frieden sich miteinander verbinden.

Die Beziehung zwischen Frieden und Krieg in diesem spirituellen Stadium besteht in der Unmöglichkeit von Krieg. Es ist eigentlich nicht möglich, daß es zu einem Krieg kommt, weil es eine Abwesenheit des Verlangens zu schaden gibt. Dies ist das letzte und tiefste Stadium des Friedens.

Natürlich stellt sich da noch eine Frage. Da haben wir nun dieses schöne System aufgestellt – aber wie können wir es verwirklichen? Ich glaube zwar, daß ich mich an der Friedensbewegung beteilige, doch ich bin eher ein Denker als ein Aktivist. Ich habe das Elmwood Institute nicht zuletzt aus dem Gefühl heraus gegründet, daß wir wirklich handeln müssen. Also habe ich eine Gruppe von Menschen um mich herum versammelt, die sich aus Denkern und Aktivisten zusammensetzt, denn eines unserer Hauptanliegen ist es gerade, diese beiden Seiten zusammenzubringen. Im Laufe der Jahre ist mir etwas aufgefallen, wenn vom Frieden als einem spirituellen Zustand die Rede ist: In vielen spirituellen Traditionen wird einem erklärt, man meditiere nicht, um erleuchtet zu werden, sondern man meditiere, weil man erleuchtet sei. Für einen Adepten des Buddhismus beispielsweise ist das sehr schwer zu verstehen, weil er ja glaubt, er wolle eine bestimmte Meditationstechnik erlernen, um einen gewissen Zustand zu erreichen. Aber dann sagt man ihm: Nein, so funktioniert das nicht. Du meditierst aufgrund deiner Buddha-Natur, wie die Buddhisten dies nennen, und weil du ein selbstverwirklichter Mensch bist. Es geht also um folgendes: Wenn wir hin und wieder ein bißchen meditieren, dann heißt das, daß wir ein bißchen erleuchtet sind. Und wenn wir unser Leben so leben würden, daß unser ganzes Leben unsere Meditation wäre, dann wären wir vollkommen erleuchtet.

Anscheinend findet etwas Ähnliches beim Frieden statt. Man verrichtet keine Friedensarbeit, um friedlich zu werden, sondern weil man ein friedliebender Mensch ist. A. J. Muste hat einmal gesagt: «Es gibt keinen Weg zum Frieden. Der Frieden ist der Weg.»

Nach diesem Vortrag hat Capra Fragen aus dem Publikum beantwortet:

FRAGE: Ihr Buch über Physik ist ja schon vor einiger Zeit erschienen – könnten Sie uns als Laien erklären, welches die neuesten Entwicklungen in der Physik sind und was sie für Auswirkungen auf den Frieden haben?

CAPRA: Ich würde sagen, es sind zwei Aspekte von Bedeutung – und zwar nicht nur in der Physik, sondern ganz allgemein in der Naturwissenschaft, aber speziell in der Physik –, zwei Aspekte eines neuen Paradigmas in der Naturwissenschaft, die ganz erstaunlich sind. Zum einen ergibt sich aus den Theorien der modernen Physik eine neue Vorstellung von der Welt, und das ist eine Vorstellung von wechselseitiger Verbundenheit, von wechselseitiger Bezüglichkeit, d. h. eine dynamische Vorstellung von der Welt, in der man den Beobachter nicht vom Beobachteten trennen kann. Die andere Entwicklung, die genauso wichtig ist, betrifft nicht den Inhalt der Wissenschaft, sondern die Art und Weise, wie Wissenschaft organisiert ist – die Art und Weise, wie wissenschaftliche Tätigkeit in der Gesellschaft stattfindet. Der entscheidende Aspekt hier ist der, daß Wissenschaftler im Rahmen eines Systems arbeiten, in dem sie glauben, daß wir die Natur kontrollieren und beherrschen müssen. Es ist nur ein kleiner Schritt von der Kontrolle und Herrschaft zur Ausbeutung, und auch nur ein kleiner Schritt von der Ausbeutung der Natur zur Ausbeutung der Menschen. Wir müssen diese Einstellung und dieses Wertesystem aufbrechen, demzufolge der Mensch die Natur beherrschen soll. Es handelt sich dabei um eine patriarchalische Haltung der Herrschaft und Kontrolle. Nun, es gibt eine Bewegung in der Wissenschaft, der auch ich angehöre, die einen neuen Sinn für Ethik, für Kooperation und Partnerschaft mit der Natur und mit den Menschen entwickelt. Aber dieser Wandlungsprozeß ist noch nicht so weit fortgeschritten wie jene erstgenannte Entwicklung.

Ich würde gern auf einen direkteren Bezug zur Friedensbewegung hinweisen, und der besteht darin, daß immer mehr Menschen aus den verschiedenen militärischen Forschungsprogrammen aussteigen. Es ist interessant herauszufinden, warum sie das tun. Viele steigen aus, weil es für sie unmöglich ist, noch mit ihren Freunden oder mit ihren Familienangehörigen, ihren Kindern zu reden. Die Gesellschaft um sie herum hat sich so weit weg von ihnen entwikkelt, daß die Kluft zwischen einem Menschen, der am Star-Wars-Projekt in Los Alamos oder Livermore arbeitet, und seinem engeren Familien- und Freundeskreis immer größer wird. Da gibt es zum Beispiel einen jungen Forscher, der einer von diesen jungen Assen in der Star-Wars-Forschung war und der vor kurzem ausgestiegen ist und sich einen anderen Job gesucht hat. Wie sich herausstellte, tat er dies, weil seine Freundin ihn verlassen hatte. Sie verließ ihn vor zwei Jahren, und er brauchte volle zwei Jahre, bis er soweit war, sagen zu können: «Nein, ich will das nicht mehr machen.» Sie können sich vorstellen, was er durchgemacht hat. Aber er ist ausgestiegen, und nun macht er etwas anderes. Das ist ganz typisch, und es passiert immer öfter. Wir können solche Begebenheiten als etwas sehr Positives betrachten, weil wir damit wissen, daß sich der Einfluß, den wir immer wieder im kleinen haben, wo er vielleicht gar nicht so bedeutend oder folgenreich zu sein scheint, doch zu einem hohen Maß an Einfluß summiert und sich insbesondere auf die Wissenschaft und die ganze militärische Forschung auswirkt.

FRAGE: Ich würde gern mehr darüber wissen, was sich bei Ihrer Gruppe von Denkern in Berkeley (dem Elmwood Institute) so abspielt.

CAPRA: Wir sind nur eine kleine Organisation. Uns gibt es inzwischen seit zwei Jahren. Wir versuchen, Denker und Aktivisten auf verschiedenen Ebenen zusammenzubringen. Es gibt drei Stufen. Auf der ersten Stufe haben wir ein Netzwerk von Menschen gebildet – zunächst eine Kerngruppe und später einen größeren Kreis, etwa zwischen hundert und hundertfünfzig Menschen. Das ist unsere Ausgangsgruppe, zu der sich weitere Menschen als zahlende Mitglieder gesellen, die das, was wir tun, fördern wollen. Die zweite Stufe ist die Organisation unserer Zusammenkünfte. Als wir unsere Diskussionen organisiert haben, sind wir darauf gekommen, daß die Form des Dialogs äußerst hilfreich ist. Zwei oder drei Leute führen also eine Podiumsdiskussion vor einem Publikum von etwa dreihundert oder weniger Menschen. Der Dialog auf dem Podium dauert etwa zwanzig Minuten, worauf das Publikum sich an dem Gespräch beteiligt und sich eine allgemeine Diskussion entwickelt. Wir sind damit ganz erfolgreich gewesen; ja, unser Erfolg war so groß, daß wir eine Reihe von Dialogen in San Francisco gestartet haben, die wir Grüne Dialoge nennen. Außerdem haben wir noch einen vierteljährlich erscheinenden *Newsletter*. Unser langfristiges Ziel ist es, ein nationales und internationales Forum für Menschen zu schaffen, die aus einer neuen und andersartigen Perspektive heraus operieren.

FRAGE: Wie lange, glauben Sie, wird es dauern, bis diese Veränderungen, von denen Sie gesprochen haben, stattfinden werden? Fünfzig oder hundert Jahre oder schon eher? Und wird das bei dem gegenwärtigen System in den USA möglich sein, oder meinen Sie, daß wir eine Art von Revolution brauchen?

CAPRA: Zunächst einmal ist es äußerst schwierig, einen Zeitpunkt anzugeben. Ich glaube nicht, daß es fünfzig Jahre dauern wird, denn dann würden wir es nicht schaffen. Daher meine ich, daß entscheidende Veränderungen innerhalb viel kürzerer Zeit stattfinden müssen, vielleicht in zwanzig, fünfzehn oder gar schon in zehn Jahren.

Ob das bei unserem gegenwärtigen politischen System möglich ist? Bestimmt nicht. Unsere politische Führung kümmert sich nicht um die wichtigsten Fragen. Wir brauchen ein anderes System. Ich glaube zwar nicht, daß wir eine andere Verfassung brauchen, aber eine andere Politik. Für mich weist die Politik der Grünen in die richtige Richtung. Diese Politik stellt das Leben in den Mittelpunkt des politischen Denkens, nicht nur das menschliche Leben, sondern alles Leben, die ganze lebende Natur; und es ist eine Politik, die von kleinen, überschaubaren Gruppen ausgeht und eine Dezentralisierung von wirtschaftlicher und politischer Macht darstellt. Wir müssen bestimmt das System ändern. Aber wir brauchen dazu keine Revolution, weil das alte System, das alte Paradigma so voller Gewalt ist, daß wir nicht noch mehr Gewalt ausüben dürfen. Für mich heißt Revolution Gewalt. Wir brauchen einen Wandel statt einer Revolution.

Vor kurzem habe ich mich mit Robert Jungk in Deutschland unterhalten, einem der angesehensten und ältesten Friedensaktivisten. Er hat mir erklärt, daß ein gewalttätiges Vorgehen einfach nicht funktionieren würde. Die andere Seite ist so viel gewalttätiger und besitzt so viel mehr Macht, daß es absoluter Wahnsinn, ja, strategisch unsinnig wäre, wenn wir jetzt zur Gewalt griffen. Dagegen besitzt das gewaltlose Vorgehen à la Gandhi eine andere Art von Kraft, eine ethische und spirituelle Kraft, die sich nicht mit harter Technik bändigen läßt. Deshalb sollten wir diesen Weg gehen, und ich glaube, das ist ein ganz praktischer, nüchterner, vernünftiger Rat.

Anmerkung

Dieser Beitrag erschien erstmals im *Peaceletter*, Vol. 6, Nr. 1, 1988, und enthält Auszüge aus einem Vortrag, der am 19. Februar 1988 anläßlich des Jahresempfangs des «Peace Resource Centers» von Santa Barbara gehalten wurde. Übersetzt wurde er von Michael Schmidt.

Ein Gespräch zwischen Fritjof Capra und den beiden Mönchen David Steindl-Rast und Thomas Matus

CAPRA: Wir wollen uns zuerst einmal selbst vorstellen und sagen, was uns zu diesem Dialog motiviert hat. Mit Ihrer Erlaubnis möchte ich den Anfang machen. Ich bin als Katholik aufgewachsen und habe mich aus verschiedenen Gründen vom Katholizismus abgewandt. Ich begann mich sehr für fernöstliche Religionen zu interessieren und fand auffallende Parallelen zwischen den Theorien der modernen Naturwissenschaft, vor allem denen meines Fachgebiets Physik, und den Grundgedanken des Hinduismus, Buddhismus und Taoismus. Diese Entdeckung ging Hand in Hand mit einer tiefgreifenden persönlichen Transformation. Ich war stets ein Mensch, der sich mit Spiritualität befaßte, und als ich mich östlicher Spiritualität zuwandte, erarbeitete ich mir im Laufe der Jahre einen persönlichen spirituellen Weg, der praktisch von allen drei großen östlichen Traditionen beeinflußt ist – vom Taoismus, Buddhismus und Hinduismus – und darüber hinaus auch sehr von der Ökologie, von dem, was wir heute «tiefe Ökologie» nennen.

Bis vor kurzem hat mein persönlicher Weg das Christentum überhaupt nicht einbezogen, zumindest nicht bewußt. Das änderte sich jedoch, als meine Tochter geboren wurde – eigentlich schon, bevor sie geboren wurde. Ich diskutierte damals mit Ihnen, Bruder David, und wie ich mich erinnere, erzählten Sie, Sie hätten vor einiger Zeit eine Taufe gefeiert, die halb katholisch, halb buddhistisch war.

STEINDL-RAST: Sie war im Grunde *ganz* katholisch und *ganz* buddhistisch.

CAPRA: Die Sache hat mich sehr interessiert, und ich dachte, es wäre wunderbar, wenn wir das auch mit unserem Baby tun könnten, das wir damals erwarteten. Und so geschah es dann auch. David war so freundlich, es zu arrangieren, und wir erlebten eine sehr schöne Zeremonie. Damals bekannte ich mich dazu, meiner Tochter eine spirituelle Erziehung angedeihen zu lassen oder zumindest ein spirituelles Umfeld zu schaffen, das auch die christliche Überlieferung *einbezieht.* Auf diese Weise wurde natürlich mein persönliches Interesse am Christentum wieder geweckt, weil ich spürte, daß ich es ernst nehmen mußte. Inzwischen ist Juliette zwei Jahre alt und kommt bald in das Alter, in dem sie für Geschichten empfänglich wird. Ich will ihr Episoden aus dem Mahābhārata und andere indische Geschichten erzählen, aber auch buddhistische und einige chinesische. Und selbstverständlich möchte ich ihr auch Geschichten aus der christlichen, jüdischen und abendländischen spirituellen Überlieferung erzählen. Müßte ich ihr heute die Weihnachtsgeschichte erzählen, dann könnte ich das mit sehr einfachen Worten tun. Doch nehmen wir einmal an, sie wäre fünf Jahre älter. Dann, meine ich, könnte ich in Schwierigkeiten geraten. Ich wüßte nicht so recht, wie ich sie gut formulieren sollte.

Übrigens gibt es da noch einen anderen Aspekt. Ich halte viele Vorträge in Deutschland, der Schweiz und Österreich. Dort ist der Stellenwert der Kirche ein ganz anderer als hier in Kalifornien. Ich glaube, es hat nicht ein einziges Seminar und keine einzige Vortragsveranstaltung gegeben, bei der nicht jemand die Frage gestellt hat: «Und wo bleibt Gott in Ihrem Weltsystem?» Diese Frage kommt immer wieder auf. Dort ist die gesamte Weltanschauung viel theistischer als hier in Kalifornien.

Neuerdings zeigen die Kirchen in Deutschland – die katholische wie die protestantische – sehr viel Interesse an der New-Age-Bewegung. Sie haben Angst vor der neuen Spiritualität, die jetzt auch in Europa an Boden gewinnt. Sie spüren, daß sie sich damit befassen müssen, und ich werde immer wieder zu diesen Diskussionen eingeladen. Dadurch habe ich auch beruflich ein stärkeres Interesse an dieser Thematik gewonnen.

Wegen dieser verschiedenen Interessen bin ich hier und freue mich sehr auf den bevorstehenden Dialog.

Steindl-Rast: Sie erwähnten vorhin jene buddhistisch-christliche Taufe oder Initiation, Fritjof. Es lohnt sich, darüber zu Beginn etwas mehr zu sagen. Die Zeremonie fand in Green Gulch statt, auf der Farm des San Francisco Zen Center. Beide Eltern waren ordinierte buddhistische Priester und zugleich praktizierende Christen. Solche Fälle erlebt man immer häufiger in verschiedenen Zen-Zentren – daß nämlich Menschen, die einst ihren christlichen Glauben ablegten und sich dem Zen zuwandten, nach vielleicht zehn, fünfzehn oder zwanzig Jahren aufgrund der Beschäftigung mit Zen ihr Christentum auf einer viel tieferen Ebene wiederentdecken. Jetzt wollen sie sogar, daß ihre Kinder in diese Tradition eingeführt werden. Die Taufe eines Kindes ist ein Initationssakrament und gliedert das Kind einer christlichen Gemeinschaft ein. Da beide Traditionen, richtig verstanden, miteinander vollkommen vereinbar sind, war es möglich, dieses Kind in beide gleichzeitig aufzunehmen. Der ganze Sangha (buddhistische Gemeinde) und ein großer Kreis von Menschen haben daran mit tiefem Verständnis teilgenommen.

Capra: Ich glaube, es gibt da noch einen anderen Gesichtspunkt. Man will ein Kind ja nicht nur wegen einer eigenen persönlichen Beziehung zu diesem Glauben ins Christentum einführen, sondern auch, weil das Christentum ein Teil seiner Umwelt ist. So ist es ja auch notwendig, wenn auch schwierig, das Kind mit dem Tod vertraut zu machen, wenn ein Tier oder sein Großvater stirbt, sowie mit Gewalt oder Niedertracht; wir müssen es mit diesen Dingen vertraut machen, weil sie zu unserer Welt gehören. Auf der positiven Seite sind die Religionen ein Teil der Welt, und meine Tochter wird in einem christlichen Umfeld aufwachsen. Selbst wenn ich keine Neigung zum Christentum hätte, müßte ich mich also ernsthaft bemühen, das Kind damit bekanntzumachen.

Steindl-Rast: Es geht dabei eher um eine Verheißung als um eine Verwirklichung, einfach um das Offensein für etwas, das erst noch kommen wird. In dem Handzettel, den wir für die Zeremonie verteilten, hieß es einfach: «Einige Christen wie auch einige Buddhisten, die heute an der Zeremonie teilnehmen, mögen sich damit noch nicht ganz anfreunden können. Wir sollten jedoch diese Zeremonie als eine Verheißung ansehen, der wir nähergekommen sein werden, wenn dieses Kind einmal erwachsen sein wird. Die

Generation dieses Kindes wird verstehen, wie gut beide Überlieferungen zusammenpassen.»

Damit komme ich zu dem zweiten Punkt, den Sie erwähnt haben. Jetzt macht es Ihnen noch Spaß, Ihrer kleinen Tochter Geschichten zu erzählen. Sobald sie jedoch älter wird, mag das schwieriger werden. Das geht vielen Leuten so, weil uns diese Geschichten meistens in einer für Kinder geeigneten Form präsentiert wurden. Man hat uns jedoch nicht dazu angehalten, sie in einem späteren Lebensalter in einer Form neu zu erzählen, die Erwachsenen angemessen ist. Wir müssen sie überdenken. Es gibt Erwachsene, die, in jeder anderen Hinsicht erwachsen, in ihrer religiösen Bildung jedoch immer noch Kind sind. Sie können über Religion nicht in Begriffen der Erwachsenen sprechen. Sie, Fritjof, haben nun eine wunderbare Gelegenheit, zusammen mit Ihrem Kind zu wachsen. Erzählen Sie ihm zum Beispiel Märchen, dann haben die für ein Kind andere Bedeutung als für Erwachsene. Als Heranwachsende betrachten wir sie abfällig als baren Unsinn. In reiferem Alter kehren wir jedoch zu ihnen zurück und schätzen ihren tiefen Sinn.

Für mich persönlich ist an dieser Diskussion folgendes wichtig. Ich halte ebenfalls häufig Vorträge im deutschsprachigen Raum und werde oft gefragt: «Wie passen New Age und christlicher Glaube zusammen?» Auch bei Konferenzen von Wissenschaftlern und Repräsentanten von Religionen, zu denen ich geladen werde, muß ich dieselben Fragen beantworten. Daher mein großes Interesse, mehr über Naturwissenschaft zu erfahren.

Ich habe als Künstler begonnen. Die Kunst war die erste Liebe und das erste große Interesse meines Lebens. Dann begann ich mich für primitive und kindliche Kunst zu interessieren, sattelte deshalb immer mehr um auf Psychologie und Anthropologie und promovierte schließlich in Psychologie. Das geschah zu der Zeit, in der wir in Wien versuchten, die Psychologie zu einer exakten Naturwissenschaft zu machen, so naturwissenschaftlich wie nur möglich. Wir gehörten nicht zu den Psychologen, deren Handwerkszeug die Couch war, sondern absolut zu denen, die mit Ratten arbeiteten. Bei uns mußte alles und jedes gemessen werden. Und dem galt auch mein eigenes Interesse. Ich habe also ein Gespür für Naturwissenschaft und ein großes Interesse an einem Dialog dieser Art. Mönch wurde ich erst, nachdem ich Kunst und Psychologie studiert hatte. Je länger ich mich «professionell mit Religion befasse», wenn man es so bezeichnen will, desto mehr entdecke ich die große Bedeutung der Kunst und der Naturwissenschaft für die Fülle menschlichen Lebens. Daher ist für mich persönlich dieser Dialog von so großer Bedeutung. Auch da gibt es eine Parallele zwischen uns. Wir sind am Verhältnis zwischen Naturwissenschaft und Theologie nicht nur interessiert, weil wir öffentlich darüber diskutieren müssen, sondern es ist für uns beide eine sehr persönliche Angelegenheit – im Grunde für uns drei, meine ich.

MATUS: Die komplexen Zusammenhänge zwischen Kunst, Naturwissenschaft und Religion sind für mich von entscheidender Bedeutung, Bruder David. Doch habe ich einen ganz anderen Hintergrund als Sie und Fritjof, weil ich nicht als Katholik aufgewachsen bin. Genaugenommen wurde ich nicht im Sinne einer bestimmten institutionellen Religion erzogen. Beide Elternteile – mein Vater Abkömmling einer polnischen Einwandererfamilie, meine Mutter Tochter eines Baptistenpredigers – waren zunächst sehr religiös erzogen worden. Als ich geboren wurde, hatten sie sich aus den institutionellen Formen der Religion zurückgezogen. Aus diesem Grunde förderten sie mein Interesse an Spiritualität, ohne mich zu einer bestimmten religiösen Praxis zu zwingen.

In meiner Teenagerzeit beschäftigte sich meine Mutter mit New-Age-Literatur und sogar ein wenig mit fernöstlicher Philosophie. Als ich den Hinduismus und Buddhismus entdeckte, klang mir beides sofort wahr, obwohl ich auch eine Beziehung zum Christentum hatte, da ich die Bibel gelesen und von Zeit zu Zeit die Sonntagsschule der Baptisten besucht hatte.

Meine erste Einführung in fernöstliche Religionen erfolgte durch die *Autobiographie eines Yogi* von Paramahansa Yogananda. In diesem Buch zitiert Yogananda im Zusammenhang mit dem neuen naturwissenschaftlichen Paradigma, das bereits in den 1930er Jahren erkennbar wurde, die beiden britischen Naturwissenschaftler Arthur Eddington und James Jeans. Das stachelte mein Interesse für Yoga und gleichzeitig für theoretische Physik an. Ich las einige populärwissenschaftliche Bücher über Relativität und Quantenmechanik.

Und obwohl ich sehr wenig von der Sache verstand, wurde mir zumindest klar, daß die Neue Physik etwas darstellte, was mit Spiritualität in Zusammenhang gebracht werden sollte.

In einer Hinsicht unterschied meine Erfahrung sich von der des Bruders David. Obwohl ich nicht im Rahmen einer Konfession aufgewachsen war, war ich bereits im Alter von etwa sechzehn Jahren überzeugt, schicksalhaft zum Mönch berufen zu sein. Ob ich nun ein Hindumönch oder christlicher Mönch werden sollte, war eine Frage, die ich später entscheiden würde.

Schließlich schloß ich mich den Kamaldulenser Mönchen hier in Big Sur an, was natürlich bedeutete, daß ich mich für den Weg des überlieferten Christentums entschied. Während meiner Jahre im College wurde ich von der Wahrheit des katholischen Glaubens überzeugt und war bereit, die Kirche als meinen Guru anzuerkennen. Doch blieben weiterhin einige meiner Fragen unbeantwortet. Zu meinem Glück riet mir ein chinesischer Benediktinermönch in einem Kloster nahe Los Angeles, nicht abzulehnen, was ich von anderen Überlieferungen gelernt hatte. Das war damals im Jahre 1960, vor dem Zweiten Vatikanischen Konzil und im Rahmen der neuen Offenheit der Katholischen Kirche. Es war ein großes Glück, daß ich diesen Rat erhielt. Er sagte mir: «Du würdest nicht da sein, wo du jetzt bist, wenn du nicht alles das durchlebt hättest, was dir widerfahren ist. Daher kannst du das alles nicht einfach abstreifen.»

Hier im Kloster in Big Sur erlebte ich jedoch ziemlichen Widerstand gegen diesen ökumenischen Geist. Als Novize durfte ich mich weder mit Yoga noch mit orientalischen Religionen beschäftigen. Doch klammerte ich mich an die Hoffnung, daß ich schließlich doch die Gelegenheit dazu erhalten würde. Und als das dann der Fall war, ergriff ich sie auch.

Man kann also sagen, daß wir drei trotz unterschiedlicher Hintergründe viele gemeinsame Interessen haben.

Lassen Sie mich nun noch etwas dazu sagen, wie ich dazu gekommen bin, an Ihrem Dialog teilzunehmen. Als Sie beide über Fritjofs Kriterien des neuen Denkens in der Naturwissenschaft korrespondierten, fragte Bruder David mich, ob ich ihm helfen würde, ein paralleles Schema von Kriterien für die Theologie zusammenzustellen. Also werde ich Ihnen nunmehr zuhören und gelegentlich

Beobachtungen aus der Geschichte der Theologie und der Geschichte der Religionen beisteuern.

Das christliche Paradigma

CAPRA: Wir haben bisher einen bestimmten Kontext umrissen – die religiöse Erfahrung, das intellektuelle Nachdenken darüber, das Zelebrieren dieser Erfahrung und das damit einhergehende Verhalten, das zur Ethik führt. Nun frage ich: Was ist innerhalb dieses Kontextes, der, wie ich annehme, für alle Religionen gilt, typisch christlich?

MATUS: Ich halte es für sehr schwierig, das spezifisch Christliche so zu artikulieren, daß es die in anderen Religionen auftretende religiöse Erfahrung ausschließt. Es fällt mir schwer zu sagen, ob irgendeine authentische religiöse Erfahrung nicht in meine Auffassung des Christentums paßt, des katholischen Christentums, meinetwegen mit einem kleinen «k».

CAPRA: Aber meine Frage gilt nicht nur der religiösen Erfahrung, sondern auch allen anderen Aspekten – der intellektuellen Reflektion, der Interpretation, der Analyse, den Ritualen, der Ethik. Was an alledem ist typisch christlich?

Jesus Christus als historische Persönlichkeit

MATUS: Für das Christentum spezifisch ist die Person Jesu und sein Leben, Sterben und seine Auferstehung. Dazu kommt die Ausstrahlung seiner historischen Person auf die Gemeinschaft derer, die an ihn glauben und so zu leben versuchen, wie er es getan hat, ein Leben in selbstaufopfernder Liebe.

Meiner ganz persönlichen Erfahrung nach kann die eigentliche Natur des Mysteriums Jesu von der Kirche nicht monopolisiert werden. Tatsächlich gibt es heute viele Hindus, Buddhisten und andere, die Jesus im Rahmen ihrer eigenen Überlieferung zu verstehen suchen. Einige sind dabei zu einem tiefen Verständnis des

Herrn gelangt. Das betrachte ich aus theologischer Sicht als höchst bedeutsam. Das Mysterium Jesu ist für das Christentum spezifisch, kann jedoch von den christlichen Gläubigen nicht als ihr Monopol angesehen werden, da es universal ist.

STEINDL-RAST: Wenn man mich fragt, was spezifisch christlich sei, dann würde ich sagen, wir sollten nicht bei den Kirchen haltmachen. Wann kann man etwas christlich nennen? Sobald es eine entschiedene Beziehung zu Jesus Christus hat, zu seiner historischen Persönlichkeit. Es gibt sehr viele Grade enger Beziehungen, aber solange es sich um eine entschiedene Beziehung handelt, würde ich sie christlich nennen. Mit anderen Worten: Ich würde mit Thomas übereinstimmen, daß es heute im Buddhismus und im gegenwärtigen Hinduismus christliche Elemente gibt.

CAPRA: Und was macht das Christentum selbst christlich?

STEINDL-RAST: Entscheidend dafür ist wohl die religiöse Erfahrung von Jesus selbst. Alles geht zurück auf jenen besonderen Menschen, den man meiner Meinung nach nur als Mystiker verstehen kann. Für mich ist Mystik – in einer ziemlich allgemein akzeptierten und sehr breit angelegten Definition – die Erfahrung der Kommunion mit der höchsten Wirklichkeit. Jesus entwickelte eine noch nie dagewesene vorbehaltlose innige Beziehung zu Gott. Durch sein Leben und durch seine Lehre übermittelte Jesus vielen anderen Menschen seine mystische Nähe zu Gott.

Das Reich Gottes

STEINDL-RAST: Jesus formulierte die sozialen Implikationen mystischen Gewahrseins in dem Begriff des Reichs Gottes. Das ist in der Botschaft Jesu das Schlüsselwort. Seine Jünger taten den nächsten Schritt – sie lehrten *über* Jesus. Doch müssen wir stets auf Jesus' *eigene* Lehren zurückverweisen. Er besaß eine tiefe mystische Erfahrung von Gott und sprach über sie, lebte sie durch den Begriff des Reichs Gottes. «Reich Gottes» bedeutete für Jesus «die erlösende Macht

Gottes, die sich in der menschlichen Geschichte manifestiert». Für die Juden zu Lebzeiten Jesu war die Erlösung eine Angelegenheit der Gemeinschaft, der sie angehörten. Wir können diesen Gemeinschaftsaspekt der Erlösung kaum nachvollziehen, es sei denn, man begreift diese Gemeinschaft weltweit. Da wir so individualistisch sind, müssen wir übersetzen, was die Manifestierung von Gottes erlösender Macht für uns heute bedeutet.

Für uns manifestiert sich Gottes erlösende Kraft in der religiösen Erfahrung, im Erlebnis grenzenloser Zugehörigkeit. In unseren Gipfelerlebnissen erfahren wir eine uns rettende Kraft der «Erlösung». Sie löst uns aus dem heraus, was dieser Bedeutung des Zugehörens am meisten entgegensteht, nämlich der Vereinzelung. Die Erfahrung des Zugehörens ist die Grundlage für Jesu Predigt vom Reich Gottes, in heutiger Sprache ausgedrückt. Damals wurde primär auf die Gemeinschaft des Auserwählten Volkes Bezug genommen. Für uns jedoch ist es allgemeiner das Erleben des Zugehörens und seine gesellschaftlichen Konsequenzen.

Die Lehre Jesu steht und fällt damit. Er predigte durch seine Lebensweise ebenso wie durch seine Worte. Und was lebte er uns vor? Es war jenes mystische Gefühl grenzenlosen Zugehörens und seine Umsetzung in eine radikale neue Form der Gesellschaft.

Christliche Liebe

CAPRA: In welcher Beziehung dazu steht die christliche Liebe?

STEINDL-RAST: Liebe bedeutet Ja-Sagen zum Zugehören. Das ist meine Definition von Liebe, klar und einfach. Alles, was wir Liebe nennen können, hängt meiner Ansicht nach irgendwie mit diesem Ja zusammen. Was den verschiedenen Vorstellungen von Liebe gemeinsam ist, von der sexuellen Liebe bis zur Tierliebe, von der Liebe zum eigenen Lande und zur Welt bis zur Liebe zur Umwelt – alles das wird dadurch zusammengehalten, daß wir in jedem Falle Ja zum Zugehören sagen. Und dieses Ja bedeutet nicht nur intellektuelle Zustimmung, es hat eine tiefe moralische Implikation. Es bedeutet zu handeln, wie Menschen es tun, die einander zugehören.

CAPRA: Das wäre dann keine romantische Liebe, kein bloßes Verliebtsein.

STEINDL-RAST: Nein, es ist eher eine innere Erhebung in Liebe als ein Sichverlieben (engl. *falling in love*), auch wenn romantische Liebe ebenfalls zeigt, wie wunderbar es ist, jemandem anzugehören und sich entsprechend zu verhalten. Romantische Liebe ist ein gutes Beispiel für ein freudiges «Ja!». Deshalb fällt uns so schnell die romantische Liebe ein, wenn wir Liebe ganz allgemein erläutern sollen.

MATUS: Auch für die Bibel ist sie die primäre Metapher für Liebe, beispielsweise im Hohenlied Salomons, so wie es auch die primäre Metapher im tantrischen Hinduismus ist: die Vereinigung von Shiva und Shakti.

CAPRA: Als Sie vorhin von religiöser Erfahrung sprachen, war das also schon eine spezifisch christliche Art, davon zu reden.

STEINDL-RAST: Ja, das war es, weil man unsere Gipfelerlebnisse oder religiösen Erfahrungen oder mystischen Erlebnisse – das alles sind nur verschiedene Ausdrücke für ein und dieselbe grundlegende Wirklichkeit – in spezifisch christlichen Begriffen auch «Königreich»-Augenblicke nennen könnte. Das ist heute unser einziger Zugang zu diesem seltsamen Ausdruck Königreich. Wir sprechen vom «Reich der Tiere», vom «Reich der Pflanzen» und so weiter. Und so bedeutet das «Königreich Gottes» unser Zugehören zu dieser großartigen kosmischen Wirklichkeit.

CAPRA: Während der vergangenen zehn Jahre bin ich dazu gelangt, Spiritualität oder religiöse Erfahrung, wie man es auch nennen könnte, als die Form des Bewußtseins anzusehen, in der wir uns mit dem gesamten Kosmos verbunden fühlen. Das kommt dem, was Sie sagen, sehr nahe. Doch besteht noch ein Unterschied zwischen dem Gefühl des Verbundenseins und dem des Zugehörens. Zugehören hat zumindest für mich eine affektive Note. Damit besteht zwischen beiden ein kleiner Unterschied.

Die Umkehr

STEINDL-RAST: So ist es. Und hier müssen wir dieses Jesus-Paradigma etwas weiterentwickeln. Die Botschaft Jesu geht über das Königreich Gottes hinaus. Sie enthält eine zweite Hälfte, die untrennbar zum Königreich gehört – nämlich geistige Wandlung oder Umkehr. Umkehr bedeutet auch «entsprechend leben». Deshalb gehört zum Christentum von Anfang an ein starker ethischer Impuls – stärker, meine ich, als es bei anderen Religionen der Fall ist. Das könnte ein unterscheidendes Merkmal sein; es ist jedoch kein moralistisches. Umkehr bedeutet etwas ganz anderes, als es oft volkstümlich dargestellt wird. Es bedeutet nicht, daß man seine Sünden bereut, um von Gott angenommen zu werden, sondern das genaue Gegenteil: Umkehr entspricht der bereits in der religiösen Erfahrung implizierten Überzeugung, *daß Gott uns angenommen hat.* Und nun lebe auch entsprechend! Das ist es, was Jesus predigt und was die zweifache Feststellung des Paulus besagt: «Durch die Gnade Gottes bist du erlöst» und «Lebe dieser Berufung entsprechend.» Königreich Gottes und Umkehr sind die zwei Seiten einer Medaille.

MATUS: Lassen Sie mich die Worte «Durch die Gnade Gottes bist du erlöst» besonders betonen. Die moralische Dimension des Christentums ist stets die Folge einer inneren Umkehr, die von uns als *Geschenk* erfahren wird. Es ist nicht nur eine Angelegenheit der Willenskraft, wenn ich mich entscheide, schlechte Angewohnheiten aufzugeben und andere anzunehmen. Vielmehr bedeutet es Vergöttlichung von innen her, eine geschenkte Erfahrung, die Christen als eine Handlung Gottes im Menschen begreifen.

Jesus und Buddha

CAPRA: Ich wollte gerade etwas sehr Ähnliches im Zusammenhang mit dem Buddhismus sagen. Mir scheint, Sie sagten soeben, daß der Mensch durch Gnade der Offenbarung Gott zugehört und daß man als Konsequenz dieses Zugehörens ein entsprechendes Leben führt. Den Buddhismus verstehe ich so, daß der Weg zur spirituellen Erfahrung oder Erleuchtung in einer moralischen Lebensführung besteht. Man muß das rechte Leben führen. Buddha sagt: «Lebe entsprechend dem Achtfachen Pfad», das bedeutet Rechtes Handeln, Rechte Erkenntnis, Rechte Rede . . . und so weiter. Bei rechter Lebensführung wird der Mensch fähig sein, sich von den flüchtigen Augenblicken zu befreien, von der Tatsache, daß alles stirbt und sich im Übergang befindet. Und dann erlangt man spirituelle Erkenntnis.

STEINDL-RAST: Sehen Sie darin einen Widerspruch zur Botschaft Jesu?

CAPRA: Ja, es ist die umgekehrte Reihenfolge.

STEINDL-RAST: Das meine ich nicht. Und dies behaupte ich nicht aufgrund meiner *christlichen* Anschauung, sondern aufgrund meines Verständnisses des Buddhismus. Natürlich kann ich mich irren, doch sehe ich die Sache so: Ich würde der von Ihnen dargestellten Reihenfolge zustimmen, jedoch behaupten, das Ende sei auch der Anfang: Eben *weil* die kosmische Harmonie vorgegeben ist, *findet* man sein wirkliches Selbst, wenn man sich auf diese Harmonie einstimmt.

CAPRA: Ja, das stimmt. Es heißt, man meditiere nicht, um Buddhaschaft zu erlangen; man meditiert, *weil* man Buddha ist.

STEINDL-RAST: Erkennen Sie nun, wie eng die Parallele zur Lehre Jesu ist? Auf der tiefsten Ebene gibt es keinen Unterschied. Dagegen ist der historische Unterschied außerordentlich groß. Das gesamte Umfeld, in dem der Buddha formal seine Erkenntnisse verkündete, und das, in dem Jesus lehrte, ist sehr verschieden. Aber selbst da findet man noch einige historische Parallelen. Die Situation des Judaismus, aus der Jesus ausbricht, ist nicht unähnlich der Situation im Hinduismus, aus der Buddha ausbricht.

MATUS: Die Situation, mit der Jesus konfrontiert war, ähnelt in mancher Hinsicht der historischen Situation, aus der Buddha sich lösen mußte. Es war das Problem des religiösen Formalismus und der Manipulation religiöser Bedürfnisse des einfachen Volkes durch eine herrschende Priesterkaste. Wie Buddha kam Jesus «nicht um zu zerstören, sondern zu erfüllen», und um zu verkünden, der Weg zur Erleuchtung und Befreiung stehe einem jeden Menschen offen. Buddha verstand Erleuchtung als «Verwirklichung» dessen, was in aller Ewigkeit *ist*. Auf gleiche Weise lautet nach den Worten von Paulus das christliche Paradoxon: «Werde, was du bist! Mit Christus zusammen bist du auferstanden, mit Christus bist du zum Himmel gefahren, mit ihm gemeinsam wurdest du inthronisiert.» Um auszudrücken, was wir im Sinne Gottes *sind*, gebraucht der heilige Paulus eine ganze Reihe von Verben mit der griechischen Vorsilbe *«syn»*, was «mit, zusammen mit» bedeutet – im Lateinischen *«con»*. Alles das hat sich ereignet; deshalb muß man sein Leben entsprechend einrichten und, mit anderen Worten, das werden, was man ist. Dieses Werden ist eine Folge des Seins. Gnade ist auch die Gegebenheit der Natur. Selbst die Spaltung . . . es gibt keine Spaltung.

STEINDL-RAST: Ich meine doch, daß es einen bedeutsamen Unterschied zwischen der Lebensgeschichte von Jesus und der von Buddha gibt. Das Wort Jesu vom Königreich führt zu dramatischen gesellschaftlichen Entwicklungen. Durch unsere intimen Beziehungen zu Gott, als Kinder des Vaters, sind wir auch untereinander Brüder und Schwestern. Daher wandelt Jesus auf Erden als derjenige, der jeden einzelnen Menschen aufbaut und eine Gemeinschaft errichtet. Die autoritären Behörden spielen sich gegenüber jedermann als die Herren auf.

«So soll es nicht sein unter euch», sagt Jesus. «Sondern, so jemand will unter euch gewaltig sein, das sei euer Diener» (Mt. 20,26). Das ist wirklich der Kern seiner Botschaft und auch der Grund, warum Jesus zum Tode verurteilt wird. Für das religiöse Establishment ist er ein Umstürzler, da er die innere Autorität der Menschen stärkt, während die Autoritäten sie unterdrücken. Aus demselben Grund ist er auch für das politische Establishment gefährlich. Dieses neue Verständnis von Autorität ist das Herzstück der christlichen Botschaft. Es geht auf Jesus zurück, den eigentlichen Ausgangspunkt des Christentums.

Später, nach Jesu Tod und Auferstehung, entsteht das Christentum *über* Jesus statt das Christentum *des* Jesus. Meines Erachtens gibt es zwischen beiden keinen Widerspruch, aber sicherlich haben sie einen unterschiedlichen Standpunkt. Während Jesus das Königreich Gottes predigte, hat die Kirche von Anfang an Jesus gepredigt. Das ist ganz in Ordnung, solange wir nicht zulassen, daß eine ganz persönliche Verehrung Jesu die radikale gesellschaftliche Herausforderung des Königreichs Gottes verdrängt.

Die Dreifaltigkeit

CAPRA: Ich hatte nicht erwartet, daß wir uns so intensiv mit der Person Jesu Christi beschäftigen würden. Da es nun aber dazu gekommen ist, möchte ich doch noch nach seiner Gottesnatur und Auferstehung fragen. Ich trage in Hinsicht auf dieses Thema eine Menge Fragen als Ballast aus der Vergangenheit mit mir herum. Sie sagen, Jesus sei ein Mystiker gewesen, der sehr intime Beziehungen zu jener letzten Wirklichkeit hatte, die wir in der mystischen oder religiösen Erfahrung erleben. Deshalb nannte er sich selbst Gottes Sohn.

STEINDL-RAST: Er selbst hat sich nie so genannt. Es steht historisch absolut fest, daß die Lehre vom «Sohn Gottes» eine Lehre *über* Christus ist. Er selbst *verhielt* sich nur wie jemand, der eine intime Beziehung zu Gott hat, und so ermutigte er andere, auf gleiche Art zu leben.

CAPRA: Aber er hat doch die Worte gebraucht: «Mein Vater und Ich.» Oder war das nicht so?

MATUS: Was wir über die Beziehung zwischen Jesus und Gott wirklich wissen, ist, daß er im Gebet Gott mit einem Namen bezeichnete, den kein anderer seiner Zeitgenossen je gebrauchte. Er nannte Gott *«Abba»*, was wohl die am wenigsten patriarchalische maskuline Vorstellung ist, die man von Gott haben kann. Am wenigsten patriarchalisch, weil das Wort in der Übersetzung soviel wie «Papa» bedeutet.

STEINDL-RAST: Wir wissen auch aus der Geschichte, daß er Frauen eine ganz andere Stellung einräumte, als sie in der damaligen Gesellschaft einnahmen.

Capra: Nun möchte ich noch nach der Gottesnatur von Jesus fragen. Wenn er sagt «Ich bin Gott» im Sinne des Mystikers, des «Das bist Du» der Upanischaden, dann befindet er sich in voller Übereinstimmung mit allen Mystikern. Aber das ist ja wohl nicht die Lehre der Kirche. Im Sinne der Dreifaltigkeit nimmt er eine besondere Stellung ein. Gott erscheint in drei Formen . . .

Steindl-Rast: Lassen Sie mich das aus meinem persönlichen Verständnis erklären. Sie sagen, Jesus habe diese mystische Intimität mit dem Göttlichen und befinde sich deshalb in voller Übereinstimmung mit den Mystikern. Als gläubiger Christ, der die Dogmen der Kirche anerkennt, kann ich dennoch sagen: «Ja, so ist es.» Das steht nicht im Widerspruch zur Dreifaltigkeitstheologie, weil man es keiner Aussage der Theologie über Jesus erlauben darf, Jesus von uns zu trennen. Nicht das christliche Dogma trennt uns von Jesus, sondern ein weitverbreitetes Mißverständnis des christlichen Dogmas. Dieses Mißverständnis hat seinen Ursprung in unserem Individualismus – einem «ismus», der im Sinne der Bibel mit der Lehre Jesu unvereinbar ist, auch unvereinbar mit dem rechten Verständnis des christlichen Dogmas. Anders ausgedrückt: Ja, wir können alle diese Dreifaltigkeitslehren über Jesus bestätigen, selbst daß er die zweite Person der Dreifaltigkeit ist.

Capra: Aber wie bestätigen Sie das?

Steindl-Rast: Es wird bestätigt, daß die Dreifaltigkeit Sie und mich einbezieht! Weil es nicht gestattet ist, von Jesus zu sprechen als von jemandem, der von uns getrennt ist.

Capra: Aber was ist dann die Dreifaltigkeit? Das begreife ich einfach nicht. Was ist der dreifaltige Gott?

Matus: Warum wurde die Lehre von der Dreifaltigkeit formuliert? Ich bin fest davon überzeugt, daß es einzig und allein darum ging, die Vergöttlichung eines jeden Menschen sicherzustellen. Das nennen wir das «soteriologische Argument», das höchste Argument des heiligen Athanasius, des großen Verteidigers des Konzils von Nizäa, des ersten allgemeinen Konzils der Kirche im 4. Jahrhundert. Man kann das kurz auf folgende Formel bringen: Wäre Jesus nicht die zweite Person der Dreifaltigkeit, hätten Sie und ich nicht teil an der göttlichen Natur. «Gott wurde Mensch, damit jeder Mensch Gott werden könne.» Das ist das von Athanasius und vielen frühchristlichen Lehrern wiederholt geäußerte Axiom. Das Thema der göttlichen Natur des Menschen ist bei allen präsent, die dieses Dogma formuliert haben.

CAPRA: In anderen religiösen Überlieferungen, etwa bei den Hindus, gibt es nur zwei – das Brahman und den Ātman. Insofern besteht zu dem, was sie bisher sagten, eine gewisse Parallele. Aber nun doch zu der Frage: Warum *Drei*faltigkeit? Warum der Heilige Geist?

STEINDL-RAST: Den gibt es auch im Hinduismus ... Aus christlicher Sicht ist der Heilige Geist anwesend, wenn der Hindu sagt «Ātman ist Brahman». Niemand kann sagen – ich paraphrasiere hier eine Aussage des Paulus – Ātman ist Brahman, ausgenommen im Heiligen Geist. Der Heilige Geist bedeutet, daß wir die göttliche Wirklichkeit durch Gottes eigenes Selbsterkennen erfahren, an dem wir teilhaben. Gottes Selbsterkennen ist ein Aspekt dessen, was wir den Heiligen Geist nennen. Der heilige Paulus hat eine wunderbare Stelle in seinem ersten Brief an die Korinther formuliert: «Denn welcher Mensch weiß, was im Menschen ist, als der Geist des Menschen, der in ihm ist? Also weiß auch niemand, was in Gott ist, als der Geist Gottes.» Nun könnte man denken, aus diesen Sätzen sei der Schluß zu ziehen, daß kein Menschenwesen jemals Gott kennen könne. Wenn wir nicht einmal einen anderen Menschen in seinem Innersten kennen, wie könnten wir dann Gott kennen? Doch macht Paulus hier einen unglaublichen Sprung und sagt: «Wir haben aber nicht den Geist der Welt empfangen, sondern den Geist, der aus Gott stammt, damit wir erkennen, was uns von Gott geschenkt worden ist.» Das heißt, wir kennen Gott aus innerer Sicht, gewissermaßen durch Gottes Selbsterkennen. So gesehen ist die

Dreifaltigkeit eine Art, über unsere menschliche Verbundenheit mit der göttlichen Wirklichkeit zu sprechen. Es ist eine Lehre, die ihre Wurzel in unserer mystischen Erfahrung hat.

Die Auferstehung

CAPRA: Nun gut, damit haben Sie meine Voreingenommenheit oder meine Befürchtungen in dieser Hinsicht zerstreut. Aber wie steht es um die Auferstehung? Vorhin sagten Sie so ganz beiläufig «nach seinem Tod und seiner Auferstehung». Im Katholizismus, wie ich ihn in der Schule gelernt habe, galt die Auferstehung als Beweis dafür, daß Jesus Gott ist. Er stand von den Toten auf.

MATUS: Das ist keine Theologie, sondern Apologetik. Und kein verantwortungsbewußter Theologe wird das heute noch einmal ausgraben. Das gehört zum alten Paradigma. Das neue würde es ungefähr so ausdrücken: Die Erfahrung Jesu mit der Auferstehung vom Tode ist ein unkommunizierbares, ganz persönliches Erlebnis. Was die Apostel erfuhren, war folgendes: Jesus war ihnen auf eine Weise gegenwärtig, die sie erkennen ließ, daß sie ebenfalls auferstanden waren und mit ihm und in ihm von den Toten auferstehen würden. Anders ausgedrückt: Seine Auferstehung ist allgemein gültig und die Ursache unserer eigenen Auferstehung. Das großartige Argument des heiligen Paulus lautet daher: «Denn wenn Tote nicht auferweckt werden, ist auch Christus nicht auferweckt worden.»

CAPRA: Das ist doch praktisch dasselbe wie Gott sein.

MATUS: Es ist eine Parallele dazu. Wichtig ist hierbei, daß die frühesten Ausdrucksformen christlichen Glaubens sich auf das Geschehen konzentrierten, das auf den Tod Jesu am Kreuz folgte. Das ist der Schlüssel zum Verständnis seines Todes als Manifestation der erlösenden Kraft Gottes. Die Tatsache, daß ein großartiger Lehrmeister, ein wunderbarer, liebenswerter Mensch aufgrund zweifelhafter Anschuldigungen zum Tode verurteilt wird, kann einem intelligenten Menschen wohl kaum als Manifestation der erlösenden Kraft Gottes gelten. Es ist eine Manifestation menschlicher Gewalttätigkeit, von Brutalität, von Unwissenheit. Und dennoch wird sie zur Manifestation der erlösenden Kraft durch eine nicht vermittelbare, grundlegend undefinierbare und auf jeden Fall mystische Erfahrung: die Apostel erleben Jesus als den Auferstandenen.

STEINDL-RAST: Wie wäre es, wenn ich es folgendermaßen formuliere: Es macht von vornherein keinen Sinn, über Tod und Auferstehung Jesu zu sprechen – wie es leider oft getan wird –, ohne über sein Leben zu sprechen.

MATUS: Die Kreuzigung beendet ein wunderbares Leben, aber sie teilt uns dieses nicht mit. Das Erlebnis, den auferstandenen Jesus sehen und berühren zu können, überzeugte die Apostel, daß dieses außergewöhnliche Leben nicht nur in ihrer Erinnerung weiterbestehen konnte, sondern auch zu einem Teil ihrer selbst wurde, daß sie es selbst leben konnten. Mit anderen Worten – das Königreich wird durch die Auferstehung zu Jesus.

STEINDL-RAST: Daher ist *das Leben* Jesu so wichtig. Sein irdisches Wirken, das aus seinem mystischen Einssein mit Gott erwächst, ist der Grund für die besondere Stellung, die Jesus in der Welt einnimmt. Ein Blick auf Jesus zeigt uns, wie man lebt, wenn man auf diese Weise mystisch eins ist mit Gott, wenn man ja sagt zum grenzenlosen Zugehören. Er hat es uns vorgelebt. Lebt man derart in dieser von uns geschaffenen Welt, dann wird man vernichtet oder auf die eine oder andere Weise gekreuzigt. Genauso wie es ihm widerfahren ist. Und dann stellt sich die Frage: Ist das das Ende? Die Lehre von der Auferstehung gibt uns die Bestätigung, daß dies nicht das Ende ist. Diese Art der Lebendigkeit kann nicht ausgelöscht werden. Er starb, starb wirklich. Und siehe da – er lebt.

Wo lebt er? Verfallen wir nicht in den Fehler zu sagen, er ist hier oder dort. Nein. Eine selten zitierte urchristliche Antwort lautet: «Sein Leben ist in Gott verborgen.» Paulus sagt es nicht mit diesen Worten, sondern spricht: «Denn ihr seid gestorben, und euer Leben ist verborgen *mit Christus* in Gott» (Kol. 3,3). Das impliziert jedoch, daß Christi Leben in Gott verborgen ist. Gottes Gegenwart in dieser

Welt ist verborgen. Dennoch ist sie jedem, der das Leben eines Mystikers führt, absolut greifbar – Gott ist allgegenwärtig. Er starb und ist dennoch am Leben, doch ist sein Leben verborgen in Gott. Er ist in uns allen lebendig. Es hat keinen Sinn, mit dem Finger zu deuten und zu sagen «Dort ist er», oder «Wutsch! Er ist aus dem Grab gestiegen». Auferstehung heißt nicht Wiederbelebung. Es ist kein Überleben, nichts, zu dem man sagen kann: «Da ist er!» Es ist eine verborgene Wirklichkeit, aber es ist eine Wirklichkeit, und wir können in ihr leben. Und das ist alles, was wir über die Auferstehung wissen müssen.

Der gegenwärtige Paradigmenwechsel

Capra: Ich möchte noch einige allgemeine Anmerkungen und Fragen über den Paradigmawechsel in Naturwissenschaft und Theologie anbringen. Das alte Paradigma hat meiner Ansicht nach zwei Wurzeln. Die eine ist die mechanistische Naturwissenschaft des 17. Jahrhunderts, wie sie von Galilei, Descartes, Newton, Bacon und deren Zeitgenossen entwickelt wurde. Die andere ist das patriarchalische Wertesystem, das sich natürlich aus noch älteren patriarchalischen Verhaltensweisen, Verhaltensmustern und Anschauungen ableitet. Beide sind eng miteinander verbunden.

Das neue Paradigma kann man als ganzheitlich bezeichnen, weil man das Ganze stärker als die Teile betont. Man kann es aber auch ökologisch nennen; und diesen Ausdruck ziehe ich vor.

Ganzheitliches Denken und Ökologie

Capra: Ich habe in letzter Zeit sehr betont, wie wichtig es ist, den Unterschied zwischen ganzheitlich und ökologisch zu kennen. Eine ökologische Weltanschauung ist ganzheitlich, und dennoch mehr als das. Man kann von allem eine ganzheitliche Anschauung haben, beispielsweise von einem Fahrrad. Man kann aber auch eine ökologische Anschauung von einem Fahrrad haben, und das ist etwas ganz anderes. Die ökologische Sicht befaßt sich mit lebenden Systemen – Ökosystemen und anderen lebenden Systemen – und berücksichtigt, wie diese Systeme wiederum in größere Systeme eingebettet sind. Die ganzheitliche Sicht des Fahrrads bestünde also darin, es als ein Ganzes zu sehen, etwa in seinen Funktionen. Die ökologische Sicht dagegen würde unter anderem die Frage stellen: «Woher kommt der Kautschuk für die Reifen? Woher stammt das Metall? Welche Auswirkungen hat der Gebrauch eines Fahrrads auf die Umwelt?» Und dergleichen mehr. Dabei wird also das Ganze immer wieder in ein noch größeres Ganzes eingebettet.

Das ist ein sehr wichtiger Unterschied. Und weil es für das neue Paradigma so wichtig ist, ziehe ich vor, es ökologisch zu nennen.

Ökologie und Religion

Capra: Für unseren Dialog ist noch ein anderer Aspekt des Ausdrucks «ökologisch» von besonderem Belang. Ökologisches Gewahrsein und ökologisches Bewußtsein reichen weit über die Naturwissenschaft hinaus und verschmelzen auf der tiefsten Ebene mit religiösem Gewahrsein und religiöser Erfahrung. Und zwar, weil ökologisches Gewahrsein auf der tiefsten Ebene ein Gewahrsein des fundamentalen Zusammenhangs und der wechselseitigen Abhängigkeit aller Phänomene und ihrer Einbettung in den Kosmos ist. Selbstverständlich liegen das Gewahrsein der Einbettung in den Kosmos und des Zugehörens zum Kosmos eng beieinander.

An diesem Punkt begegnen Ökologie und Religion einander. Aus diesem Grund gibt es bei diesem neuen Denken in der Naturwissenschaft überraschende Parallelen zum Denken in spirituellen Überlieferungen. Die Weltanschauung, die sich gegenwärtig aus der modernen Naturwissenschaft entwickelt, ist eine ökologische Anschauung, und ökologisches Gewahrsein ist aus der tiefsten Ebene spirituelles oder religiöses Gewahrsein. Aus diesem Grunde handelt es sich beim neuen Paradigma um eine neue Denkweise und zugleich um eine neue Art von Spiritualität.

Ökologisches und ökumenisches Denken

STEINDL-RAST: In diesem Punkt stimmen wir völlig überein. Ich möchte noch auf eine interessante Parallele hinweisen. Wo sie «ökologisch» sagen, sprechen wir von «ökumenisch». Das ist kein bloßes Spiel mit Worten, sondern die tiefere Wahrheit, daß wir in beiden Fällen die Intuition eines die ganze Erde umfassenden Haushalts haben – weil die Wurzel beider Ausdrücke das griechische Wort *oikos*, «das Haus» ist.

CAPRA: Was hat das für Implikationen?

MATUS: Nun, *oikos* bezieht sich auf die bewohnte Welt, auf das Haus der Menschheit.

STEINDL-RAST: Auf den Erd-Haushalt, wie Gary Snyder es nennt.

CAPRA: Nur auf den menschlichen Bereich?

STEINDL-RAST: O nein! Wir wollen ein umfassenderes Zugehören betonen, das nicht nur auf den Menschen beschränkt ist.

CAPRA: Was ist dann der Unterschied zwischen ökologisch und ökumenisch? Ist der Unterschied nur eine Frage der Konvention, wobei der eine Begriff von Theologen, der anderen von Naturwissenschaftlern gebraucht wird?

MATUS: Einen Unterschied gibt es, und der ist mehr als nur konventionell. So wie ich «ökologisch» verstehe, bedeutet es das Zugehören zum größeren Ganzen des physikalischen Universums, der Erde, als einem ganzen lebenden System. Im Gegensatz dazu bezieht «ökumenisch» sich auf unser Zugehören zu einer globalen Kultur. Möglicherweise gibt es da auf der theologischen Seite einen gewissen «Anthropozentrismus», jedoch nicht im Sinne der Herrschaft des Menschen über die Natur. Dem Theologen geht es darum, auf verschiedenen Ebenen das höchste gemeinsame Band der Menschheit zu erreichen: auf der vitalen Ebene des einfachen

Lebens und Zugehörens zum Universum, aber auch auf der Ebene der Kultur, wo es universale Wertvorstellungen gibt, die sich zwar in einer enormen Vielfalt von Wegen ausdrücken, die aber von der gesamten Menschheit geteilt werden.

Capra: Das ist ein wichtiger Punkt. Ökologen neigen oft dazu, biologistisch zu sein, in dem Sinne, daß sie dazu tendieren, die Kultur zu vernachlässigen, weil Ökosysteme keine Kultur haben. Kultur ist ein menschliches Phänomen. Ökologen vernachlässigen gern die kulturelle Dimension des gemeinsamen Haushalts Erde. Deshalb ist es gut, wenn es heißt, das «Ökumenische» konzentriere sich auf diese. Vielleicht neigt es dazu, die andere Seite, die biologische, zu vernachlässigen. Auf jeden Fall brauchen wir beides.

Steindl-Rast: So oft wie möglich verwende ich den englischen Begriff «Earth Household». «Ökumenisch» und «ökologisch» sind irgendwie abstrakt, nicht richtig greifbare Begriffe. In dem Augenblick jedoch, in dem man «Haushalt der Erde» sagt, hat man etwas Handfestes. Kennen Sie das kurze Gedicht von D. H. Lawrence mit dem Titel «Pax»? Es ist von großer Bedeutung, daß er ihm diese Überschrift gegeben hat, weil die Pax Benedictina des Mittelalters die Welt als einen Erdhaushalt zusammenhielt – zumindest so, wie es damals verstanden wurde. Das Gedicht lautet so:

Alles, worauf es ankommt,
ist eins zu sein mit dem lebendigen Gott,
ein Geschöpf zu sein im Haus des Gottes des Lebens.
Wie eine Katze, die auf einem Stuhl eingeschlafen ist,
friedlich, in Frieden.
Und eins mit dem Herrn des Hauses, mit der Herrin,
daheim, daheim im Haus des Lebendigen,
schlafend am Herd und gähnend am Feuer.

Schlafend am Herd der lebendigen Welt,
gähnend daheim vor dem Feuer des Lebens
und die Gegenwart des lebendigen Gottes fühlend
wie eine unerschütterliche Gewißheit,

eine tiefe Ruhe im Herzen,
Gegenwart
des Herrn, der am Tisch sitzt
in seinem eigenen größeren Sein
im Hause des Lebens.

CAPRA: Ein wunderschönes Gedicht.

STEINDL-RAST: Das ist alles Intuition, und doch steht alles darin, worauf es ankommt.

MATUS: Auch Theologie steckt darin. Poesie ist für theologische Abhandlungen ein durchaus geeignetes Medium.

Die Systemtheorie

MATUS: Ich weiß nicht recht, wo ich den Begriff «Systemtheorie» unterbringen soll. Dieser Begriff ist so elementar, hat aber manchmal etwas Verschwommenes für mich. Was genau bedeutet Systemtheorie?

CAPRA: Ich freue mich, daß Sie danach fragen, weil ich ihn ausgelassen hatte. Ich sagte, ich möchte das neue Paradigma als ökologisches Paradigma bezeichnen. Und für mich ist Systemtheorie die naturwissenschaftliche Formulierung der ökologischen Weltanschauung.

Hier ein ganz kurzer historischer Aufriß. Eine wichtige Wurzel der Systemtheorie ist die Kybernetik, die in den 1940er Jahren entstand. Die andere Wurzel liegt eher in der Systemphilosophie, bei deren Entwicklung von Bertalanffy eine überragende Rolle spielte. Aus der Kybernetik entstanden zwei Denkschulen, beides Systemtheorien. Die eine ist mit John von Neumann assoziiert, einem genialen Mathematiker, Erfinder des Computers, Autor bedeutender Bücher über Quantenmechanik und viele andere Themen. Diese Denkschule ist eine noch mechanistische Systemtheorie mit einem sehr komplexen Mechanismus. Sie hat mit Input-Output-Systemen zu tun und schuf das Modell lebender Organismen als informationsverarbeitende Maschinen.

Die andere Denkschule ist mit Norbert Wiener verbunden und geht vom Konzept der Selbstorganisation aus. Lebende Systeme organisieren sich selbst. In den 1940er und 1950er Jahren und den darauf folgenden Jahrzehnten dominierte die Schule John von Neumanns angesichts des großen Erfolges der Kybernetik, der Entwicklung von Computern, der Input-Output-Systeme usw. Die Denkschule der Selbstorganisation legte eine Ruhepause ein, bis sie Anfang der 1960er Jahre wiedererweckt wurde. Und wo es um lebende Systeme geht, ist dies heute die interessanteste Denkschule. Ihr entstammen Varela und Maturana, ferner der Soziologe Niklas Luhmann, der ihre Denkweise auf gesellschaftliche Systeme anwendet. Schließlich gehören dazu die Mailänder Schule der Familientherapie und andere Richtungen. Diese Systemtheorie hat mehrere Zweige.

Auch die mechanistische Kybernetik ist wichtig und wird von vielen Wissenschaftlern betrieben. An vorderster Front steht meiner Meinung nach jedoch die Kognitionswissenschaft mit Maturana und Varela an der Spitze. Nach Varela ist diese das moderne Äquivalent der Kybernetik. Was in den 40er Jahren Kybernetik genannt wurde, heißt heute Kognitionswissenschaft.

STEINDL-RAST: Wir wissen, daß lebende Systeme in andere, umfassendere lebende Systeme eingebettet sind. Wie würden Sie das *umfassendste* System nennen? Wie würden Sie davon sprechen?

CAPRA: Für die heutige Naturwissenschaft und ihre Definition des Lebens wäre die Erde das umfassendste lebende System. Das ist die Gaia-Hypothese, nach der die gesamte Erde ein zusammenhängendes lebendes System ist. Die meisten Menschen betrachten das Sonnensystem nicht als lebendes System. Und wenn man über das Sonnensystem hinaus über die Galaxie und das Universum als Ganzes nachdenkt, dann verläßt man die Naturwissenschaft vom Leben, abgesehen von einigen sehr kontroversen Spekulationen. Ich würde also sagen, die Naturwissenschaftler sind sich darin einig, daß unser Planet das größte lebende System ist.

Neues Denken und neue Werte

CAPRA: Ich möchte Sie auch auf ein besonders auffallendes und etwas überraschendes Muster des Paradigmenwandels hinweisen, einen Zusammenhang zwischen Denken und Werten. Es zeigt sich, daß das alte Denken und die alten Werte in Zusammenhang stehen, daß sie eng miteinander verknüpft sind. Dementsprechend sind es auch das neue Denken und die neuen Werte. In beiden Fällen, beim Denken wie bei den Wertvorstellungen, verlagert sich der Schwerpunkt von der Selbstbehauptung zur Integration. Damit lassen sich meines Erachtens die verschiedenen Denkweisen und Wertvorstellungen am besten charakterisieren.

Im Denken vollzieht sich eine Verschiebung vom Rationalen zum Intuitiven. Und rationales Denken bewirkt, daß man die Dinge in Schubladen packt, voneinander trennt und kategorisiert. Das hängt mit der Vorstellung vom Selbst zusammen, ist also eindeutig selbstbehauptend. Dementsprechend bedient man sich analytischer Methoden. Augenblicklich erleben wir eine Verschiebung von der Analyse zur Synthese, vom reduktiven zum ganzheitlichen und vom linearen zum nicht-linearen Denken.

Vom systemischen Standpunkt aus betrachtet, aus der Sicht lebender Systeme, zeigt sich, daß diese Systeme von dualer Natur sind, da alle lebenden Systeme in umfassendere eingebettet sind; Arthur Koestler nennt das ihre «Janus»-Natur. Einerseits ist ein lebendes System ein integriertes Ganzes mit einer eigenen Individualität, der Neigung zur Selbstbehauptung und Bewahrung dieser Identität. Andererseits muß es sich als Teil des umfassenderen Ganzen in das größere Ganze integrieren. Man sollte sich unbedingt klarmachen, daß dies entgegengesetzte und widersprüchliche Tendenzen sind. Wir brauchen ein dynamisches Gleichgewicht zwischen beiden – das ist das Hauptcharakteristikum des Lebens. Wer ein gesundes Leben führen will, muß sich selbst behaupten und sich zugleich in andere Systeme integrieren.

Ich denke, man kann sagen, daß gesellschaftlich und kulturell das Pendel zwischen diesen beiden Tendenzen hin und her geschwungen ist. So war beispielsweise das Mittelalter durch sehr viel Integration, aber auch Mangel an Selbstbehauptung charakterisiert.

STEINDL-RAST: Die Integration wurde zu stark betont.

CAPRA: Also Überbetonung der Integration; in der Renaissance erwachte dann die Individualität. Sie entwickelte sich weiter bis ins 19. Jahrhundert. Später erleben wir dann vor allem hier in Amerika eine Überbetonung der Individualität – Cowboymoral, schroffen Individualismus und so weiter.

Das Aufkommen der Individualität war Anlaß zum Aufstieg des Individualismus in der ganzen westlichen Welt. Als Gegentendenz entstand der Sozialismus, der in den sozialistischen Ländern übertrieben wurde, weshalb diese jetzt nach einem Gleichgewicht streben. Humanismus ist natürlich das Schlüsselwort für das Aufkommen der Individualität. Heute spricht Gorbatschow von einem neuen Humanismus, und Dubcek verkündete 1968 in Prag den «Sozialismus mit menschlichem Antlitz». Schumacher sprach von Technologie mit menschlichem Antlitz, weil die Technologie inzwischen so erdrückend geworden war.

Ich habe dieses Wechselspiel zwischen den Tendenzen Selbstbehauptung und Integration zu meinem Diskussionsrahmen über Wertvorstellungen in der zeitgenössischen Gesellschaft gemacht, in der wir überall eine Überbetonung der Selbstbehauptung und Vernachlässigung der Integration erleben.

Die andere wichtige Beziehung besteht zum patriarchalischen Wertesystem, weil die selbstbehauptenden Werte und Denkweisen typisch maskulin sind. Ob das biologische oder kulturelle Gründe hat, ist eine schwierige Frage, auf die ich nicht weiter eingehen will. In den meisten Kulturen, ganz bestimmt jedoch in der unseren, werden die selbstbehauptenden Denkweisen und Wertvorstellungen mit Männern, mit Männlichkeit assoziiert und dementsprechend mit politischer Macht ausgestattet.

MATUS: Würden Sie sagen, daß Theorien, die mit Selbstbehauptung zusammenhängen, als Wege des Erkennens zu anderen Ergebnissen führen als mit Integration assoziierte? Anders ausgedrückt: Je nach der verwendeten Denkart gelangt man zu einem anderen Wissensinhalt. Bedient man sich der rational-analytisch-reduktionistisch-linearen Methode, lernt man nur bestimmte Dinge über die Natur, aber nicht die anderen, die man mit Hilfe der intuitiv-synthetisch-ganzheitlich-nicht-linearen Methode erfährt.

CAPRA: Richtig, doch muß man sich auch darüber im klaren sein, daß man nicht nur eine der beiden Methoden anwenden kann. In der Naturwissenschaft braucht man stets beide.

STEINDL-RAST: Gibt es nicht einen anderen Ausdruck als «rational», um das polare Gegenteil von intuitiv zu bezeichnen?

MATUS: Meines Erachtens kämen die Ausdrücke begriffliche und nichtbegriffliche Erkenntnisformen dem am nächsten. Es gibt auch eine intuitive Verbegrifflichung, doch sind Begriffe am häufigsten Inhalt verstandesmäßiger Prozesse, gewöhnlich bei deduktivem Argumentieren.

STEINDL-RAST: Bei dieser Definition sehe ich die Gefahr, daß man intuitiv mit irrational gleichsetzt, was ausgesprochen falsch wäre.

CAPRA: Lassen Sie mich deutlich machen, was ich meine, ohne einen dieser Ausdrücke zu benutzen, und dann werden wir zu einem Ergebnis kommen. Die selbstbehauptende Art ist eine Form des Denkens, die kategorisiert, aufspaltet, in Stücke zerlegt, genau beschreibt. Die andere ist eine Form des Denkens und vielleicht auch des Wahrnehmens in nicht-linearen Mustern, eine Synthese eines nicht-linearen Musters. Intuition ist für mich die unmittelbare Wahrnehmung des Ganzen, einer «Gestalt».

STEINDL-RAST: Schon allein das Wort «Intuition» bedeutet, daß man «in etwas hineinblickt», tief genug, um einen inneren Zusammenhang zu erkennen. Doch ist das eine vollkommen rationale Art, mit einer Situation fertig zu werden.

CAPRA: Nein, ich würde das nicht rational nennen, weil ich nicht darüber sprechen kann. Rational ist für mich etwas, worüber ich reden kann.

MATUS: Dann sollte man es vielleicht nicht «rational», sondern «diskursiv» nennen.

STEINDL-RAST: ... *diskursiv* und intuitiv, das ist ein gutes Paar entgegengesetzter Begriffe! Damit bin ich zufrieden.

Stellen wir uns nun selbst die Frage: Gibt es eine allgemeine Verschiebung im Denken und in den Wertvorstellungen von der Selbstbehauptung zur Integration auch in der Theologie? Darauf antworte ich intuitiv mit ja! Lassen Sie uns doch einmal untersuchen, ob sich diese Intuition durch eine Analyse bestätigen läßt.

MATUS: Ich meine, die zeitgenössische theologische Diskussion bestätigt sie aus verschiedenen Perspektiven. Die apologetische und polemische Stoßrichtung des größeren Teils der positiv-scholastischen Theologie neigt dazu, die selbstbehauptende Art zu betonen, während andererseits die ökumenische Orientierung der zeitgenössischen Theologie das Integrative bevorzugt. Mit anderen Worten – wahre Treue zur eigenen Überlieferung setzt volles und offenes Verständnis anderer Überlieferungen voraus.

STEINDL-RAST: Spezifischer gesagt – es gibt ein Umschalten von theologischen Lehrsätzen zum Geschichtenerzählen. Ursprünglich hatten alle theologischen Erkenntnisse die Form von Geschichten, bevor sie zu Lehrsätzen wurden. Warum machen wir nicht wieder Geschichten daraus? Diese Frage wird heute von vielen gestellt. Das bedeutet eine Wende vom Diskursiven zum Intuitiven – eine Erzählung ist intuitiv –, vom Analytischen zum Synthetischen – eine Geschichte ist auch synthetisch, vom Reduktiven zum Ganzheitlichen –, weil die Erzählung ein Ganzes ist und somit mehr als die Gesamtsumme ihrer Teile.

MATUS: Natürlich soll das nicht auf das literarische Genre der Erzählung beschränkt bleiben. Man könnte auch sagen, es gebe eine Wende vom Lehrsatzartigen zum Poetischen oder Metaphorischen.

STEINDL-RAST: Ja, oder vom Abstrakten zum Erfahrenen. All das paßt zusammen.

CAPRA: Übrigens, das Erzählen von Geschichten war die bevorzugte Methode von Gregory Bateson, einer der Schlüsselfiguren bei der Entwicklung des Systemdenkens. In seiner Präsentation war Bateson vor allem Geschichtenerzähler. Er zeigte die Zusammenhänge verschiedener Muster auf, indem er eine Geschichte erzählte.

Die Rolle der Mission

STEINDL-RAST: Im Bereich der Wertvorstellungen scheint mir das Missionieren ein gutes Beispiel für den Paradigmenwechsel zu sein. Früher war das Missionieren der Prototyp des Wettbewerbs, der Expansion, der maskulinen Betonung der Quantität – wie viele Menschen können wir in möglichst kurzer Zeit taufen?

CAPRA: Und was ist Mission heute?

STEINDL-RAST: In den letzten Jahrzehnten hat die Mission eine große Krise durchgemacht. Heute möchten nur wenige Missionare die Uhr zurückstellen. Jetzt lautet das Schlüsselwort «Zeugnis ablegen», nicht bekehren.

MATUS: Zeugnis ablegen und einen Dialog führen. Mit anderen Worten: Unsere Präsenz unter diesen Menschen und Religionen, vor allem in Asien, ist eine Präsenz des Dialogs.

CAPRA: Dann zielt Missionieren also nicht mehr darauf ab, Menschen zum Katholizismus zu bekehren?

MATUS: Nein. Ziel des Missionars ist es, Zeugnis abzulegen für die Botschaft des Heils. «Bekehrung» ist nicht etwas, was der Missionar tut. Sie ist einzig und allein ein Handeln Gottes im Herzen eines Menschen, der erkennt: «Das ist eine gute Botschaft *für mich*!»

STEINDL-RAST: Heute begeben sich zahlreiche Missionare in Gegenden, von denen sie wissen, daß sie dort niemanden bekehren werden.

MATUS: Es gibt sogar einen religiösen Orden, dessen Aufgabe das Predigen, Bekehren und Taufen ausdrücklich ausschließt. Das sind die Missionare der Nächstenliebe der Mutter Teresa. Ihr Zeugnis ist ausschließlich das Werk der Liebe. Mit anderen Worten: Sie will, daß ihre Schwestern ihren Glauben ausschließlich durch Gebet und Werke der Liebe bezeugen.

CAPRA: Was heißt das, «ihren Glauben bezeugen»?

MATUS: Ihren Glauben praktisch leben. Sehen Sie, der Unterschied zwischen Zeugnis ablegen und predigen – mit dem leicht negativen Unterton, der Predigen anhaften kann – besteht darin, daß Zeugnis ablegen nicht durch mein Ego vermittelt wird. Anders ausgedrückt: Ich bin einfach präsent, um eine großartige Wahrheit durch mein Wirken auszudrücken. Am Ende verschwinde ich, und die Wahrheit wird in den Menschen erkennbar, denen ich präsent bin.

STEINDL-RAST: Seien Sie versichert, daß dies kein Schleichweg ist, um andere zum Christentum zu bekehren. Es ist nur ein Zeugnis für unsere gemeinsame Humanität, eines, das stets benötigt wird. Heute sind wir uns der großen Fehler bewußt, die Missionare in der Vergangenheit gemacht haben, sowie der Mängel des abendländischen Kolonialismus, der mit dem Missionieren Hand in Hand ging. Wir neigen jedoch dazu, unsere Augen zu verschließen vor den erheblichen Mißständen vieler Gesellschaften, in denen einst Mission betrieben wurde. Ich bewundere die kulturelle Integrität dieser Gesellschaften, doch lebten die Menschen dort oft in großen Ängsten, als Gefangene von Systemen, die ihr menschliches Potential unterdrückten. Heute spricht man nicht mehr oft von diesen Dingen, doch sollten sie in aller Fairneß erwähnt werden. In diesem Kontext bedeutet Missionieren, daß man für die *Menschenwürde* Zeugnis ablegt, so wie Jesus es getan hat. Jesus hat nicht bekehrt, er hat befreit. Er legte Zeugnis ab für die Würde eines jeden Menschenwesens unter den besonderen Gegebenheiten seiner Zeit und seines Lebensraumes. Das zu tun, bleibt die Aufgabe christlicher Mission.

CAPRA: Wenn nun Menschen wie Mutter Teresa oder diese Missionare weder predigen noch taufen – was ist dann der Zweck des Zeugnisablegens in Afrika oder Asien? Warum tun sie es nicht hier bei uns?

STEINDL-RAST: Sie tun es auch unmittelbar hier. Sie tun es überall.

CAPRA: Und sie nennen sich auch hier «Missionare»?

STEINDL-RAST: Missionare bedeutet einfach «Menschen, die ausgesandt sind». Nach dem Evangelium sendet Jesus seine Jünger aus, weil sie voller Begeisterung für das neue Leben sind, das er ihnen eröffnet. Wenn wir von einem guten Film begeistert sind, den wir gesehen haben, dann werden wir unter Freunden und Kollegen zu einer Art von Missionar für Fellini oder Bergman.

CAPRA: Warum schickt man also katholische Missionare nach Thailand?

STEINDL-RAST: Man könnte sie überallhin schicken, wo es Unterdrückung, Ausbeutung, menschliches Elend gibt. Es gibt beispielsweise eine Gruppe mit dem Namen «Die kleinen Brüder Jesu» und «Die kleinen Schwestern Jesu». Sie leben hier in Amerika und in vielen anderen Teilen der Welt in den Slums bei den Unterdrückten und Armen. Sie verbreiten Freude, haben jedoch keine Erlaubnis zum Predigen.

CAPRA: Dann geht man also nicht nach Thailand, weil die Leute dort nichts vom Christentum wissen, sondern weil es eine besondere Situation von Unterdrückung gibt. Und man bringt sich dort in diese Situation ein.

MATUS: Der Missionar bringt sich ein als Träger der guten Botschaft vom Königreich Gottes. Wie dies am besten zu geschehen hat und wie wir Mission und Dialog miteinander verknüpfen, das bleibt in diesem Stadium des Paradigmenwechsels in der Kirche eine offene Frage.

Was ist neu am «neuen» Paradigma?

STEINDL-RAST: Wenn wir vom alten Paradigma in der Naturwissenschaft oder in der Theologie sprechen, dann sprechen wir in beiden Fällen nicht vom ältesten Paradigma. Das sogenannte neue Paradigma ist in Wahrheit ein Wiederentdecken unserer ältesten Intuition.

CAPRA: Ja, doch ist es mehr als das. Der Wandel des gesellschaftlichen Paradigmas, der soziale und kulturelle Wandel ist mehr als nur ein Wiederentdecken. Vergleicht man die sich entwickelnde ganzheitliche Weltanschauung von heute mit der ganzheitlichen Weltanschauung des Mittelalters, dann findet man viele faszinierende Parallelen. Im Zeitalter der Renaissance entstand das kartesianische Paradigma, das wir heute als das alte Paradigma bezeichnen. Es wurde von Descartes und Newton formalisiert und stand im Widerspruch zu einem großen Teil des mittelalterlichen Paradigmas. Und heute entdecken wir einige Aspekte des mittelalterlichen Paradigmas und noch älterer Paradigmen wieder, doch gibt es auch etwas Neues.

STEINDL-RAST: Und wie würden Sie dieses neue Element charakterisieren?

CAPRA: Was die kulturelle Situation angeht, so erkenne ich zwei Hauptelemente. Das eine ist die Gefahr der Vernichtung, die erheblich größer ist als je zuvor. Es besteht die reale Möglichkeit, daß wir uns selbst vernichten, wenn wir nicht zum neuen Paradigma wechseln. Dieser Paradigmenwechsel ist heute tatsächlich eine Frage des Überlebens der Menschheit. Der andere Aspekt ist positiver Art. Er ist die feministische Perspektive. Die hat es vorher einfach nicht gegeben.

STEINDL-RAST: Bei näherem Hinschauen würden wir vermutlich noch viele andere neue Aspekte finden. Ich meine beispielsweise die Tatsache, daß wir durch Mobilität und Kommunikation eine weltweite Gemeinschaft geworden sind.

CAPRA: Richtig. Es gibt das globale Gewahrwerden, das Gewahrsein globaler Vernetzung. Auch das ist neu und erst jüngeren Datums.

STEINDL-RAST: Dann sind wir uns also in dieser Frage einig.

MATUS: Was die Theologie anbetrifft, so ist die Dialektik zwischen dem Neuen und dem Alten etwas anders als in der Naturwissenschaft. Sie, Bruder David, sagten vorhin, was wir als neues theologisches Paradigma bezeichnen, sei in Wahrheit die Wiederentdeckung unserer ältesten Intuitionen. Das stimmt, und hierin unterscheiden sich Naturwissenschaft und Theologie methodologisch. Die Entwicklung neuer theologischer Paradigmen führt nicht zur Falsifikation der «älteren», ebensowenig wie Erwachsensein eine Falsifikation des Kindseins bedeutet. Wie sagte doch schon der heilige Paulus: «Als ich ein Mann geworden, tat ich ab, was kindlich war» (1. Kor. 13,11). Der Versuch, zu alten Theologien zurückzukehren – und heute gibt es viele hochrangige Kirchenleute, die das versuchen –, verfälscht die alten. Einen Katholizismus des 16. Jahrhunderts am Ende des 20. Jahrhunderts zu lehren, heißt eine Wahrheit verraten, die in dieser Ausdrucksform vor vierhundert Jahren echt war.

CAPRA: Jetzt würde ich gern erörtern, was wir ganz spezifisch meinen, wenn wir von einem neuen Denken in Naturwissenschaft und Theologie sprechen. Ich habe versucht, fünf Kriterien für das neue Denken, für ein Systemdenken in der Naturwissenschaft zu entwickeln. Sie gelten meines Erachtens für alle Wissenschaftszweige – für die Naturwissenschaften, die Geistes- und die Sozialwissenschaften. Ich habe jedes Kriterium als Wandel vom alten zum neuen Paradigma formuliert. Sie haben dann fünf entsprechende Kriterien für das neue Denken in der Theologie identifiziert. Nun würde ich gerne jedes dieser fünf Kriterien ausführlicher diskutieren.

Die Hinwendung von den Teilen zum Ganzen

CAPRA: Das erste Kriterium der Naturwissenschaft ist die Hinwendung von den Teilen zum Ganzen. Im alten Paradigma glaubte man, in jedem komplexen System ließe sich die Dynamik des Ganzen aus den Eigenschaften der Teile verstehen. Im neuen Paradigma wird die Beziehung zwischen den Teilen und dem Ganzen umgekehrt. Die Eigenschaften der Teile lassen sich nur aus der Dynamik des Ganzen begreifen. Am Ende gibt es überhaupt keine Teile. Was wir als Teil bezeichnen, ist nur ein Muster innerhalb eines untrennbaren Gewebes von Zusammenhängen.

MATUS: Auch im Lager der Theologen gibt es eine entsprechende Verschiebung von den Teilen zum Ganzen. Im alten Paradigma glaubte man, die Gesamtsumme aller Dogmen, die alle gleichwertig waren, addiere sich zur offenbarten Wahrheit. Im neuen Paradigma wird das Verhältnis zwischen den Teilen und dem Ganzen umgekehrt. Die Bedeutung einzelner Dogmen kann nur aus der Dynamik der gesamten Offenbarung verstanden werden. Schließlich zeigt sich, daß die Offenbarung aus einem Guß ist. Einzelne Dogmen drücken nur besondere Einsichten in Gottes Selbstmanifestation in Natur, Geschichte und der menschlichen Erfahrung aus.

STEINDL-RAST: Dem kann ich nur zustimmen.

CAPRA: Das ist eines der Themen, die ich erörtern möchte. In den 1920er Jahren trat in der Physik ein dramatischer Wandel ein, nämlich von der Anschauung der physischen Welt als einer Ansammlung getrennter Einheiten zur Anschauung eines Netzwerks von Zusammenhängen. Was wir als Teil bezeichnen, ist ein Muster in jenem Netzwerk. Wir nehmen es wahr, weil es eine bestimmte Stabilität besitzt. Deshalb konzentrieren wir unsere Aufmerksamkeit darauf, können es annähernd beschreiben und sagen: Das hier nenne ich eine Zelle oder ein Atom. Entscheidend ist jedoch folgendes – wann immer man diesen Teil abgrenzt und vom übrigen trennt, begeht man einen Irrtum. Man schneidet nämlich einige der Verbindungen zum Ganzen ab, physisch und begrifflich, und sagt:

Das hier, das nenne ich einen Teil. Zwar weiß ich, daß er auf die eine oder andere Weise mit dem Ganzen zusammenhängt, doch kann ich nicht alle Zusammenhänge berücksichtigen, weil die Sache dann zu kompliziert wird. Also trenne ich einige von ihnen ab, indem ich den Teil umgrenze.

STEINDL-RAST: Man muß das einfach zu didaktischen Zwecken tun.

CAPRA: Ja. Und wegen der Stabilität des Musters kommt man zu einer sehr guten Annäherung.

Nun hat man auch im alten Paradigma den Zusammenhang der Dinge anerkannt. Das begriffliche Denken jedoch nahm sich zunächst die einzelnen Dinge mit ihren Eigenschaften vor; danach kamen dann die Mechanismen und Kräfte, die den Zusammenhang herstellten, an die Reihe. Im neuen Paradigma jedoch sagen wir, die Dinge als solche besitzen keine ihnen innewohnenden Eigenschaften; diese ergeben sich nur aus den Zusammenhängen. Das meine ich, wenn ich sage, man müsse die Eigenschaften der Teile aus der Dynamik des Ganzen begreifen, weil diese Zusammenhänge dynamische Zusammenhänge sind. Die einzige Möglichkeit, einen Teil zu verstehen, besteht also im Verstehen seines Zusammenhangs mit dem Ganzen. Diese Erkenntnis brachte uns die Physik der 1920er Jahre. Sie ist eine Schlüsselerkenntnis der Ökologie. Ökologen denken auf genau dieselbe Weise. Sie sagen, ein Organismus läßt sich aus seinen Beziehungen zu allem anderen definieren.

MATUS: Was nun die Teile angeht – so sagten Sie vorhin, es gebe überhaupt keine Teile?

CAPRA: Keine *isolierten* Teile.

STEINDL-RAST: Das ist genau das Wort, das ich vorschlagen wollte. Ferner sollten wir eine kleine Fußnote hinzufügen über die Beziehungen zwischen dem Ganzen und den Teilen in der Theologie. In diesem Falle ist es die Beziehung zwischen dem Prozeß der Offenbarung und den Dogmen. Der technische Ausdruck *«analogia fidei»* wirft Licht auf diese Beziehung.

MATUS: *Analogia fidei* besagt als Prinzip, daß man nicht über irgendeinen Glaubenssatz sprechen kann, ohne alle anderen einzubeziehen. Man kann niemals einen Teil, eine Doktrin oder Lehre, getrennt vom Ganzen verstehen. Der Sinn liegt im Ganzen. Er liegt nicht in einem Syllogismus oder einer erklärenden Aussage oder sonst was.

STEINDL-RAST: Ist das nicht recht bemerkenswert? Das läßt beinahe an ein holographisches Theologiemodell denken.

CAPRA: Ja, das ist fast eine Bootstrap-Aussage, wie wir Physiker es nennen würden.

MATUS: An diesem Prinzip ist nichts besonders Neues. Es ist ein Eckpfeiler der mittelalterlichen Theologie, hat heute jedoch besonderes Gewicht.

Die Stellung des Menschen in der Natur

CAPRA: In diesem Zusammenhang möchte ich auf das Verhältnis zwischen Mensch und Natur zu sprechen kommen. Auch hier hat sich in den vergangenen zwanzig Jahren eine sehr nützliche Unterscheidung entwickelt, nämlich die Unterscheidung zwischen tiefer und oberflächlicher Ökologie. Die oberflächliche Ökologie stellt den Menschen über die Natur oder außerhalb der Natur, was natürlich der Herrschaft über die Natur entspricht. Die Werte liegen im Menschen. Die Natur hat nur Nutzungswert, instrumentellen Wert. Für die tiefen Ökologen ist der Mensch ein Bestandteil der Natur, nur ein spezieller Faden im Gewebe des Lebens.

STEINDL-RAST: Ihre Unterscheidung zwischen tiefer und oberflächlicher Ökologie ist sehr hilfreich, und man sollte sich ihrer stets erinnern. Doch ergibt sich die Frage nach der besonderen Stellung des Menschen in der Natur. Ich meine doch, wir haben da einen besonderen Platz und eine besondere Funktion. Das gilt für jede Kreatur und somit auch für uns. Ich möchte Sie fragen, ob Ihnen das Wort «Verantwortung» paßt, um unsere besondere Funktion in der Natur zu beschreiben. Das Wort Verantwortung drängt sich von selbst auf, weil wir diejenigen sind, die für das verantwortlich sind, was geschieht. Die Wanderfalken sind nicht dafür verantwortlich, daß sie eine gefährdete Art sind, sondern die Menschen. Und wir tragen auch die Verantwortung dafür, daß etwas getan wird, um gefährdete Arten zu retten.

CAPRA: Zunächst einmal möchte ich sagen, daß die ganze Frage des Anthropozentrismus und der Rolle des Menschen in der Natur sehr schwierig und herausfordernd ist.

So wie ich tiefe Ökologen und Systemtheoretiker wie beispielsweise Francisco Varela verstehe, würden diese sagen, daß jede Spezies ganz spezielle Eigenschaften besitzt und man überhaupt nicht von «höheren» und «niederen» Lebewesen sprechen kann. Varela sagt, er könne nicht einmal von höherer Komplexität sprechen, weil Komplexität zu viele Aspekte umfaßt. Der menschliche Organismus ist in einer Hinsicht sehr komplex, Insekten sind es in einer anderen. So hat also jede Spezies ihre eigenen, sehr speziellen Eigenschaften. Metaphorisch ausgedrückt: Die Bienen würden sich als Krone der Schöpfung bezeichnen, die Hunde würden dasselbe von ihrer Spezies sagen, und wir behaupten es von unserer Spezies.

Das scheint mir riesige Probleme oder Herausforderungen für die Theologen zu schaffen. Denn in der konventionellen Theologie galt der Mensch immer als ein über und außerhalb der Natur stehendes Wesen, bestimmt zur Herrschaft über die Natur.

STEINDL-RAST: Für mein Verständnis ist dies nur ein kulturelles Element der christlichen Überlieferung, das in ihrer Botschaft keinen zentralen Platz einnimmt.

CAPRA: Sie wissen jedoch, was ich meine.

STEINDL-RAST: Ja, das weiß ich genau. Ich könnte Ihnen fruchtbare Beispiele nennen, vor allem von der volkstümlichen Version dieser Anschauung.

Als Abbild Gottes?

CAPRA: Was bedeutet es also, daß der Mensch als Abbild Gottes geschaffen wurde? Anscheinend wurden die Tiere nicht als Abbild Gottes geschaffen. Oder doch? Adam gab ihnen Namen, und er erhielt die Herrschaft über sie. Sie kennen ja diese Geschichte. Wie kann man das in der vom neuen Paradigma bestimmten Theologie umformulieren? Vielleicht könnten wir damit beginnen, daß wir uns auf die Vorstellung einer unsterblichen Seele konzentrieren, die meines Wissens in der christlichen Theologie eine ausschließlich menschliche Eigenschaft ist. Menschen sollen angeblich eine unsterbliche Seele haben, Tiere und Pflanzen aber nicht.

MATUS: Wer behauptet denn das?

CAPRA: Mein Religionslehrer in der Schule.

STEINDL-RAST: Im neuen Paradigma muß man diese Geschichte so verstehen, daß alles durch den Atem Gottes geschaffen wurde. «Sendest Du Deinen Geist aus, so werden sie alle erschaffen . . .»

MATUS: «. . . Und Du erneuerst das Antlitz der Erde. Nimmst Du ihnen den Atem, so schwinden sie hin» (Psalm 104).

STEINDL-RAST: Der «Geist des Herrn», sein Atem, «erfüllt die Erde und hält alles zusammen». Das ist eine biblische Aussage. Dementsprechend sind alle Pflanzen und Tiere, ist alles vom Lebensatem Gottes erfüllt. Der Mensch wird in diesem Zusammenhang besonders erwähnt, weil das uns am meisten betrifft und weil wir es aus unserem Inneren heraus wissen. Wir Menschen leben durch Gottes eigenes Leben, und wir können Gott erkennen, werden Gott von Angesicht zu Angesicht schauen.

CAPRA: Dann ist also der Geist Gottes, oder die Seele, nicht etwas, was den Menschen von anderen Wesen unterscheidet.

STEINDL-RAST: Nicht nach den biblischen Begriffen. Das ist eine philosophische Vorstellung, die erst viel später aufkommt. Die Vorstellung einer unsterblichen Seele im landläufigen Sinn ist strenggenommen nicht biblisch.

CAPRA: Wie steht es dann um die Unsterblichkeit und ein Leben nach dem Tode?

MATUS: Das findet man nur *in einem* Buch der Bibel, im Alten Testament, in «Das Buch der Weisheit» (Die Weisheit Salomos), das übrigens weder von jüdischen Gelehrten noch von Protestanten anerkannt wird. Vom römisch-katholischen Standpunkt gehört es zu den kanonischen Büchern der Heiligen Schrift. Man bezeichnet es als «deuterokanonisch», ein der hebräischen Bibel nach ihrer Übersetzung ins Griechische hinzugefügtes Buch.

STEINDL-RAST: Das ist ein dünnes Rinnsal, und selbst die Auferstehung Jesu hat äußerst wenig, wenn überhaupt etwas, mit der Unsterblichkeit der Seele zu tun. Das ist eine griechische Vorstellung, die aus der griechischen Philosophie in die christliche Überlieferung übernommen wurde.

CAPRA: Die Auferstehung ist aber doch etwas Menschliches, nicht wahr? Pflanzen erfahren keine Auferstehung.

MATUS: Im Gegenteil. Es gehört zum alten Paradigma zu sagen, daß unsere Lieblingstiere nicht in den Himmel kommen werden. Das ist eine der schlimmsten Geschichten, die man jemals Kindern erzählt hat. Das ist keine Theologie, sondern kultureller Ballast, ein Sammelsurium von Plunder, aber keine Theologie.

CAPRA: Wie deuten Sie dann das Glaubensbekenntnis, das von der Auferstehung des Fleisches und vom ewigen Leben spricht? Allgemein wird das doch als eine ausschließlich dem Menschen vorbehaltene Zukunft, als die Erlösung verstanden.

STEINDL-RAST: Aber nur in der landläufigen Meinung. Richtig verstanden bedeutet es kosmische Erneuerung.

CAPRA: Können Sie etwas mehr darüber sagen?

STEINDL-RAST: Zunächst einmal sollten wir den Tod ernster nehmen, als das in der Vergangenheit geschehen ist. Vieles von dem, was über die Unsterblichkeit der Seele gesagt wurde, steht nicht in der Bibel. Es wurde später aus anderen philosophischen Überlieferungen übernommen und hat uns vom Wege abgebracht. Ich selbst möchte den Tod so ernst nehmen wie die Bibel es tut, vor allem das Alte Testament, die Hebräische Bibel. Wenn man tot ist, dann ist man tot. Deine Zeit ist abgelaufen, daher gibt es nichts «nach» dem Tode. Von der Definition her ist Tod dasjenige, nach dem es nichts mehr gibt. Die Zeit ist vorbei; die Uhr ist abgelaufen. Die Zeit eines anderen mag weiterlaufen, deine eigene jedoch ist vorbei. Für dich gibt es kein «danach».

Und doch erleben wir selbst jetzt, vor dem Tode, wichtige Augenblicke, die nicht in der Zeit liegen. Sie sind, wie T. S. Eliot es formuliert, «innerhalb und außerhalb der Zeit». Wir erfahren hier und jetzt Wirklichkeiten, die *jenseits* der Zeit liegen. In solchen Augenblicken wird Zeit eine Begrenzung erfahren. Wenn meine Zeit jedoch abgelaufen ist, dann bleibt alles das bestehen, was jenseits der Zeit ist. Das ist keinem Wandel unterworfen. Es dauert. Wenn mein Leben schließlich vollendet ist, ist es so, als wenn eine Frucht vom Baum fällt. Ich fahre nicht fort, für alle Zeiten irgend etwas zu tun. So wie in den lebendigsten Augenblicken in *diesem* Leben, besitze ich mein gesamtes Leben auf einmal. Außerhalb der Zeit besitze ich mein Leben. Und da alles mit allem in diesem «Jetzt, das nicht vergeht» zusammenhängt, besitzen wir alles. Wenn Zeit uns nicht mehr trennt, besitzen wir alle diejenigen, die wir lieben, einschließlich aller Tiere und Pflanzen.

CAPRA: Weil wir nicht in unserer Fülle wären, wenn das nicht wäre?

STEINDL-RAST: Richtig. Das bleibt jedoch bestenfalls eine linkische Weise, von dieser Fülle, vom Himmel und der *visio beatifica* zu sprechen, an die ich als Christ glaube.

CAPRA: Klingt das, was Sie eben sagten, nicht so ähnlich wie die

Idee des Bodhisattva vom Buddhismus? Der Bodhisattva erfährt Erleuchtung, sobald alle anderen fühlenden Wesen erleuchtet sind.

STEINDL-RAST: Ja, das klingt ähnlich. Es gibt übrigens ein lesenswertes Buch mit dem Titel *The Christ and the Bodhisattva.*

MATUS: Ich habe dieses Buch noch nicht gelesen. Auf der Grundlage meiner eigenen Kenntnisse über Christentum und Buddhismus würde ich jedoch sagen, hier hätten wir ein gutes Beispiel, wie der Dialog zwischen beiden Religionen das Beste in beiden an den Tag bringen kann. In seinen Ursprüngen und seiner Entwicklung hat das Christentum die sozialen Konsequenzen seiner spirituellen Lehre in großem Detail herausgearbeitet. Buddhisten haben mir in diesem Zusammenhang folgendes gesagt: Obwohl sie in buddhistischen Quellen nicht fehlt, habe diese Dimension des Christentums ihnen geholfen, ihr Verantwortungsgefühl gegenüber der menschlichen Gesellschaft und dem Planeten Erde ebenso zu entwickeln wie ihr Gewahrsein der Möglichkeiten des Buddhismus als Katalysator für gesellschaftlichen Wandel. Was uns Christen angeht, so kann ich das kosmische Empfinden des Buddhismus und des Hinduismus als Anregung für uns betrachten, in unserer eigenen Heiligen Schrift und Überlieferungen das Gewahrsein des nicht-menschlichen Kosmos als Teil von Gottes Heilsplan zu entdecken. «Herr, Du hilfst Menschen und Tieren» heißt es in Psalm 36, einem der großen mystischen Texte des biblischen Psalter. «Denn bei Dir ist die Quelle des Lebens, in Deinem Licht schauen wir das Licht.» In der christlichen Überlieferung würde meines Erachtens jedermann den heiligen Franziskus von Assisi für einen «ökologischen» Heiligen halten. Mit seinem Leben und seiner Poesie zeigte er, wie der Mensch nicht nur verantwortlich für den nicht-menschlichen Kosmos sein, sondern auch mit ihm Zwiesprache halten und auf ihn reagieren kann.

CAPRA: Wenn nun die unsterbliche Seele nicht das herausragende Unterscheidungsmerkmal der Menschheit ist – was sagt dann das neue Paradigma über die Schöpfung und die Rolle des Menschen in der Natur?

MATUS: Zu dieser Frage gibt es in der Bibel viele unterschiedliche Formulierungen. Nehmen wir zum Beispiel das achte Kapitel des Briefes an die Römer des heiligen Paulus. Darin heißt es: «Denn wir wissen, daß die ganze Schöpfung (miteinander) seufzt und bis jetzt in Geburtswehen liegt. Aber nicht nur sie, sondern auch wir selbst, die wir die Erstlingsgabe des Geistes haben, auch wir seufzen in unserem Innern, da wir auf die Einsetzung zu Söhnen warten, die Erlösung unseres Leibes.» Wir alle sind in diesem als schmerzlich empfundenen Zustand gefangen. Anders ausgedrückt: Es handelt sich nicht um einen Krieg des Menschen gegen die Natur, sondern eher um ein gemeinsames Wissen um etwas, das viel größer ist als wir alle zusammen, das geboren werden und am Ende der Zeit, am Ende der Geschichte, manifest werden muß. Das Modell, das dem Text des Briefes an die Römer zugrunde liegt, ist nicht das des 1. Kapitels der Schöpfungsgeschichte. Es gibt auch das Thema des Gartens Eden im Buch der Lieder, ferner den Symbolismus der neuen Schöpfung im zweiten Teil von Jesaja, und anderes. In der Bibel finden sich viele unterschiedliche Aussagen über die Schöpfung, nicht nur eine.

CAPRA: Wie sieht also das neue Denken in der Theologie die Rolle des Menschen in der Natur?

STEINDL-RAST: Zunächst einmal stellt sich die Frage, wie erhält man überhaupt Kenntnis von all diesen Dingen, was auch für die Verfasser der Bibel gilt? Natürlich aus der Erfahrung. Wie haben Sie und ich erfahren, daß wir nach dem Bilde Gottes geschaffen sind? Durch unsere schönsten und lebendigsten Gipfelerlebnisse, weil unsere ganze Gottesvorstellung in diesen Augenblicken entstanden ist. Da entdecken wir, was wir mit Gott meinen, wenn wir dieses Wort verwenden wollen. Wir erfahren, daß wir Gott gehören. Unser wahres Selbst ist das göttliche Selbst. Diese Erkenntnis ist in der Mystik verankert. Die Bibel vermittelt uns diese Wahrheit in Form einer Geschichte, in wunderschönen mythischen Begriffen: Wir sind Erde, aus Erde gemacht und atmen den göttlichen Lebensatem.

Dann kommt der Augenblick, in dem man uns in den Garten Eden versetzt, mit dem Auftrag, «ihn zu bebauen und zu hüten». Und an dieser Stelle kommt das Gefühl der Verantwortung ins

Spiel. Der entscheidende Sinn dieser Bibelstelle ist Verantwortung statt ausbeutender Beherrschung der Natur. Leider hat man die Schöpfungsgeschichte falsch gedeutet und mißbraucht, um viel Zerstörendes zu rechtfertigen. Richtig verstanden besagt die Schöpfungsgeschichte, daß Adam in den Garten Eden versetzt wird, damit er ihn bebaue und hüte. Und das überträgt uns Verantwortung.

Die Metapher vom Gärtner

CAPRA: Beschäftigen wir uns etwas mehr mit dieser Metapher vom Gärtner. In gewissem Sinne steht der Gärtner gewiß über dem Garten oder außerhalb davon. Er ist kein Teil des Gartens. Ich erinnere mich einer sehr witzigen Definition des Begriffs Unkraut, formuliert von einem französischen Gärtner. Er sagte: «Unkraut ist alles, was ich nicht gepflanzt habe.» Der Gärtner steht also eindeutig außerhalb des Gartens.

STEINDL-RAST: Ja, auch ich würde sagen, daß man den Gärtner als vom Garten getrennt sieht. Doch ist diese Anschauung das Ergebnis des Sündenfalls. Unser Sündenfall, so wie er in der Erzählung der Bibel geschildert wird, kann gedeutet werden als Trennung des Gärtners vom Garten. Davor wußte er nicht, daß er nackt war. Der Gedanke der Nacktheit hat wenig mit Sexualität zu tun. Es ist die Erfahrung der Entfremdung: Hier bin ich, und alle Welt schaut auf mich.

Das ist der Zustand, in dem wir uns selbst befinden, dem Kosmos entfremdet. Im Paradies jedoch werden wir als integraler Bestandteil des Ganzen dargestellt.

CAPRA: Vorhin sagten Sie, der Mensch, oder Adam, sei in den Garten Eden versetzt worden, um ihn zu bebauen und zu hüten. Das war vor dem Sündenfall.

STEINDL-RAST: Ja, doch darf man die Stellung des Gärtners nicht so sehen, daß er vom Garten getrennt ist.

CAPRA: Moment mal. Wenn Sie sagen, «ihn bebauen und hüten», dann bedeutet das Trennung von Garten und Gärtner.

STEINDL-RAST: Es ist eher eine Unterscheidung als eine Trennung. Schließlich unterscheidet sich der Orangenbaum vom Apfelbaum. Das Kaninchen ist etwas anderes als ein Kohlkopf; hier frißt eines das andere. Jedes tut das, was ihm eigen ist. Und das, was wir Menschen tun, ist, die Natur bebauen und hüten. Damit kehre ich zu dem Begriff «Verantwortung» zurück.

CAPRA: Mit dieser Formulierung bin ich noch nicht zufrieden. Man könnte nämlich auch sagen, der Kot der Karnickel dünge den Garten, ist Dünger für den Boden. Wenn man sich Ökosysteme anschaut, dann stellt man fest, daß es überall symbiotische Beziehungen gibt. Es findet ein unaufhörlicher Austausch von Materie statt, es gibt zyklische Bahnen und so weiter. Man kann also beobachten, daß das Ökosystem sich selbst bebaut und hütet. Aus naturwissenschaftlicher Sicht ist dies das Kennzeichen des Lebens – die Selbstorganisation. Der Garten braucht also niemanden, der ihn pflegt und hütet, wenn man von der Gegenwart absieht, weil wir ihn so schrecklich verunstaltet haben. Das heißt, daß wir gegenwärtig die Verantwortung haben, ihn zu bebauen und zu hüten.

STEINDL-RAST: Also – versuchen Sie, sich einmal Ihren eigenen Schöpfungsmythos vorzustellen, parallel zu dem eben erwähnten. Stellen Sie sich vor, Sie würden in diesen Garten versetzt. Was würden Sie dort tun?

CAPRA: Ich wäre zwangsläufig in ihn integriert, weil ich andere Lebewesen essen und letzten Endes von ihnen gefressen würde. Ich wäre ein Teil der Nahrungskette. Und ich würde mich entfalten, die verschiedenen Materialien benutzen, um mir mein Haus zu bauen, mich zu kleiden, meine Kinder zu versorgen, wie alle anderen es tun. Ich würde mich also von ihnen nicht unterscheiden. Ausgenommen – und nun kommen wir zum wirklichen Unterschied – daß ich mein *Selbst*bewußtsein entwickeln würde. Ich wäre in der Lage, über mich selbst nachzudenken und würde die Sprache als gesellschaftliches Phänomen entwickeln. Mit Hilfe der Sprache würde ich dann zusammen mit meinen Mitmenschen die Vorstellung von Gegenständen, Begriffen, Symbolen und Kultur schaffen.

STEINDL-RAST: Das ist der Teil des Schöpfungsberichtes, wo Adam den Tieren Namen gibt. Den haben Sie soeben beschrieben. Und nun wollen wir einmal sehen, ob nicht in Ihrer eigenen Erfahrung im Garten, so wie Sie ihn sich vorstellen, auch etwas vorhanden ist, das dem Bebauen und Hüten entspricht.

Vielleicht sind diese Worte ein zu starkes psychologisches Hindernis. Deshalb will ich meine Frage umformulieren. Sie befinden sich in dem Garten. Können Sie sich vorstellen, wie Sie um bestimmte Bäume Dünger streuen, weil Sie wissen, daß diese dann bessere Früchte tragen werden? Ich meine, das wäre typisch menschlich und würde dann also das Bebauen und Hüten des Gartens bedeuten. Nichts mehr und nichts weniger, scheint es mir. Lassen sie alles nur richtig wachsen, wobei Sie immer noch vollkommen innerhalb des Ökosystems bleiben.

CAPRA: Das ist übrigens genau das, was Bateson «zielstrebiges Bewußtsein» nennt. Es ist ein zweischneidiges Schwert. Als Menschen mit Verstand, Selbstbewußtsein und symbolischer Sprache und was sonst noch dazu gehört, können wir in die Zukunft planen. Wir können nicht nur links ein wenig mehr Dünger streuen als rechts, was Tiere vermutlich ebenfalls tun können, sondern wir können tatsächlich zwanzig Jahre voraus planen und sagen: «Hier will ich etwas pflanzen, das in zwanzig Jahren Früchte tragen wird.» Dies ist also der Teil unseres Bewußtseins, der uns auf andere Art handeln läßt. Und wenn das dann mit uns durchgeht und die ökologische Weisheit zerstört, die wir mit allen anderen Geschöpfen gemeinsam haben, dann geraten wir in Schwierigkeiten. Auf diese Weise sind wir tatsächlich in eine unangenehme Lage gekommen. Und dann stellt sich die Frage der Verantwortung.

STEINDL-RAST: In diesem Sinne stellt sich die Frage nach der Verantwortung vielleicht erst später. Darüber muß ich noch einmal nachdenken.

CAPRA: Vielleicht bedeutet Verantwortung gerade die Zügelung des rationalen Intellekts, des linearen Denkens, durch intuitive ökologische Weisheit.

MATUS: Wenn ich mir Ihre Ausführungen über die Garten/Gärtner-Metapher anhöre, dann frage ich mich, ob wir wirklich bei dem Gärtnermodell als wesentlichem Element der christlichen oder jüdisch-christlichen Anschauung vom Platz des Menschen im Universum bleiben müssen. Der Prophet Jesaja sieht uns nicht als mit zielstrebigen Aktivitäten beschäftigten Gärtner, sondern als spielende Kinder. Kind sein bedeutet nicht, nichts tun oder ohne Verantwortung sein. Es bedeutet jedoch reagieren auf die Stimmen der Schöpfung, diese Stimmen nachahmen und ihrem Ruf folgen.

STEINDL-RAST: Richtig. Verantwortung heißt antworten, ist eine Fähigkeit zu entsprechender Reaktion.

CAPRA: Was die Angemessenheit der Reaktion angeht, so steht diese in Hinsicht auf die meisten anderen Spezies gar nicht in Frage, da diese bereits über die angemessene Reaktion *verfügen.* Vögel und Pflanzen tun nichts Unangemessenes. Dagegen kann eine menschliche Reaktion unangemessen sein, weil wir ein zielstrebiges Bewußtsein besitzen und mit ihm die Fähigkeit, die Natur und damit uns selbst zu zerstören.

STEINDL-RAST: Ich meine, jetzt haben Sie wirklich den Finger auf die Wunde gelegt. Wir *müssen* die Natur nicht zerstören, *können* es jedoch. Alle anderen können das nicht tun, weil sie nicht über die dazu erforderlichen Mittel verfügen.

Freiheit

CAPRA: Richtig. Und hier kommt nun unsere Freiheit zur Geltung.

STEINDL-RAST: Ja, Freiheit ist die positive Seite der Medaille.

CAPRA: Dann gehören Freiheit und Verantwortung also zusammen.

STEINDL-RAST: So ist es. Das ist der entscheidende Punkt, ist Teil unserer Erfahrung. Wir dürfen das Band zwischen Freiheit und Verantwortung nicht zerschneiden.

CAPRA: Dann bestünde also unsere Verantwortung als Gärtner darin, uns wieder in den Garten zu integrieren, weil wir uns von der Natur getrennt und uns über sie gestellt haben.

STEINDL-RAST: Und genau das war ein Aspekt des Sündenfalls.

CAPRA: Und nicht nur das. Wir haben auch – wie soll ich es ausdrücken – wir haben den Garten säkularisiert und ihn zu einer Maschine degradiert.

STEINDL-RAST: Wir haben ihn ent-spiritualisiert.

CAPRA: Gemordet, in gewissem Sinne.

STEINDL-RAST: Ja, weil der Geist es ist, der Leben schenkt.

MATUS: Der Geist schenkt Leben, und der menschliche Geist – sei es mit «zielgerichtetem Bewußtsein» oder mit «spielerischem Bewußtsein» – *kann* Leben schenken. Die Zerstörung der Umwelt begann nicht so sehr mit der Trennung des Gärtners vom Garten als damit, daß der Gärtner anfing, den Garten als Maschine zu betrachten, als eine Maschine, die dem operativen Willen des Menschen auf dem Fahrersitz unterworfen ist.

Könnten wir nochmals kurz auf das Thema menschlicher Freiheit zurückkommen? Vielleicht könnten Sie noch etwas mehr darüber sagen, Bruder David.

Individualität und Persönlichkeit

STEINDL-RAST: Bei der Frage nach unserer Freiheit müssen wir zwischen dem Individuum und der Person unterscheiden. Ein *Individuum* wird durch das definiert, was es von anderen Individuen unterscheidet: so viele einzelne Eier in dieser Kiste; so viele menschliche Individuen in dieser Bevölkerung.

Eine *Person* wird durch ihre Beziehungen zu anderen definiert, zu anderen Personen und anderen Lebewesen ganz allgemein. Wir werden als Individuen geboren; doch ist es unsere Aufgabe, Personen zu werden, und zwar durch tiefere und kompliziertere, höher entwickelte Beziehungen. Dem Streben nach echter Persönlichkeit sind keine Grenzen gesetzt.

Die Herausforderung für unsere Freiheit bestünde also darin, das Universum zu personifizieren. Bevor der Mensch auf die Erde kam, war die Welt noch nicht persönlich. Adam trifft im Garten Eden auf eine unpersönliche Umwelt; doch er kann sie nun persönlich machen. Den Tieren Namen zu geben, ist ein Aspekt seiner personifizierenden Aktivität.

CAPRA: Das tritt noch stärker in den Überlieferungen der amerikanischen Indianer in Erscheinung. Sie geben allen lebenden Dingen nicht nur Namen, sondern tatsächliche Familienbeziehungen.

STEINDL-RAST: Das ist wunderschön. Und diese Mythen sind unser gemeinsames menschliches Erbe. Sie sagen uns, was es heißt, Mensch zu sein.

CAPRA: Frances Moore Lappe hat etwas sehr Bedeutsames gesagt: Definiert man eine Person oder eine Persönlichkeit durch ihre Beziehungen zu anderen, dann bedeutet dies, daß mein persönliches Wachstum ein anderes nicht behindert, sondern im Gegenteil fördert. Bin ich in der Lage, mehr Beziehungen zu allem um mich herum zu pflegen, dann wird der Mitmensch davon profitieren, weil ich ihm dann mehr vermitteln kann, wodurch er wachsen kann wie auch ich.

Die konventionelle *politische* Idee der Freiheit, so sagt sie, ist Ellenbogenfreiheit. Wenn ich wachse, mußt du kleiner werden. Das ist eine Newtonsche Anschauung: Wo sich ein Objekt befindet, da kann kein anderes sein. Dagegen bedeutet die systemische Anschauung von Wachstum und Freiheit gegenseitiges Fördern. Dafür gibt es keine Grenzen. Es ist kein Nullsummenspiel.

MATUS: Der Begriff der politischen Freiheit als ein Beispiel für das Newtonsche Paradigma fasziniert mich. Der Gegensatz zum Begriff der Freiheit in den Evangelien ist auffallend. Politische Freiheit bedeutet also, daß man andere zur Seite schiebt, um Platz für sich selbst zu schaffen. Dagegen manifestiert sich die Freiheit Jesu vor allem in seiner Selbsterniedrigung. «Er entäußerte sich selbst und nahm Knechtsgestalt an» (Philipper 2). Johannes der Täufer sagte: «Der Herr muß größer, ich aber kleiner werden.»

STEINDL-RAST: Diese Erkenntnis hat auch eine negative Implikation, die Sie nicht erwähnt haben. Die Erniedrigung eines anderen erniedrigt auch mich. Daran sollte man in unserer Welt denken.

CAPRA: An dieser Stelle könnten wir versuchen, miteinander zu verknüpfen, was wir über die menschliche Natur und die Rolle des Menschen im Kosmos gesagt haben, bis zur geänderten Auffassung von der Wahrnehmung von Objekten zu der von Zusammenhängen, was ein allgemeines Kennzeichen des neuen Denkens ist. Das ist mir jetzt wirklich zum ersten Male klargeworden. Jetzt sehe ich es so, daß wir unsere Persönlichkeit, unsere wahre Natur, durch unsere Beziehungen zu anderen entwickeln, was aber nicht nur dem Menschen eigen ist. Das gilt für alle Lebewesen und, wie ich sagen würde, selbst für Muster unbelebter Materie. Die inneren Eigenschaften jedes beliebigen Musters in der Natur sind in Wahrheit keine innewohnenden Charakteristika, vielmehr werden sie durch die Beziehungen zur übrigen Umwelt definiert. Insofern unterscheidet das uns Menschen nicht von anderen lebenden Systemen. Was uns dagegen zu etwas Besonderem macht, ist die Tatsache, daß wir die Gabe des Nachdenkens über uns selbst besitzen, was Sprache, Begriffe und abstraktes Denken mit sich bringt. Das abstrakte Denken hat uns nicht nur zu großen intellektuellen Leistungen befähigt, sondern auch die Neigung mit sich gebracht, über große Zeiträume hinaus linear zu planen und unsere Sicht durch zielgerichtetes Handeln einzuengen. Das führt dann zur Zerstörung unserer Umwelt und somit zu unserer eigenen Vernichtung.

STEINDL-RAST: Es hat uns aber doch auch in die Lage versetzt zu erkennen, worin Zweck und Sinn sich unterscheiden. Wir sind also nicht nur zur Wissenschaft befähigt, sondern auch zur Weisheit.

CAPRA: Ja. Sinn heißt Kontext.

STEINDL-RAST: Und die entscheidenden Begriffe sind nach wie vor Freiheit und Verantwortung. Wir können unser abstraktes Denken nutzen oder mißbrauchen, während die anderen Geschöpfe um uns diese Freiheit nicht besitzen, zu ihrem Glück oder Unglück.

CAPRA: Aus der Sicht der Systemtheorie organisieren lebende Systeme sich selbst, was bedeutet, daß sie autonom sind. Diese Autonomie ist relativ und nimmt mit wachsender Komplexität zu. Wir Menschen verfügen über eine besondere Art von Freiheit, nämlich die Freiheit unserer inneren Welt der Begriffe. Und diese Art von Freiheit ist es, die uns in Schwierigkeiten stürzt.

STEINDL-RAST: Dieser Gedanke einer schrittweisen Entwicklung der Freiheit ergibt einen Sinn. Doch wir Menschen haben eine Art Siedepunkt der Freiheit erreicht, eine Freiheit, die das ganze System zerstören kann. Damit wächst unser Verantwortungsgefühl.

Gott und die Natur

CAPRA: Nachdem wir nunmehr unsere Anschauungen von der menschlichen Natur geklärt haben, möchte ich gerne das Gespräch auf die Natur Gottes bringen, vor allem auf den Gegensatz zwischen der Idee eines immanenten Gottes und der eines transzendenten Gottes. Für unseren Vergleich von Theologie und Naturwissenschaft scheint mir das sehr wichtig.

Ich habe bereits die zentrale Diskussion im heutigen ökologischen Denken erwähnt, die sich um den Unterschied zwischen tiefer und oberflächlicher Ökologie dreht. Ein ganz entscheidender Punkt dabei ist die Rolle des Menschen gegenüber der Natur. Im oberflächlichen ökologischen Denken steht der Mensch über oder außerhalb der Natur. Im Gegensatz dazu betrachtet die tiefe Ökologie den Menschen als einen von vielen Fäden im Gewebe des Lebens. Eng damit verbunden scheint mir die Frage nach Gott in der Natur, Gott in der Schöpfung, vor allem weil gesagt wird, die menschliche Natur sei nach dem Bilde Gottes geschaffen. Deshalb scheint mir zwischen dem Verhältnis des Menschen zur Natur und zwischen Gott und seiner Schöpfung eine Parallele zu bestehen.

Vom Christentum habe ich immer gehört – was auch Bateson sehr oft betont hat –, daß es zwar monotheistisch, aber in seiner grundlegenden Sicht auch dualistisch sei, weil es Gott von der Schöpfung trennt. Es hat einen transzendenten Gott, der seiner Schöpfung gegenübersteht oder über die Schöpfung herrscht. Am Anfang schafft er die Welt *ex nihilo*, aus dem Nichts, und bleibt dann stets getrennt von ihr und transzendiert immer die Schöpfung.

Doch habe ich auch gehört, daß Mystiker von ihrer Erfahrung eines immanenten Gottes sprechen. Das klingt wie Spinozas Formulierung *Deus sive natura* (Gott = Natur). Mir scheint das eher die Haltung der tiefen Ökologen oder einer tief ökologischen Theologie zu sein, wenn man das so nennen darf.

Steindl-Rast: Wir können das Wort «Gott» für eine Vielfalt von Dingen verwenden. Nehmen wir das Wort in einem Sinne, auf den, wie wir es erstrebten, Repräsentanten aller theistischen Überlieferungen sich einigen können, dann lassen sich Gott und die Natur nicht gleichsetzen. Wenn wir von Gott sprechen, sprechen wir von einem Horizont-Phänomen. Der Horizont gehört untrennbar zur Landschaft. Es gibt keine Landschaft ohne Horizont und keinen Horizont ohne Landschaft. Doch ist der Horizont nicht die Landschaft. Der Horizont weicht mit jedem unserer Schritte zurück und bleibt stets der Horizont.

Matus: Lassen Sie mich etwas zu der Äußerung von Gregory Bateson sagen, das Christentum postuliere einen dualistischen Rahmen. Für mich ist das nicht der echte theologische Begriff göttlicher Transzendenz. Es ist doch nicht so, daß etwa Gott sich da oben und das Universum hier unten befindet. Das Vorstellungsbild vom Horizont ist außerordentlich treffend, weil es auf einen Kontext hinweist, dessen Grenzen ständig zurückweichen. Ich möchte auch behaupten, daß Gottes Transzendenz eine Transzendenz nach innen ist. Beim heiligen Augustin gibt es eine Äußerung, in der er Gott anruft und ihn *Deus intimior intimo meo* nennt, «O Gott, der du mir näherstehst als ich mir selbst, intimer als der tiefinnerste Punkt meines Selbst». In der Schöpfung ist also ein kontinuierlich zurückweichendes Zentrum der Schöpfung verborgen. Die Transzendenz ist auch verknüpft mit dem Thema des *Deus absconditus*, des verborgenen Gottes.

STEINDL-RAST: Auch das läßt sich wieder aus eigener Erfahrung bestätigen, einer Erfahrung, aus der heraus auch Augustinus spricht. Wir erfahren unsere tiefinnerste Wirklichkeit, die uns nähersteht als wir uns selbst, als etwas, das nicht nur wir selbst sind, sondern das über unser Selbst hinausreicht.

CAPRA: Ich glaube, aus diesem Grunde nennen Psychologen diese Erfahrung transpersonal, weil sie über das Persönliche hinausgeht.

STEINDL-RAST: Ich möchte versuchsweise sagen: Was wir heute als transpersonal bezeichnen, steht dem näher, was die Überlieferung wirklich mit transzendent meinte, als dem, was die popularisierte Version von Transzendenz behauptet.

CAPRA: Das paßt absolut zu dem, was wir vorhin feststellten, als Sie Gott als den endgültigen Bezugspunkt der religiösen Erfahrung bezeichneten. Wenn ich jedoch sage: «Das Universum ist Gott», dann ist das ebenfalls transzendent, weil es mich transzendiert. Damit wird die Frage also nicht wirklich beantwortet. Nimmt man die Schöpfung als Ganzes – ist Gott dann der innerste Kern, das Fundament der Schöpfung, der Geist der Schöpfung, das Bewußtsein der Schöpfung oder etwas in dieser Richtung? Oder ist Gott etwas, das über diese ganze Schöpfung hinausreicht? Das scheint mir die Frage zu sein. Anders gesagt: Definiere ich den Kosmos oder das Universum einfach als alles, was existiert, dann stellt sich die Frage, ob das Gott einbezieht oder ob Gott etwas *hinter* dem ist, was existiert?

STEINDL-RAST: Wir sollten betonen, daß Kosmos, Gott und die Menschen in der Theologie des neuen Paradigmas eng verbunden sind. Raimundo Panikkar, der so etwas wie der Theologe der Theologen ist, nennt dies das «kosmotheandrische Prinzip». In diesem Begriff finden wir die Ausdrücke Kosmos, Theos, Anthropos wieder. Mit anderen Worten, man kann von Gott nicht sprechen, es sei denn im Kontext von Kosmos und Menschenwesen. Und von Menschenwesen kann man nicht sprechen, ausgenommen im Kontext von Gott und dem Kosmos. Man kann nicht einmal von Kosmos sprechen, außer im Kontext von Gott als dem Horizont und den Menschen als Beobachter. Alle drei hängen eng zusammen. Das ist die Grundlage für das, was wir das neue Paradigma in der Theologie nennen.

MATUS: Das ist die Grundlage, übrigens zusammen mit einem theologischen Modell, das, ohne anti-rational zu sein, dem einen Ehrenplatz zuweist, was die ursprüngliche christliche Überlieferung apophantisches oder «negatives» Sprechen über Gott nennt. Das neue theologische Paradigma ist sowohl holistisch als auch apophantisch. Es betrachtet Gott als Horizont des Universums, aber auch als das unaussprechliche Andere.

CAPRA: Ich möchte noch gerne etwas zu dieser Metapher vom Horizont sagen. Bei jeder Bewegung verändert sich der Horizont, also ist er in Wahrheit nicht etwas Absolutes, sondern ein Konzept, das sich wandelt.

STEINDL-RAST: Diese Metapher impliziert auch was Dyonysius Areopagita, ein höchst einflußreicher mystischer Autor aus dem frühen 6. Jahrhundert, gesagt hat: «Am Ende all unseren Erkennens werden wir Gott als das Unbekannte erkennen.» Er sagt nicht: «Ihr braucht euch erst gar keine Mühe zu geben, ihr werdet Gott doch niemals erkennen.» Wir werden Gott tatsächlich erkennen, aber eben als das

Unbekannte. Die Analogie ist offensichtlich der Idee der Freundschaft entliehen. Je besser man einen Freund kennt, desto mehr kennt man ihn als unerkennbar, als ein Mysterium. Diese Vorstellung von Mysterium muß hier einbezogen werden.

CAPRA: Wie würden Sie innerhalb des von Ihnen soeben umrissenen Rahmens die Frage beantworten: Ist Gott immanent oder transzendent? Können Sie in Ihrer Antwort diese beiden Ausdrücke verwenden?

STEINDL-RAST: Ja. Ich kann es auf halbwegs spielerische Weise tun: Gottes Transzendenz ist so transzendent, daß sie sogar unsere Vorstellung von Transzendenz transzendiert und daher vollkommen mit Immanenz vereinbar ist. Da haben wir wieder ein Paradoxon.

CAPRA: Aber die Transzendenz bezieht sich doch auf Erfahrung. Habe ich Sie richtig verstanden? Gottes Transzendenz transzendiert unsere gesamte Erfahrung?

STEINDL-RAST: Ja. Besser noch, unsere Erfahrung transzendiert alle unsere Vorstellungen, selbst die Vorstellung der Transzendenz.

MATUS: Es gibt eine Gotteserfahrung, die über das Wissen/Erkennen hinausgeht, und die apophantische oder negative Sprache über Gott ist ihr angemessener Ausdruck. Alle höchsten theologischen Aussagen sind negativ, selbst wenn sie grammatikalisch positiv sind. «Gott steht über allem Wissen, und über allem Sein», sagte der heilige Johannes von Damaskus. Wir können Gott nicht in unsere Vorstellungen oder Wörter hineinzwängen. Die können wir zwar gebrauchen, vorausgesetzt sie versuchen nicht, Gott zu repräsentieren.

CAPRA: Nun ist es ein Hauptcharakteristikum der neuen Systemtheorie vom Leben, daß sie nicht «repräsentational» ist. Sie behauptet nicht, daß es da draußen eine objektive Welt gibt, eine Wirklichkeit, die dann in unseren wissenschaftlichen Theorien repräsentiert wird. Sie sagt nur: Mit der Naturwissenschaft bringen wir Ordnung und Zusammenhang in unsere Erfahrung. Maturana und

Varela behaupten sogar, der Erkenntnisprozeß sei ein Prozeß, durch den wir eine Welt im Akt des Erkennens «hervorbringen».

STEINDL-RAST: Das paßt wunderbar zur Theologie, wenn auch nicht in ihrer konventionellen Formulierung. Ich würde, ohne zu zögern, sagen: Der Prozeß, in dem das Ordnen unserer Erfahrung die Welt erschafft, ist gewissermaßen ein essentieller Aspekt der Schöpfung. Wir könnten sagen, es ist der Heilige Geist, Gottes Bewußtsein in uns, der die Welt erschafft. Wir nehmen teil an der Erschaffung der Welt durch den Prozeß des Ordnens unserer Erfahrung. So erfahren wir, wie Gott die Welt erschafft: Wir ordnen unsere Erfahrung. Das heißt, die Schöpfung geschieht genau in diesem Augenblick. Und das Ordnen unserer Erfahrung ist genau das, was «bebauen und hüten des Gartens» wirklich bedeutet.

CAPRA: Diesen sogenannten «konstruktivistischen» Standpunkt habe ich aus folgendem Grunde hier angeführt: Wenn Sie ihn akzeptieren – was ich probeweise tue –, dann müßten Sie sagen, alles, was es überhaupt gibt, sei Erfahrung. Wir können nur über Erfahrung sprechen und über nichts anderes. Wenn Gott also unsere gesamte Erfahrung transzendiert, dann transzendiert er alles, worüber wir sprechen können.

MATUS: Was Sie da eben sagten, ist eine gültige theologische Schlußfolgerung. In der Tat führt uns unsere Erfahrung Gottes zu dem Punkt, an dem es nicht mehr möglich ist, über Gott zu sprechen. Schweigen ist die einzig angemessene Haltung.

STEINDL-RAST: Das nennt man in der Theologie «apophantische Überlieferung». Eines ihrer grundlegenden Axiome ist, daß alles, was die Theologie über Gott sagt, ganz gleich, wie korrekt es auch sei, eher falsch als richtig ist.

MATUS: Und das ist eine bessere Definition von Transzendenz als irgendeine räumliche Metapher. Wissen Sie – ein Teil des Problems der Philosophie und einer gewissen Art zweitrangiger Theologie ist die Verwirrung, die durch die räumliche Metapher geschaffen wurde, Gott da draußen oder Gott da droben – über, hinter, gegenüber und dergleichen. Das Wesentliche an der Transzendenz ist, daß jede Feststellung über Gott ihre Negation impliziert. Das bedeutet die Transzendenz Gottes.

CAPRA: Nun gut, lassen Sie mich jetzt einen anderen Gedanken ansprechen, mit dem ich mich spielerisch beschäftigt habe. Es handelt sich um eine bildliche Vorstellung, die mit der Theorie lebender, selbstorganisierender Systeme zusammenhängt. Einer der entscheidenden Aspekte der Theorie ist, daß es sich beim Prozeß der Selbstorganisation um einen geistigen Prozeß handelt. Das war der großartige Beitrag, den Gregory Bateson dazu geleistet hat. Er sagte, Geist ist nicht ein Ding, es ist ein Prozeß. Und dieser geistige Prozeß ist der Prozeß der Selbstorganisation, mit anderen Worten, der eigentliche Lebensprozeß. So ist also der Prozeß des Lebens auf allen Ebenen ein geistiger Prozeß.

Auf die menschliche Ebene bezogen könnte man sagen, beim Menschen habe der geistige Prozeß die sehr spezielle Eigenschaft des Selbst-Gewahrseins, des Bewußtseins. Geht man nun noch darüber hinaus und betrachtet die Menschheit als Ganzes, dann wäre sie ein lebendes System mit einem eigenen geistigen Prozeß, dem kollektiven Bewußtsein. Die Naturwissenschaft hat sich mit diesen Dingen noch nicht ernsthaft befaßt. Im Augenblick sind das rein spekulative Gedanken.

MATUS: Das entspräche etwa der Noosphäre des Teilhard de Chardin.

CAPRA: So ist es. Oder C. G. Jungs kollektivem Unbewußten. Tatsächlich wäre Teilhard relevanter, wenn es darum ginge, über die Menschheit hinaus den ganzen Planeten zu erfassen. Die Noosphäre wäre dann jenes planetare Bewußtsein, der Prozeß der Selbstorganisation des Planeten Erde.

Dann könnte man weitergehen zum Kosmos als Ganzem und sagen, das kosmische Bewußtsein sei der selbstorganisierende Prozeß des ganzen Kosmos. Man hat den Gedanken geäußert, dies sei es, was wir mit «Gott» meinen, der kosmische Prozeß der Selbstorganisation.

Stelle ich nun die Frage Transzendenz versus Immanenz in diesen Kontext, dann würde ich dazu folgendes sagen. Der Irrtum bestand in folgendem Gedankengang: Nehmen wir das Universum als Ganzes, zählen wir einfach alles zusammen, was wir kennen – alle Bäume, alle Steine und alle Menschen. Die Gesamtsumme ist dann das Universum. Ist Gott nun mehr als das oder nicht?

Aber das ist ein Irrtum, weil wir dann eindeutig nicht über das Universum als Ganzes sprechen. Das Universum ist ein selbstorganisierendes lebendiges Wesen; deshalb ist es alle Bäume, alle Steine, alle Menschen. Aber diese sind alle nur Muster. Viel wichtiger sind die Organisationsprinzipien dieses Ganzen. Die jedoch sind nichts Materielles. Wenn ich also sage, Gott ist die Gesamtsumme dieser Organisationsprinzipien auf kosmischer Ebene, des kosmischen Prozesses der Selbstorganisation, dann wird die Antwort auf die Frage nach Transzendenz oder Immanenz davon abhängen, was ich Universum nenne. Bezeichne ich mit dem Namen Universum alles, was existiert, einschließlich aller Prozesse, Ideen und so weiter, dann ist Gott im Universum *immanent*. Sage ich jedoch, Universum sind alle mir bekannten *Dinge*, alle Bäume und alle Steine und aller Stoff im Universum, die Strukturen, dann transzendiert Gott eindeutig alles. Denn es sind die Organisationsprinzipien, die alles zusammenhalten, ja, die das Universum erschaffen, wie man sehr gut sagen könnte. Das ist dann Selbst-Erschaffung, Selbstorganisation.

STEINDL-RAST: Das ist ein guter Denkansatz, der viele Möglichkeiten zu enthalten scheint.

MATUS: In welcher Beziehung steht Ihre Vorstellung von den Prinzipien der Organisation oder Selbstorganisation im Kosmos zum Gedanken einer Weltseele, dieser sehr klassischen, platonischen Idee?

CAPRA: Ich würde sagen, der Unterschied besteht darin, daß diese Theorie der Selbstorganisation viel ausgereifter ist als alles, was wir bisher in der Naturwissenschaft erlebt haben. So besagt sie zum Beispiel, daß Kreativität ein fester Bestandteil des Lebens ist. Der Prozeß der Selbstorganisation ist von Natur aus ein kreativer Prozeß. Das Erschaffen von Neuem gehört zu den Merkmalen des Lebens.

Jedes lebende System schafft in jedem Augenblick irgend etwas Neues. Es tut das auf eine Weise, die man Ontogenese nennt, das ist der Weg individueller Entwicklung. Und außerdem beschreitet die Spezies die Phylogenese, den evolutionären Weg, der wiederum ständig Neues schafft. Kreativität ist also ein essentieller Teil von Selbstorganisation. Daher kann man sie nach meinem Erachten sehr wohl mit der Idee von der Schöpfung in der Theologie in Verbindung bringen. Betrachtet man das kosmisch, dann kommt das dem sehr nahe, was Sie vorhin gesagt haben.

STEINDL-RAST: Ja, diesem Gedankengang stimme ich zu. Sie sollten ihn beispielsweise mit Panikkar diskutieren und weiterentwickeln. Weiterentwickelt, könnte er ein Beispiel für etwas liefern, was in der Vergangenheit schon öfter geschehen ist: Jemand beginnt mit dem Versuch, die Welt aus naturwissenschaftlicher Sicht zu erklären, und kommt am Ende zu theologischen Aussagen. Das ist ein durchaus gültiger Weg. Sie arbeiten auf ein theologisches Verständnis hin, das fruchtbringend werden könnte. Was Sie hier beschreiben, ist die Schöpfung. Und die Theologie hat stets die Ansicht vertreten, selbst im alten Paradigma, daß die Schöpfung ein dauernder Prozeß ist, hier und jetzt. Wäre dem nicht so, dann würde alles zusammenfallen.

Ist Gott das Leben der Welt, dann haben Sie das Leben der Welt hier direkt vor sich, aus einer sehr unterschiedlichen Perspektive.

CAPRA: Da bestehen viele Bezugspunkte. Eines dürfte aber wohl den Theologen Unbehagen bereiten, nämlich daß die Schlüsselidee *Selbst*-Organisation heißt. Das Universum organisiert sich selbst und ist daher auch *selbst*-schöpferisch.

STEINDL-RAST: Ein Theologe wie Panikkar zögert nicht, auf höchst ausgeklügelte Weise vom Kosmos als dem Körper Gottes zu sprechen. Diese Vorstellung, so behauptet er, ist von der Theologie mißverstanden, jedoch nicht wirklich verworfen worden.

CAPRA: Das wäre übrigens eine sehr zutreffende Parallele zu einer anderen Aussage der Theorie selbstorganisierender Systeme, daß nämlich das Verhältnis zwischen Materie und Geist eines von

Struktur und Prozeß ist. Die Struktur ist natürlich das, was wir gemeinhin meinen, wenn wir mit Universum alle Dinge zusammen bezeichnen, die wir sehen. Der Prozeß wäre dann sein Bewußtsein.

STEINDL-RAST: Mir scheint, wir haben hier einige interessante Fortschritte gemacht, doch befinden wir uns da noch auf dünnem Eis.

MATUS: Dann laßt uns doch vorsichtig in Richtung Ufer schlittern und uns einem anderen Thema zuwenden.

Der persönliche Gott

CAPRA: Einverstanden. Es gibt da eine andere Frage, die mich beschäftigt. Was verstehen Sie unter einem «persönlichen Gott»? Sie erinnern sich – wir sprachen davon, daß die Offenbarung an einen persönlichen Gott gebunden sei. Ich möchte diese Frage in den Kontext der Persönlichkeit stellen, die durch unsere Beziehungen zu anderen definiert wird. Wie paßt das mit der Vorstellung von Gott zusammen? Was soll das heißen, daß Gott «persönlich» ist?

STEINDL-RAST: Halten wir zunächst einmal fest, daß es nicht bedeutet, Gott sei eine Person. Die christliche Überlieferung glaubt daran, daß Gott einer in drei Personen ist. Aus dieser Perspektive hat natürlich «Person» eine andere Bedeutung als die, die wir normalerweise mit diesem Begriff verbinden.

MATUS: Wenn wir sagen, Gott sei persönlich, dann meinen wir, Gott sei so beschaffen, daß wir zu dem, was wir Gott nennen, eine echte Beziehung haben können und auch wirklich haben. In dieser echten Beziehung verwirklichen wir auch unsere eigene Personenschaft, und nur in diesem Sinn können wir über die «Personenschaft» Gottes sprechen. Spricht die christliche Theologie von den drei Personen der Dreifaltigkeit, dann bedeutet dies etwas ganz anderes: Daß nämlich das eigentliche Wesen Gottes etwas ist, was Beziehungen ausdrückt, also aus «ständig existierenden Beziehungen» besteht.

STEINDL-RAST: In diesem Zusammenhang möchte ich Ihnen Shubert Ogden sehr empfehlen, einen führenden protestantischen Theologen, dessen Werk mich schon seit langem beeindruckt. Er spricht von Gott als von demjenigen, der für alles von Bedeutung ist und für den alles von Bedeutung ist. Der Gott der Philosophie lebt in vollkommener Isolierung. Aber der Gott der Bibel kümmert sich – er kümmert sich um jedes seiner Geschöpfe mit herzlicher Liebe zu Menschen, Blumen, Spatzen. Das heißt, Gott ist allem zugetan, durch Barmherzigkeit persönlich mit jeder Kreatur verbunden.

MATUS: Im Buddhismus ist die Behauptung, die endgültige Wirklichkeit sei Leere, zugleich die Behauptung, die endgültige Wirklichkeit sei unendliche Barmherzigkeit. Die große Intuition – zumindest des Mahāyāna-Buddhismus – ist die Identität von Leere und Barmherzigkeit. Meines Erachtens ist dies die buddhistische Aussage, die der Aussage theistischer Religion am nächsten kommt, «Gott ist persönlich».

STEINDL-RAST: Absolut. Lange bevor wir überhaupt Theisten oder Nicht-Theisten sind, erleben wir alle in unseren schönsten und lebendigsten Augenblicken unser Zugehören. Die Vorstellung unseres letztlichen Zugehörens impliziert das, dem wir letzten Endes zugehören. An diesem Punkt zeigt es jedoch nicht mehr als eine Richtung an, und diejenigen, die den Ausdruck «Gott» richtig gebrauchen, verwenden ihn für diese Richtung. Das ist gewissermaßen unsere gemeinsame Basis.

Und nun beginnt, was Christopher Fry die «Erforschung Gottes» nennt. Es ist dies das große menschliche Unterfangen, das im Gange ist, seit wir Menschen sind, und das uns immer noch beschäftigt, ob wir uns dessen bewußt sind oder nicht. Es ist unser innerlichstes Sehnen. Wir suchen nach dem Sinn, nach Zugehörigkeit, und das bedeutet, wir alle erkunden das Reich Gottes. Dieses ist jedoch von so gewaltigen Ausmaßen, daß man endlos weiterforschen kann, und man kann unablässig einen Teil davon erforschen, ohne jemals auf Gruppen zu stoßen, die andere Teile erkunden. Es gibt gewisse Wegekreuze, an denen man sich für eine bestimmte Richtung entscheidet. Danach wird man wahrscheinlich niemals das Territorium erreichen, das jene erkunden, die eine andere Richtung eingeschlagen haben.

Eine dieser Kreuzungen ist die Entdeckung, daß Zugehören auf Gegenseitigkeit beruht. Wenn wir zu Gott gehören, dann gehört Gott zu uns. Wir unterhalten Beziehungen zueinander. Das ist natürlich Mystik, die jedoch jeder von uns täglich erfahren kann. Gott steht zu uns in persönlicher Beziehung. Das ist die Erfahrungsgrundlage für die Vorstellung, daß Gott all die Vollkommenheit besitzen muß, die aus mir eine Person macht, aber keine der Einschränkungen.

CAPRA: In welchem Zusammenhang steht das mit einer aus Beziehungen entstehenden Persönlichkeit? Je reicher meine Beziehungen, desto reicher bin ich als Person.

STEINDL-RAST: Ich verwirkliche mein Zugehören, das aus mir eine Person macht, nur auf begrenzte Weise mit einigen wenigen Menschen, Dingen, Pflanzen und Tieren, und das nicht sehr tief. Wenn wir jedoch vom Horizont sprechen, dem, der jenseits von allem ist, dann schließen wir daraus, daß Gott zu allem persönliche Beziehungen hat, und zwar bis in die allerinnersten Tiefen.

CAPRA: Jetzt ist mir aber folgendes nicht klar: Ich akzeptiere, daß eine Person durch ihre Beziehungen definiert wird. Je mehr solcher Beziehungen wir haben, desto reicher ist unsere Persönlichkeit. Nun sagen Sie: «Gott steht zu allem in Beziehung.» So besitzt Gott also die reichste Persönlichkeit, die man sich vorstellen kann. Tatsächlich ist sie so reich, daß sie alles transzendiert, was wir uns vorstellen können. So weit, so gut. Aber diese Beziehungen, die Gott hat, bestehen stets zu einem Teil von ihm selbst, nicht zu etwas anderem. *Unsere* Beziehungen dagegen, also das, was *unsere* Person ausmacht, sind Beziehungen zu etwas von uns selbst Verschiedenem. Entsteht also eine Person als Ergebnis von Beziehungen zu etwas außerhalb dieser Person, dann kann man das nicht sehr gut als Analogie zu Gott als Person auffassen. Darauf möchte ich hinaus.

STEINDL-RAST: Ah, das ist großartig! An diesem Punkt bringt Ihr eigenes Denken Sie der Beantwortung der Frage nahe, die Sie vorhin gestellt haben: Warum spricht man von Gott als Dreifaltigkeit? Jetzt legen Sie den Finger auf die entscheidende Stelle, wenn Sie sagen, Gott steht nicht zu irgend etwas anderem in Beziehung. In unserem tiefsten Verhältnis zu Gott steht Gott letztendlich zu Gottes eigenem Selbst in Beziehung. Dessen werden wir in unseren mystischen Augenblicken gewahr. Unser wahres Selbst, das Beziehung zu Gott hat, ist einfach Gott-in-uns. Diese Erfahrung impliziert, daß man von Gott als Dreifaltigkeit sprechen kann: Gott-in-uns, der unser tiefinnerstes Selbst darstellt; Gott als Horizont, zu dem wir letztendlich in Beziehung stehen; und Gott als lebendige Beziehung zwischen diesen beiden Polen unseres eigenen Lebens. Das sind natürlich nicht drei, sondern ein Gott.

Alles Nachdenken über die Dreifaltigkeit beruht letzten Endes auf mystischer Erfahrung. Weniger begabte Theologen mögen allein mit Worten spielen; die großen Theologen haben jedoch stets gewußt, daß wir an Gottes eigenem Leben teilhaben. Was wir nicht sagen können, ist, daß wir ein Teil Gottes sind. Denn was wir Gott nennen, ist zu einfach, um Teile zu haben. Deshalb sprechen wir von den vielen Dingen, Pflanzen, Tieren, Menschen nicht als Teilen von Gott, sondern sie sind ebenso viele Worte Gottes. Das meint die Bibel, wenn sie vom ganzen Universum sagt: «Gott sprach, und es entstand.»

Tatsächlich ist Gott auch zu einfach, um viele Worte zu sprechen. Es ist vielmehr so, als habe die Liebe, die Gott darstellt, sich von jeher in einem einzigen Wort so vollkommen ausgedrückt, daß man es auf zahllose Weise immer wieder neu aussprechen muß. In diesem Sinne ist jeder von uns eine neue Art des Aussprechens von Gottes einem Wort. Hier jedoch machen wir die erregende Entdeckung, daß wir nicht nur *aus*gesprochen, sondern von Gott auch *an*gesprochen werden.

So wird also Shūnyatā, Gott, «kein Ding», das Große Schweigen durch ein Wort ausgedrückt, das so vollkommen ist, daß es alles aussagt und in jeder neuen Bedeutung von Gottes eigenem Selbstverständnis verstanden werden kann – in *unserem* Innern, wie wir vorhin sagten. Auf diese Weise sind wir selbst tief in diese Beziehung eingebunden – durch uns Menschen nimmt diese Welt bewußt am dreifaltigen Leben Gottes teil.

Schweigen, Wort und Verstehen sind «Personen» des einen Gottes, jedoch eindeutig nicht in dem Sinne, in dem wir normalerweise von Personen sprechen. Habe ich das nun vielleicht auf eine Weise komprimiert, daß es doch zu sehr kondensiert ist?

CAPRA: Nun, ich muß sagen, das ist reichlich kopflastig.

STEINDL-RAST: Um die Sache wieder vom Verstand auf die Erfahrung zurückzuführen, müssen wir zum Ausgangspunkt zurückkehren – zur Erfahrung eines ganz besonderen Menschen namens Jesus. Aufgrund seiner jüdischen Tradition stand er zu Gott in so intimer Beziehung wie ein Sohn zu seinem Vater. Und er ließ es geschehen, daß sein ganzes Leben durch diese Beziehung durch den Heiligen Geist Gottes geprägt wurde. Das heißt, Gott war für ihn weit mehr als nur ein unpersönlicher Horizont. Gemeinsam mit Jesus haben seine Jünger teil an dieser persönlichen Beziehung zu Gott und sprechen von dem Vater, dem Sohn und dem Heiligen Geist als von «Personen» der Dreifaltigkeit. Natürlich ist nur «der Sohn» eine *menschliche* Person – und das ist es, was Person heute für uns bedeutet. Das ist zum Teil ein rein sprachliches Problem.

CAPRA: Ich muß gestehen, daß ich diese Diskussion über den persönlichen Gott immer noch nicht wirklich begreife.

STEINDL-RAST: Könnten Sie mir sagen, wo Ihre Schwierigkeiten liegen?

CAPRA: Versuchen wir es einmal so. Wenn Sie sagen, Personenschaft ergebe sich aus den Beziehungen zu anderen, dann wird eine Person um so reicher, je vielfältiger diese Beziehungen sind. Sie sprechen also über Beziehungen zu anderen Menschen, und als tiefer Ökologe würden Sie die gesamte lebende Natur, den Kosmos als Ganzes mit einbeziehen. Das ist ein unermeßlicher Reichtum. Je mehr man das erweitert, desto reicher wird die Persönlichkeit. Dafür brauche ich aber keinen persönlichen Gott mehr, zumindest nicht in einem Sinne, den ich noch verstehe. Da genügt mir vollständig die buddhistische Haltung.

STEINDL-RAST: Diese buddhistische Haltung kann ein wichtiges Korrektiv für das christliche Verständnis eines persönlichen Gottes sein. Beide ergänzen einander. Ich werde gleich mehr darüber sagen, doch möchte ich zunächst noch eines klarstellen: Personenschaft entsteht *nicht nur* aus Beziehungen zu anderen, sondern auch aus der Beziehung zum eigenen Selbst. Wir besitzen uns selbst in Freiheit. Wir sind gefordert, unserem innersten Selbst treu zu bleiben. Das sind ebenfalls Weisen, auf die wir die existentielle Bezogenheit erleben, die aus der Personenschaft entsteht.

Wenn wir nun auf die buddhistische Haltung zu sprechen kommen, dann sollten wir uns dessen erinnern, was Thomas vorhin darüber gesagt hat, daß nämlich die Buddhisten Leere mit Barmherzigkeit gleichsetzen. Er hatte recht, als er dort den buddhistischen Weg zu der Wahrheit lokalisierte, die Christen meinen, wenn sie vom persönlichen Gott sprechen. Ich hatte Gelegenheit, dies in Gesprächen mit hochrangigen Buddhisten zu verifizieren, sogar mit dem Dalai Lama. Ich sagte: «Ihr sprecht von Barmherzigkeit meistens als von einem Verhalten, das man gegenüber einem anderen zeigt. Jedoch – lange bevor man barmherzig gegenüber einem anderen sein kann, empfängt man selbst Barmherzigkeit. Verfolgt man die so empfangene Barmherzigkeit zurück zu ihrer Quelle – der Leere –, dann weiß man, was wir Christen meinen, wenn wir sagen: ‹Gott hat uns zuerst geliebt.›» Buddhisten sind dann meist erst etwas erstaunt, doch mögen sie diesen Denkansatz.

Ich schätze, solange wir uns im Bereich der Spekulation bewegen, werden wir die Sache niemals erfassen – weder in der buddhistischen noch in der christlichen Ausdrucksform. Doch können wir sie im Gebet und in der Meditation *erfahren*.

Anmerkung

Dieser Beitrag erschien erstmals in: Fritjof Capra/David Steindl-Rast in Zusammenarbeit mit Thomas Matus, *Wendezeit im Christentum*, München 1991, und wurde übersetzt von Erwin Schuhmacher.

Tiefenökologie als Grundlage einer neuen Ethik

Eine «Ethik für die Natur» wird heute dringend benötigt, und ganz besonders in der Naturwissenschaft, wo die Tätigkeiten der meisten Wissenschaftler nicht lebensfördernd und lebenserhaltend, sondern lebenszerstörend sind. Wenn Physiker Waffensysteme entwickeln, die das Leben auf der Erde auszulöschen drohen, wenn Chemiker unsere Umwelt vergiften, wenn Biologen neue, unbekannte Arten von Mikroorganismen in die Umwelt aussetzen, ohne wirklich zu wissen, was die Folgen sein werden, wenn Psychologen und andere Wissenschaftler Tiere im Namen des wissenschaftlichen Fortschritts quälen, dann scheint es wohl äußerst dringlich zu sein, ethische Richtlinien in die Naturwissenschaft einzuführen.

Es wird im allgemeinen nicht erkannt, daß Werte keine Randerscheinung der Wissenschaft und Technik sind, sondern deren Grundlage und treibende Kraft bilden. Während der wissenschaftlichen Revolution im 17. Jahrhundert wurden die Werte von den Fakten getrennt. Seit jener Zeit neigen wir zum Glauben, daß wissenschaftliche Fakten unabhängig von unseren Handlungen sind und daher unabhängig von unseren Werten. In Wirklichkeit erwachsen diese sogenannten «Fakten» aus einer ganzen Konstellation von menschlichen Wahrnehmungen, Werten und Handlungen – mit einem Wort: aus einem Paradigma – von dem sie nicht getrennt werden können. Obwohl viele Details einer Forschungsarbeit nicht explizit vom Wertsystem des Wissenschaftlers oder der Wissenschaftlerin abhängen mögen, so wird das breitere Paradigma, innerhalb dessen die Forschung durchgeführt wird, nie wertfrei sein.

An der Vorfront der Wissenschaft und in vielen gesellschaftlichen Netzwerken und Bürgerinitiativen entsteht heute allmählich ein neues Paradigma, welches als ökologisch bezeichnet werden kann, wenn dieser Begriff in einem viel breiteren und tieferen Sinn gebraucht wird, als es allgemein üblich ist.

Dieser breitere und tiefere Sinn von «ökologisch» wird von einer Denkschule vertreten, die von dem norwegischen Philosophen Arne Naess in den frühen siebziger Jahren gegründet und seither als Tiefenökologie bekannt wurde. Naess unterschied damals zwischen «tiefer» und «seichter» Ökologie. Diese Unterscheidung hat sich seither als sehr nützlich erwiesen, um einen wesentlichen Gegensatz im heutigen Umweltdenken aufzuzeigen.

«Seichte» Ökologie beschränkt sich auf Symptome, während die Tiefenökologie nach den Grundursachen sucht. «Das Wesentliche an der Tiefenökologie», erklärt Naess, «ist das tiefgreifende Fragen.» Durch ständig tiefer greifende Fragen über die Annahmen und Werte, die unseren Handlungen zugrunde liegen, über unsere Wahrnehmung der Welt und unsere Beziehung zur Natur, stellt die Tiefenökologie das grundlegende gesellschaftliche Paradigma in Frage.

Eine weitere wichtige Unterscheidung zwischen dem seichten und tiefen Ansatz zur Ökologie beruht auf den diesen beiden Richtungen zugrunde liegenden verschiedenen Wertesystemen. Seichte Ökologie ist anthropozentrisch. Sie sieht den Menschen als über oder außerhalb der Natur stehend und als den Ursprung aller Werte. Der Natur wird nur Nutzwert zugeschrieben. Im Gegensatz dazu trennt die Tiefenökologie den Menschen nicht von der natürlichen Umwelt, wie sie überhaupt nichts von der Umwelt trennt. Die Tiefenökologie sieht die Welt nicht als eine Ansammlung von getrennten Objekten, sondern vielmehr als ein Netzwerk von Phänomenen, die alle miteinander verknüpft und voneinander abhängig sind. Die Tiefenökologie erkennt den inneren Wert jedes Lebewesens und sieht den Menschen lediglich als eine bestimmte Faser in dem reichhaltigen Gewebe der lebenden Natur.

In der Naturwissenschaft bietet die in den letzten Jahrzehnten entwickelte Theorie lebender Systeme den idealen wissenschaftlichen Rahmen zur Formulierung der Tiefenökologie. Lebende Systeme sind integrierte Ganzheiten, deren Eigenschaften sich nicht auf die kleineren Einheiten reduzieren lassen. Beispiele für solche Systeme gibt es in der Natur in Hülle und Fülle. Jeder Organismus –

von der kleinsten Bakterie über den weiten Bereich der Pflanzen und Tiere bis hin zum Menschen – ist ein integriertes Ganzes und somit ein lebendes System. Dieselben Ganzheitsaspekte zeigen sich auch in Sozialsystemen – zum Beispiel in einer Familie oder einer Gemeinschaft – und ebenso in Ökosystemen, die aus einer Vielzahl von Organismen in ständiger Wechselwirkung mit lebloser Materie bestehen.

Alle diese natürlichen Systeme sind Ganzheiten, deren spezifische Strukturen sich aus den wechselseitigen Beziehungen und Abhängigkeiten ihrer Teile ergeben. Systemeigenschaften werden zerstört, wenn ein System in isolierte Einzelteile zerlegt wird, sei es physisch oder theoretisch. Obwohl wir in jedem System Einzelteile unterscheiden können, ist das Ganze immer etwas anderes als die bloße Summe seiner Teile.

Die neue Theorie lebender Systeme (Theorie der Selbstorganisation) verspricht zum ersten Mal in der Naturwissenschaft ein vereinheitlichtes Bild von Geist, Leben und Materie. Eine der wichtigsten Einsichten dieser neuen Theorie ist, daß Leben und Erkenntnis untrennbar sind. Der Prozeß des Erkennens ist auch der Prozeß der Selbstorganisation, das heißt der Lebensprozeß. Unsere herkömmliche Vorstellung des Wissens ist die einer Darstellung oder Abbildung von objektiven Fakten, eine Vorstellung, die aus der klassischen Physik stammt. In der neuen Systemtheorie wie auch schon zum Teil in der Quantentheorie wird Erkennen als Teil des Lebensprozesses angesehen als ein Dialog zwischen Objekt und Subjekt.

Wissen und Leben sind also untrennbar, und Fakten sind somit untrennbar von Werten. Dadurch wird die grundlegende Spaltung, die es unmöglich machte, ethische Betrachtungen in unser naturwissenschaftliches Weltbild einzuschließen, geheilt. Daher sollte es jetzt möglich sein, eine Ethik auszuarbeiten, die dasselbe ökologische Bewußtsein ausdrückt, auf dem die Theorie lebender Systeme beruht.

Die Entwicklung einer solchen Ethik ist meiner Meinung nach eine der wichtigsten Aufgaben der heutigen Naturwissenschaft und Philosophie. Eine tiefenökologische Ethik muß auf einem neuen Wertsystem beruhen, in dem alles Leben unabhängig von seinem Nutzen für uns Menschen als in sich wertvoll erkannt wird. Ein solches nicht-anthropozentrisches Wertsystem stellt einen klaren Bruch mit allen anerkannten ethischen Systemen dar (Andreas-Grisebach, 1991).

Alle Lebensformen als in sich wertvoll anzuerkennen heißt nicht, die praktische Zweckmäßigkeit des Nutzwertes zu leugnen (Glasser, 1994). Zum Beispiel können wir einen Wald als ein unersetzbares Ökosystem, welches eine große Anzahl von Lebewesen unterhält, anerkennen und zugleich auch seinen Nutzwert als Quelle von Holz und anderen Rohstoffen schätzen. Wir mögen uns dazu entschließen, einen Baum in diesem Wald zu fällen, doch werden wir diese Entscheidung mit größerem Bewußtsein ihrer vielfältigen Folgen treffen.

Außerdem verkörpern alle Lebewesen eine Vielzahl von inneren Werten (Glasser, 1994). In einem Ökosystem sind die individuellen Lebensformen in sich wertvoll wie auch wertvoll füreinander in ihren symbiotischen Wechselbeziehungen und schließlich wertvoll für das Ökosystem als Ganzes durch ihr Zusammenwirken zur Erhaltung der ökologischen Kreisläufe. Diese Wertvielfalt macht klare und einfache ethische Entscheidungen unmöglich und zwingt uns, vielfältige Ziele und Kompromisse zu akzeptieren.

Nun stellt sich die Frage: Ist es überhaupt möglich, aus einem ökologischen Weltbild Normen für entsprechendes ethisches Verhalten abzuleiten? Arne Naess zeigt uns einen klaren Ausweg aus diesem uralten philosophischen Dilemma. Die motivierenden Kräfte der tiefenökologischen Ethik – die Sorge um die Natur und das Verlangen, in ökologischem Gleichgewicht zu leben – können nicht logisch aus unserem Weltbild abgeleitet werden. Der Zusammenhang zwischen einer ökologischen Wahrnehmung der Welt und entsprechendem Verhalten ist kein logischer, sondern ein psychologischer Zusammenhang.

Ökologie – vom griechischen *oikos* («Haushalt») – ist die Lehre vom Erdhaushalt. Wir alle sind Mitglieder dieses Erdhaushalts, einer Gemeinschaft, in der Menschen und Mikroorganismen, Pflanzen und Tiere in ein Netzwerk von Verknüpfungen und wechselseitigen Abhängigkeiten eingebunden sind. Wenn diese ökologische Wahrnehmung Teil unseres täglichen Bewußtseins wird, werden wir auch eine entsprechende neue Ethik entwickeln können.

Logik führt uns nicht von der Tatsache, daß wir ein untrennbarer Teil des Lebensgewebes sind, zu bestimmten Lebensnormen. Wenn wir diese Tatsache jedoch täglich konkret erleben, dann werden wir (im Unterschied zu «sollten wir») dazu neigen, uns um die gesamte lebende Natur zu sorgen und zu kümmern. Ja, wir können dann kaum anders handeln, weil wir aufgrund unserer unmittelbaren Erfahrung wissen, daß ökologisch-ethisches Handeln in unserem eigensten Interesse ist. Eine solche Ausweitung des Selbst zu einem Bewußtseinszustand, in dem eigenes Interesse und Interesse der Natur zusammenfallen, wird von Naess als «ökologisches Selbst» bezeichnet.

> Fürsorge entsteht natürlich, wenn das Selbst erweitert und vertieft wird, so daß Schutz der freien Natur als Schutz unserer selbst empfunden und verstanden wird ... Ebenso wie wir keine Moral brauchen, um zu atmen, bedarf es, wenn unser Selbst im weiten Sinne ein anderes Lebewesen einschließt, keiner moralischen Ermahnung zur Fürsorge ... Wenn die Wirklichkeit als ökologisches Selbst erfahren wird, wird unser Verhalten natürlich und wunderschön den Normen einer strengen ökologischen Ethik folgen. (Arne Naess, «Self-realization: An Ecological Approach to Being in the World» [The Fourth Keith Roby Memorial Lecture in Community Science, Murdoch University, Western Australia, 12 March 1986])

Die Ausarbeitung und Pflege einer solchen ökologischen Ethik ist die große Herausforderung unserer Zeit, eine Herausforderung, die über alle sozialen, kulturellen und nationalen Unterschiede hinausgeht. Die Erde ist unser gemeinsames Zuhause, und die Gestaltung einer ökologisch beständigen Welt für unsere Kinder und für künftige Generationen ist unsere gemeinsame Aufgabe.

Anmerkung

Dieser Beitrag erschien erstmals in: Roswita Königswieser (Hrsg.), *Risiko-Dialog*, Köln 1996.